U0256518

华北小麦玉米轮作区耕地地力

全国农业技术推广服务中心 编著

中国农业出版社

图书在版编目（CIP）数据

华北小麦玉米轮作区耕地地力/全国农业技术推广
服务中心编著．—北京：中国农业出版社，2015.3
ISBN 978-7-109-20140-8

Ⅰ.①华… Ⅱ.①全… Ⅲ.①小麦－轮作－耕地土壤
－土壤肥力－研究－华北地区②玉米－轮作－耕作土壤－
土壤肥力－研究－华北地区 Ⅳ.①S512.061
②S513.061

中国版本图书馆 CIP 数据核字（2015）第 024660 号

中国农业出版社出版
（北京市朝阳区麦子店街 18 号楼）
（邮政编码 100125）
责任编辑 贺志清

中国农业出版社印刷厂印刷 新华书店北京发行所发行
2015 年 3 月第 1 版 2015 年 3 月北京第 1 次印刷

开本：787mm×1092mm 1/16 印张：22.75 插页：6
字数：518 千字
定价：120.00 元
（凡本版图书出现印刷、装订错误，请向出版社发行部调换）

编　委　会

主　　任　谢建华

副 主 任　辛景树　任　意　马常宝

委　　员　王俊忠　杨瑞让　万广华　赵建明

主　　编　辛景树　任　意　马常宝

副 主 编　王俊忠　杨瑞让　万广华　赵建明

　　　　　薛彦东　张桂兰　程道全　赵庚星

　　　　　吕英华　毕如田

参编人员　（按姓名笔画排序）

　　　　　于舜章　马志英　马振海　王卓然

　　　　　王贺军　文宏达　邓建华　申　眺

　　　　　田文新　兰晓庆　吉艳芝　曲　华

　　　　　刘会玲　刘春生　刘淑桥　刘　鹏

　　　　　闫军营　孙笑梅　杜文波　杨苏恺

　　　　　李建伟　李艳梅　李　涛　李淑文

　　　　　李絮花　张丽娟　郑　磊　赵　立

　　　　　段霄燕　侯小芳　贾斌良　郭艳杰

　　　　　常春艳　康　宇　彭亚静　程传凯

　　　　　谢　红

序

　　华北小麦玉米轮作区是我国重要的粮食生产基地，小麦播种面积和产量超过全国1/3，玉米播种面积和产量约占全国1/5，在全国粮食生产中的地位举足轻重。全面评价华北小麦玉米轮作区耕地地力等级、掌握耕地养分状况及管理水平、摸清耕地主要障碍因素，对于加强区域耕地质量保护、有针对性地进行地力培肥与土壤改良、科学布局作物生产、提升耕地生产能力、实现耕地资源永续利用，具有重要意义。

　　为全面摸清我国耕地质量状况，农业部于2002年启动了以县为单元的全国耕地地力调查与质量评价试点工作。至2012年年底，已完成全国所有农业县（区、场）的耕地质量评价工作。为推动评价成果更有效地为农业生产服务，2012年，全国农业技术推广服务中心以华北小麦玉米轮作区为切入点，启动了区域耕地地力汇总评价工作。区域汇总评价以县域评价数据为基础，结合图件资料收集整理与数字化，建立了规范的空间数据库与属性数据库，涉及属性数据114万余项次，相关专题图件30余幅。在此基础上，以农业行业标准《耕地地力调查与质量评价技术规程》（NY/T 1634—2008）为依据，在广泛征询教学、科研、推广单位以及有关专家意见基础上，选定立地条件、土壤养分、土壤管理等区域评价指标11个，并确定了指标权重、隶属函数，综合划分了耕地地力等级。同时，结合第二次土壤普查土壤养分分级标准、当前区域土壤养分现状与农业生产实际，建立了区域耕地质量主要性状分级标准。

　　《华北小麦玉米轮作区耕地地力》一书全面系统地介绍了区域耕地地力汇总评价的技术方法，详细阐述了该区域各等级耕地面积与分布、主要属性及存在的障碍因素，提出了有针对性的对策措施与建议。同时，对区域耕地质量主要性状及变化趋势进行了系统分析。该书评价与分析方法科学合理，数据资料翔实丰富，评价成果与农业生产实际结合紧密，对于研究华北小麦玉米轮作区耕地质量状况，指导区域种植业生产具有重要参考价值。该书既可作为农业科研、教学和技术推广人员的工具书籍，也可作为农业行政和技术管理人员的参考书籍。相信该书的出版，必将为新时期我国粮食安全战略实施和耕地质量保护与提升发挥重要作用。

全国农业技术推广服务中心主任　陈生斗

2015年1月

前　　言

按照"试点启动、区域性调查、全面开展"的基本思路，农业部于 2002 年启动了县域耕地地力调查与质量评价试点工作。至 2012 年底，已组织完成全国 2498 个农业县（区、场）的耕地质量评价工作。为掌握我国重点农区耕地质量状况，推动评价成果在更大尺度上为农业生产服务，2012—2014 年，全国农业技术推广服务中心以华北小麦玉米轮作区为切入点，开展了区域汇总评价工作。

在总结 3 年来区域汇总评价工作的基础上，全国农业技术推广服务中心组织编写了《华北小麦玉米轮作区耕地地力》一书。全书分为五章：第一章华北小麦玉米轮作区概况。介绍了区域地理位置、行政区划、地形地貌、生物植被、气候条件、水文情况等自然环境条件，区域种植结构、产量水平、作物品种、灌溉条件、病虫害防治、机械化应用等农业生产情况，并对区域耕地土壤类型、耕地培肥改良措施及相关的耕地质量保护与提升政策做了介绍。第二章耕地地力评价方法与步骤。系统地对区域耕地地力汇总评价的每一个技术环节进行了详细介绍，具体包括资料收集与整理、评价指标体系建立、耕地质量主要性状分级标准建立、空间数据库与属性数据库建立、耕地地力等级划分与评价结果验证、专题图件编制等内容。第三章耕地综合生产能力分析。详细阐述了华北小麦玉米轮作区各等级耕地面积与分布、主要属性及存在的障碍因素，提出了有针对性的对策措施与建议，并对区域粮食生产潜力进行了分析。第四章耕地土壤有机质及主要营养元素。重点分析了土壤有机质、全氮、有效磷、速效钾、缓效钾、有效硫、有效铁、有效锰、有效硼、有效铜、有效锌、有效钼等 12 个耕地质量主要性状及变化趋势。第五章其他耕地指标。详细阐述了土壤 pH、灌溉能力、土壤类型、耕层厚度、耕层质地等其他耕地指标分布情况。

华北小麦玉米轮作区耕地地力汇总评价工作中得到了农业部财务司、农业部种植业管理司领导的大力支持，全国农业技术推广服务中心陈生斗主任在百忙之中审阅此书，并欣然作序。山东天地亚太国土遥感有限公司、山东农业大学资源环境学院承担了图件制作与耕地质量管理信息系统建设工作，在此一并表示感谢！

由于编者水平有限，书中不足之处在所难免，敬请广大读者批评指正。

编　者

2015 年 1 月

目　　录

第一章 华北小麦玉米轮作区概况

第一节 自然环境条件

华北小麦玉米轮作区是我国最重要的粮食生产基地之一，是我国冬小麦夏玉米一年两熟粮食主产区。其中，小麦播种面积和总产超过全国的1/3，玉米播种面积和总产约占全国的1/5，在保障国家粮食安全方面具有举足轻重的作用。近年来，在农业产业结构调整、地下水超采严重、生态环境恶化的背景下，该区域部分地区小麦、玉米的种植面积虽有所下降，但是基于国家粮食安全的战略考虑和该地区的农业生产条件、种植历史等多方面的原因，小麦玉米轮作制度仍是该区未来最主要的种植方式。开展耕地地力评价，摸清耕地自然与社会经济条件，评估耕地地力的水平，查明耕地利用中的主要问题，为耕地地力提升和耕地资源合理利用，粮食生产及其经济社会的可持续发展提供科学依据。

一、地理位置

华北小麦玉米轮作区主要包括黄河中下游冲积平原、海河平原、晋南盆地，地理坐标介于北纬32°16′~42°40′，东经110°15′~119°50′之间。轮作区划分为东西两个独立的区块（图1-1）。东部区块包括河北、河南和山东3个轮作区，该区北部与北京市接壤，西部与分布在太行山脉中的河北省保定市、石家庄市、邢台市、邯郸市及河南省安阳市、焦作市、洛阳市、郑州市、许昌市、驻马店市、信阳市等山丘区的县域接壤，南部主要与信阳市的确山县、浉河区、罗山县、息县、淮滨县接壤，东部主要与天津市以及河北省黄骅市、海兴县、盐山县，山东省无棣县、沾化县、利津县、东营区、寿光县、青州市、博山区、莱城区、新泰市、泗水县、平邑县、山亭区、薛城区、江苏省、安徽省接壤。西部独立的区块为山西轮作区，西部与陕西省，北部与乡宁县、吉县、蒲县、汾西县、霍州市，东部与古县、浮山县、沁水县、阳城县及河南省济源市接壤，南部与河南省接壤。

二、行政区划

华北小麦玉米轮作区现辖河北、山西、河南、山东4个省的29个地市，204个县（市、区）、3034个乡（镇），详见表1-1。

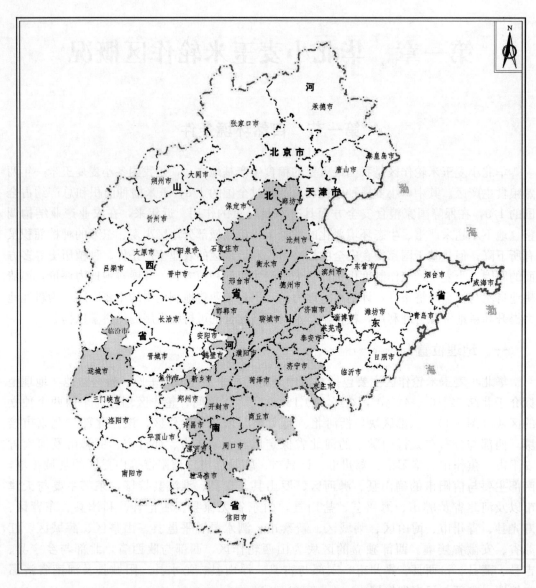

图 1-1　华北小麦玉米轮作区地理位置示意图

表 1-1　华北小麦玉米轮作区所辖行政区域基本情况

省	地级市	县（市、区）
河北	邯郸市	成安县、大名县、肥乡县、馆陶县、广平县、邯郸县、鸡泽县、临漳县、邱县、曲周县、魏县、永年县
	邢台市	柏乡县、广宗县、巨鹿县、临西县、隆尧县、南宫市、南和县、宁晋县、平乡县、清河县、任县、威县、新河县
	石家庄市	高邑县、藁城市、晋州市、栾城县、深泽县、无极县、辛集市、赵县、正定县

（续）

省	（地级）市	县（市、区）
河北	衡水市	安平县、阜城县、故城县、冀州市、景县、南皮县、饶阳县、深州市、武强县、武邑县、枣强县
	沧州市	泊头市、沧县、东光县、河间市、孟村回族自治县、青县、任丘市、肃宁县、吴桥县、献县
	保定市	安国市、安新县、博野县、定兴县、定州市、高碑店市、高阳县、蠡县、清苑县、容城县、望都县、雄县、徐水县、涿州市
	廊坊市	霸州市、大城县、固安县、文安县、永清县
河南	开封市	开封县、兰考县、杞县、睢县、通许县、尉氏县
	安阳市	汤阴县、滑县、内黄县
	新乡市	封丘县、获嘉县、新乡县、延津县、原阳县、长垣县
	焦作市	武陟县、温县
	濮阳市	范县、南乐县、濮阳市、濮阳县、清丰县、台前县
	许昌市	许昌县、鄢陵县、长葛市
	漯河市	临颍县、漯河市、召陵区
	商丘市	民权县、宁陵县、睢阳区、夏邑县、永城市、虞城县、柘城县
	周口市	郸城县、扶沟县、淮阳县、鹿邑县、商水县、沈丘县、太康县、西华县、西平县、项城市
	驻马店市	平舆县、汝南县、上蔡县、遂平县、新蔡县、正阳县
山西	临汾市	洪洞县、侯马市、曲沃县、襄汾县、尧都区、翼城县
	运城市	河津市、稷山县、绛县、临猗县、平陆县、芮城县、万荣县、闻喜县、夏县、新绛县、盐湖区、永济市、垣曲县
山东	滨州市	博兴县、惠民县、阳信县、邹平县
	德州市	德城区、乐陵市、临邑县、陵县、平原县、齐河县、庆云县、武城县、夏津县、禹城市
	东营市	广饶县
	菏泽市	曹县、成武县、单县、定陶县、东明县、巨野县、鄄城县、郓城县
	济南市	槐荫区、济阳县、历城区、历下区、平阴县、商河县、天桥区、章丘市、长清区
	济宁市	嘉祥县、金乡县、梁山县、曲阜市、微山县、汶上县、兖州市、市中区、鱼台县、邹城市
	聊城市	茌平县、东阿县、高唐县、冠县、临清市、宁津县、莘县、阳谷县
	泰安市	岱岳区、东平县、肥城市、宁阳县
	枣庄市	滕州市
	淄博市	高青县、桓台县、临淄区、周村区

其中，河北轮作区涉及 7 个地级市，79 个县（市、区），838 个乡（镇）；山西轮作区涉及运城市和临汾市 2 个市，19 个县（市、区），197 个乡镇；河南轮作区涉及 10 个地市、52 个县（市、区）、1063 个乡（镇）；山东轮作区涉及 10 个市，59 个县（市、区），936 乡（镇）。轮作区现有总人口约 1.2 亿人，人均占有耕地 1.53 亩；农业人口 4508.2 万人，农业人口人均耕地 4.1 亩[①]。

---

① 亩为非法定计量单位，1 亩＝1/15hm² ≈ 667m²。

三、地形地貌

华北小麦玉米轮作区主要地貌类型为河流冲积平原、山间平原、湖积平原等。其中，黄河冲积平原面积 1700.74 万 hm²，占华北小麦玉米轮作区土地面积的 85.8%，主要分布在河南、河北和山东轮作区范围内。山间平原面积 80.80 万 hm²，占 4.1%，主要分布在山西运城市、临汾市一带，山东邹城市、枣庄市一带。湖积平原面积 70.66hm²，占 3.6%，主要分布在山西盐湖区、永济市一带，河北保定市东部、霸州市南部，邢台市西部、鸡泽县一带，河南驻马店市一带，及山东省东平湖—南四湖一带。中山面积 57.07 万 hm²，占 2.8%，主要分布在山西运城市东部和南部一带，山东泰安市北部和南部一带。低山面积 40.18 万 hm²，占 2.0%，主要分布在山西垣曲县南部、山东济南市南部、枣庄市北部，河南驻马店市西部一带。丘陵面积 30.93 万 hm²，占 1.6%，主要分布在山东济南、枣庄一带。海积平原面积 2.17hm²，占 0.1%，仅分布在河北青县东部一带。

四、生物植被

华北小麦玉米轮作区位于暖温带夏绿阔叶林亚带，自然植被是以夏绿林、草甸、次生的落叶灌丛为主，有低中山针叶林（或与阔叶林混交），无高中山寒温性针叶林，在林木受到破坏的地方还有小叶林（桦木林）。植物的垂直更替是：灌丛（或草原）带—低中山针叶林带（或针阔叶混交林带）—落叶阔叶林带—亚高山草甸带。人为栽植的夏绿阔叶树有刺槐、桑、杨、臭椿、槐、榆树等。大部分平原区为栽培植被，以小麦、玉米、中早熟棉、花生为主，扇缘洼地有少量水稻种植。

太行山东麓以半旱生灌草丛植被为主，田埂路坎生长有半旱生灌草丛，酸枣、荆条、阿尔泰紫苑、多花胡枝子、野草木樨、黄背草；冲积平原田间杂草以白羊草、毛茛、地榆、车前、狼尾草、益母草、稗草、画眉草、小蓟为主；沼泽化草甸以生长芦苇、稗、聚穗莎草、野西瓜苗、白茅为主；沼泽植被以苇、荆三棱、稗、水葱、香蒲、鸭舌草为主；盐生草甸以獐茅、碱茅、薹草、草木樨、蒲蓄、长叶碱毛茛、蒙古鸦葱为主；盐生植被分布于滨海平原，以盐角草、翅碱篷、猪毛蒿、矶松、小獐茅、碱茅、华北盛柳、碱蒿、米口袋为主；沙生植被分布于河流两岸和古河道，主要有沙蓬、拐枣、芨芨草、沙生冰草、藜属、茵陈蒿、三芒草、茅根。

五、气候条件

1. 年平均气温 华北小麦玉米轮作区热量资源比较丰富，但由于地理位置、地形、大气环流等条件不同，热量资源在时空上有很大差异。近 50 年来，轮作区的气候变化以降水减少和温度升高为主要特征。气温在地域上的分布为南高北低，西高东低。河北南部、山东年平均气温在 12℃ 以上，西北部的山西及河北北部地区年平均气温在 10℃ 以下，小部分地区年平均气温不足 6℃。

2. ≥0℃ 活动积温 近 50 年来，轮作区≥0℃积温的年均增加速率为 59.5℃/年，上升趋势明显，多年平均值为 4759.7℃，热量资源由前期的较缺乏逐渐进入丰富阶段。≥0℃积温的变化，无论在时间还是空间上都与年平均气温的变化特征一致，年≥0℃积温线性倾向率随地域的变化规律是东北向西南降低的趋势。

3. ≥10℃活动积温　轮作区日平均气温≥10℃主要分布在4~10月，包含了大多喜温作物全生育期（5~10月）。≥10℃积温总体格局是南高北低，东高西低。北部海拔较高地区，包括山西及河北的北部地区，≥10℃积温在3000℃以下；中部的山东及河北南部地区≥10℃积温一般在4000~5000℃；而南部的河南部分地区≥10℃积温最高，在5000℃以上。

4. 日照时数　轮作区年日照时数总体分布为北高南低，随着纬度的增加，年日照时数逐渐增长；同时，年日照时数也随着海拔高度的相对增高而增加。北部地区，包括河北北部、山西的部分地区，年日照时数较高，在2600h以上；中部的山西南部、河北南部以及山东等地年日照时数大部分在2300~2600h；而南部的河南年日照时数最低，平均年日照时数<2300h，其中河南的小部分地区年日照时数不足2000h。

5. 降水量　轮作区年降水量在500~800mm之间，总体呈东南到西北递减趋势。降水主要集中在夏季（多集中在7~9月），大部分时间气候干燥。降水量季节分配不均，春旱频发，年际变化较大。南部如河南驻马店正阳县、山东部分地区，年降水量在600mm以上；北部如河北衡水、河南安阳、濮阳地区，年降水量在600mm以下。

六、水文情况

华北小麦玉米轮作区水资源总量约114.05亿 m^3，其中地表水52.82亿 m^3，地下水61.23亿 m^3。

1. 地表水资源　轮作区河流水系众多，涉及海河、滦河、内陆河、黄河4个流域。水系比较发达，自然河流的平均密度每平方千米在0.7km以上，主要河流有黄河、徒骇河、马颊河、大汶河、洙赵新河、万福河、小清河等。

轮作区的湖泊（指面积≥1km²，不包括时令湖）共有28个。其中，外流湖区18个，面积1418km²；内陆湖区10个，面积95km²。集中分布在鲁中南山丘区与鲁西南平原之间的鲁西地带，有微山湖、昭阳湖、独山湖、南阳湖、东平湖、马踏湖、南旺湖、蜀山湖、马场湖等。

2. 地下水资源　华北地区浅层地下水年均开采量157.76亿 m^3。其中，河北平原为157.76亿 m^3，矿化度小于1g/L的地下水占62.7%；豫北平原为28.03亿 m^3，矿化度小于1g/L的地下水占83.3%；鲁北平原为21.52亿 m^3，矿化度小于1g/L的地下水占30.5%。

新中国成立以来，全国地下水开采量一直持续增长。地下水年开采量，20世纪70年代平均每年为572亿 m^3，80年代增加到748亿 m^3，1999年达到1116亿 m^3。其中北方地区地下水开采量占全国开采量的76%。在20世纪80年代到90年代期间，开采量增长较快的省份是河南（43亿 m^3）、湖南（24亿 m^3）、辽宁（21亿 m^3）。1999年开采量排在前三位的省份是河北（149亿 m^3）、河南（129亿 m^3）、山东（123亿 m^3）。河北省开采程度超过100%，山东、河南、山西开采程度超过或接近70%。冀中南部平原用于粮食生产的地下水净消耗，已造成区域平均的地下水下降达7.4m，局部地区达20m。豫西以及豫南地区地下水位大幅度下降，机井衰减幅度超过30%。

3. 其他水资源 轮作区其他水源主要由外来水组成，包括引黄入冀和南水北调引水工程对华北地区水资源的补给。目前，南水北调东线一期工程已正式通水，自长江下游江苏境内江都泵站引水，通过 13 级泵站提水北送，经山东东平湖后分别输水至德州和胶东半岛。工程干线全长 1467km，设计年抽江水量 87.7 亿 m^3，供水范围涉及江苏、安徽、山东 3 个省的 71 个县（市、区），直接受益人口约 1 亿人。南水北调东、中一期工程中 13% 水量将分配给农业，每年可间接增加生态和农业用水 60 亿 m^3，通水后数千万亩农田将得到有效灌溉。

第二节 农业生产情况

一、区域主要农作物播种面积及产量

1. 农业种植概况 华北小麦玉米轮作区种植的农作物主要为小麦、玉米。种植制度为一年两熟。2012 年，轮作区小麦玉米播种面积 14071.10 万 hm^2，占全国粮食播种面积的 12.73%，产量达到 9796.87 万 t，占全国粮食总产量的 16.62%。其中，小麦播种面积 830.18 万 hm^2，占全国小麦播种面积的 34.21%，产量 5380.4 万 t，占全国小麦总产量的 44.46%；玉米播种面积 576.92 万 hm^2，占全国玉米播种面积的 16.47%，产量 4416.47 万 t，占全国玉米总产量的 21.48%。轮作区小麦、玉米的每公顷单产水平分别达到 6.5t、7.7t。

2. 种植业结构调整情况 据统计，2010—2012 年轮作区小麦种植面积稳中有所回落，从 2010 年的 841.10 万 hm^2 回落到 2012 年 830.18 万 hm^2，粮食产量基本稳定在 5300 万 t 左右；轮作区玉米种植面积与小麦相当，2012 年较 2010 年有所下降，从 657.29 万 hm^2 下降至 576.92 万 hm^2，产量则有小幅上升，从 2010 年的 4299.97 万 t 增加到 2012 年的 4416.47 万 t（表 1-2）。

表 1-2 华北小麦玉米轮作区农作物播种面积及产量

年份	小麦播种面积（万 hm^2）	玉米播种面积（万 hm^2）	小麦年产量（万 t）	玉米年产量（万 t）
2010	841.10	657.29	5380.36	4299.97
2011	846.18	565.60	5371.53	4250.46
2012	830.18	576.92	5338.52	4416.47

二、农作物施肥品种和用量情况

2012 年，华北小麦玉米轮作区农用化肥施用量（折纯）达到 1226.20 万 t，占全国化肥施用量的 21%，单位面积肥料施用量为 1.01t/hm^2。轮作区化肥施用总量基本持平，略有增加，2010—2012 年，农用化肥施用量分别为 1202.98 万 t、1214.45 万 t 和 1226.20 万 t。其中，2012 年较 2010 年、2011 年分别增加 23.22 万 t、11.75 万 t，增幅分别为 1.93%、0.97%。

肥料施用种类中，氮肥施用量最大，其次是磷肥，再次是钾肥，但是钾肥增加速度较为明显。以山西省为例，氮肥用量大约占到肥料总用量的 60%；磷肥其次，大约占肥料总用量的 30％；而钾肥用量最少，大约占肥料总用量的 10％。从肥料氮磷钾比例看，氮磷比例比较合适，钾肥投入仍然偏低。但由于近年来复混（合）肥的大量施用，钾肥用量呈大幅增加趋势，钾肥投入比例也有所增加。

三、农作物灌溉情况

1. 水资源总量不足，分配不均 华北小麦玉米轮作区属半干旱半湿润气候区，人均水资源量约 $500m^3$，为全国平均水平的 1/4；亩均水资源约 $300m^3$，仅为全国平均水平的 1/5。轮作区水土资源严重不匹配，耕地面积占全国 10％左右，而水资源仅占全国的不到 6％。特别是河北轮作区，水资源量仅占全国 0.7％，亩均水资源量为全国平均水平的 1/7，已成为制约本区域社会、经济发展的"瓶颈"。

2. 灌溉依赖度高，地下水超采严重 轮作区农业生产对灌溉的依赖程度高，农业用水占总用水量的 70％以上。由于地表水短缺，地下水是目前主要的供水水源，如河北轮作区地下水源供水量占总供水量的比例高达 75％，河南、山东轮作区的比例也达到 50％左右。据水利部门统计，河北省年均超采地下水 50 亿 m^3，累计地下水超采量已达 1000多亿 m^3，形成了超过 9 万 km^2 的世界最大地下水开采漏斗区。

3. 农业用水粗放，效率低 华北小麦玉米轮作区约 1/3 的地区主要依靠自然降水，但由于蓄水保墒措施不到位，自然降水利用率仅有 56％。其次，大水漫灌的传统灌溉模式仍然较为普遍，导致每亩实际灌水量达到 $450\sim500m^3$，连同降水量已超过了作物实际的需水量。加之引水灌区的渠系渗漏、蒸发等损失，实际利用率约为 30％～50％。粗放的农业用水和严峻的水资源形势形成了鲜明对比。

四、农作物品种应用情况

1. 小麦品种 20 世纪 90 年代，冬小麦品种是以大穗型、中肥水型品种为主，主要为鲁麦 7 号、鲁麦 5 号、济南 17 号、良星 99、烟农 15、泰山 1 号等，亩播种量 15kg 以上。目前，小麦品种从原来大穗型发展到现在的中穗型、多穗型，并与特种优质麦等多类型相结合，多为中高肥水类型，品种主要有济麦 22 号、良星 99、泰农 18、良星 66、鲁麦 23、汶农 14、烟农 24、石麦 15、石新 828、中麦 175、河农 6049、藁优 2018、临 Y7287、晋麦 84 号、舜麦 1718、临丰 3 号、运旱 21－30、运旱 20410 等，亩播种量为 9～10kg。

2. 玉米品种 20 世纪 90 年代，玉米种植品种主要为掖单 4 号、掖单 2 号、丹玉 13、沈丹 7 号、烟单 14 等，大多为非耐密型品种，亩株数一般为 3000 株左右。目前，玉米种植品种主要为先玉 335、郑单 958、登海 605、浚单 20、金海 5 号、聊玉 22 号、登海3622、晋单 51 号、晋单 52 号、晋单 63 号、蠡玉 35、纪元 128、宽城 60、三北 21、肃玉1 号等，大多为耐密型品种，亩株数一般为 4000～5000 株。

五、农作物病虫害发生和防治

1. 小麦病虫害发生和防治 20 世纪 90 年代初，小麦白粉病、蚜虫、红蜘蛛、纹枯病等病虫害中等程度发生，由于防治及时，没有造成大的损失。从 20 世纪 90 年代后期到2005 年，条锈病、白粉病、纹枯病、赤霉病、蚜虫、吸浆虫等发生一般在中等到偏重程度，面积也比90年代初明显增加，部分年份减产严重。进入21世纪，主要病虫种类有地下害虫、麦蚜、吸浆虫、麦叶蜂、白粉病、腥黑穗病、散黑穗病、纹枯病、根腐病、叶枯病、赤霉病、全蚀病等。

小麦病虫害防治按照"预防为主、综合防治"的植保方针，在重视农业防治、物理防治和生物防治的基础上，重点以化学防治为主。小麦蚜虫主要以有机磷杀虫剂、拟除虫菊酯类和新烟碱类杀虫剂为主，如氧化乐果、辛硫磷、毒死蜱、高效氯氰菊酯、吡虫啉等。小麦条锈病主要用三唑酮（粉锈宁）烯唑醇、戊唑醇等杀菌剂防治。小麦白粉病主要有三唑酮、甲基托布津等杀菌剂喷雾防治。小麦叶锈病主要以三唑酮、多菌灵等农药喷雾防治。小麦叶枯病主要以三唑酮、甲基硫菌灵、多菌灵、百菌清等杀菌剂农药防治。农药使用品种方面在向低毒、低残留、生物农药等方面发展。机防、飞防等统防统治措施加强，防治效果显著提高。

2. 玉米病虫害发生和防治　20世纪90年代玉米病虫害主要是大、小叶斑病，玉米螟和黏虫，发生程度一般轻度至中度。进入21世纪，主要病虫种类有地下害虫、黏虫、玉米螟、灯蛾、苗期蓟马、耕葵粉蚧、玉米蚜、玉米茎基腐病、褐斑病、瘤黑粉病、丝黑穗病、粗缩病毒病、矮花叶病毒病（北部春玉米），中南部还发生有细菌性顶腐病、粒腐病、瑞典蝇、二点委夜蛾等。

玉米病虫害综合防治措施主要有农业防治、生物防治等。玉米螟防治主要采取杀虫灯诱杀成虫、白僵菌僵杀老熟幼虫、赤眼蜂寄生玉米螟卵的防治技术，到喇叭口期还可用苏云金杆菌或有机磷类防治玉米螟。玉米粗缩病的防治采取"治虫防病"策略，通过久效磷、氧化乐果等有机磷内吸性药物防治灰飞虱，降低灰飞虱带毒率。玉米弯孢叶斑病主要以百菌清、甲基托布津等喷雾防治。玉米褐斑病发生初期选用唑类农药喷雾防治，用吡虫啉、啶虫脒等防治玉米蚜；玉米生长后期可选用杀虫剂、杀菌剂防治蚜虫、玉米螟等。

六、农作物机械化应用情况

截至2012年年底，华北小麦玉米轮作区农机总动力发展到21561.1万kW。受益于农机购置补贴政策，大中型拖拉机、联合收获机等先进机械快速增长。华北区大中型拖拉机、联合收获机分别发展到112.72万台、51.55万台。主要粮食作物耕种收机械化水平得到较大提高，但农业全程全面机械化水平仍较低。经济作物机械化虽取得可喜突破，例如花生、薯类机收快速发展，棉花机收填补空白，但总体机械化水平仍然较低且发展不均衡，蔬菜等经济作物机械化还处于探索阶段。目前，华北小麦玉米轮作区玉米机收率超过80%。

以山东轮作区为例，目前农机化综合水平达到80%，其中粮食机械化程度达到88%，经济作物达到58%。在粮食作物中，小麦机收率超过97%，玉米机收率达80.8%。在经济作物中，花生机收率达到49%，棉秆机收率达到20%以上。

第三节　耕地基本概况

华北小麦玉米轮作区耕地总面积为1220.42万hm^2。其中河北轮作区340.26万hm^2，占轮作区耕地总面积的 27.88%；河南轮作区 414.23 万 hm²，占 33.95%；山西轮作区79.72 万 hm²，占 6.53%；山东轮作区 386.21 万 hm²，占 31.64%。

一、主要耕地土壤类型

华北小麦玉米轮作区主要耕地土壤类型有潮土、褐土、砂姜黑土、棕壤、黄褐土、风沙土、新积土等。

（一）潮土

潮土类型广泛分布在河北、河南和山东轮作区内，面积 854.26 万 hm²，占轮作区耕地面积的 70.0%。历史上受黄河以及淮河、海河的多次泛滥、决口与溃堤的影响，砂壤黏沉积物的区域分布及垂直剖面中的质地层理分异尤为明显。根据地形及水文条件对土壤形成发育的影响，轮作区潮土可划分为潮土、湿潮土、脱潮土、盐化潮土、碱化潮土、灌淤潮土、灰潮土 7 个亚类。

轮作区潮土典型剖面一般分为耕作层、犁底层、心土层和底土层，由上而下呈有序排列。

（1）耕作层　受耕作活动影响最强烈的土层。厚 15～25cm，土色比心、底土层稍暗，浅灰棕色至暗灰棕色，呈屑粒状、碎块状及团块状结构，多须根与孔隙，常含砖瓦屑、煤渣和蚯蚓粪。

（2）犁底层　紧接耕作层之下，长期受耕作机具的挤压作用所形成，厚 5～20cm，色泽与耕作层相近，结持较紧，块状或片状结构，根系与孔隙显著减少。

（3）心土层　其色泽、结构随质地而异，砂土色泽浅，结构不明显或为碎块状；黏土色泽较深，多为块状或层状结构，较紧实。

（4）底土层　具有明显的沉积层特征，受潜水和毛管水频繁升降活动影响大，氧化还原特征也较明显，常有黄棕色或棕色的锈纹、锈斑。

轮作区潮土的耕作层厚度一般 10～25cm，呈屑粒状、碎块状结构，与原沉积物相比，土壤孔隙度增加，容重值降低。亚耕层厚度约 10cm 左右，呈块状，棱块状结构，结持稍紧，孔隙度降低，而容重值有所增高。该区潮土的质地交错复杂，主要为壤土，其次为黏壤土、砂质壤土、砂土和黏土。

潮土水稳性团聚体含量较低，一般为 2%～16%，总孔隙度一般为 47%～53%，毛管孔隙度一般为 39%～43%，质地由砂至黏，其数值递增。潮土的最大吸湿量为 2.3%～6.5%，调萎含水量为 3.5%～9.5%，田间持水量为 20%～28%，饱和持水量为 32%～42%。

潮土有机质含量在 5.0～42.7g/kg 之间，全氮含量 0.10～2.38g/kg 之间，土壤 pH大多在 7.5～8.5 之间，随质地由砂至黏而增加。潮土大多含有碳酸钙，含量在 40～140g/kg 之间不等，以砂质土较低，黏质土较高。古河流沉积物发育潮土，土壤 pH 大多在 7.7～7.9 之间，一般不具石灰反应，阳离子交换量高。非石灰性河流沉积物发育的潮土，土壤 pH 大多在 7 左右，土壤不具石灰反应，阳离子交换量低。

1. 潮土亚类　潮土亚类具有潮土土类的典型特征和理化性质，由于受区域成土条件的影响，其母质来源不同，或虽同源但质地类型不同，使土壤属性存在一定程度上的差异，从而分为砂质潮土、壤质潮土、黏壤质潮土、黏质潮土、河潮土、非石灰性河潮土、非石灰性滨海潮土、冲积潮土、洪冲积潮土、湖积潮土、堆垫潮土、煤化潮土、菜园潮土、黑底潮土、砂性非石灰性潮土、壤性非石灰性潮土、黏性非石灰性潮土 17 个土属。

2. 灰潮土 灰潮土系指淮河以南非黄泛物质发育的潮土，呈微酸性至中性反应，pH 6.0～7.5，其成土母质主要是硅铝质风化物的河流冲积物，按成土母质的不同，划分为砂质灰潮土、壤质灰潮土、黏质灰潮土和洪积灰潮土 4 个土属。

3. 灌淤潮土 灌淤潮土是为了改良砂荒、盐碱地、利用黄河水含泥沙多的特点，在人工围堤或自然洼地的条件下，引用黄河水有计划、人为地进行淤灌，使原来土壤上淤垫一层＞30cm 质地为黏壤土至黏土的一种土壤。灌淤潮土地下水位较浅，土体下部受地下水的影响较重，往往有盐渍化过程，pH7.8～8.5。灌淤潮土根据灌淤层土壤质地类型，划分为壤质灌淤潮土、黏质灌淤潮土 2 个土属。

4. 脱潮土 脱潮土是潮土向地带性土壤过渡的土壤类型。主要分布于平原中的自然堤，河流高滩地或地势高起的部位。脱潮土分布区地表径流通畅，土壤内排水良好，地下水位埋深 3～5m，矿化度在 1g/L 左右，一般情况下土壤无盐渍化。依据母质类型和所处地形部位可划分为砂性脱潮土、壤性脱潮土、黏性脱潮土、冲积脱潮土、洪冲积脱潮土 5 个土属。

5. 湿潮土 湿潮土是潮土土类中向水成土过渡的一个亚类，它是在高位潜水或季节性地表积水的影响下形成的。多分布在冲积平原各封闭洼地、背河洼地及山前交接洼地。湿潮土地下水埋深较浅，内外排水条件差，长期受水渍作用的影响，水多气化，以还原作用为主，呈微碱性，pH 8.0～8.5。根据母质类型可划分为冲积湿潮土、洪积湿潮土、砂性湿潮土、壤性湿潮土、黏性湿潮土、盐化湿潮土、堆垫湿潮土 7 个土属。

6. 盐化潮土 盐化潮土是潮土在主导成土过程中附加盐化过程而形成的，是潮土与盐土之间的过渡类型，它与盐土同属盐渍土，有相同的成土条件和成土特征，只是表土层或土体的积盐量不同。盐化潮土分为苏打盐化潮土、氯化物盐化潮土、硫酸盐盐化潮土 3 个土属。

7. 碱化潮土 碱化潮土是潮土向碱土过渡的土壤类型。表土层含盐量不高，一般不超过 5g/kg，碱化度在 5%～45%之间，pH 高至 8.5 以上。根据土壤盐分组成可划分为苏打碱化潮土、氯化物碱化潮土和硫酸盐碱化潮土。

（二）褐土

褐土位于暖温带半湿润地区，具有弱腐殖质表层、黏化层，主要是由石灰岩、石灰性砂页岩、石灰性砾岩、大理岩的坡洪积物，黄土或次生黄土一类含碳酸盐的母质发育而成。主要分布在河北省高碑店市、任县、永年县、邯郸县、曲周县、临漳县一带，河南省汤阴县，山西轮作区的大部分地段，山东省的鲁中山地丘陵区北部及西南部，以济南市的历城区、章丘区、长清区、平阴县，淄博市的临淄区、周村区，以及泰安市的肥城市、宁阳县较多，面积 200.48 万 hm²，占轮作区耕地面积 16.4%。根据土壤发育程度和附加成土过程，轮作区褐土可划分为褐土、淋溶褐土、石灰性褐土、潮褐土、褐土性土 5 个亚类。

褐土成土过程是碳酸盐的淋溶淀积过程和黏化过程，典型剖面为：A（淋溶层）—B$_t$

（黏化层）—B$_k$（钙积层）—C（母质层）。黏化层和钙积层是褐土的特征土层，黏化层呈暗红色，厚度一般在 $50\sim80cm$ 之间，黏粒含量一般大于 25%。钙积层位于黏化层之下，碳酸盐含量大于 2.0%，碳酸盐结晶生成各种形态的新生体，如假菌丝体、砂姜、粒状方解石晶体等。发育在丘陵中上部的褐土土层较薄，含有一定量的砾石，农业生产性差，产量水平低。

褐土的土壤颗粒组成，除粗骨性母质外，一般均以壤质土居多。在这种质地剖面中，主要特征是在一定深度内具有明显的黏粒积聚，即黏化层，其黏粒（$<0.002mm$）含量大于 25%。

褐土有机质含量在 $5.0\sim44.3g/kg$ 之间，全氮含量在 $0.10\sim0.92g/kg$ 之间。有效态微量元素锌、锰、铁、硼等均处于低量供应水平。锰、铜、钼等的丰缺情况表现不一，与母质及区域因素有关。

1. 褐土亚类　褐土亚类是褐土的典型亚类，分为石灰岩类褐土、砂页岩类褐土、洪积褐土、黄土质褐土 4 个土属。

2. 淋溶褐土亚类　淋溶褐土是棕壤与褐土的过渡类型，根据母质类型不同，淋溶褐土分为石灰岩类淋溶褐土、基性岩类淋溶褐土、砂页岩类淋溶褐土、洪冲积淋溶褐土和黄土质淋溶褐土 5 个土属。

3. 石灰性褐土亚类　石灰性褐土是褐土土类中黏化作用弱、钙积作用强的亚类，根据成土母质不同，将该亚类划分为石灰岩类石灰性褐土、黄土质石灰性褐土和洪冲积石灰性褐土 3 个土属。

4. 潮褐土亚类　潮褐土过去曾称为"草甸褐土"，是受地下水影响且耕作熟化程度较高的褐土亚类。根据母质类型不同，潮褐土亚类分为潮褐土、非石灰性潮褐土和堆垫潮褐土 3 个土属。

5. 褐土性亚类　褐土性土是发育在石灰性岩石残坡积物上、中等厚度且剖面发育程度较弱的褐土亚类。褐土性土分为石灰岩类褐土性土和砂页岩类褐土性土 2 个土属。

（三）砂姜黑土

砂姜黑土是以第四纪湖沼相沉积物为基础，经过草甸潜育化过程、结核形成过程、脱潜和自身变性作用、耕作熟化和人为影响而形成的一类土壤。砂姜黑土有机质及阳离子交换量高，所以潜在肥力较高，但耕性差，土壤膨胀收缩性强，雨季易形成哑巴涝。砂姜黑土主要分布在河北省定兴县、徐水县、容城县、宁晋县、隆尧县一带，山东省鲁中南山地丘陵区北部及西部交接洼地，广饶县、桓台县、临淄区、东平县、淄博市、章丘市、肥城市、平阴县、东平县、汶上县、任城区和市中区、邹城市、滕州市、微山县一带，河南省新乡县、许昌县、临颖县、漯河市郾城区、新蔡县、西平县、遂平县、正阳县、郸城县、永城市一带，面积 78.88 万 hm^2，占轮作区耕地面积 6.5%。

砂姜黑土的典型剖面自上而下为：熟化黑土层（耕层）—犁底层—残余黑土层—脱潜育层—砂姜层，黑土层和砂姜层是砂姜黑土的两个特征层段。黑土层颜色黑，质地黏重，多为壤质黏土或黏土，多见铁锰结核和钙结核。砂姜层颜色多呈黄棕色，砂姜含量占土体重量的 20% 以上，质地多为黏壤土或壤质黏土，有脱潜育化特征，可见大量锈纹斑，多含大小、软硬不一的铁锰结核。

砂姜黑土质地黏重，按国际制划分，黑土层（包括耕层和残余黑土层）多为黏土，砂姜层多为黏壤土。砂姜黑土土层紧实，容重较大，孔隙率小，通气性差。砂姜黑土与其他土壤相比，在土壤含水量相同的情况下，有效水含量低，吸湿水含量较高。

砂姜黑土土壤有机质在 5.4～26.0g/kg 之间，全氮在 0.10～2.04g/kg 之间，全磷、有效锌含量属处于较低水平，有效铁、锰、铜、钼含量较丰富。

1. 砂姜黑土亚类 砂姜黑土亚类，曾称普通砂姜黑土。主要分布在河北玉田、丰润、丰南部分地区，河南的驻马店地区的大部分区域，周口、信阳部分地区、南阳地区的东南部、漯河、平顶山市的一部分。该亚类又分为砂姜黑土、覆盖砂姜黑土 2 个土属。

2. 石灰性砂姜黑土 石灰性砂姜黑土由富含碳酸盐的母质发育而成，在其成土过程中不断接受含钙沉积物。主要分布在鲁中南山地丘陵区北部及西部交接洼地，南四湖东滨湖洼地；河南沙颍河以北的周口、漯河、许昌、商丘等地市黄河冲积平原中的交接洼地，平坡过水洼地和湖坡洼地内，驻马店、新乡、洛阳、安阳、焦作等地有零星分布；河北宁晋县、柏乡县、隆尧县、任县的部分地区，容城、安新、徐水、定兴、博野等县的扇缘洼地，三河县、香河县、玉田县、丰南县等地也有零星分布。该亚类又分为壤性石灰性砂姜黑土和黏性石灰性砂姜黑土 2 个土属。

（四）棕壤

棕壤主要分布在山西省洪洞县东北部、垣曲县东北部、夏县东部、永济市南部，山东省泰安市岱岳区、济宁市辖的邹城市和曲阜市一带，分布面积为 17.34 万 hm²，占轮作区耕地面积的 1.4%。轮作区棕壤主要有潮棕壤、棕壤、棕壤性土 3 个亚类。

棕壤成土母质主要为酸性岩浆岩和富硅铝变质岩的风化物，成土过程有淋溶过程、铁锰释放与迁移过程、黏化过程。棕壤的典型剖面为：A（淋溶层）—B（淀积层）—C（母质层）3 个主要发生层段，呈鲜棕色，黏粒和铁锰含量都比较高的淀积层是棕壤的特征土层，耕作土壤淋溶层已熟化为耕作层。棕壤可溶盐和石灰已被淋失，无石灰反应，耕作土壤呈微酸性至中性反应，pH 多在 5.5～7 之间。发育在丘陵中上部的棕壤土层浅薄贫瘠，砾石含量高，农业生产性差，产量水平低。发育在丘陵中下部及山间平原的棕壤，土层深厚，质地适中，土壤理化性质较好，农业生产水平高。

棕壤表土层质地有砂质黏壤土、砂质壤土和黏壤土 3 种类型。受土壤质地和结构的影响，棕壤的容重较大，总孔隙度较低，而通气孔隙度相对较大，有较好的通气性和通透性，有利于作物根系的呼吸和土壤有机物的矿化分解。

棕壤土类中除酸性棕壤外，土壤呈酸性至中性反应，pH 为 5.0～7.5，耕种以后呈微酸性至中性。棕壤表（耕）层有机质、全氮含量丰富，钾素含量中等，磷较缺乏，有效微量元素锌、铜、锰含量中等，铁丰富，硼缺乏，钼极缺。

1. 棕壤亚类 棕壤亚类具有棕壤土类的典型特征和属性，分为酸性岩类棕壤、基性岩类棕壤、砂页岩类棕壤、洪积棕壤、硅质棕壤 5 个土属。

2. 潮棕壤 潮棕壤是棕壤土类中受潜水作用附加潮化过程而形成的亚类，潮棕壤仅有一个土属为棕泊土。

3. 棕壤性土 棕壤性土是发育程度弱、侵蚀严重、土层较薄或特征不典型的棕壤亚类。根据母质的性质，棕壤性土又分为酸性岩类棕壤性土、基性岩类棕壤性土和砂页岩类棕壤性土 3 个土属。

（五）其他土类

黄褐土主要分布在河南省漯河市郾城区北部、西平县西部及西南部、遂平县南部、上蔡县南部、平舆县、新蔡县、汝南县、正阳县一带，面积 25.52 万 hm²，占轮作区耕地面积 2.1%。

风沙土主要分布在河北省定州市南部、新乐市北部及南部、安国市北部、西部及西南部、蠡县南部、邯郸县西部及北部一带、成安县西部、临漳县西南部、广宗县东部及南部、邱县南部、曲周县西部、清河县西部及北部一带、永年县西北部、南和县南部、大名县东南部、南宫市西部，河南省内黄县西部及南部、滑县西南部、原阳县北部一带、清丰县东南部、封丘县东南部、尉氏县西部及北部一带、民权县北部、开封县北部、睢阳区西南部，山西省河津市西部，山东省乐陵市西北部、夏津县北部、高唐县西南部、莘县西北部、商河县西北部、临清市西部、冠县西部及北部、茌平县西南部，面积 10.55 万 hm²，占轮作区耕地面积 0.9%。

粗骨土主要分布在河北省徐水县西北部、永年县西部、邯郸市西部，河南省遂平县西部，山西省临汾市西北部、洪洞县东北部、垣曲县、盐湖区西部一带，山东省邹平县、东平县一带、淄博市张店区东部、泰安市东南部、宁阳县东部、邹城市东部及南部、枣庄市西部、嘉祥县南部、临淄区西南部，面积 9.26 万 hm²，占轮作区耕地面积 0.8%。

新积土主要分布在河北省深泽县南部、正定县南部、新乐市东北部、定州市西北部一带，河南省武陟县南部、温县南部一带、开封县东北部，山西省洪洞县南部及西部、河津市西部、芮城县西部一带，山东省境内黄河沿岸一带，面积 8.58 万 hm²，占轮作区耕地面积 0.7%。

盐土主要分布在河北省永清县西部、文安县西北和东南部、青县东部和西部、沧县北部和南部、深州市北部、南宫市东部、隆尧县东部、曲周县北部、枣强县西南部，河南省获嘉县东部、原阳县西部、封丘县东南部、民权县西南部，山西省侯马市北部和南部、闻喜县东北部、盐湖区西部、永济市东部、尧都区西部，山东省滨城区北部、博兴县东北部、高青县北部和东部、阳信县北部和东部、庆云县东部、乐陵市西部和南部、惠民县北部和东南部、临邑县西北部和东部、陵县北部和西部、平原县东部、高唐县北部和南部、茌平县西部、东昌府区西部和南部、阳谷县西部、东阿县东北部，面积 5.71 万 hm²，占轮作区耕地面积 0.5%。

石质土主要分布在河南省汤阴县西南部、遂平县西部，山西省洪洞县西北部及东部、襄汾县东南部、稷山县北部、侯马市南部、绛县东部及南部、垣曲县东部及南部、盐湖区南部、永济市南部一带、万荣县东部及西南部，山东省邹平县西南部、济南市市中区南部、泰山区北部、滕州市北部、曲阜市西部、嘉祥县北部，面积 2.26 万 hm²，占轮作区耕地面积 0.2%。

水稻土主要分布在河北省涿州市西部，河南省正阳县南部和西北部、获嘉县东北部，山西省洪洞县西南部、尧都区东北部、襄汾县西北部，山东省金乡县北部和东部、微山县南部等，面积 5.28 万 hm²，占轮作区耕地面积 0.4%。

碱土主要分布在河南省濮阳县东部、长垣县东北部、民权县西北部和东部、宁陵县东部、梁园区西部、睢阳区东部、虞城县东部和东北部，山东省曹县南部和东南部，面积0.81万 hm^2，占轮作区耕地面积0.1%。

沼泽土主要分布在河北省安新县东部和南部、霸州市东南部、永年县东南部、临漳县西南部，山西省临汾市北部、新绛县西部、夏县东北部，面积0.56万 hm^2，占轮作区耕地面积0.1%。

滨海盐土主要分布在山东省东营市北部和东北部一带，面积0.55万 hm^2，占轮作区耕地面积0.1%。

红黏土主要分布在山西省垣曲县北部及西南部、平陆县东部，山东省宁阳县东北部、枣庄市东部等，面积为0.36万 hm^2，占轮作区耕地面积低于0.1%。

二、耕地培肥改良情况

针对耕地主要障碍类型，华北小麦玉米轮作区实施的主要耕地土壤培肥改良措施：一是大力增施有机肥，改善土壤结构，增强通透性，提高作物产量。如山东省充分开发利用有机废弃物资源，着力推进有机肥的工厂化、商品化生产。二是采用先进的栽培技术，实行轮作倒茬，实施不同作物的轮作种植，推行须根与直根、深根与浅根、豆科与禾本科、夏作与秋作、高秆与矮秆作物轮作，使养分调剂，余缺互补。三是推广小麦、玉米秸秆两茬还田，提高土壤有机质含量，以利保水保肥，提高耕地综合生产能力。如河北省积极推广联合收割机配备秸秆粉碎机作业模式，将秸秆还田机械设备作为农机补贴的重点，夏季小麦秸秆直接还田率达95%以上。山西省秸秆还田面积由2005年的1025万亩发展到2013年的2736万亩，秸秆资源利用率由50%提高到80%，提高了30个百分点。四是推广测土配方施肥技术，除施用氮、磷、钾大量元素外，根据测土化验结果，增施中微量元素，协调养分比例。如河南省已收获作物上推广测土配方施肥14529万亩，亩节肥1.18kg（折纯），总节肥17.14万t，亩增产节支44.91元，总增产节支65.25亿元。五是推行深耕深松制度，提高土壤耕层厚度，提高作物吸收深层水分和养分的能力。如山东省近年来大力推进高标准农田建设，加大中低产田改造力度，推广深耕深松技术，每年深耕面积达到4000万亩以上。

第四节　耕地质量保护与提升

一、制度建设及法律保障情况

华北小麦玉米轮作区所在的4个省相继制定了一系列具有可操作性的地方政策性文件，为耕地质量保护与提升提供了政策支撑，强有力地推动了耕地质量建设与管理工作。《河南省耕地质量管理办法》自2013年5月1日起施行，《办法》中明确了县级以上人民政府应当加强对耕地质量管理工作的领导，将耕地质量建设和保护等所需的经费纳入政府同级预算；明确了县级以上农业行政主管部门和其所属的土壤肥料管理机构在耕地质量管理保护中的主体地位和工作职责；强调了要定期对耕地质量进行等级评价和风险评估，对耕地质量实施动态监测，设立耕地质量定位监测点，建立健全耕地质量监测体系和预报预警系统；明确了要按照田地平整肥沃、路桥排灌系统完善、农机装备齐全、技术集成到位、优质高产高效、绿色生态安全的要求，加快高标准农田建设，鼓励和支持耕地使用者采用测土配方施肥、施用有机肥、秸秆还田、合理的深耕深松少免耕结合技术，提高耕地质量；提出了要加强耕地质量保护，防止耕地污染，禁止向耕地及农田沟渠中排放有毒有害工业、生活废水和未经处理的养殖小区畜禽粪便；生产、销售、使用的肥料等农业投入品应当达到国家或者行业标准等。

河北省出台了《河北省人民政府关于实行最严格耕地保护制度的意见》（冀政〔2014〕55 号），《意见》明确提出要加大土地利用总体规划管控力度，严格划定城市开发边界、永久基本农田和生态保护红线，确保耕地保有量和基本农田保护面积。基本农田一经划定，实行永久保护，任何单位和个人不得擅自占用或者改变用途，符合法定条件，确需占用和改变基本农田的，须报国务院批准，并补划数量相等、质量相当的基本农田；要求新增耕地质量等级不低于周边原有耕地质量等级；严禁乱占滥用耕地，依法查处未报先占、未批先用、批少占多、批甲占乙等违法占用耕地特别是基本农田进行非农业建设的行为；防止集体土地流转"非农化"，禁止借农村土地经营权流转之名搞非农业建设，禁止在基本农田保护区内建窑、建房、建坟、挖砂、采石、采矿、堆放固体废弃物或者进行其他破坏基本农田的活动。农村土地管理制度改革，要以符合规划和用途管制为前提，守住底线、试点先行、积极稳妥推进。

山东省农业厅制定了《山东省耕地质量提升总体规划》（2014—2020 年），规划和部署了耕地质量提升的任务和项目布局，提出了土壤改良修复、农药残留治理、秸秆综合利用、地膜污染防治、畜禽粪便无害化处理和重金属污染修复等六项工程措施。启动了耕地质量提升计划试点，省财政拨付 7000 万元专项资金，在荣成市、寿光市、招远市、高唐县、历城区开展试点，试点工作取得了初步成效。

二、耕地质量保护与提升

（一）耕地地力评价

华北小麦玉米轮作区所辖 4 个省已经完成了所有农业项目县的耕地地力调查与质量评价工作。通过评价，摸清了耕地地力等级、分布、土壤养分状况、农田基础设施状况、存在的主要障碍因素、利用中存在的问题等，提出了耕地合理利用、耕地地力提高的对策、措施与建议，为不断提高耕地质量打下了坚实基础。

（二）耕地质量监测

华北小麦玉米轮作区内共有 65 个国家级耕地质量长期定位监测点，4 个省土肥部门严格按照《耕地质量监测技术规程》的有关要求，监测田间作业情况、作物产量、施肥量，并在每年最后一季作物收获后、下一季施肥前采集各处理区耕层土壤样品，送有土壤肥料检测资质的机构检测，上报国家级耕地质量监测点数据。河北省还投资建设了 4 个耕地质量监测预警站，开展了耕地质量监测与预警工作。同时，河北省还结合测土配方施肥项目开展，每个县都设置了耕地肥效试验点和耕地地力监测点，为当地农业生产提供服务。山西省耕地质量监测工作从 1990 年开始坚持至今，在全省选择有区域代表性的 35 个县，建立土壤肥力动态监测点 2380 个（其中，包括国家级监测点 8 个），共获得监测数据

11.42 万个，采集相关信息 20 余万条。2008 年争取省级煤炭可持续发展基金，在 11 个市级土肥站建立了 11 个市级耕地质量监测体系；2005 年以来，结合测土配方施肥行动的开展，建立和完善了县级监测体系。河南省耕地质量监测始于 20 世纪 80 年代中期，至今已有 20 余年历程。目前，已建国家、省、市、县四级地力监测点 2000 多个，监测点基本覆盖了全省主要以粮为主的种植制度。山东省以测土配方施肥标准化验室创建为抓手，积极加强耕地质量监测工作。先后创建了一批测土配方施肥标准化验室，有力地提升了基层化验室检测水平，完成了包括空白区、施肥区、常规区在内的土壤样品采集及氮磷钾、有机质、pH 等 7 项指标的化验分析工作，保证了土壤肥力监测的连续性。

（三）测土配方施肥

华北小麦玉米轮作区 4 个省紧紧围绕测土、配方、配肥关键环节，实现了测土配方施肥技术的普及，形成了"农企对接合作推广配方肥"下地，"整建制"推进，"示范片"到村，"建议卡"上墙的工作模式，取得了显著的经济、社会和生态效益，为促进农业增效、农民增收发挥了积极作用。"十一五"期间，以河北省为例，在 151 个县（单位）实施了测土配方施肥补贴项目，国家和省累计投资超过 2 亿元，采集化验土壤样品 83.5 万个，推广应用测土配方施肥面积 2.1 亿亩，覆盖 4 万个村，涉及农户 1700 万户。据初步估算，节肥 43.2 万 t，节本增效 80 亿元，耕地生产能力进一步提高。山西省测土配方施肥面积由 2005 年的 120 万亩发展到 2012 年的 4710 万亩，应用普及率达 77.2%。2012 年化肥用量 $N:P_2O_5:K_2O=1:0.49:0.24$，比 2005 年的 $N:P_2O_5:K_2O=1:0.46:0.17$ 有所改善，复合（混）肥用量提高 43%，项目区 $N:P_2O_5:K_2O=1:0.6:0.3$，逐步趋于合理。山东省 132 个县（单位）实现了县级行政区域测土配方施肥项目全覆盖。至今已连续实施 10 年，累计国家财政投资 45155 万元，近年来年财政投入基本稳定在 4400 万元左右。十年来全省累计采集样品 98.46 万个，采样密度平均达到 110 亩 1 个，化验 498.5 万项次，安排试验示范 11441 个。全省实现了 3 个全覆盖和 3 个全免费，即项目区域全覆盖、取土化验全覆盖、配方发布全覆盖，所有农户均可免费参加培训、免费索取技术明白纸、免费查询施肥信息系统。河南省共推广测土配方施肥面积 14529 万亩（其中配方肥施用面积达到 5849 万亩、施用量达 148 万 t），占农作物总播种面积的 69.2%。根据小麦产量水平、土壤分布特征、农田主要限制因素，将全省麦田划分为 6 大类型区：豫北高产麦区、豫东及豫北沿黄中高产麦区、豫中南中高产麦区、豫西南中低产麦区、岗岭旱作麦区、沿淮低产麦区，提出不同区域科学施肥建议，制定印发了《2013 年春季麦田水肥管理指导意见》、《小麦测土配方施肥与麦播时期农田水分管理指导意见》，科学运筹肥水，满足小麦生长发育对养分、水分的需求。

（四）土壤有机质提升

河南省 2012 年完成推广玉米秸秆粉碎还田腐熟技术 100 万亩，综合应用地力培肥技术 10 万亩。施用秸秆腐熟剂 2209.88t，商品有机肥 2016.34t，紫云英种子 20t。按方案要求 15 个项目县每个县都安排了 5 个效果观测点和 2 个试验示范点，进行效果观测和展示。项目的实施，不仅可改善土壤理化性状、培肥土壤、增加作物抗性、提高农产品产量和质量，而且减轻了由于秸秆焚烧造成的环境污染，在保护生态环境方面也取得了显著效果。

河北省选择馆陶县、清河市等 6 个县（市）实施了以秸秆腐熟还田为主要模式的土壤有机质提升补贴项目，项目总投资 1380 万元，实施面积 69 万亩。共购置施用秸秆腐熟剂 2238t，麦田施用玉米秸秆腐熟剂面积 78.8 万亩。各项目县建立了示范区，安排了典型效果观测点，布置了 5 个典型地点效果观测点，以观察腐熟剂的使用效果。采集分析土壤样品 138 个，摸清了土壤有机质的基础含量，从小麦整地、播种到各个关键生育期都进行定点定期调查，并做好田间记录。在使用前后分别对每个处理进行土壤样品采集并进行检测（有机质、pH、N、P、K 的含量），以验证使用腐熟剂的效果，为今后的推广使用提供数据。

山西省推广应用秸秆还田培肥改土技术，秸秆还田面积由 2005 年的 1025 万亩发展到 2013 年的 2736 万亩，秸秆还田范围扩大 1711 万亩，秸秆资源利用率由 50％提高到 80％，提高了 30 个百分点。

山东省自 2007 年开始实施土壤有机质提升项目，实施主要模式是玉米秸秆还田加秸秆腐熟剂和增施商品有机肥模式。2014 年项目在济南市历城区、淄博市临淄区等 25 个项目县实施，项目资金总额 3500 万元，实施面积达到 230 多万亩，项目覆盖 185 个乡镇，受惠农户达到 50 多个。

第二章 耕地地力评价方法与步骤

考虑到与县域耕地地力评价相关成果衔接,本次华北小米玉米轮作区耕地地力汇总评价基本沿用县域耕地地力评价的技术路线及方法,主要的工作步骤包括:收集数据及图件资料—进行补充调查—筛选审核地力评价数据—建立耕地地力评价数据库—确定评价单元—确定耕地地力评价指标体系及权重—确定耕地地力等级并划分耕地质量主要性状分级标准—耕地地力等级与养分评价—建立区域耕地资源信息系统—形成文字及图件成果。本次评价的数据主要来源于县域耕地地力评价数据,并进行了筛选审核。同时,进行了适当的补充调查,以满足本次评价的需求。在评价过程中,应用 GIS 空间分析、层次分析、模糊数学等方法,形成了评价单元划分、评价因素选取与权重确定、评价等级图生成等定量自动化的耕地地力评价流程。与传统评价方法相比,评价信息更为准确,评价过程更为快速,评价结果更为可靠。

第一节 资料收集与整理

耕地地力评价资料主要包括耕地化学性状、物理性状、立地条件、土壤管理、障碍因素等。通过野外调查、室内化验分析和资料收集,获取了大量耕地地力基础信息,经过严格的数据筛选、审核与处理,保障了数据信息的科学准确。

一、软硬件及资料准备

(一)软硬件准备

1. 硬件准备 主要包括高档微机、数字化仪、扫描仪、喷墨绘图仪等。计算机主要用于数据和图件的处理分析,数字化仪、扫描仪用于图件的输入,喷墨绘图仪用于成果图的输出。

2. 软件准备 主要包括 WINDOWS 操作系统软件,FOXPRO 数据库管理、SPSS 数据统计分析等应用软件,MAPGIS、ARCVIEW 等 GIS 软件,以及 ENVI 遥感图像处理等专业分析软件。

(二)资料的收集

本次评价广泛收集了与评价有关的各类自然和社会经济因素资料,主要包括参与耕地地力评价的野外调查资料及分析测试数据、各类基础图件、相关统计资料等。收集获取的资料主要包括以下几个方面:

1. 野外调查资料 野外调查点是从参与县域耕地地力评价的点位筛选获取的,野外调查资料主要包括位置、地形地貌、土壤母质、土壤类型、土层厚度、表层质地、耕层厚度、耕地利用现状、灌排条件、施肥水平、气候条件、水文、作物产量及管理措施等。采样地块基本情况调查内容见表 2-1。

表 2-1　采样地块基本情况调查表

	统一编号		调查组号		采样序号	
	采样目的		采样日期		上次采样日	
地理位置	省（市）名称		地（市）名称		县（旗）名称	
	乡（镇）名称		村组名称		邮政编码	
	农户名称		地块名称		电话号码	
	地块位置		距村距离（m）		—	—
	纬度（°′″）		经度（°′″）		海拔高度（m）	
自然条件	地貌类型		地形部位		—	—
	地面坡度（°）		田面坡度（°）		坡向	
	通常地下水位(m)		最高地下水位(m)		最深地下水位(m)	
	常年降水量		常年有效积温（℃）		常年无霜期（天）	
生产条件	农田基础设施		排水能力		灌溉能力	
	水源条件		输水方式		灌溉方式	
	熟制		典型种植制度		常年产量水平（公斤/亩）	
土壤情况	土类		亚类		土属	
	土种		俗名		—	—
	成土母质		剖面构型		土壤质地（手测）	
	土壤结构		障碍因素		侵蚀程度	
	耕层厚度（cm）		采样深度（cm）			
	田块面积（亩）		代表面积（亩）		—	—

		第一季	第二季	第三季	第四季	第五季
来年种植意向	茬口					
	作物名称					
	品种名称					
	目标产量					

采样调查单位	单位名称			联系人	
	地址			邮政编码	
	电话		传真	采样调查人	
	E-mail				

2. 分析化验资料　从筛选好的耕地地力评价点位资料中，获取点位化验数据，主要有土壤 pH、有机质、全氮、有效磷、速效钾、缓效钾、有效钙、有效镁、有效硫、有效锌、有效硼、有效铜、有效铁、有效钼、有效锰，以及容重等化验分析资料。

3. 基础及专题图件资料　主要包括省级 1∶50 万比例尺的土壤图、土地利用现状图、地貌图、土壤质地图、行政区划图、降雨量图、有效积温等。其中土壤图、土地利用现状图、行政区划图主要用于叠加生成评价单元。土壤质地图、地貌图用于提取评价单元信息。降雨量图、有效积温图统一从国家气象单位获取，用于提取评价单元信息，也用于耕地生产能力分析。

4. 其他资料 收集了以行政区划为基本单位的人口、土地面积、耕地面积，近3年主要作物种植面积、粮食单产、总产，蔬菜和果品种植面积及产量，以及肥料投入等社会经济指标数据；名、特、优特色农产品分布、数量等资料；近几年土壤改良试验、肥效试验及示范资料；土壤、植株、水样检测资料；水土保持、生态环境建设、农田基础设施建设、水利区划等相关资料；项目区范围内的耕地地力评价资料，包括技术报告、专题报告等；第二次土壤普查基础资料，包括土壤志、土种志、土壤普查专题报告等。

（三）评价样点选择

1. 评价样点选择原则 评价样点选择原则：广泛代表性、兼顾均匀性、时效一致性和数据完整性。

县域耕地地力评价时，比例尺是1∶5万，本次耕地地力区域汇总评价的比例尺是1∶50万。根据评价的需求、成图的需要，在反复试验成图精度的基础上，最终确定按照平均1万亩1个样点的密度筛选县域耕地地力评价样点。

2. 评价样点确定 县级耕地地力评价点是本次区域汇总评价样点的选择基础，首先根据样点密度、耕地面积比例，将评价样点数量分配到各省轮作区，再逐级分配到市、县。县级耕地地力评价点位数量一般在1000～2000个之间，各县按照分配的评价样点数量，在参与县域评价的样点中做进一步筛选。筛选样点时，兼顾土壤类型、行政区划、地貌类型、地力水平等因素，筛选的样点限定在大田中，对土壤类型及地形条件复杂的区域，适当加大点位密度。最终选取本次用于耕地地力评价的样点共计23862个。

3. 筛选样点数据项 在样点选取的基础上，进一步筛选样点信息进行耕地地力评价分析。具体数据项的筛选主要依据评价内容，同时考虑本区域影响粮食生产的相关因素，并做了适当的补充调查。主要包括样点基本信息、立地条件、理化性状、障碍因素、土壤管理5个方面。筛选出的样点信息达到了信息齐全、准确、不缺项的要求。华北小麦玉米轮作区耕地地力评价样点信息见表2-2。

表2-2 区域耕地地力评价样点信息

项　　目		项　　目	
统一编号		灌溉能力	
省名		排水能力	
地市名		耕层厚度（cm）	
县名		耕层质地	
乡镇名		障碍层类型	
村名		障碍层出现位置	
采样年份		障碍层厚度（cm）	
经度（°′″）		盐渍化程度	
纬度（°′″）		土壤pH	

（续）

项　目		项　目	
采样深度（cm）		有机质（g/kg）	
农户姓名		全氮（g/kg）	
土类		有效磷（mg/kg）	
亚类		速效钾（mg/kg）	
土属		缓效钾（mg/kg）	
土种		有效硫（mg/kg）	
成土母质		有效锌（mg/kg）	
有效土层厚度（cm）		有效硼（mg/kg）	
常年轮作制度		有效铜（mg/kg）	
小麦产量（kg/亩）		有效铁（mg/kg）	
玉米产量（kg/亩）		有效钼（mg/kg）	
灌溉方式		有效锰（mg/kg）	

样点（调查点）基本信息：包括统一编号、省名、地市名、县名、乡镇名、村名、采样年份、经度、纬度、采样深度、农户姓名等。

立地条件：包括土类、亚类、土属、土种、成土母质、地形地貌、坡度、坡向等。

理化性状：包括耕层厚度、耕层质地、有效土层厚度、质地构型等土壤物理性状；土壤化学性状主要有土壤 pH、有机质、全氮、有效磷、速效钾、缓效钾、有效硫、有效锌、有效硼、有效铜、有效铁、有效钼、有效锰等。

障碍因素：包括障碍层类型、障碍层出现位置、障碍层厚度、盐渍化程度等。

土壤管理：包括常年轮作制度、小麦产量、玉米产量、灌溉方式、灌溉能力、排水能力等。

二、评价样点补充调查

（一）补充调查目的意义

在县域耕地地力评价工作中，根据技术规程要求，进行了土壤采样分析及农户调查，以及土地利用现状图、土壤志等资料收集，较好满足了县域耕地地力评价工作要求。华北小麦玉米轮作区耕地地力汇总评价工作与县域耕地地力评价工作有着密切联系，但也有明显不同。县域耕地地力评价是以县级行政区域为评价范围，各县之间由于耕地的地形地貌、土壤类型、种植作物等的多样性与差异性，导致收集获取的各种资料不尽相同，即使同一调查项目，各地分类及叫法也不尽相同。加之华北小麦玉米轮作区范围广，降水量、积温等气候条件存在明显差异，各县域参评因子也不同，所以从县域获取的评价资料不能完全满足区域汇总评价工作要求。必须在充分梳理并利用县域评价资料的基础上，根据拾漏补缺的原则开展补充调查，以满足区域评价与汇总工作的需求。

（二）补充调查主要内容

补充调查的主要内容分为三方面：一是规范原调查项目的填写，保证评价指标数据的统一可比性。如灌溉水源分地表水、地下水等，灌溉方式分漫灌、沟灌、畦灌、喷灌、滴灌、小白龙或无灌溉条件，灌溉能力分充分满足、满足、一般满足、基本满足、不满足，排水能力分保排、能排、可排（将来可发展）、渍涝（不具备条件或不计划发展排涝）。耕层质地分为砂土（含松砂土、紧砂土）、砂壤、轻壤、中壤、重壤、黏土（含轻黏土、中黏土、重黏土）。地貌名称分平原、丘陵和盆地，地形部位分平地、河床、阶地、河漫滩、黄土源地、丘间洼地等。地面坡度分 0°～3°、3°～6°、6°～15°，田面坡度分 0°～3°、3°～6°。二是增加调查项目。如障碍层类型按 1m 土体内出现的障碍层类型，分为夹砂心（含砾石层、砂姜层）、砂底（砾石层、砂姜层）、无，障碍层出现位置和障碍层厚度按土壤调查情况填写。盐渍化程度分重度（地表盐结皮明显，作物缺苗 50％以上，不死的苗生长也显著受抑制）、中度（地表盐结皮明显，作物缺苗 30％～50％）、轻度（地表盐结皮尚明显，作物缺苗 10％～30％，生长基本正常）、无；小麦秸秆还田方式分机械粉碎、高留茬、覆盖、不还田，玉米秸秆还田方式分机械粉碎、不还田等。三是完善点位各种养分资料。以原县域耕地地力评价点位土样为基础，对没有分析的项目进行补充分析，如有效钼、有效硼等。对部分典型区域而无点位化验资料的，需重新采样进行分析化验。

（三）补充调查方法

区域内所有项目县对已调查过的项目，如地貌、灌溉能力等根据区域土壤图、地貌图、灌溉保证率图及收集的有关资料，逐项按补充调查要求及划分标准审核、规范修改填写。对新增加的项目如盐渍化程度、秸秆还田方式等由技术人员到实地调查、测量并填写。在完成补充调查后，需达到表格填写项目齐全、规范、数据准确的要求。

三、数据资料审核处理

数据的准确与否直接关系到耕地地力评价的精度、养分含量分布图的准确性，并对成果应用的效益发挥有很大影响。为保证数据的可靠性，在进行耕地地力评价之前，需要对数据进行检查和预处理。数据资料审核处理主要是对参评点位资料的审核处理，采取了人工检查和计算机编程检查相结合的方式进行，以确保数据资料的完整性和准确性。

（一）数据资料人工检查

先由县级专业人员在测土配方施肥项目采样分析点位中，按照点位资料代表性、典型性、时效一致性、数据完整性的原则，按照每万亩筛选一个样点的密度要求，从中筛选出点位资料，并进行数据检查和审核。市级再对县级资料进行检查和审核，重点审核养分数据是否异常，施肥水平、作物产量是否符合实际，发现问题反馈给相应县，进行修改补充。在此基础上，省级对市级资料再进行分析审核，重点统一地形地貌、土壤母质、灌排条件等划分标准，按照不同利用类型、不同质地类型、不同土壤类型分类检查土壤养分数据，剔除异常值。

（二）计算机编程检查

为快速对逐级上报的数据资料进行核查，利用计算机编程设计开发了数据检查处理系统。系统采用平均值加标准差的方法，即正常数据的上下限（C_a）等于数据的平均值（Z）加减二倍标准差（S）的方法。公式为：$C_a = Z \pm 2S$。

二倍标准差适用于数据分布比较简单均一，符合正态分布的情况。对于样本数据比较复杂的情况，可采用 99.73％ 的置信范围，即三倍标准差的方法。这种方法是把样本数据小于或者大于样本平均值加减三倍标准差的样本视为可疑样本。

在系统中，提供输入接口让用户选择要检查的样本数据及其属性字段。利用 AE 提供的 Data Statistics 接口，对样本数据属性值进行统计，得到样本数据的平均值和标准差。根据用户选择的方法，来计算样本属性字段的 C_a 值。系统自动对样本数据进行遍历并把属性字段的每个样本值与 C_a 值进行比较，当数据小于或者大于 C_a 值时，系统判断此数据为异常值，并对数据进行刷光处理，在地图显示窗口刷新地图显示。用户根据高亮显示，可以用查询工具对数据进行核实，根据实际情况将数据返回项目县进行核证。也可以根据系统提示，对数据进行统一的剔除操作。

平均值加标准差法是数据异常值检查最常用和最有效的一种方法，在数据比较复杂时可以在系统中将参数设定为 3S 法，能较好地避免数据错误。

四、调查结果应用

（一）应用于耕地养分分级标准的确定

依据各省汇总样点数据，结合本区域田间试验和长期研究等数据，建立本区域土壤 pH、有机质、全氮、有效磷、速效钾、缓效钾、有效铜、有效锌、有效铁、有效锰、有效硼、有效钼和有效硫等耕地主要养分分级标准。

（二）应用于耕地地力评价指标体系的建立

区域耕地地力评价实质上是评价各要素对农作物生长影响程度的强弱，所以，在选择评价指标时主要遵循四个原则：一是选取的因素对耕地地力有较大影响，如地形部位、排灌条件等；二是选取的因素在评价区内变异较大，如土体构型、障碍因素等；三是选取的因素具有相对的稳定性和可获取性，如质地、有机质及养分等；四是选取的因素考虑评价区域的气候变化，如积温、降雨等。区域耕地地力评价样点填报信息除气候因素外，其他基本能够满足耕地地力评价指标的获取，可以直接应用于区域耕地地力评价指标体系的建立。

（三）应用于耕地综合生产能力的分析

通过分析评价区样点资料和评价结果，可以获得区域生产条件状况、耕地地力状况、耕地质量主要性状情况，以及农业生产中存在的问题等，可为区域耕地地力水平提升提出有针对性的对策措施与建议。

第二节　评价指标体系建立

本次评价重点包括耕地地力等级评价和耕地理化性状分级评价两个方面。为满足评价要求，首先要建立科学的评价指标体系。

一、耕地地力等级评价指标选取

（一）指标选取的原则

参评指标是指参与评价耕地地力等级的耕地诸多属性。正确地进行参评指标选取是科学评价耕地地力的前提，直接关系到评价结果的正确性、科学性和社会可接受性。选取的指标之间应该相互补充，上下层次分明。指标选取的主要原则：

科学性原则：指标体系能够客观地反映耕地综合质量的本质及其复杂性和系统性。选取评价指标应与评价尺度、区域特点等有密切的关系，因此，应选取与评价尺度相应、体现区域特点的关键因素参与评价。本次评价以华北小麦玉米轮作区为评价区域，既需考虑降水、积温、地貌等大尺度变异因素，又需选择与小麦玉米生产相关的灌溉、土壤养分等重要因子，从而保障评价的科学性。

综合性原则：指标体系要反映出各影响因素的主要属性及相互关系。评价因素的选择和评价标准的确定要考虑当地的自然地理特点和社会经济因素及其发展水平，既要反映当前的局部和单项的特征，又要反映长远的、全局的和综合的特征。本次评价选取了土壤化学性状、物理性状、立地条件、土壤管理等方面的相关因素，形成了综合性的评价指标体系。

主导性原则：耕地系统是一个非常复杂的系统，要把握其基本特征，选出有代表性的起主导作用的指标。指标的概念应明确，简单易行。各指标之间涵义各异，没有重复。选取的因子应对耕地地力有比较大的影响，如地形因素、土壤因素和灌溉条件等。

可比性原则：由于耕地系统中的各个因素具有很强的时空差异，因而评价指标体系在空间分布上应具有可比性，选取的评价因子在评价区域内的变异较大，数据资料应具有较好的时效性。

可操作性原则：各评价指标数据应具有可获得性，易于调查、分析、查找或统计，有利于高效准确完成整个评价工作。

（二）指标选取方法

根据以上指标选取的原则，针对华北小麦玉米轮作区耕地地力评价要求和特点，在评价指标的选取中，采用了定量与定性结合的方法，既体现专家意见，同时尽量避免主观判断。

1. 系统聚类方法 系统聚类方法用于筛选影响耕地地力的理化性质等定量指标，通过聚类将类似的指标进行归并，辅助选取相对独立的主导因子。本次评价利用 SPSS 统计软件进行了土壤养分等化学性状的系统聚类，聚类结果为土壤养分等化学性状评价指标的选取提供了依据，聚类结果见图 2-1。

从系统聚类分析结果图中可以看出，有效铜、有效锰、有效硫、缓效钾、有效铁、全氮、有效钼和有效锌为一组，有效硼、有效磷、有机质和土壤 pH 为一组，速效钾为一组。

2. DELPHI 法 在评价定量指标聚类分析的基础上，采用 DELPHI 法重点进行了影响耕地地力的立地条件、物理性状等定性指标的筛选，同时对化学性状指标提出选取意见，最后由专家组确定。

专家意见征询：首先在河北、山东、河南、山西 4 省土肥站业务人员参加的专题会上征集讨论拟选取的评价指标。在此基础上，分别向从事土肥、栽培等有关专家进行意见征询。召开专家会议：由全国农技中心组织土壤农业化学专家、小麦玉米栽培专家及评价区域 4 省相关土肥站业务人员组成的专家组，对系统聚类分析结果、征集的评价指标及各省

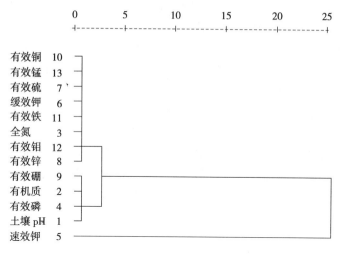

图 2-1 相关指标聚类分析结果

专家意见进行会商，统一各方意见。综合考虑各因素对耕地地力的影响确定最终的评价指标为灌溉能力、地貌类型、耕层质地、降水量、≥10℃积温、有机质、耕层厚度、盐渍化程度、有效磷、速效钾、有效锌等 11 项指标。

所选取的 11 项评价指标中，地貌类型、≥10℃积温、降水量等为耕地自然因素指标；灌溉能力为反映耕地管理条件的指标；耕层质地、耕层厚度为耕地土壤物理性状指标；有机质、有效磷、速效钾和有效锌为耕地土壤养分性状指标；盐渍化程度则为反映土壤退化的障碍性指标。

气候要素和地貌类型是影响大区域耕地地力和农作物生产的关键性自然要素。华北小麦玉米轮作区处于华北平原区域，虽宏观性地貌类型以平原为主，但区域内包含了部分丘陵等其他类型，同时该区微地貌类型较为复杂，不同类型其耕地利用和产量水平有较大差异，因而对小麦玉米生产及耕地地力产生重要影响。积温、降水是两个最重要的气候因子，是华北区域小麦玉米生产条件性关键因子，区域内不同的区位其积温与降水条件有明显的差异，因此，本次评价选取了≥10℃积温和降水量这两个与小麦玉米生长关系密切的关键指标。

灌溉条件是影响华北小麦玉米轮作区作物产量的重要因素。小麦玉米生长需水量大，灌溉用水量水资源总量比例较高，同时，该区工业生产水平较高、人口密度较大，工业发展及群众生活同样对水资源需求迫切，造成了该区地下水资源超采量严重，部分区域形成了地下水漏斗。因此，耕地灌溉能力的强弱直接影响区域内农作物的产量水平，成为影响该区耕地地力水平的重要指标。

耕层质地和耕层厚度是耕地土壤的重要物理性状指标。不同的耕层质地则代表了耕地土壤不同的保水保肥能力及不同的养分丰缺水平，从而对耕地地力产生直接影响。华北小麦玉米轮作区由于长期采用旋耕的耕作方式，已使耕作层变浅问题逐渐凸显，从而对作物根系的发育及生长管理产生了影响，加厚耕层已成为提升耕地地力水平和作物产量的重要措施，因此，选择耕层厚度指标参与该区耕地地力评价。

土壤的养分状况是耕地土壤肥力水平的重要反映，而土壤有机质是土壤肥力的综合反映，是评价耕地肥力状况的首选指标。其次，需考虑影响作物生长的氮磷钾大量营养元素指标，分析养分对作物生产的直接有效性。由于土壤氮素营养与有机质含量具有较高的相关性，本次评价选择了有效磷和速效钾两个大量营养元素指标。相对于大量营养元素的作用，微量元素的作用也不可忽视。考虑到区域玉米的生长发育对有效锌有较高的敏感性，因此选取了土壤有效锌含量作为华北小麦玉米轮作区耕地地力评价的土壤微量元素养分指标。

此外，由于华北小麦玉米轮作区地势总体低平，蒸发量大于降水量。尽管盐渍化面积比第二次土壤普查时期有大幅度减少，但在部分低洼区域及滨海区域依然存在土壤盐渍化问题。土壤的盐渍化仍然是影响该区耕地生产力水平发挥的一个重要因素。因此，本次评价将土壤盐渍化程度纳入耕地地力评价指标。

二、耕地质量主要性状分级标准确定

20世纪80年代，全国第二次土壤普查项目开展时，对土壤pH、有机质、全氮、碱解氮、有效磷、速效钾、全磷、全钾、碳酸钙、有效硼、有效钼、有效锰、有效锌、有效铜、有效铁等耕地理化性质进行分级，其分级标准见表2-3。经过30年的发展，耕地土壤理化性质发生了巨大变化，有的分级标准与目前的土壤现状已不相符合。以山东省土壤有效磷为例，全国第二次土壤普查分级标准最大级别含量为40mg/kg，而当时大于20mg/kg的面积仅占全省耕地面积1.35%。而据目前山东省50.3万个土样检测数据显示，有效磷平均含量为32.2mg/kg，大于20mg/kg的面积占全省耕地面积的73.4%。因此，本次评价在全国第二次土壤普查土壤理化性质分级标准的基础上进行了修改或重新制定。

表2-3　全国第二次土壤普查时期耕地质量主要性状分级标准

分级标准	一级	二级	三级	四级	五级	六级	七级
有机质（g/kg）	>40	30~40	20~30	10~20	6~10	<6	—
全氮（g/kg）	>2	1.5~2	1.5~1.0	1~0.75	0.5~0.75	<0.5	—
碱解氮（mg/kg）	>150	120~150	90~120	60~90	30~60	<30	—
有效磷（mg/kg）	>40	20~40	10~20	5~10	3~5	<3	—
速效钾（mg/kg）	>200	150~200	100~150	50~100	30~50	<30	—
有效硼（mg/kg）	>2.0	1.0~2.0	0.5~1.0	0.2~0.5	<0.2	—	—
有效钼（mg/kg）	>0.3	0.2~0.3	0.15~0.2	0.1~0.15	<0.1	—	—
有效锰（mg/kg）	>30	15~30	5~15	1~5	<1	—	—
有效锌（mg/kg）	>3.0	1.0~3.0	0.5~1.0	0.3~0.5	<0.3	—	—
有效铜（mg/kg）	>1.8	1.0~1.8	0.5~1.0	0.2~0.5	<0.1	—	—
有效铁（mg/kg）	>20	10~20	4.5~10	2.5~4.5	<2.5	—	—
pH	>9	8.5~9	7.5~8.5	6.5~7.5	5.5~6.5	4.5~5.5	<4.5

（一）制定原则

一是要与第二次土壤普查分级标准衔接，在保留原全国分级标准级别值基础上，可以在一个级别中进行细分，以便于资料纵向、横向比较。二是细分的级别值、以及向上或向下延伸的级别值要有依据，需综合考虑作物需肥的关键值、养分丰缺指标等。三是各级别的幅度要考虑均衡，幅度大小基本一致。

（二）耕地质量主要性状分级标准

首先，对评价区域所有土壤养分及相关指标进行了数理统计分析，计算了各指标的平均值、中位数、众数、最大值、最小值和标准差等统计参数（表2-4），并根据各指标数据的分布得到了其分布的直方图（图2-2）。以此为依据，同时参考相关已有的分级标准，并结合当前区域土壤养分的实际状况、丰缺指标和生产需求，确定科学合理的养分分级标准（表2-5）。

表2-4 华北小麦玉米轮作区耕地质量主要性状描述性统计

项 目	平均值	众数	最大值	最小值	标准差
pH	7.8	8.10	8.9	5.1	0.58
有机质（g/kg）	14.4	14.1	44.3	5.0	2.82
全氮（g/kg）	0.86	0.80	2.48	0.10	0.19
有效磷（mg/kg）	19.9	16.6	98.5	3.0	9.0
速效钾（mg/kg）	126	125	394	30	41
缓效钾（mg/kg）	760	806	1 663	194	177
有效锰（mg/kg）	14.45	9.17	149.86	0.50	10.89
有效硫（mg/kg）	32.8	22.90	291.1	1.0	22.08
有效钼（mg/kg）	0.35	0.13	9.98	0.01	1.40
有效铜（mg/kg）	1.61	1.30	26.33	0.05	1.18
有效铁（mg/kg）	13.02	8.53	227.00	0.20	11.41
有效锌（mg/kg）	1.62	1.21	28.10	0.10	1.51
有效硼（mg/kg）	0.78	0.48	29.56	0.06	2.13

表2-5 华北小麦玉米轮作区土壤养分指标分级

项 目	分级标准					
	一级	二级	三级	四级	五级	六级
有机质（g/kg）	＞30	20～30	15～20	10～15	6～10	＜6
全氮（g/kg）	＞1.5	1.25～1.5	1～1.25	0.75～1	0.5～0.75	＜0.5
有效磷（mg/kg）	＞40	25～40	20～25	15～20	10～15	＜10
速效钾（mg/kg）	＞150	120～150	100～120	80～100	50～80	＜50
缓效钾（mg/kg）	＞1500	1200～1500	900～1200	750～900	500～750	＜500
有效铜（mg/kg）	＞1.8	1.5～1.8	1～1.5	0.5～1	0.2～0.5	＜0.2
有效锌（mg/kg）	＞3	1.5～3	1～1.5	0.5～1	0.3～0.5	＜0.3
有效铁（mg/kg）	＞20	15～20	10～15	4.5～10	2.5～4.5	＜2.5
有效锰（mg/kg）	＞30	20～30	15～20	10～15	5～10	＜5
有效硼（mg/kg）	＞2	1.5～2	1～1.5	0.5～1	0.2～0.5	＜0.2
有效钼（mg/kg）	＞0.3	0.25～0.3	0.2～0.25	0.15～0.2	0.1～0.15	＜0.1
有效硫（mg/kg）	＞200	100～200	50～100	25～50	12～25	＜12

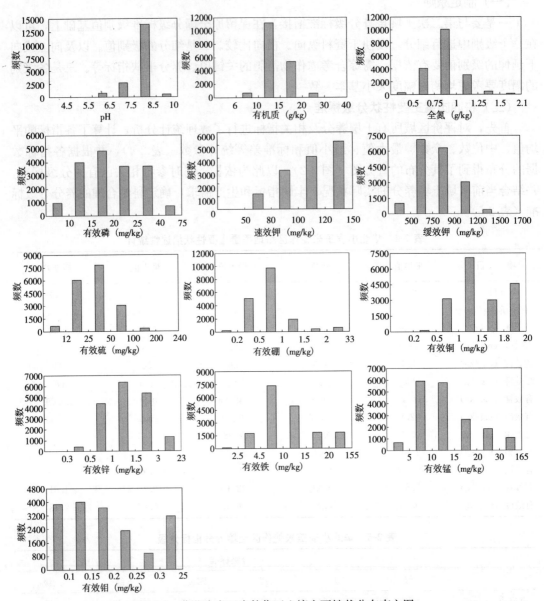

图 2-2　华北小麦玉米轮作区土壤主要性状分布直方图

第三节　数据库建立

华北小麦玉米轮作区耕地资源信息系统数据库建设工作，是区域耕地地力评价的重要成果之一，是实现评价成果资料统一化、标准化以及实现综合农业信息资料共享的重要基础。耕地资源信息系统数据库是对 4 个省项目区最新的土地利用现状调查、第二次土壤普查的土壤及养分资料、地貌、降雨量、有效积温、县域耕地地力评价采集的土壤化学分析成果的汇总，并且是集空间数据库和属性数据库的存储、管理、查询、分析、显示为一体的数据库，能够实现数据的实时更新，快速、有效地检索，能为各级决策部门提供信息支持，也将大大提高耕地资源管理及应用水平。

一、主要工作阶段

华北小麦玉米轮作区区域耕地资源信息系统数据库建设流程涉及资料收集、资料整理与预处理、数据采集、拓扑关系建立、属性数据输入、数据入库6个工作阶段。

资料收集阶段：为满足建库工作的需要，收集了轮作区内河北、山东、河南、山西4个省电子版1：50万数字地理底图、1：50万土地利用现状图、1：50万行政区划图、1：100万地貌图、1：300万≥10℃有效积温和降雨量分布图等。4个省图片格式的1：50万土壤图、比对用的第二次土壤普查的1：50万有机质图、全氮图、有效磷图、速效钾图、缓效钾图。1：100万pH图、有效硫图、有效锌图、有效硼图、有效铜图、有效铁图、有效钼图、有效锰图等。4个省项目区点位图及相应的点位属性表。

资料整理与预处理阶段：为提高数据库建设的质量，按照统一化和标准化的要求，对收集的资料进行了规范化检查与处理。

第一步：对4个省提供的电子版资料检查是否符合区域汇总和建库的要求，对符合要求后资料进行统一符号库和色标库处理。按照区域汇总和数据库建设的要求规范化处理点、线、面内容。将电子版资料全部配准到省级1：50万数字地理底图上。

第二步：对图片格式的资料全部配准到省级1：50万数字地理底图上。图片格式的资料均为第二次土壤普查省级汇总的资料。由于四省的养分级别排序、养分级别的分级不完全一致，为使原有资料尽量统一，依据养分级最多且能涵盖其他3个省的为相对标准，将其他3个省按照养分的级别重新排序。为方便读图在每个级别前增加省级的字母代号。

第三步：对4个省项目区点位属性表中的属性内容，在本省系统甄别养分异常值的基础上，重点对4个省的采样点位重号、采样点地名重复、采样点位图中的点位数与点位属性表中的点位数的一致性等内容进行了系统检查和处理。

第四步：4个省跨度较大，1：50万地理底图的投影和中央子午线选择也不一致。为使4个省项目区的编图符合数据库建设要求，参照国家华北区地理底图的投影和中央子午线参数，形成华北小麦玉米轮作区理论坐标值的地理底图框。将4个省已编辑好的所有资料全部配准到该底图框上，通过进一步编辑，形成华北小麦玉米轮作区系列成果图。数据采集阶段：一是对电子版资料首先配准到省级1：50万地理底图上，再按建库要求分层编辑点、线、面文件。二是对图片格式的资料全部配准到省级1：50万地理底图上，按照数据库建设要求，分层矢量化点和线的内容。

拓扑关系建立阶段：对所有数据采集的线内容，进行拓扑检查处理，形成自动拓扑处理的成果图。

属性数据输入阶段：依据县域耕地资源管理信息系统数据字典等资料，对所有成果图按相关要求输入属性代码和相关的属性内容。

数据入库阶段：在所有矢量数据和属性数据质量检查和有关问题处理后，进行属性数据库与空间数据库联接处理，按照有关要求形成所有成果的数据库。

二、建库的依据及平台

数据库建设主要是依据和参考县域耕地资源管理信息系统数据字典、耕地地力调查与质量评价技术规程，以及有关华北小麦玉米轮作区区域汇总技术要求完成的。

建库前期工作采用 MAPGIS 平台，对电子版资料进行点、线、面文件的规范化处理和拓扑处理，将所有建库资料首先配准到省级 1∶50 万地理底图上，最后配准到华北小麦玉米轮作区 1∶50 万地理底图框上。对纸介质或图片格式的资料，进行扫描处理，将所有资料配准到省级 1∶50 万地理底图上，进行点、线、面分层矢量化处理和拓扑处理，最后配准到华北小麦玉米轮作区 1∶50 万地理底图框上。空间数据库成果为 MAPGIS 点、线、面格式的文件，属性数据库成果为 Excel 格式。将 MAPGIS 格式转为 Shape 格式，在 ArcGIS 平台上进行数据库规范化处理，最后将数据库资料导入区域耕地资源信息管理系统中运行，或在 ArcGIS 平台上运行。

三、建库的引用标准

(1) GB2260—2002 中华人民共和国行政区划代码

(2) NY/T 1634—2008 耕地地力调查与质量评价技术规程

(3) NY/T309—1996 全国耕地类型区、耕地地力等级划分标准

(4) NY/T310—1996 全国中低产田类型划分与改良技术规范

(5) GB/T 17296—2000 中国土壤分类与代码

(6) GB/T 13989—1992 国家基本比例尺地形图分幅与编号

(7) GB/T 13923—1992 国土基础信息数据分类与代码

(8) GB/T 17798—1999 地球空间数据交换格式

(9) GB 3100—1993 国际单位制及其应用

(10) GB/T 16831—1997 地理点位置的纬度、经度和高程表示方法

(11) GB/T 10113—2003 分类编码通用术语

(12) 中国农业出版社 县域耕地资源管理信息系统数据字典

四、建库资料核查

数据资料核查：对项目区域点位属性表资料，主要对属性表中的属性结构、属性内容、土样化验数据的极限值进行核查。重点核查土壤采样点位编号有否重号，采样点位图编号与采样点位属性表编号是否点位数量一致等。通过核查修正，进一步提高数据资料质量。核查主要依据耕地地力评价数据审查标准和有关技术要求进行。

图件资料核查：图件资料重点核查原始图件坐标系是否符合华北小麦玉米轮作区坐标系的编图要求，图件内容是否符合区域汇总和数据库建设的要求等。首先由 4 个省提供满足华北小麦玉米轮作区区域汇总要求的基础图件资料，由建库单位将所有的图件均打印输出成纸介质图，依据数据库建设要求进行核查，对发现的问题，依据有关技术标准及时处理，或与 4 个省协商处理，以使核查后的图件资料满足地理底图编制和区域汇总的有关要求。

五、空间数据库建立

(一)空间数据库内容

空间数据库建设基础图件包括土地利用现状图、行政区划图、土壤图、地貌图、耕地地力调查点位图、≥10℃有效积温和降雨量分布图、耕地地力评价等级图、土壤养分系列图等21幅，及20世纪80年代第二次土壤普查的4个省土壤养分系列成果图件13幅（比对用），见表2-6、表2-7。

表2-6 本次评价华北小麦玉米轮作区空间数据库主要图件

序号	成 果 图 名 称	比例尺
1	华北小麦玉米轮作区土地利用现状图	1：50万
2	华北小麦玉米轮作区行政区划图	1：50万
3	华北小麦玉米轮作区地貌图	1：50万
4	华北小麦玉米轮作区土壤图	1：50万
5	华北小麦玉米轮作区≥10℃有效积温分布图	1：50万
6	华北小麦玉米轮作区降雨量分布图	1：50万
7	华北小麦玉米轮作区耕地地力调查点点位图	1：50万
8	华北小麦玉米轮作区耕地地力评价等级图	1：50万
9	华北小麦玉米轮作区土壤 pH 分布图	1：50万
10	华北小麦玉米轮作区土壤有机质含量分布图	1：50万
11	华北小麦玉米轮作区全氮含量分布图	1：50万
12	华北小麦玉米轮作区有效磷含量分布图	1：50万
13	华北小麦玉米轮作区土壤速效钾含量分布图	1：50万
14	华北小麦玉米轮作区土壤缓效钾含量分布图	1：50万
15	华北小麦玉米轮作区土壤有效硫含量分布图	1：50万
16	华北小麦玉米轮作区土壤有效锌含量分布图	1：50万
17	华北小麦玉米轮作区土壤有效硼含量分布图	1：50万
18	华北小麦玉米轮作区土壤有效铜含量分布图	1：50万
19	华北小麦玉米轮作区土壤有效铁含量分布图	1：50万
20	华北小麦玉米轮作区土壤有效钼含量分布图	1：50万
21	华北小麦玉米轮作区土壤有效锰含量分布图	1：50万

表2-7 全国第二次土壤普查时期华北小麦玉米轮作区空间数据库主要图件

序号	成 果 图 名 称	比例尺
1	华北小麦玉米轮作区土壤 pH 分布图	1：50万
2	华北小麦玉米轮作区土壤有机质含量分布图	1：50万
3	华北小麦玉米轮作区全氮含量分布图	1：50万
4	华北小麦玉米轮作区有效磷含量分布图	1：50万
5	华北小麦玉米轮作区土壤速效钾含量分布图	1：50万
6	华北小麦玉米轮作区土壤缓效钾含量分布图	1：50万
7	华北小麦玉米轮作区土壤有效硫含量分布图	1：50万
8	华北小麦玉米轮作区土壤有效锌含量分布图	1：50万
9	华北小麦玉米轮作区土壤有效硼含量分布图	1：50万
10	华北小麦玉米轮作区土壤有效铜含量分布图	1：50万
11	华北小麦玉米轮作区土壤有效铁含量分布图	1：50万
12	华北小麦玉米轮作区土壤有效钼含量分布图	1：50万
13	华北小麦玉米轮作区土壤有效锰含量分布图	1：50万

(二)点、线、面图层建立

考虑建库及相关图件编制的需要，将空间数据库图层分为以下四类：地理底图、点位图、土地利用现状图、地貌图等专题图（有效积温、降雨量和养分图）。

地理底图：按照空间数据库建设的分层原则，所有成果图的空间数据库均采用同一地理底图，即地理底图单独一个文件存放。地理底图分5个图层，其中，地理内容点、线、面3个图层，工作区外围内容点和线二个图层，见表2-8。

表2-8 地理底图空间数据库点、线、面分层名称

图件名称	层数	数据库分层名称	备 注
地理底图	5	华北4个省底图.WT 华北4个省底图.WL 华北4个省底图.WP 外围.WL 外围.WT	

点位图：分10个图层，其中地理底图点、线、面3个图层，工作区外围的点和线2个图层，点位图1个图层，点位注释1个图层，点位图例点、线、面3个图层，表2-9。

表2-9 点位图空间数据库点、线、面分层名称

图件名称	层数	数据库分层名称	备 注
点位图	10	华北4个省底图.WP 华北4个省底图.WL 华北4个省底图.WT 外围.WL 外围.WT 4个省点位图.WT 4个省点位注释.WT 点位TL.WP 点位TL.WL 点位TL.WT	

土地利用现状图：分8个图层，其中土地利用现状图点、线、面3个图层，工作区外围的点和线2个图层，土地利用现状图图例点、线、面3个图层，见表2-10。

表2-10 土地利用现状图空间数据库点、线、面分层名称

图件名称	层数	数据库分层名称	备 注
土地利用现状图	8	华北4个省现状图.WP 华北4个省现状图.WL 华北4个省现状图.WT 外围.WL 外围.WT 现状TL.WP 现状TL.WL 现状TL.WT	

地貌图等专题图（有效积温、降雨量和养分图）：分11个图层，其中地理底图点、线、面3个图层，地貌图（有效积温、降雨量和养分图）点、线、面3个图层，工作区外围的点

和线 2 个图层，地貌图（有效积温、降雨量和养分图）点、线、面图例 3 个图层，见表 2-11（有效积温、降雨量和养分图与地貌图分层一样，仅分层的专业名称点、线、面名称不同）。

表 2-11 地貌图空间数据库点、线、面分层名称

图件名称	层数	数据库分层名称	备 注
地貌图	11	地貌.WP 地貌.WL 地貌.WT 底图.WP 底图.WL 底图.WT 外围.WL 外围.WT 地貌TL.WP 地貌TL.WL 地貌TL.WT	

（三）空间数据库分层

华北小麦玉米轮作区空间数据库分层数据内容见表 2-12。

表 2-12 华北小麦玉米轮作区数据库（点、线、面）分层

图件名称	图层类型	图层名称	数据内容
地理底图	点	底图	地市注记、县注记、驻地点、道路名称、河流名称、水库名称、桥、地类符号
		底图 TL	图名、经纬度、坐标系类型、比例尺、编制单位及时间、指北针、示意图
		外围	
	线	底图	省界、地市界、县界、铁路、高速公路、国道、省道、一般公路、河流、堤、水库、湖泊
		底图 TL	图框、公里网、比例尺、示意图
		外围	
	区	底图	县级以上驻地、湖泊、水库、河流、滩涂、晕线
		底图 TL	示意图、比例尺
土地利用现状图	点	现状	地市注记、县记记、驻地点、道路名称、河流名称、水库名称、地类符号
		现状 TL	图名、经纬度、坐标系类型、比例尺、编制单位及时间、指北针、示意图、图例
		外围	
	线	现状	省界、地市界、县界、铁路、高速公路、国道、省道、一般公路、河流、堤、水库、湖泊、地类界线
		现状 TL	图框、公里网、比例尺、示意图、四省项目界线、图例
	区	现状	城市、建制镇、农村居民点、工矿、盐田、特殊用地、水库、水工建筑用地、湖泊、河流、坑塘、养殖水面、灌溉水田、水浇地、旱地、菜地、果园、林地、灌木林地、人工草地、荒草地、盐碱地、沙地、裸土地、裸岩石砾地、其他未利用地、苇地、滩涂
		现状 TL	示意图、比例尺、晕线、图例

（续）

图件名称	图层类型	图层名称	数据内容
地貌图	点	地貌	地貌代号
		地貌 TL	图名、经纬度、坐标系类型、比例尺、编制单位及时间、指北针、示意图、图例
	线	地貌	地貌界线
		地貌 TL	图框、公里网、比例尺、示意图、图例
	区	地貌	侵蚀中山、侵蚀剥蚀中山、黄山覆盖区中山、侵蚀低山、侵蚀剥蚀低山、黄山覆盖区低山、侵蚀丘陵、侵蚀剥蚀丘陵、黄山覆盖丘陵、侵蚀山间平原、侵蚀剥蚀山间平原、黄土覆盖区山间平原、冲积平原、洪积平原、冲积洪积平原、河流阶地、冲积湖积平原、湖积平原、湖积冲积平原、冲积海积平原、海积冲积平原、海积平原
		地貌 TL	示意图、比例尺、图例
点位图	点	点位图	点位
		点位注释	点位注释
		点位 TL	图名、经纬度、坐标系类型、比例尺、编制单位及时间、指北针、示意图、图例
	线	点位 TL	图框、公里网、比例尺、示意图、图例
	区	点位 TL	示意图、比例尺、图例
积温图	点	积温 TL	图名、经纬度、坐标系类型、比例尺、编制单位及时间、指北针、示意图、图例
	线	积温等值线	等值线
		积温 TL	图框、公里网、比例尺、示意图、图例
	区	积温等值线	积温值：2000～2500、2500～3000、3000～3500、3500～4000、4000～4500、4500～5000、5000～5500、5500～6000；等级：1、2、3、4、5、6,7,8
		积温 TL	示意图、比例尺、图例
降水图	点	降水 TL	图名、经纬度、坐标系类型、比例尺、编制单位及时间、指北针、示意图、图例
	线	降水等值线	等值线
		降水 TL	图框、公里网、比例尺、示意图、图例
	区	降水等值线	降水量：400～600、600～800、800～1000、1000～1200；等级：1、2、3,4
		降水 TL	示意图、比例尺、图例
土壤图	点	土壤图	土壤属性代码
		土壤图 TL	图名、经纬度、坐标系类型、比例尺、编制单位及时间、指北针、示意图、图例
	线	土壤图	土壤界线
		土壤图 TL	图框、公里网、比例尺、示意图、图例
	区	土壤图	棕壤、黄褐土、褐土、红黏土、新积土、风沙土、粗骨土、石质土、潮土、砂姜黑土、山地草甸土、沼泽土、盐土、滨海盐土、碱土、水稻土
		土壤图 TL	示意图、比例尺、图例

（续）

图件名称	图层类型	图层名称	数据内容
耕地评价等级图	点	地力评价	耕地等级代码
		地力评价 TL	图框、公里网、比例尺、示意图、图例
	线	地力评价	耕地等级界线
		地力评价 TL	图框、公里网、比例尺、示意图、图例
	区	地力评价	耕地等级：Ⅰ、Ⅱ、Ⅲ、Ⅳ、Ⅴ、Ⅵ
		地力评价 TL	示意图、比例尺、图例
有机质	点	有机质	有机质等级代码
		有机质 TL	图框、公里网、比例尺、示意图、图例
	线	有机质	有机质等级界线
		有机质 TL	图框、公里网、比例尺、示意图、图例
	区	有机质	有机质等级：Ⅰ、Ⅱ、Ⅲ、Ⅳ、Ⅴ
		有机质 TL	示意图、比例尺、图例
pH	点	pH	pH 等级代码
		PHTL	图框、公里网、比例尺、示意图、图例
	线	pH	pH 等级界线
		PHTL	图框、公里网、比例尺、示意图、图例
	区	pH	pH 等级：Ⅰ、Ⅱ、Ⅲ、Ⅳ、Ⅴ、Ⅵ
		pHTL	示意图、比例尺、图例
全氮	点	全氮	全氮等级代码
		全氮 TL	
	线	全氮	全氮等级界线
		全氮 TL	图框、公里网、比例尺、示意图、图例
	区	全氮	全氮等级：Ⅰ、Ⅱ、Ⅲ、Ⅳ、Ⅴ、Ⅵ
		全氮 TL	示意图、比例尺、图例
有效磷	点	有效磷	有效磷等级代码
		有效磷 TL	图框、公里网、比例尺、示意图、图例
	线	有效磷	有效磷等级界线
		有效磷 TL	图框、公里网、比例尺、示意图、图例
	区	有效磷	有效磷等级：Ⅰ、Ⅱ、Ⅲ、Ⅳ、Ⅴ、Ⅵ
		有效磷 TL	示意图、比例尺、图例
速效钾	点	速效钾	速效钾等级代码
		速效钾 TL	图框、公里网、比例尺、示意图、图例
	线	速效钾	速效钾等级界线
		速效钾 TL	图框、公里网、比例尺、示意图、图例
	区	速效钾	速效钾等级：Ⅰ、Ⅱ、Ⅲ、Ⅳ、Ⅴ、Ⅵ
		速效钾 TL	示意图、比例尺、图例

（续）

图件名称	图层类型	图层名称	数据内容
缓效钾	点	缓效钾	缓效钾等级代码
		缓效钾 TL	图框、公里网、比例尺、示意图、图例
	线	缓效钾	缓效钾等级界线
		缓效钾 TL	图框、公里网、比例尺、示意图、图例
	区	缓效钾	缓效钾等级：Ⅰ、Ⅱ、Ⅲ、Ⅳ、Ⅴ、Ⅵ
		缓效钾 TL	示意图、比例尺、图例
有效硫	点	有效硫	有效硫等级代码
		有效硫 TL	图框、公里网、比例尺、示意图、图例
	线	有效硫	有效硫等级界线
		有效硫 TL	图框、公里网、比例尺、示意图、图例
	区	有效硫	有效硫等级：Ⅰ、Ⅱ、Ⅲ、Ⅳ、Ⅴ、Ⅵ
		有效硫 TL	示意图、比例尺、图例
有效锰	点	有效锰	有效锰等级代码
		有效锰 TL	图框、公里网、比例尺、示意图、图例
	线	有效锰	有效锰等级界线
		有效锰 TL	图框、公里网、比例尺、示意图、图例
	区	有效锰	有效锰等级：Ⅰ、Ⅱ、Ⅲ、Ⅳ、Ⅴ、Ⅵ
		有效锰 TL	示意图、比例尺、图例
有效钼	点	有效钼	有效钼等级代码
		有效钼 TL	图框、公里网、比例尺、示意图、图例
	线	有效钼	有效钼等级界线
		有效钼 TL	图框、公里网、比例尺、示意图、图例
	区	有效钼	有效钼等级：Ⅰ、Ⅱ、Ⅲ、Ⅳ、Ⅴ、Ⅵ
		有效钼 TL	示意图、比例尺、图例
有效硼	点	有效硼	有效硼等级代码
		有效硼 TL	图框、公里网、比例尺、示意图、图例
	线	有效硼	有效硼等级界线
		有效硼 TL	图框、公里网、比例尺、示意图、图例
	区	有效硼	有效硼等级：Ⅰ、Ⅱ、Ⅲ、Ⅳ、Ⅴ、Ⅵ
		有效硼 TL	示意图、比例尺、图例
有效铁	点	有效铁	有效铁等级代码
		有效铁 TL	图框、公里网、比例尺、示意图、图例
	线	有效铁	有效铁等级界线
		有效铁 TL	图框、公里网、比例尺、示意图、图例
	区	有效铁	有效铁等级：Ⅰ、Ⅱ、Ⅲ、Ⅳ、Ⅴ、Ⅵ
		有效铁 TL	示意图、比例尺、图例

(续)

图件名称	图层类型	图层名称	数据内容
有效铜	点	有效铜	有效铜等级代码
		有效铜 TL	图框、公里网、比例尺、示意图、图例
	线	有效铜	有效铜等级界线
		有效铜 TL	图框、公里网、比例尺、示意图、图例
	区	有效铜	有效铁等级：Ⅰ、Ⅱ、Ⅲ、Ⅳ、Ⅴ
		有效铜 TL	示意图、比例尺、图例
有效锌	点	有效锌	有效锌等级代码
		有效锌 TL	图框、公里网、比例尺、示意图、图例
	线	有效锌	有效锌等级界线
		有效锌 TL	图框、公里网、比例尺、示意图、图例
	区	有效锌	有效锌等级：Ⅰ、Ⅱ、Ⅲ、Ⅳ、Ⅴ
		有效锌 TL	示意图、比例尺、图例

注：外围指山西与河北、河南之间太行山脉中工作区外的县域。

（四）空间数据库比例尺、投影和空间坐标系（地理底图图框的确定）

依据国家测绘部门 1∶50 万省级数字地理底图的坐标系，河北、河南、山东和山西 4 个省的 1∶50 万数字地理底图投影和空间坐标系不统一。为满足华北小麦玉米轮作区区域汇总和数据库建设的需要，华北小麦玉米轮作区 1∶50 万数字地理底图采用国家测绘部门华北区的空间坐标系。

形成该区理论坐标图框，将 1∶50 万原 4 个省电子版地理底图、土地利用现状图等或纸介质扫描后的所有资料配准到华北小麦玉米轮作区的空间坐标系中。华北小麦玉米轮作区成果图比例尺为 1∶50 万，投影方式为兰勃特正轴圆锥投影，坐标系为 1980 年西安坐标系，高程系统采用 1985 年国家高程系。

六、属性数据库建立

（一）属性数据库内容

属性数据库内容是参照县域耕地资源管理信息系统数据字典和有关专业的属性代码标准填写的。在县域耕地资源管理信息系统数据字典中属性数据库的数据项包括字段代码、字段名称、字段短名、英文名称、释义、数据类型、数据来源、量纲、数据长度、小数位、取值范围、备注等内容。在数据字典中及有关专业标准中均有具体填写要求。属性数据库内容全部按照数据字典或有关专业标准要求填写。

（二）属性数据库导入

属性数据库导入主要采用外挂数据库的方法进行。通过空间数据与属性数据的相同关键字段进行属性连接。在具体工作中，先在编辑或矢量化空间数据时，建立面要素层和点要素层的统一赋值 ID 号。在 Excel 表中第一列为 ID 号，其他列按照属性数据项格式内容填写，最后利用命令统一赋属性值。由于华北小麦玉米轮作区属性数据采用的是县域评价时全国统一的格式和属性内容，本次评价属性数据库录入重点是对参与评价的点位属性内容进行审核与规范化处理。

（三）属性数据库格式

属性数据库前期存放在 Excel 表格中，后期通过外挂数据库的方法，在 ArcGIS 平台上与空间数据库进行连接。

第四节　耕地地力等级评价方法

耕地地力是由耕地土壤的地形地貌条件、成土母质特征、农田基础设施及培肥水平、土壤理化性状等综合因素构成的耕地生产能力。耕地地力评价是根据影响耕地地力的基本因子对耕地的基础生产能力进行的评价。通过耕地地力评价可以掌握区域耕地质量状况及分布，摸清影响区域耕地生产的主要障碍因素，提出有针对性的对策措施与建议，对进一步加强耕地质量建设与管理，保障国家粮食安全和农产品有效供给具有十分重要的意义。

一、评价的原则与依据

（一）评价的原则

1. 综合因素研究与主导因素分析相结合原则　耕地是一个自然经济综合体，耕地地力也是各类要素的综合体现，因此对耕地地力的评价应涉及耕地自然、气候、管理等诸多要素。所谓综合因素研究是指对耕地土壤立地条件、气候因素、土壤理化性状、土壤管理、障碍因素等相关社会经济因素进行综合全面的研究、分析与评价，以全面了解耕地地力状况。主导因素是指对耕地地力起决定作用的、相对稳定的因子，在评价中应着重对其进行研究分析。只有把综合因素与主导因素结合起来，才能对耕地地力做出更加科学的评价。

2. 共性评价与专题研究相结合原则　华北小麦玉米轮作区耕地利用存在水浇地、旱地等多种类型，土壤理化性状、环境条件、管理水平不一，因此，其耕地地力水平有较大的差异。一方面，考虑区域内耕地地力的系统性、可比性，应在不同的耕地利用方式下，选用统一的评价指标和标准，即耕地地力的评价不针对某一特定的利用方式。另一方面，为了解不同利用类型耕地地力状况及其内部的差异，将来可根据需要，对有代表性的主要类型耕地进行专题性深入研究。通过共性评价与专题研究相结合，可使评价和研究成果具有更大的应用价值。

3. 定量评价和定性评价相结合原则　耕地系统是一个复杂的灰色系统，定量和定性要素共存，相互作用，相互影响。为了保证评价结果的客观合理，宜采用定量和定性评价相结合的方法。首先，应尽量采用定量评价方法，对可定量化的评价指标如有机质等养分含量、耕层厚度等按其数值参与计算。对非数量化的定性指标如耕层质地、地貌类型等则通过数学方法进行量化处理，确定其相应的指数，以尽量避免主观人为因素影响。在评价因素筛选、权重确定、隶属函数建立、等级划分等评价过程中，尽量采用定量化数学模型，在此基础上充分运用人工智能与专家知识，做到定量与定性相结合，从而保证评价结果准确合理。

4. 采用遥感和 GIS 技术的自动化评价方法原则 自动化、定量化的评价技术方法是当前耕地地力评价的重要方向之一。近年来，随着计算机技术，特别是 GIS 技术在耕地评价中的不断发展和应用，基于 GIS 技术进行自动定量化评价的方法已不断成熟，使评价精度和效率都大大提高。本次评价工作采用现势性的卫星遥感数据提取和更新耕地资源现状信息，通过数据库建立、评价模型与 GIS 空间叠加等分析模型的结合，实现了评价流程的全程数字化、自动化，在一定程度上代表了当前耕地评价的最新技术方向。

5. 可行性与实用性原则 从可行性角度出发，华北小麦玉米轮作区耕地地力评价的主要基础数据为区域内各项目县的耕地地力评价成果。应在核查区域内项目县耕地地力各类基础信息的基础上，最大程度利用项目县原有数据与图件信息，以提高评价工作效率。同时，为使区域评价成果与项目县评价成果有效衔接和对比，华北小麦玉米轮作区耕地地力汇总评价方法应与项目县耕地地力评价方法保持相对一致。从实用性角度出发，为确保评价结果科学准确，评价指标的选取应从大区域尺度出发，切实针对区域实际特点，体现评价实用目标，使评价成果在耕地资源的利用管理和粮食作物生产中发挥切实指导作用。

（二）评价依据

耕地地力反映耕地本身的生产能力，因此耕地地力的评价应依据与此相关的各类自然和社会经济要素，具体包括 3 个方面。

1. 自然环境要素 指耕地所处的自然环境条件，主要包括耕地所处的气候条件、地形地貌条件、水文地质条件、成土母质条件以及土地利用状况等。耕地所处的自然环境条件对耕地地力具有重要的影响。

2. 土壤理化性状要素 主要包括土壤剖面与质地构型、障碍层次、耕层厚度、质地、容重等物理性状，有机质、氮、磷、钾等主要养分、中微量元素、土壤 pH、盐分含量、交换量等化学性状等。不同的耕地土壤理化性状，其耕地地力也存在较大的差异。

3. 农田基础设施与管理水平 包括耕地的灌排条件、水土保持工程建设、培肥管理条件、施肥水平等。良好的农田基础设施与较高的管理水平对耕地地力的提升具有重要的作用。

二、评价流程

以河北、山东、河南、山西 4 个省土地利用现状图为基础，编制评价区域基础地理信息底图框；以项目县耕地地力评价点位图及其属性数据为基础，提取参评样点，形成评价区域耕地地力评价点位图；在此基础上，插值生成各土壤养分专题图，编制评价区域土壤图、土地利用现状图、灌溉保证率图等相关专题图件；通过土地利用现状图、土壤图和行政区划图叠加生成评价单元图；根据评价区域特点构建评价指标体系，应用层次分析法确定指标权重；结合评价因子隶属函数计算评价单元综合分值，划分耕地地力等级，形成评价区域耕地地力等级分布图；进而根据耕地地力与利用管理的关键问题进行专题分析，形成评价分析系列成果。

整个评价工作可分为 3 个方面的主要内容，按先后的次序分别为：

1. 资料工具准备及评价数据库建立 根据评价的目的、任务、范围、方法，收集准备与评价有关的各类自然及社会经济资料，进行资料的分析处理。选择适宜的计算机硬件和 GIS 等分析软件，建立耕地地力评价基础数据库。

2. 耕地地力评价 划分评价单元，提取影响地力的关键因素并确定权重，选择相应评价方法，制订评价标准，确定耕地地力等级。

3. 评价结果分析 依据评价结果，量算各等级耕地面积，编制耕地地力等级分布图。分析耕地存在的主要障碍因素，提出耕地资源可持续利用的对策措施与建议。

评价具体工作流程如图 2-3 所示。

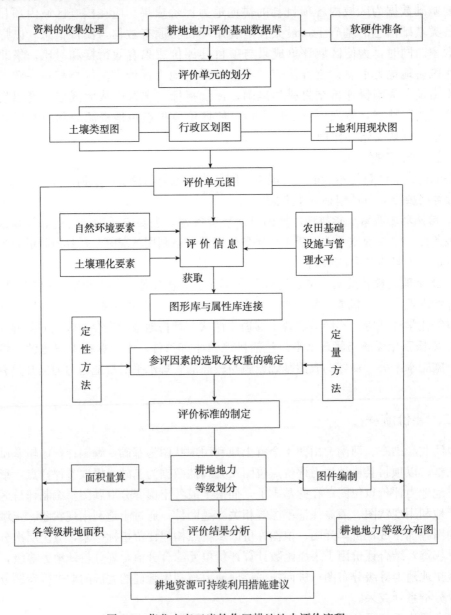

图 2-3　华北小麦玉米轮作区耕地地力评价流程

三、评价单元确定

(一)评价单元划分原则

评价单元是由对耕地质量具有关键影响的各要素组成的空间实体,是耕地地力评价的最基本单位、对象和基础图斑。同一评价单元内的耕地自然基本条件、个体属性和经济属性基本一致。不同评价单元之间,既有差异性,又有可比性。耕地地力评价就是要通过对每个评价单元的评价,确定其地力等级,把评价结果落实到实地和编绘的耕地地力等级分布图上。因此,评价单元划分的合理与否,直接关系到评价结果的正确性及工作量的大小。进行评价单元划分时应遵循以下原则:

1. 因素差异性原则 影响耕地地力的因素很多,但各因素的影响程度不尽相同。在某一区域内,有些因素对耕地地力起决定性影响,区域内变异较大;而另一些因素的影响较小,且指标值变化不大。因此,应结合实际情况,选择在区域内分异明显的主导因素作为划分评价单元的基础,如土壤条件、地貌特征、土地利用类型等。

2. 相似性原则 评价单元内部的自然因素、社会因素和经济因素应相对均一,单元内同一因素的分值差异应满足相似性统计检验。

3. 边界完整性原则 耕地地力评价单元要保证边界闭合,形成封闭的图斑,同时对面积过小的零碎图斑应进行适当归并。

(二)评价单元建立

目前,对耕地评价单元的划分尚无统一的方法,常见有以下几种类型:一是基于单一专题要素类型的划分。如以土壤类型、土地利用类型、地貌类型划分等。该方法相对简便有效,但在多因素均呈较大变异的情况下,其单元的代表性有一定偏差;二是基于行政区划单元的划分。以行政区划单元作为评价单元,便于对评价结果的行政区分析与管理,但对耕地自然属性的差异性反映不足;三是基于地理区位的差异,以方里网、栅格划分。该方法操作简单,但网格或栅格的大小直接影响评价的精度及工作量;四是基于耕地质量关键影响因素的组合叠置方法进行划分。该方法可较好反映耕地自然与社会经济属性的差异,有较好的代表性,但操作相对较为复杂。

考虑评价区域的地域面积、耕地利用管理及土壤属性的差异性,本次耕地地力评价中评价单元的划分采用土壤图、土地利用现状图和行政区划图的组合叠置划分法,相同土壤单元、土地利用现状类型及行政区的地块组成一个评价单元,即"土地利用现状类型-土壤类型-行政区划"的格式。其中,土壤类型划分到土属,土地利用现状类型划分到二级利用类型,行政区划分到县级。为了保证土地利用现状的准确,基于野外实地调查,对耕地利用现状进行了修正。同一评价单元内的土壤类型相同,利用方式相同,所属行政区相同,交通、水利、经营管理方式等基本一致。用这种方法划分评价单元,可以反映单元之间的空间差异性,既保障了土地利用类型土壤基本性质的均一性,又保障了土壤类型有了确定的地域边界线,使评价结果更具综合性、客观性,可以较容易地将评价结果落到实地。

通过图件的叠置和检索,本次华北小麦玉米轮作区耕地地力评价共划分评价单元17945 个,并编制形成了评价单元图。

（三）评价单元赋值

影响耕地地力的因子较多，如何准确地获取各评价单元评价信息是评价中的重要一环。鉴于此，评价过程中舍弃了直接从键盘输入参评因子值的传统方式，而采取将评价单元与各专题图件叠加采集各参评因素的方法。具体的做法为：①按唯一标识原则为评价单元编号；②对各评价因子进行处理，生成评价信息空间数据库和属性数据库，对定性因素进行量化处理，对定量数据插值形成各评价因子专题图；③将各评价因子的专题图分别与评价单元图进行叠加；④以评价单元为依据，对叠加后形成的图形属性库进行"属性提取"操作，以评价单元为基本统计单位，按面积加权平均汇总各评价单元对应的所有评价因子的分值。

本次评价构建了由灌溉能力、地貌类型、耕层质地、降水量、积温值、耕层厚度、盐渍化程度、有机质、有效磷、速效钾和有效锌等 11 个参评因素组成的评价指标体系，将各因素赋值给评价单元的具体做法为：①地貌类型、降水量和积温值 3 个因子均有各自的专题图，直接将专题图与评价单元图进行叠加获取相关数据。②灌溉能力、耕层质地和盐渍化程度 3 个定性因子，采用"以点代面"方法，将点位中的属性联入评价单元图。③有机质、有效磷、速效钾、有效锌和耕层厚度 5 个定量因子，采用反距离加权空间插值法将点位数据转为栅格数据，再叠加到评价单元图上。

经过以上步骤，得到以评价单元为基本单位的评价信息库。单元图形与相应的评价属性信息相连，为后续的耕地地力评价奠定了基础。

四、评价指标权重确定

在耕地地力评价中，需要根据各参评因素对耕地地力的贡献确定权重。权重确定的方法很多，有定性方法和定量方法。综合目前常用方法的优缺点，层次分析法（AHP）同时融合了专家定性判读和定量方法特点，是在定性方法基础上发展起来的定量确定参评因素权重的一种系统分析方法。这种方法可将人们的经验思维数量化，用以检验决策者判断的一致性，有利于实现定量化评价，是一种较为科学的权重确定方法。本次评价采用了特尔斐（Delphi）法与层次分析法（AHP）相结合的方法确定各参评因素的权重。首先采用Delphi 法，由专家对评价指标及其重要性进行赋值。在此基础上，以层次分析法计算各指标权重。层次分析法的主要流程如下。

（一）建立层次结构

首先，以耕地地力作为目标层；其次，按照指标间的相关性、对耕地地力的影响程度及方式，将 11 个指标划分为三组作为准则层：第一组包括有机质、有效磷、速效钾和有效锌，第二组包括耕层质地、耕层厚度和盐渍化程度，第三组包括灌溉能力、地貌类型、降水量和积温值；最后，以准则层中的指标项目作为指标层。从而形成层次结构关系模型。

（二）构造判断矩阵

根据专家经验，确定 C 层（准则层）对 G 层（目标层），及 A 层（指标层）对 C 层（准则层）的相对重要程度，共构成 A、C_1、C_2、C_3 共 4 个判断矩阵。例如，耕层质地、耕层厚度、盐渍化程度对第二组准则层的判断矩阵表示为：

$$C_2 = \begin{bmatrix} a_{11} & a_{12} & a_{13} \\ a_{21} & a_{22} & a_{23} \\ a_{31} & a_{32} & a_{33} \end{bmatrix} = \begin{bmatrix} 1.0000 & 1.2626 & 1.8382 \\ 0.7920 & 1.0000 & 1.4558 \\ 0.5440 & 0.6869 & 1.0000 \end{bmatrix}$$

其中，a_{ij}（i 为矩阵的行号，j 为矩阵的列号）表示对 C_2 而言，a_i 对 a_j 的相对重要性的数值。

（三）层次单排序及一致性检验

即求取 A 层对 C 层的权数值，可归结为计算判断矩阵的最大特征根对应的特征向量。利用 SPSS 等统计软件，得到各权数值及一致性检验的结果。见表 2-13。

表 2-13　权数值及一致性检验结果

矩阵	特 征 向 量				C_i	CR
矩阵 A	0.2714	0.2607	0.4679		0	<0.1
矩阵 C_1	0.3618	0.2434	0.2303	0.1645	0	<0.1
矩阵 C_2	0.4281	0.3390	0.2329		0	<0.1
矩阵 C_3	0.3034	0.2443	0.2347	0.2176	0	<0.1

从表中可以看出，$CR<0.1$，具有很好的一致性。

（四）各因子权重确定

根据层次分析法的计算结果，同时结合专家经验进行适当调整，最终确定了华北小麦玉米轮作区耕地地力评价各参评因子的权重（表 2-14）。

表 2-14　华北小麦玉米轮作区耕地地力评价因子权重

指标	权重	指标	权重	指标	权重	指标	权重
有机质	0.0982	有效磷	0.0661	速效钾	0.0625	有效锌	0.0446
耕层质地	0.1116	耕层厚度	0.0884	盐渍化程度	0.0607	灌溉能力	0.1420
地貌类型	0.1143	降水量	0.1098	积温值	0.1018		

五、评价指标的处理

获取的评价资料可以分为定量和定性指标两大类。为了采用定量化的评价方法和自动化的评价手段，减少人为因素的影响，需要对其中的定性因素进行定量化处理，根据各因素对耕地地力影响的级别状况赋予其相应的分值或数值。此外，对于各类养分等按调查点位获取的数据，需要进行插值处理，生成各类养分专题图。

（一）定性指标量化处理

1. 耕层质地　考虑不同质地类型的土壤肥力特征，及其与小麦玉米生长发育的关系，同时结合专家意见，赋予不同质地类别相应的分值。见表 2-15。

表 2-15　土壤耕层质地量化处理

质地类别	中壤	轻壤	重壤	砂壤	黏土	砂土
分值	100	90	90	70	75	50

2. 地貌类型　评价区域地貌类型众多，空间变异较为复杂。通过对所有地貌类型进行逐一分析和比较，根据不同地貌类型的耕地地力和质量状况，以及不同地貌类型对农作

物生长的影响，赋予各类型相应的分值。见表 2-16。

表 2-16　地貌类型量化处理

地貌类型	侵蚀中山、侵蚀剥蚀中山	黄土覆盖区中山、侵蚀低山、侵蚀剥蚀低山	黄土覆盖区低山、侵蚀丘陵、侵蚀剥蚀丘陵	黄土覆盖区丘陵、海积平原	侵蚀山间平原、侵蚀剥蚀山间平原、侵蚀剥蚀平原
分值	20	40	55	70	80

地貌类型	河流阶地、海积冲积平原	冲积海积平原、湖积平原	湖积冲积平原、洪积平原	冲积湖积平原、冲积洪积平原、冲积平原
分值	85	90	95	100

3. 盐渍化程度　华北小麦玉米轮作区内，东部近海区域仍有部分耕地存在不同程度的盐渍化。根据土壤盐渍化对耕地地力和农作物生产的影响，将盐渍化程度划分为不同的等级，并对各等级进行赋值量化处理。结果见表 2-17。

表 2-17　土壤盐渍化程度量化处理

盐渍化程度	无	轻度	中度	重度
分值	100	80	60	35

4. 灌溉能力　考虑华北小麦玉米轮作区灌溉能力的总体状况，根据灌溉能力对耕地地力的影响，按照灌溉能力对农作物生产的满足程度划分为不同的等级，并赋予其相应的分值进行量化处理。结果见表 2-18。

表 2-18　灌溉能力量化处理

灌溉能力	充分满足	满足	基本满足	一般满足	不满足
分值	100	85	70	50	30

（二）定量指标赋值处理

有机质、有效磷、速效钾、有效锌、耕层厚度、降水量、≥10℃积温均为定量指标，均用数值大小表示其指标状态。与定性指标的量化处理方法一样，应用 DELPHI 法划分各参评因素的实测值，根据各参评因素实测值对耕地地力及作物生长的影响进行评估，确定其相应的分值，为建立各因素隶属函数奠定基础（表 2-19 至表 2-25）。

表 2-19　有机质赋值处理

有机质（g/kg）	20	18	16	14	12	10	8	6
分值	100	98	95	90	84	78	65	50

表 2-20　有效磷赋值处理

有效磷（mg/kg）	110	80	60	40	30	20	15	10	5
分值	100	100	100	92	90	85	80	60	40

表 2-21 速效钾赋值处理

速效钾 (mg/kg)	350	320	240	160	120	100	80	60
分值	100	100	100	95	87	78	70	60

表 2-22 有效锌赋值处理

有效锌 (mg/kg)	3	2	1.5	1.2	1	0.8	0.5	0.3
分值	100	100	100	98	95	80	70	55

表 2-23 耕层厚度赋值处理

耕层厚度 (cm)	40	35	30	25	20	15	10	5
分值	100	100	100	100	90	85	75	60

表 2-24 降水量赋值处理

降水量 (mm)	1000～1200	800～1000	600～800	400～600
分值	100	92	85	78

表 2-25 ≥10℃积温赋值处理

≥10℃积温	5500～6000	5000～5500	4500～5000	4000～4500	3500～4000	3000～3500
分值	100	100	100	95	92	90

(三) 评价指标隶属函数确定

隶属函数的确定是评价过程的关键环节。评价过程需要在确定各评价因素的隶属度基础上，计算各评价单元分值，从而确定耕地地力等级。在定性和定量指标进行量化处理后，应用 DELPHI 法，评估各参评因素等级或实测值对耕地地力及作物生长的影响，确定其相应分值对应的隶属度。应用相关的统计分析软件，绘制这两组数值的散点图，并根据散点图进行曲线模拟，寻求参评因素等级或实际值与隶属度的关系方程，从而构建各参评因素隶属函数。各参评因素的分级、对应的专家赋值和隶属度汇总情况见表 2-26 所示。

表 2-26 参评因素的分级、分值及其隶属度

有机质 (g/kg)	20	18	16	14	12	10	8	6	
分值	100	98	95	90	84	78	65	50	
隶属度	1.00	0.98	0.95	0.90	0.84	0.78	0.65	0.50	
有效磷 (mg/kg)	110	80	60	40	30	20	15	10	5
分值	100	100	100	92	90	85	80	60	40
隶属度	1.00	1.00	1.00	0.92	0.90	0.85	0.80	0.60	0.40
速效钾 (mg/kg)	350	320	240	160	120	100	80	60	
分值	100	100	100	95	87	78	70	60	
隶属度	1.00	1.00	1.00	0.95	0.87	0.78	0.70	0.60	
有效锌 (mg/kg)	3	2	1.5	1.2	1	0.8	0.5	0.3	
分值	100	100	100	98	95	80	70	55	

（续）

隶属度	1.00	1.00	1.00	0.98	0.95	0.80	0.70	0.55
耕层厚度（cm）	40	35	30	25	20	15	10	5
分值	100	100	100	100	90	85	75	60
隶属度	1.00	1.00	1.00	1.00	0.90	0.85	0.75	0.60

耕层质地	中壤	轻壤	重壤	砂壤	黏土	砂土
分值	100	90	90	70	75	50
隶属度	1.00	0.90	0.90	0.70	0.75	0.50

灌溉能力	充分满足	满足	基本满足	一般满足	不满足
分值	100	85	70	50	30
隶属度	1.00	0.85	0.70	0.50	0

盐渍化程度	无	轻度	中度	重度
分值	100	80	60	35
隶属度	1.00	0.80	0.60	0.35

降水量（mm）	1000～1200	800～1000	600～800	400～600
分值	100	92	85	78
隶属度	1.00	0.92	0.85	0.78

≥10℃积温	5500～6000	5000～5500	4500～5000	4000～4500	3500～4000	3000～3500
分值	100	100	100	95	92	90
隶属度	1.00	1.00	1.00	0.95	0.92	0.90

地貌类型	冲积平原	冲积洪积平原	冲积湖积平原	洪积平原	湖积冲积平原	湖积平原	冲积海积平原	海积冲积平原	河流阶地
分值	100	100	100	95	95	90	90	85	85
隶属度	1.00	1.00	1.00	0.95	0.95	0.90	0.90	0.85	0.85
地貌类型	侵蚀剥蚀平原	侵蚀剥蚀山间平原	侵蚀山间平原	海积平原	黄土覆盖区丘陵	侵蚀剥蚀丘陵	侵蚀丘陵	黄土覆盖区低山	侵蚀剥蚀低山
分值	80	80	80	70	70	55	55	55	40
隶属度	0.80	0.80	0.80	0.70	0.70	0.55	0.55	0.55	0.40

地貌类型	侵蚀低山	黄土覆盖区中山	侵蚀剥蚀中山	侵蚀中山
分值	40	40	20	20
隶属度	0.40	0.40	0.20	0.20

通过模拟共得到概念型和戒上型两种类型的隶属函数，其中，地貌类型、耕层质地、盐渍化程度、灌溉能力、降水量、积温值等描述性的因素构建了概念型隶属函数，有机质、有效磷、速效钾、有效锌和耕层厚度等定量因素构建了戒上型隶属函数，然后根据隶属函数计算各参评因素的单因素评价评语。以有机质为例绘制的散点图和模拟曲线如图 2-4 所示。

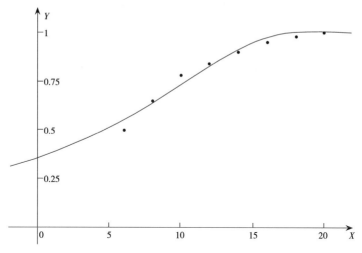

图 2-4 有机质与隶属度关系散点和模拟曲线

其隶属函数为戒上型，公式为：

$$Y = \begin{cases} 0, & x \leqslant U_1 \\ 1/[1+A(x-C)^2] & U_1 < x < U_2 \\ 1, & U_2 \leqslant x \end{cases}$$

各参评定量因素类型及其隶属函数如表 2-27 所示。

表 2-27 参评定量因素类型及其隶属函数

函数类型	参评因素	隶属函数	A	C	U_1	U_2
戒上型	有机质（g/kg）	$Y=1/[1+A(x-C)^2]$	0.00543	18.22	5.3	18.22
戒上型	速效钾（mg/kg）	$Y=1/[1+A(x-C)^2]$	0.00001	277.3	41	277.3
戒上型	有效磷（mg/kg）	$Y=1/[1+A(x-C)^2]$	0.000102	79.04	3.9	79.04
戒上型	有效锌（mg/kg）	$Y=1/[1+A(x-C)^2]$	0.135829	2.17	0.22	2.17
戒上型	耕层厚度（cm）	$Y=1/[1+A(x-C)^2]$	0.000725	32.42	8	32.42

六、耕地地力等级确定

（一）计算耕地地力综合指数

用指数和法确定耕地地力的综合指数，具体公式为：

$$IFI = \sum F_i \times C_i$$

式中：IFI（Integrated Fertility Index）代表耕地地力综合指数；F 为第 i 个因素的评语（隶属度）；C_i 为第 i 个因素的组合权重。

利用耕地资源管理信息系统，在"专题评价"模块中编辑层次分析模型以及各评价因子的隶属函数模型，然后选择"耕地生产潜力评价"功能进行耕地地力综合指数的计算。

（二）确定最佳的耕地地力等级数目

在获取各评价单元耕地地力综合指数的基础上，选择累计频率曲线法进行耕地地力等级数目的确定。首先根据所有评价单元的综合指数，形成耕地地力综合指数分布曲线图，然后根据曲线斜率的突变点（拐点）来确定等级的数目和划分综合指数的临界点。最终，将华北小麦玉米轮作区耕地地力划分为六个等级。各等级耕地地力综合指数见表 2-28，耕地地力综合指数分布曲线图见图 2-5。

表 2-28　华北小麦玉米轮作区耕地地力等级综合指数及分级

IFI	>0.909	0.889~0.909	0.869~0.889	0.849~0.869	0.829~0.849	<0.829
耕地地力等级	一等	二等	三等	四等	五等	六等

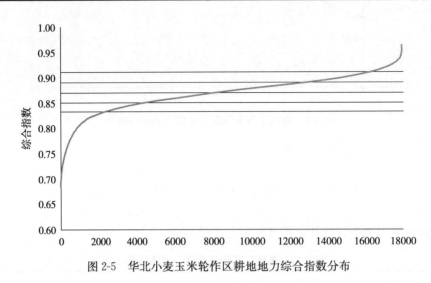

图 2-5　华北小麦玉米轮作区耕地地力综合指数分布

七、耕地地力等级图编制

为了提高制图的效率和准确性，采用地理信息系统软件 MAPGIS 进行华北小麦玉米轮作区耕地地力等级图及相关专题图件的编绘处理。其步骤为：扫描并矢量化各类基础图件→编辑点、线→点、线校正处理→统一坐标系→区编辑并对其赋属性→根据属性赋颜色→根据属性加注记→图幅整饰→图件输出。在此基础上，利用软件空间分析功能，将评价单元图与其他图件进行叠加，从而生成其他专题图件。

（一）专题图地理要素底图编制

专题图的地理要素内容是专题图的重要组成部分，用于反映专题内容的地理分布，也是图幅叠加处理等的重要依据。地理要素的选择应与专题内容相协调，考虑图面的负载量和清晰度，应选择评价区域内基本的、主要的地理要素。

以华北小麦玉米轮作区最新的土地利用现状图为基础，进行制图综合处理，选取的主要地理要素包括居民点、交通道路、水系、境界线等及其相应的注记，进而编辑生成与各专题图件要素相适应的地理要素底图。

（二）耕地地力等级图编制

以耕地地力评价单元为基础，根据各单元的耕地地力评价等级结果，对相同等级的相临评价单元进行归并处理，得到各耕地地力等级图斑。在此基础上，分 2 个层次进行耕地地力等级的表达：一是颜色表达，即赋予不同耕地地力等级以相应的颜色。二是代号表达，用罗马数字Ⅰ、Ⅱ、Ⅲ、Ⅳ、Ⅴ、Ⅵ表示不同的耕地地力等级，并在评价图相应的耕地地力图斑上注明。将评价专题图与以上的地理要素底图复合，整饰获得华北小麦玉米轮作区耕地地力等级分布图，见附图1。

八、评价结果验证方法

为保证评价结果的科学合理，需要对评价形成的耕地地力等级分布等结果进行审核验证，使其符合实际，更好地指导农业生产与管理。具体采用了以下方法进行耕地地力评价结果的验证。

（一）产量验证法

作物产量是耕地地力的直接体现。通常状况下，高等级地力水平的耕地一般对应相对较高的作物产量水平；低等级地力水平的耕地则受相关限制因素的影响，作物产量水平也较低。因此，可将评价结果中各等级耕地地力对应的农作物调查产量进行对比统计，分析不同耕地地力等级的产量水平。通过产量的差异来判断评价结果是否科学合理。

表2-29和图2-6为华北小麦玉米轮作区耕地地力等级、各等级综合指数和平均作物产量。可以看出，耕地地力评价的等级结果与作物平均产量具有较好的关联性。高等级地力对应较高的综合指数，同时拥有较高的作物产量水平。说明评价结果较好地符合了华北小麦玉米轮作区耕地的实际产量水平，具有较好的科学性和可靠性。

表2-29　华北小麦玉米轮作区耕地地力等级、综合指数与产量

等级	综合指数均值	平均作物产量（kg/亩）
1	0.92182	1019.87
2	0.89779	996.67
3	0.87954	980.60
4	0.85882	960.01
5	0.84056	923.37
6	0.80895	860.45

（二）对比验证法

不同的耕地地力等级应与其相应的评价指标值相对应。高等级的耕地地力应体现较为优良的耕地理化性状，而低等级耕地则会对应较劣的耕地理化性状。因此，可汇总分析评价结果中不同耕地地力等级对应的评价指标值，通过比较不同等级的指标差异，分析耕地地力评价结果的合理性。

以灌溉能力为例，一二等地的灌溉能力以"充分满足"和"满足"为主，三四等地以"基本满足"为主，五六等地则以"一般满足"和"不满足"为主。可见，评价结果与灌溉能力指标有较好的对应关系，说明评价结果的较为合理（表2-30）。

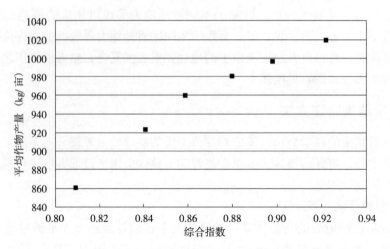

图 2-6　华北小麦玉米轮作区耕地地力综合指数与产量关系

表 2-30　华北小麦玉米轮作区耕地地力各等级对应的灌溉能力占比情况（%）

等级	充分满足	满足	基本满足	一般满足	不满足	合计
1	67.50	31.52	0.98	—	—	100.00
2	22.16	51.54	26.30	—	—	100.00
3	3.44	22.24	72.85	1.48	—	100.00
4	0.77	5.10	67.99	26.07	0.08	100.00
5	0.41	0.90	31.50	64.83	2.35	100.00
6	—	0.03	7.71	69.09	23.16	100.00

（三）专家验证法

专家经验的验证也是判定耕地地力评价结果科学性的重要方法。应邀请熟悉区域情况及相关专业的专家，会同参与评价的专业人员，共同对评价指标选取、权重确定、等级划分、评价过程及评价结果进行系统的验证。

本次评价先后组织了熟悉华北小麦玉米轮作区情况的土壤学、土地资源学、作物学、植物营养学、气象学、地理信息系统等领域的十余位专家，以及山东省、山西省、河北省和河南省4个省土肥站的工作技术人员，通过多次召开专题会议，对评价结果进行验证，确保了评价结果符合华北小麦玉米轮作区耕地实际状况。

（四）实地验证法

以评价得到的耕地地力等级分布图为依据，随机或系统选取各等级耕地的验证样点，逐一到对应的评价地区实际地点进行调查分析，实地获取不同等级耕地的自然及社会经济信息指标数据，通过相应指标的差异，综合分析评价结果的科学合理性。

本次评价的实地验证工作在由山东省、山西省、河北省和河南省4个省土肥站分别组织人员展开。首先，根据各个等级耕地的空间分布状况，选取代表性的典型样点，各省每一等级耕地选取15～20个样点，进行实地调查并查验相关的土壤理化性状指标。在此基础上，实地查看各样点的土地利用状况、地貌类型、管理情况，以及土壤耕层质地、耕层厚度、土体构型、障碍层类型等物理性状，调查近三年的作物产量、施肥、浇水等生产管理情况，查阅土壤有机质、有效磷、速效钾含量等化学性状，通过综合考虑实际土壤环境要素、土壤理化性状及其作物产量、施肥量、经济效益等相关信息，全面分析实地调查和化验分析数据与评价结果各等级耕地属性数据，验证评价结果是否符合实际情况。

以山东省为例，在不同等级耕地内各选取约 20 个样点进行实地调查，收集样点自然状况、物理性状及社会经济等方面资料，通过比较不同等级耕地间差异性及与评价结果相符性，验证评价结果是否符合实际情况。

表 2-31 为部分典型样点的实地调查信息对照情况。可以看出，不同等级耕地在地貌类型、耕层质地、灌溉条件及作物产量等方面均表现出明显的差异性，且与不同评价等级特征相符。1、2 号样点地类均为水浇地，地形均为平地，质地均为轻壤，耕层厚度大于23cm，无盐渍化，具备较好的灌溉沟渠等基础设施，具有优良的灌溉条件和土壤物理性状及立地环境，小麦玉米总产量在 1000kg/亩以上，该结果符合评价结果中一、二等地地力特征。3、4 号样点地类为水浇地和旱地，地形为缓坡和阶地，质地为中壤和重壤，耕层厚度在 20～23cm 之间，无盐渍化，虽没有完备的灌溉系统，但是干支渠能够满足灌溉条件，土壤物理性状和立地环境一般，小麦玉米总产量在 970～980kg/亩之间，该结果符合评价结果中三、四等地地力特征。5、6 号样点地类均为旱地，地形为阶地和丘陵，质地均为砂壤，耕层厚度在 15～20cm 之间，无盐渍化程度，只有灌溉干渠，无支渠引水，灌溉条件较差，土壤物理性状和立地环境较差，小麦玉米总产量在 850～920kg/亩之间，该结果符合评价结果中五、六等地地力特征。通过对不同等级耕地的土壤物理性状、立地条件及农田基础设施状况等方面的对比，说明评价结果与实地调查结果一致，符合实际情况。

表 2-31　山东轮作区不同等级耕地典型地块实地调查信息对照

样点编号	评价等级	地点	地类	作物类型	地形地貌	土类	耕层质地	耕层厚度(cm)	盐渍化程度	灌溉条件	作物产量(kg/亩)
1	一	梁山县	水浇地	小麦、玉米	平地	潮土	轻壤	25	无	好	1050
2	二	宁阳县	水浇地	小麦、玉米	平地	褐土	轻壤	23	无	较好	1000
3	三	鄄城县	水浇地	小麦、玉米	缓坡地	潮土	中壤	23	无	中	980
4	四	曲阜市	旱地	小麦、玉米	阶地	棕壤	重壤	20	无	中	970
5	五	东平县	旱地	小麦、玉米	阶地	河潮土	砂壤	20	无	较差	920
6	六	邹城市	旱地	小麦、玉米	岭地	棕壤	砂壤	15	无	差	850

为进一步验证评价结果中各等级耕地化学性状是否符合实际，在进行实地调查的同时，采集了部分土样并作化验分析。表 2-32 为部分典型样点的采样化验结果与评价单元信息对照情况。可以看出，不同等级耕地的有机质、有效磷、速效钾、有效锌、有效铁等化学性状表现出明显的差异性。样点所处地块评价等级越高，土壤养分含量总体较高。对比采样化验数据与评价单元属性，二者基本一致。通过对不同

等级耕地的土壤化学性状对比，验证了评价结果与化验分析结果有较好一致性，符合实际情况。

表 2-32 山东轮作区不同等级耕地典型地块采样化验数据与评价单元信息对照

样点编号	评价等级	数据来源	有机质 (g/kg)	有效磷 (mg/kg)	速效钾 (mg/kg)	有效锌 (mg/kg)	有效铁 (mg/kg)
1	一	采样化验	17.1	33.2	139	1.88	15.16
		评价单元	18.3	34.3	135	1.95	14.98
2	二	采样化验	15.1	29.4	129	1.76	12.44
		评价单元	15.9	28.6	133	1.82	13.38
3	三	采样化验	14.3	26.3	122	1.72	11.97
		评价单元	13.9	25.9	115	1.59	10.06
4	四	采样化验	13.5	24.8	114	1.64	11.63
		评价单元	12.2	22.3	120	1.58	9.72
5	五	采样化验	12.6	23.4	108	1.43	11.08
		评价单元	13.9	24.2	122	1.37	12.94
6	六	采样化验	11.8	23.5	103	0.97	9.56
		评价单元	12.2	22.7	98	1.19	11.77

第五节　耕地土壤养分等专题图件编制方法

一、图件编制步骤

对于土壤有机质、氮、磷、钾、锌、硼、钼等养分数据，首先按照野外实际调查点进行整理，建立了以调查点为记录，以各养分为字段的数据库。在此基础上，进行土壤采样样点图与分析数据库的连接，进而对各养分数据进行插值处理，形成插值图件。然后，按照相应的分级标准划分等级绘制土壤养分含量分布图。

二、图件插值处理

通过对比可以看出，在 MapGIS 和 ArcView 环境中的插值结果，ArcView 环境中的插值结果线条更为自然圆滑，符合实际；而 MapGIS 环境输出的矢量图像较为清晰、直观，便于查阅。因此，本次绘制图件是将所有养分采样点数据在 ArcView 环境下操作，利用其空间分析模块功能对各养分数据进行反距离加权插值处理，经编辑处理后，转换到 MapGIS 环境下，编辑输出养分含量分布图。反距离加权空间插值法（Inverse Distance to a Power，IDW）又被称为"距离倒数乘方法"，它是一种加权平均内插法，该方法认为任何一个观测值都对邻近的区域有影响，且影响的大小随距离的增大而减小。在实际运算中，以插值点与样本点位间的距离为权重进行加权平均，离插值点越近的样本点赋予的权重越大，即距离样本点位越近，插值数据也就越接近点位实际数值。

下图为在 ArcView 中插值生成的代表性华北小麦玉米轮作区土壤有机质、有效锌含量分布栅格图，以及在 MapGIS 下整饰输出的土壤有机质、有效锌含量分布矢量图（图2-7、图2-8）。

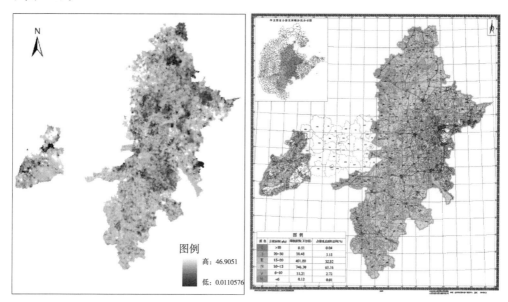

图 2-7 华北小麦玉米轮作区土壤有机质含量分布栅格图（左）和矢量图（右）

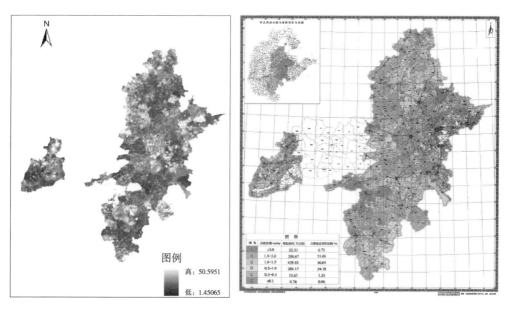

图 2-8 华北小麦玉米轮作区土壤有效锌含量分布栅格图（左）和矢量图（右）

三、图件清绘整饰

对于土壤有机质、pH、土壤养分元素含量分布等其他专题要素地图，按照各要素的不同分级分别赋予相应的颜色，标注相应的代号，生成专题图层。之后与地理要素底图复合，编辑处理生成相应的专题图件，并进行图幅的整饰处理。部分相关专题图件见附图。

第三章　耕地综合生产能力分析

第一节　华北小麦玉米轮作区耕地地力等级

一、轮作区耕地地力等级

依据各评价单元耕地地力指数（IFI）和特尔菲法确定单元的耕地地力综合指数，形成耕地地力综合指数分布曲线，根据曲线斜率的突变点（拐点）来确定等级的数目和划分综合指数的临界点，将项目区耕地地力划分为六级（表3-1，图3-1）。

华北小麦玉米轮作区耕地地力评价区域总耕地1220.43万 hm^2，其中一等地137.75万 hm^2，占11.29%；二等地235.57万 hm^2，占19.30%；三等地342.43万 hm^2，占28.06%；四等地263.19万 hm^2，占21.57%；五等地146.28万 hm^2，占11.99%；六等地95.21万 hm^2，占7.80%。一等地和五等地、六等地所占比例较低，二等地、三等地和四等地比例较高。二等地、三等地和四等地合计占总耕地面积的68.93%。

评价区域主要是平原和阶地，少数为剥蚀低山、丘陵和山间盆地。本次评价将地貌类型划分20类，归纳为平原、丘陵、低山和中山四大类型，其中平原区耕地占97.77%，丘陵区耕地占0.73%，低山区耕地占0.58%，中山区耕地占0.92%。主要耕地土壤类型为潮土、褐土、砂姜黑土、黄褐土、棕壤和风沙土，6类耕地土壤合计1187.03万 hm^2，占评价区耕地面积的97.26%，其中潮土占70.00%，褐土占16.43%，砂姜黑土占6.46%，黄褐土占2.09%，棕壤占1.42%，风沙土占0.86%。在北温带季风气候区，降雨量主要为400～800mm，>10℃积温主要在4500℃以上。就评价结果而言，耕地地力等级分布没有明显地随气候带变化特征，也没有明显的地带性规律，高、低地力等级耕地呈条带状相间分布，部分地区呈交叉分布特征。一、二等（高等）地主要分布在冀中平原、鲁中南山前平原、豫中南淮河流域冲积平原及豫北太行山山前平原，晋南临汾及运城盆地中心地带。三、四等（中等）地主要分布在冀中、冀南低平原区，鲁西北黄河冲积平原、豫中豫东冲积平原，豫东南黄河泛区及豫南湖积平原砂姜黑土区，晋南汾河、涑水河两岸丘陵地带。五、六等（低等）地主要分布在冀中海河低平原区，鲁中南丘陵区，豫中郑州—兰考一线黄河古道地区及黄泛地区，晋南中低山区。

表3-1　华北小麦玉米轮作区耕地地力等级划分（综合指数法）

IFI	>0.909	0.889～0.909	0.869～0.889	0.849～0.869	0.829～0.849	≤0.829	合计
耕地地力等级	一等地	二等地	三等地	四等地	五等地	六等地	
面积（万 hm^2）	137.75	235.57	342.43	263.19	146.28	95.21	1220.43
各等级比例（%）	11.29	19.30	28.06	21.57	11.99	7.80	100

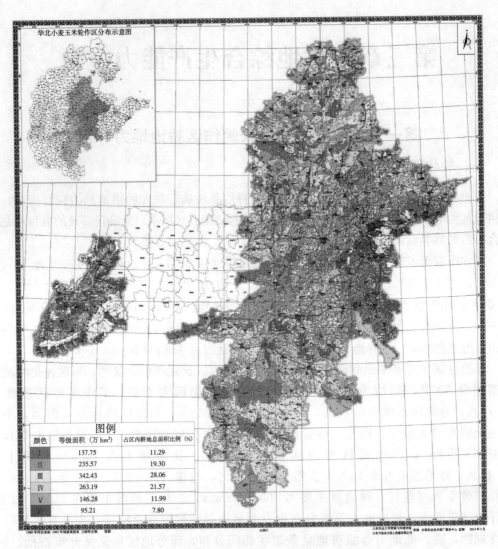

图 3-1　华北小麦玉米轮作区耕地地力等级分布

二、轮作区耕地地力地域分布特征

华北小麦玉米轮作区由河北小麦玉米轮作区、河南小麦玉米轮作区、山东小麦玉米轮作区和山西小麦玉米轮作区组成，以下简称为河北轮作区、河南轮作区、山东轮作区和山西轮作区。各轮作区耕地地力等级面积及各等级占该轮作区耕地面积的比例见表 3-2、图 3-2。

河北轮作区总耕地 340.26 万 hm²。其中，一等地 34.98 万 hm²，占 10.28%；二等地 43.55 万 hm²，占 12.80%；三等地 84.14 万 hm²，占 24.73%；四等地 93.35 万 hm²，占 27.44%；五等地 56.75 万 hm²，占 16.68%；六等地 27.49 万 hm²，占 8.08%。三等地和四等地均约占 1/4，合计占 52.17%。

表 3-2 华北小麦玉米轮作区各耕地地力等级面积与比例

耕地地力等级		河北轮作区	河南轮作区	山东轮作区	山西轮作区	华北小麦玉米轮作区
1	面积（万 hm²）	34.98	52.90	43.52	6.35	137.75
	所占比例（%）	10.28	12.77	11.27	7.97	11.29
2	面积（万 hm²）	43.55	90.73	90.16	11.12	235.57
	所占比例（%）	12.80	21.90	23.34	13.95	19.30
3	面积（万 hm²）	84.14	139.08	104.18	15.03	342.43
	所占比例（%）	24.73	33.58	26.97	18.85	28.06
4	面积（万 hm²）	93.35	83.85	74.68	11.31	263.19
	所占比例（%）	27.44	20.24	19.34	14.18	21.57
5	面积（万 hm²）	56.75	38.56	37.83	13.14	146.28
	所占比例（%）	16.68	9.31	9.80	16.49	11.99
6	面积（万 hm²）	27.49	9.11	35.84	22.77	95.21
	所占比例（%）	8.08	2.20	9.28	28.56	7.80
总计	面积（万 hm²）	340.26	414.23	386.21	79.72	1220.42

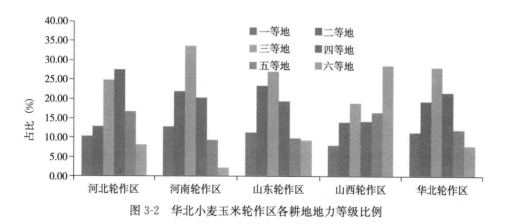

图 3-2 华北小麦玉米轮作区各耕地地力等级比例

河南轮作区总耕地 414.23 万 hm²。其中，一等地 52.90 万 hm²，占 12.77%；二等地 90.73 万 hm²，占 21.90%；三等地 139.08 万 hm²，占 33.58%；四等地 83.85 万 hm²，占 20.24%；五等地 38.56 万 hm²，占 9.31%；六等地 9.11 万 hm²，占 2.20%。一等地、二等地合计占 34.67%，三等地、四等地合计占 53.82%。

山东轮作区总耕地 386.21 万 hm²。其中，一等地 43.52 万 hm²，占 11.27%；二等地 90.16 万 hm²，占 23.34%；三等地 104.18 万 hm²，占 26.97%；四等地 74.68 万 hm²，占 19.34%；五等地 37.83 万 hm²，占 9.80%；六等地 35.84 万 hm²，占 9.28%。一等地、二等地合计占 34.61%，三等地、四等地合计占 46.31%。

山西轮作区总耕地 79.72 万 hm²。其中，一等地 6.35 万 hm²，占 7.97%；二等地 11.12 万 hm²，占 13.95%；三等地 15.03 万 hm²，占 18.85%；四等地 11.31 万 hm²，占

14.18%；五等地 13.14 万 hm²，占 16.49%；六等地 22.77 万 hm²，占 28.56%。

（一）河北轮作区耕地地力等级

河北轮作区 340.26 万 hm²，包括 7 个地级市，79 个县、市、区。

1. 地级市的耕地地力分布特征　河北轮作区包括石家庄市、衡水市、保定市、邯郸市、邢台市、沧州市、廊坊市 7 个地级市，耕地地力高低可以分为 3 种类型。一是高等地占优势的区域。如石家庄市耕地地力等级较高，一等地占 32.63%，二等地占 17.1%，一等地和二等地合计占 49.73%，三等地和四等地合计占 42.57%；二是中等地占优势的区域。衡水市、保定市、邯郸市耕地地力等级中等的占优，三等地和四等地合计衡水市占52.03%、保定市占 51.66%、邯郸市占 57.71%；三是低等地占优势的区域。邢台市、沧州市和廊坊市一等地极少，四等地占多数，邢台市占 35.04%、沧州市占 31.63%、廊坊市占 31.89%（表 3-3、图 3-3）。

表 3-3　河北轮作区各地级市耕地地力等级面积与比例

地级市	一等地 面积 (khm²)	一等地 比例 (%)	二等地 面积 (khm²)	二等地 比例 (%)	三等地 面积 (khm²)	三等地 比例 (%)	四等地 面积 (khm²)	四等地 比例 (%)	五等地 面积 (khm²)	五等地 比例 (%)	六等地 面积 (khm²)	六等地 比例 (%)	合计
石家庄市	108.72	32.63	56.98	17.10	78.70	23.62	63.15	18.95	25.46	7.64	0.16	0.05	333.17
衡水市	96.76	15.49	68.2	10.92	183.58	29.39	142.06	22.74	107.88	17.27	26.17	4.19	624.65
保定市	79.50	14.56	82.25	15.07	161.63	29.61	120.36	22.05	91.2	16.71	10.9	2.00	545.84
邯郸市	34.56	7.38	63.89	13.64	132.64	28.31	137.76	29.4	69.51	14.84	30.18	6.44	468.55
邢台市	14.29	2.88	64.97	13.1	82.51	16.64	173.75	35.04	70.73	14.27	89.57	18.07	495.83
沧州市	14.00	2.29	72.73	11.92	147.46	24.17	193.01	31.63	115.26	18.89	67.76	11.10	610.21
廊坊市	1.94	0.60	26.52	8.18	54.86	16.91	103.44	31.89	87.42	26.95	50.19	15.47	324.37

2. 耕地地力县域分布特征　河北轮作区 7 个地级市包括 79 个县、市，耕地地力等级的分布具有明显的差异。将耕地地力的六等划分为高等、中等和低等三档，即一等地、二等地为高等，三等地和四等地为中等，五等地和六等地为低等。

一是高等比例占优的县域。高等耕地比例超过 50%，且明显高于中等比例，低等很少或没有。包括徐水县、高邑县、藁城市、晋州市、赵县、邯郸市郊区、安新县、阜城县、安平县、栾城县、深州市、容城县、辛集市 13 个县市区。其中徐水县高等占 95.91%，中等3.53%；高邑县高等占 78.82%，中等占 21.18%；藁城市高等占 75.08%，中等占 24.73%；晋州市高等占 68.6%，中等占 31.4%；赵县高等占 68.25%，中等占 31.75%；邯郸市（郊区）高等占 64.92%，中等占 35.07%；安新县高等占 59.52%，中等占 40.48%；阜城县高等占 58.47%，中等占 24.51%；安平县高等占 57.88%，中等占 28.18%；栾城县高等占51.04%，中等占 48.96%；深州市高等占 50.42%，中等占 42.99%；容城县高等占50.12%，中等占 41.67%；辛集市高等占 48.96%，中等占 38.5%。

二是高等与中等比例基本相当，合计在将近 80% 以上。包括固安县、高碑店市、邯郸县、雄县、曲周县 5 个县市。固安县高等占 48.19%，中等占 50.49%；高碑店市高等占 43.98%，中等占 34.24%；邯郸县高等占 43.79%，中等占 47.82%；雄县高等占

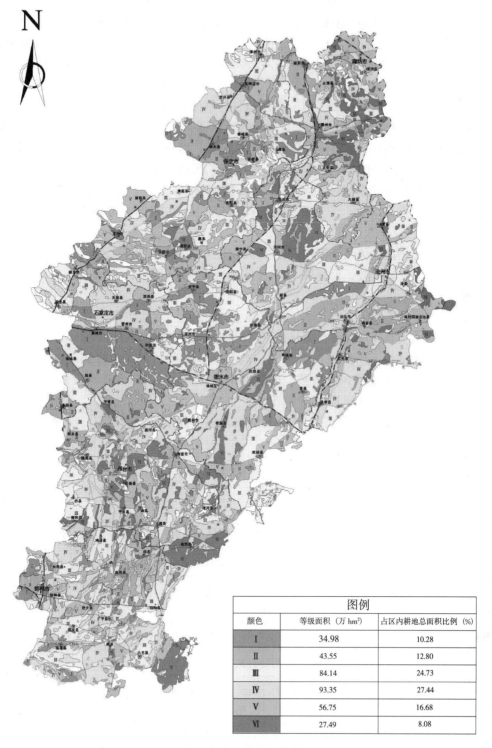

图例		
颜色	等级面积（万 hm²）	占区内耕地总面积比例（%）
Ⅰ	34.98	10.28
Ⅱ	43.55	12.80
Ⅲ	84.14	24.73
Ⅳ	93.35	27.44
Ⅴ	56.75	16.68
Ⅵ	27.49	8.08

图 3-3　河北轮作区耕地地力等级分布

40.27%，中等占59.39%；曲周县高等占40.02%，中等占40.72%。

三是中等比例占优势，明显高于高等的区域，低等很少。包括泊头市、宁晋县、高阳县、柏乡县、武强县、景县、广平县、馆陶县、临漳县9个县市。高等、中等的比例，泊头市37.17%、62.82%；宁晋县36.06%，47.04%；高阳县35.58%，64.42%；柏乡县34.04%，63.65%；武强县31.27%，67.61%；景县30.92%，55.88%；广平县30.13%，64.29%；馆陶县24.34%，75.11%；临漳县22.72%，65.9%。

四是中等占优势，比例在70%以上，高等和低等很少或较少的县市。包括无极县、任县、沧州市、定兴县、吴桥县、新河县、正定县、涿州市、成安县、饶阳县、鸡泽县、清河县、沧县13个县市。耕地地力中等的比例，无极县100%，任县95.16%，沧州市92.15%，定兴县88.7%，吴桥县88.29%，新河县83.41%，正定县82.28%，涿州市79.95%，成安县79.03%，饶阳县78%，鸡泽县76.74%，清河县75.55%，沧县72.37%。

五是低等比例占优势，低等比例在50%以上，高等和中等较少的县。包括孟村回族自治县、临西县、望都县、巨鹿县、广宗县、霸州市、博野县、衡水市、东光县、邱县10个县市。

六是中等、低等相当，合计占80%以上的县市。包括廊坊市（郊区）、青县、大名县、平乡县、文安县、永清县、冀州市、河间市、肃宁县9个县市。

七是中等占优势，比例在50%以上，高等和低等有一定比例的县市。包括定州市、南和县、任丘市、枣强县、武邑县、蠡县、大城县、献县、肥乡县、威县、魏县、故城县、隆尧县、清苑县、永年县15个县市。

八是高等、中等、低等比例基本相当的县，包括新乐市、南宫市、深泽县、南皮县、安国市5个县市。

河北轮作区县域耕地地力等级参见表3-4。

表3-4 河北轮作区各县（市、区）耕地地力等级面积与比例

县名称	一等地		二等地		三等地		四等地		五等地		六等地		合计面积
	面积 (khm²)	比例 (%)	面积 (khm²)	比例 (%)	面积 (khm²)	比例 (%)	面积 (khm²)	比例 (%)	面积 (khm²)	比例 (%)	面积 (khm²)	比例 (%)	
藁城市	32.61	63.94	5.68	11.14	9.30	18.23	3.31	6.50	0.09	0.18	—	—	51.00
晋州市	20.76	56.07	4.64	12.53	0.27	0.72	11.36	30.68	—	—	—	—	37.03
阜城县	23.38	52.58	2.62	5.89	5.87	13.19	5.03	11.32	7.57	17.02	—	—	44.46
栾城县	11.65	51.04	—	—	9.94	43.55	1.23	5.41	—	—	—	—	22.82
安新县	14.39	44.05	5.05	15.47	11.00	33.69	2.22	6.79	—	—	—	—	32.66
辛集市	24.96	43.90	2.88	5.06	20.48	36.03	1.41	2.47	6.97	12.26	0.16	0.28	56.86
深州市	31.40	40.28	7.90	10.14	29.77	38.20	3.73	4.79	5.14	6.60	—	—	77.94
雄县	11.38	35.21	1.63	5.06	16.16	49.98	3.04	9.41	0.11	0.34	—	—	32.33
徐水县	14.06	32.00	28.08	63.91	1.15	2.62	0.40	0.91	—	—	0.25	0.57	43.93
安平县	10.03	31.53	8.39	26.35	8.86	27.85	0.10	0.33	4.44	13.94	—	—	31.83
容城县	6.16	30.70	3.90	19.42	5.67	28.26	2.69	13.41	1.65	8.22	—	—	20.07
新乐市	8.82	30.15	5.24	17.90	5.69	19.47	0.46	1.58	9.04	30.90	—	—	29.25
武强县	8.90	29.86	0.42	1.41	15.91	53.38	4.24	14.23	0.34	1.13	—	—	29.82
深泽县	4.96	25.20	0.43	2.16	2.46	12.50	5.71	29.05	6.12	31.09	—	—	19.67
高碑店市	10.43	23.91	8.76	20.07	10.52	24.11	4.42	10.13	9.50	21.78	—	—	43.63
饶阳县	6.55	17.49	1.36	3.63	23.10	61.70	6.10	16.30	—	—	0.33	0.87	37.44

（续）

县名称	一等地		二等地		三等地		四等地		五等地		六等地		合计面积
	面积 (khm²)	比例 (%)	面积 (khm²)	比例 (%)	面积 (khm²)	比例 (%)	面积 (khm²)	比例 (%)	面积 (khm²)	比例 (%)	面积 (khm²)	比例 (%)	
邯郸市	0.98	16.64	2.84	48.28	—	—	2.07	35.07	—	—	—	—	5.89
清苑县	9.20	16.48	1.47	2.63	27.89	49.94	10.98	19.66	6.31	11.30	—	—	55.84
邯郸县	5.53	16.39	9.24	27.40	5.78	17.13	10.36	30.69	2.74	8.12	0.09	0.28	33.74
望都县	3.59	14.88	—	—	2.35	9.75	1.02	4.22	17.19	71.15	—	—	24.15
临漳县	6.33	14.64	3.49	8.08	18.22	42.11	10.29	23.79	4.93	11.39	—	—	43.26
景县	11.48	14.46	13.07	16.46	34.06	42.90	10.30	12.98	10.26	12.93	0.22	0.27	79.39
广平县	2.88	14.19	3.23	15.94	9.98	49.22	3.05	15.07	1.13	5.58	—	—	20.27
永年县	7.73	14.14	3.58	6.54	14.32	26.18	22.97	42.01	5.95	10.88	0.13	0.24	54.68
高阳县	3.98	12.45	7.39	23.13	12.77	39.97	7.81	24.45	—	—	—	—	31.94
隆尧县	5.17	10.99	4.35	9.23	9.74	20.69	20.85	44.29	3.42	7.26	3.55	7.55	47.07
安国市	3.48	10.92	3.34	10.49	8.61	27.01	2.34	7.36	12.53	39.33	1.56	4.91	31.86
曲周县	4.74	10.85	12.74	29.17	7.54	17.25	10.25	23.47	5.36	12.27	3.06	7.00	43.68
赵县	3.77	8.75	25.62	59.50	13.23	30.72	0.44	1.03	—	—	—	—	43.06
高邑县	1.18	7.79	10.78	71.03	—	—	3.21	21.18	—	—	—	—	15.18
沧县	7.20	7.52	10.03	10.48	48.99	51.21	20.24	21.16	7.46	7.79	1.74	1.82	95.65
馆陶县	2.07	6.68	5.47	17.66	14.93	48.20	8.33	26.91	0.17	0.56	—	—	30.97
柏乡县	1.07	6.23	4.75	27.81	9.35	54.71	1.53	8.94	0.39	2.31	—	—	17.10
献县	4.34	5.68	3.06	4.01	11.27	14.74	37.98	49.69	16.66	21.79	3.12	4.08	76.44
威县	2.89	4.56	5.88	9.27	8.78	13.85	31.00	48.86	9.22	14.53	5.66	8.93	63.43
固安县	1.94	4.50	18.85	43.69	17.71	41.05	4.08	9.44	0.57	1.32	—	—	43.15
巨鹿县	1.50	3.93	2.23	5.84	1.56	4.08	6.93	18.12	12.68	33.18	13.32	34.85	38.22
鸡泽县	0.88	3.91	2.05	9.18	12.99	58.06	4.18	18.68	1.98	8.84	0.30	1.33	22.37
肥乡县	1.12	3.40	5.83	17.71	11.58	35.21	5.90	17.94	7.63	23.18	0.84	2.55	32.90
武邑县	1.62	2.97	4.93	9.04	6.01	11.02	26.77	49.10	4.99	9.15	10.21	18.72	54.52
故城县	1.81	2.93	8.55	13.80	38.83	62.63	0.73	1.18	11.75	18.96	0.32	0.52	62.00
南和县	0.71	2.73	0.38	1.45	10.53	40.71	6.31	24.37	2.84	10.99	5.11	19.75	25.88
涿州市	0.98	2.28	6.66	15.48	30.70	71.33	3.71	8.62	0.99	2.29	—	—	43.04
任丘市	1.38	2.21	9.46	15.19	21.09	33.86	11.45	18.38	5.55	8.91	13.37	21.45	62.30
广宗县	0.66	2.16	3.73	12.24	3.58	11.74	2.23	7.31	15.85	51.99	4.44	14.56	30.48
蠡县	0.91	2.13	0.44	1.03	15.27	35.83	14.52	34.08	11.48	26.94	—	—	42.61
邱县	0.51	1.86	3.69	13.33	0.41	1.48	7.19	26.01	14.02	50.72	1.82	6.60	27.64
成安县	0.58	1.82	2.27	7.13	17.63	55.41	7.52	23.62	3.60	11.31	0.22	0.70	31.83
大名县	1.21	1.76	1.49	2.17	16.39	23.91	15.57	22.71	13.04	19.02	20.86	30.42	68.57
南宫市	0.81	1.49	11.36	21.02	13.98	25.86	9.09	16.81	3.71	6.86	15.12	27.96	54.07
东光县	0.69	1.49	1.09	2.33	1.25	2.68	15.49	33.31	22.05	47.43	5.93	12.76	46.49
衡水市	0.58	1.49	0.39	1.00	3.98	10.15	10.65	27.15	23.63	60.22	—	—	39.23
定州市	0.94	1.24	10.72	14.22	13.29	17.63	24.66	32.71	24.67	32.72	1.12	1.48	75.39
宁晋县	0.90	1.22	25.59	34.84	3.61	4.92	30.94	42.12	6.50	8.86	5.91	8.05	73.45
南皮县	0.62	1.22	15.36	30.23	1.91	3.77	21.18	41.68	9.46	18.62	2.28	4.49	50.81
任县	0.33	1.14	—	—	9.61	33.55	17.65	61.61	0.70	2.45	0.36	1.25	28.66
清河县	0.27	0.85	3.47	11.05	4.95	15.74	18.79	59.81	1.97	6.26	1.98	6.29	31.42
冀州市	0.39	0.67	3.02	5.24	14.27	24.73	14.42	25.00	23.30	40.39	2.28	3.96	57.68
青县	0.39	0.62	1.72	2.71	21.57	33.99	7.80	12.29	29.03	45.76	2.94	4.64	63.45
泊头市	—	—	24.37	37.17	0.09	0.13	41.09	62.69	—	—	—	—	65.55
肃宁县	—	—	6.61	19.07	2.24	6.45	12.72	36.72	9.57	27.61	3.51	10.14	34.65

（续）

县名称	一等地 面积 (khm²)	一等地 比例 (%)	二等地 面积 (khm²)	二等地 比例 (%)	三等地 面积 (khm²)	三等地 比例 (%)	四等地 面积 (khm²)	四等地 比例 (%)	五等地 面积 (khm²)	五等地 比例 (%)	六等地 面积 (khm²)	六等地 比例 (%)	合计面积
魏县	—	—	7.96	15.10	2.87	5.45	30.08	57.03	8.97	17.01	2.85	5.41	52.74
河间市	—	—	12.16	13.91	23.40	26.76	16.44	18.80	6.38	7.30	29.06	33.23	87.44
吴桥县	—	—	3.83	9.60	11.27	28.24	23.96	60.05	0.84	2.11	—	—	39.89
新河县	—	—	2.04	8.93	4.95	21.64	14.12	61.77	1.43	6.26	0.32	1.41	22.86
定兴县	—	—	4.04	8.60	3.82	8.14	37.81	80.56	1.27	2.70	—	—	46.94
正定县	—	—	1.72	6.15	14.76	52.71	8.28	29.57	3.24	11.58	—	—	28.00
永清县	—	—	2.39	5.33	12.10	27.03	8.75	19.54	9.30	20.76	12.24	27.34	44.77
大城县	—	—	3.08	5.30	2.70	4.65	37.20	64.05	15.10	26.00	—	—	58.09
枣强县	—	—	2.19	3.69	1.01	1.69	38.80	65.16	7.01	11.77	10.54	17.69	59.54
博野县	—	—	0.77	3.61	2.44	11.38	4.74	22.08	5.52	25.74	7.98	37.20	21.44
平乡县	—	—	0.85	3.22	1.67	6.37	10.79	41.09	7.47	28.44	5.48	20.87	26.27
孟村回族自治县	—	—	0.41	1.60	—	—	0.34	1.32	16.71	65.42	8.08	31.65	25.53
廊坊市	—	—	0.83	1.35	10.01	16.23	15.12	24.52	27.15	44.02	8.56	13.88	61.67
文安县	—	—	0.83	1.26	10.95	16.51	22.18	33.45	18.25	27.53	14.10	21.26	66.31
霸州市	—	—	0.53	1.06	1.39	2.75	16.11	31.98	17.05	33.85	15.29	30.36	50.37
临西县	—	—	0.34	0.92	0.18	0.50	3.54	9.59	4.54	12.30	28.32	76.69	36.94
沧州市	—	—	—	—	6.31	49.23	5.50	42.92	1.01	7.85	—	—	12.81
无极县	—	—	—	—	2.58	8.50	27.72	91.50	—	—	—	—	30.29

（二）河南轮作区耕地地力等级

河南轮作区 414.23 万 hm²，包括 7 个地级市，56 个县、市、区。

1. 地级市的耕地地力分布特征 安阳市、焦作市、许昌市、濮阳市 4 个市地高等地比例高，均超过了 60%。新乡市、周口、驻马店市、开封市、商丘市、漯河市 6 市中等地比例高，均超过了 50%，其中新乡市、周口市、驻马店市 3 市中等地比例高于低等地比例。开封市和商丘市地处黄河故道区，低等地面积大，比例超过了 30%。漯河市低等地比例 11.2%，中等地比例 88.4%。濮阳市低等地比例 8.27%，新乡市、驻马店市、焦作市、周口市、许昌市 5 市的低等地比例均不到 2.5%（图 3-4、表 3-5）。

表 3-5　河南轮作区各地级市耕地地力等级面积与比例

地级市	一等地 面积 (khm²)	一等地 比例 (%)	二等地 面积 (khm²)	二等地 比例 (%)	三等地 面积 (khm²)	三等地 比例 (%)	四等地 面积 (khm²)	四等地 比例 (%)	五等地 面积 (khm²)	五等地 比例 (%)	六等地 面积 (khm²)	六等地 比例 (%)	合计面积
焦作市	54.21	63.10	12.56	14.62	14.30	16.65	4.64	5.40	0.19	0.22	—	—	85.91
安阳市	80.98	32.47	158.18	63.43	9.04	3.62	1.18	0.47	—	—	—	—	249.39
周口市	264.30	27.50	114.90	11.95	483.43	50.29	96.83	10.07	1.75	0.18	—	—	961.21
许昌市	46.80	24.95	80.02	42.66	53.25	28.39	7.39	3.94	0.12	0.06	—	—	187.57
新乡市	45.48	12.22	109.82	29.49	145.97	39.20	63.00	16.92	6.77	1.82	1.28	0.34	372.33
濮阳市	29.88	10.35	163.03	56.47	33.80	11.71	38.13	13.21	23.12	8.01	0.74	0.26	288.70
商丘市	5.82	0.81	45.00	6.29	181.13	25.33	251.63	35.19	188.30	26.33	43.23	6.05	715.11
开封市	1.22	0.24	57.52	11.33	126.19	24.86	136.13	26.82	146.34	28.83	40.21	7.92	507.60
驻马店市	0.36	0.06	165.72	25.69	328.96	50.99	139.97	21.70	5.82	0.90	4.32	0.67	645.16
漯河市	—	—	0.52	0.40	14.71	11.38	99.60	77.02	13.20	10.20	1.29	1.00	129.32

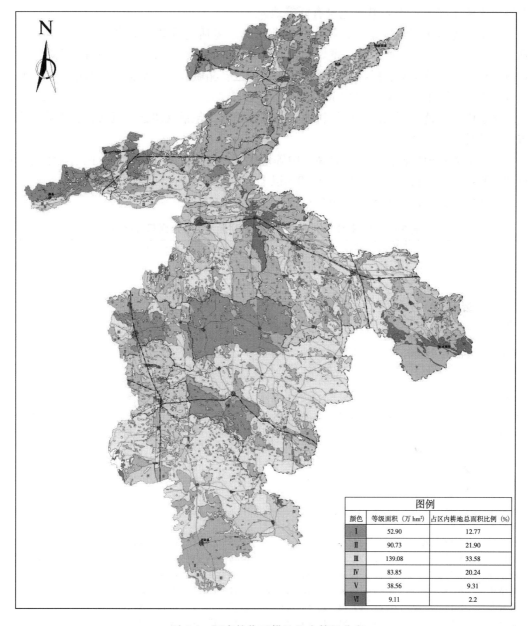

图例		
颜色	等级面积（万 hm²）	占区内耕地总面积比例（%）
Ⅰ	52.90	12.77
Ⅱ	90.73	21.90
Ⅲ	139.08	33.58
Ⅳ	83.85	20.24
Ⅴ	38.56	9.31
Ⅵ	9.11	2.2

图 3-4 河南轮作区耕地地力等级分布

2. 耕地地力县域分布特征

一是基本上是高等耕地，或没有中、低等耕地。包括扶沟县、太康县、汤阴县、商水县、滑县、内黄县、南乐县 7 个县。一等地和二等地合计比例在 90% 以上，三等地和四等地合计比例低于 6.5%，没有五等地和六等地。

二是高等地比例明显高于中等地，基本上没有低等地。包括新乡县、武陟县、濮阳县、清丰县、许昌县、正阳县、长葛市、长垣县、许昌市（郊区）、睢县、温县、周口市（郊区）、获嘉县、鄢陵县、濮阳市（郊区）15 个县、市、区，高等耕地比例在 50% 以上，中等地比例不高于 47%，基本上没有低等地。

三是中等地比例明显高于高等和低等地比例。包括鹿邑县、新蔡县、郸城县、淮阳县、宁陵县、平舆县、西平县、虞城县、西华县、开封县、通许县、项城市、原阳县、开封市、沈丘县、汝南县、民权县、封丘县、睢阳区、柘城县、遂平县、漯河市（郊区）25个县、市、区，中等耕地比例在 66% 以上。

四是中等耕地比例稍高于低等耕地、或基本相当。包括延津县、范县、尉氏县、商丘市、夏邑县、台前县 6 个县。

五是低等耕地比例占优，显著高于中等地比例，基本上没有高等地。包括兰考县、杞县和永城市 3 个县市。低等地比例在 79% 以上。

河南轮作区耕地地力等级县域分布特征参见表 3-6。

表 3-6　河南轮作区各县（市、区）耕地地力等级面积与比例

县名称	一等地		二等地		三等地		四等地		五等地		六等地		合计面积
	面积(khm²)	比例(%)	面积(khm²)	比例(%)	面积(khm²)	比例(%)	面积(khm²)	比例(%)	面积(khm²)	比例(%)	面积(khm²)	比例(%)	
扶沟县	81.74	95.10	4.21	4.90	—		—		—			—	85.95
汤阴县	39.47	83.76	7.38	15.66	0.27	0.57	—		—			—	47.12
太康县	109.43	83.19	21.61	16.43	0.37	0.28	0.15	0.11	—			—	131.55
商水县	72.48	74.86	22.03	22.75	2.30	2.38	—		—			—	96.82
新乡县	25.89	70.41	6.00	16.32	4.14	11.26	0.30	0.82	0.45	1.22		—	36.77
温县	20.42	63.55	—		7.27	22.63	4.44	13.82	—			—	32.13
武陟县	33.79	62.84	12.56	23.36	7.03	13.07	0.20	0.37	0.19	0.35		—	53.77
许昌县	36.76	51.33	18.86	26.34	11.36	15.86	4.63	6.47	—			—	71.61
许昌市	2.65	47.15	1.17	20.82	1.17	20.82	0.64	11.39	—			—	5.62
内黄县	31.90	42.68	38.19	51.10	3.92	5.24	0.73	0.98	—			—	74.74
获嘉县	11.89	35.87	6.38	19.25	13.21	39.85	1.05	3.17	0.62	1.87		—	33.15
清丰县	14.26	23.85	34.77	58.15	7.59	12.69	3.17	5.30	—			—	59.79
南乐县	7.32	17.42	32.08	76.33	2.63	6.26	—		—			—	42.03
鄢陵县	6.24	9.74	27.72	43.27	29.84	46.58	0.26	0.41	—			—	64.06
濮阳县	8.07	8.39	73.98	76.89	14.17	14.73	—		—			—	96.22
封丘县	6.42	7.68	14.17	16.95	35.58	42.57	25.33	30.31	0.80	0.96	1.28	1.53	83.58
滑县	9.61	7.54	112.61	88.30	4.85	3.80	0.46	0.35	—			—	127.53
商丘市	2.50	5.12	18.84	38.60	22.66	46.42	4.60	9.42	0.20	0.41		—	48.81
柘城县	2.33	3.06	8.06	10.60	20.65	27.15	31.54	41.47	13.47	17.71		—	76.05
长葛市	1.14	2.46	32.27	69.73	10.87	23.49	1.87	4.04	0.12	0.26		—	46.28
睢阳区	0.98	1.34	7.74	10.61	18.15	24.88	34.60	47.43	10.65	14.60	0.83	1.14	72.95
尉氏县	0.92	1.03	4.84	5.43	17.40	19.52	34.23	38.40	28.60	32.08	3.14	3.52	89.14
台前县	0.23	0.73	3.38	10.80	0.58	1.85	12.72	40.64	14.38	45.94		—	31.30
原阳县	0.62	0.72	13.32	15.56	67.62	78.98	3.67	4.29	0.38	0.44		—	85.62
长垣县	0.44	0.60	50.33	68.25	16.94	22.97	6.02	8.16	—			—	73.74
通许县	0.29	0.53	7.50	13.62	36.68	66.61	10.05	18.25	0.54	0.98		—	55.07
延津县	0.22	0.37	19.62	32.99	8.47	14.24	26.64	44.79	4.52	7.60		—	59.48
西华县	0.32	0.37	10.47	12.08	65.92	76.06	9.96	11.49	—			—	86.67
淮阳县	0.33	0.30	6.95	6.27	86.93	78.40	16.66	15.03	—			—	110.88
正阳县	0.36	0.25	110.70	77.29	31.68	22.12	0.49	0.34	—			—	143.22
睢县	—		43.67	66.30	16.03	24.34	6.17	9.37	—			—	65.87
周口市	—		5.89	62.00	3.61	38.00	—		—			—	9.50

（续）

县名称	一等地 面积 (khm²)	一等地 比例 (%)	二等地 面积 (khm²)	二等地 比例 (%)	三等地 面积 (khm²)	三等地 比例 (%)	四等地 面积 (khm²)	四等地 比例 (%)	五等地 面积 (khm²)	五等地 比例 (%)	六等地 面积 (khm²)	六等地 比例 (%)	面积合计
濮阳市	—	—	9.78	51.99	1.40	7.44	5.89	31.31	1.74	9.25	—	—	18.81
遂平县	—	—	22.04	26.18	35.22	41.83	22.50	26.73	1.61	1.91	2.83	3.36	84.19
范县	—	—	9.05	22.31	7.43	18.32	16.34	40.29	7.00	17.26	0.74	1.82	40.56
汝南县	—	—	23.46	20.9	83.23	74.13	5.59	4.98	—	—	—	—	112.27
沈丘县	—	—	16.42	20.88	36.65	46.60	25.57	32.52	—	—	—	—	78.64
项城市	—	—	12.11	15.43	59.09	75.27	7.30	9.30	—	—	—	—	78.50
西平县	—	—	7.61	10.04	45.38	59.88	22.79	30.07	—	—	—	—	75.78
虞城县	—	—	9.73	8.47	95.56	83.18	7.31	6.36	2.27	1.98	—	—	114.88
平舆县	—	—	7.36	7.91	80.97	87.06	3.18	3.42	1.50	1.61	—	—	93.00
郸城县	—	—	5.76	5.11	100.54	89.22	6.39	5.67	—	—	—	—	112.69
上蔡县	—	—	2.18	2.08	80.39	76.68	22.27	21.24	—	—	—	—	104.84
鹿邑县	—	—	1.83	1.94	82.65	87.70	8.01	8.50	1.75	1.86	—	—	94.24
漯河市	—	—	0.52	1.18	5.59	12.64	23.64	53.44	13.20	29.84	1.29	2.92	44.24
开封县	—	—	1.14	1.10	48.79	47.12	40.51	39.12	13.12	12.67	—	—	103.55
宁陵县	—	—	0.51	0.89	11.87	20.82	40.39	70.86	3.41	5.98	0.83	1.46	57.00
杞县	—	—	0.36	0.39	0.14	0.15	16.88	18.13	61.99	66.60	13.72	14.74	93.08
民权县	—	—	0.11	0.13	9.36	11.17	52.86	63.06	18.92	22.57	2.58	3.08	83.83
召陵区	—	—	—	—	5.63	18.24	25.24	81.76	—	—	—	—	30.87
新蔡县	—	—	—	—	17.47	16.23	85.95	79.86	2.72	2.53	1.49	1.38	107.63
开封市	—	—	—	—	3.26	13.35	16.42	67.24	4.74	19.41	—	—	24.42
临颍县	—	—	—	—	3.49	6.44	50.72	93.56	—	—	—	—	54.21
兰考县	—	—	—	—	3.89	5.09	11.87	15.52	37.35	48.84	23.35	30.53	76.47
永城市	—	—	—	—	2.89	1.90	24.70	16.26	95.59	62.93	28.73	18.91	151.90
夏邑县	—	—	—	—	—	—	55.64	50.72	43.81	39.94	10.25	9.34	109.70

（三）山东轮作区耕地地力等级

山东轮作区耕地面积 386.21 万 hm²，包括 10 个地级市，55 个县、市、区。

山东小麦玉米轮作区耕地地力评价等级参见图 3-5。

1. 地级市的耕地地力分布特征

一是高等耕地比例明显高于中等耕地比例，低等耕地比例较少。枣庄市、淄博市、济宁市 3 个市高等耕地比例均在 50% 左右。

二是中等耕地比例明显高于高等耕地比例，低等耕地比例较少。包括东营市、滨州市、德州市、聊城市 4 个地级市，中等地耕地比例在 50% 以上，高等耕地比例基本为 20%～40%。

三是中等耕地比例明显高于低等耕地比例，高等耕地比例较少。包括菏泽 1 个市，中等耕地比例为 54.66%，低等耕地比例为 32.83%，高等耕地比例为 12.5%。

四是高等、中等和低等耕地比例基本上相当。包括济南市、泰安市 2 个市。高等、中等和低等耕地的比例均在 30%～40% 之间。

山东轮作区各地级市耕地地力等级分布特征参见表 3-7。

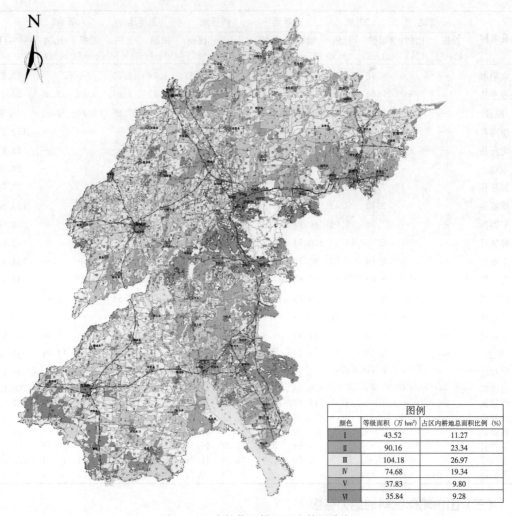

图例		
颜色	等级面积（万 hm²）	占区内耕地总面积比例（%）
I	43.52	11.27
II	90.16	23.34
III	104.18	26.97
IV	74.68	19.34
V	37.83	9.80
VI	35.84	9.28

图 3-5　山东轮作区耕地地力等级分布

表 3-7　山东轮作区各地级市耕地地力等级面积与比例

地级市	一等地		二等地		三等地		四等地		五等地		六等地		合计
	面积（khm²）	比例（%）	面积（khm²）	比例（%）	面积（khm²）	比例（%）	面积（khm²）	比例（%）	面积（khm²）	比例（%）	面积（khm²）	比例（%）	
枣庄市	27.63	29.9	32.55	35.22	10.37	11.22	8.56	9.26	6.16	6.67	7.15	7.74	92.42
淄博市	45.37	29.63	45.15	29.49	43.81	28.62	11.66	7.62	5.25	3.43	1.87	1.22	153.11
泰安市	63.36	21.71	43.10	14.77	48.69	16.68	46.62	15.97	32.96	11.29	57.15	19.58	291.88
济宁市	105.09	19.36	162.6	29.96	122.98	22.66	57.97	10.68	30.10	5.55	64.01	11.79	542.76
德州市	68.37	11.48	172.89	29.04	191.92	32.23	136.39	22.91	19.99	3.36	5.87	0.99	595.43
滨州市	36.38	10.83	62.48	18.60	32.21	32.21	89.24	26.56	31.25	9.30	8.41	2.50	335.98
济南市	39.37	10.06	96.51	24.67	90.56	23.15	46.46	11.88	26.32	6.73	91.94	23.5	391.15
聊城市	44.69	7.36	176.88	29.11	195.59	32.19	108.95	17.93	67.37	11.09	14.13	2.33	607.61
东营市	0.48	0.69	16.21	23.03	18.89	26.83	24.54	34.86	5.30	7.52	4.98	7.07	70.40
菏泽市	4.43	0.57	93.23	11.93	210.78	26.97	216.4	27.69	153.62	19.66	102.94	13.17	781.39

2. 耕地地力县域分布特征

一是高等耕地比例高，中等耕地比例低，低等耕地比例很低或无。包括淄博市（郊区）、济宁市（郊区）、兖州市、阳谷县、桓台县、临淄区、陵县、德城区、宁津县、滕州市、汶上县、东阿县、禹城市、邹平县、鱼台县 15 个县市区。高等耕地比例在 60% 以上，中等耕地比例不高于 36%，低等地耕地比例不高于 15%。

二是高等耕地比例和中等耕地比例基本相当，低等耕地比例较低，包括泰安市（郊区）、济阳县、平原县、金乡县、周村区、槐荫区、临邑县、庆云县、商河县、成武县、微山县 11 个县市区。高等耕地比例与中等耕地比例均在 40%～50% 之间，低等耕地比例不到 12%。

三是中等耕地比例明显高于高等和低等比例。中等耕地比例高于 74%，包括惠民县、齐河县、巨野县、夏津县、武城县、鄄城县、阳信县 7 个县市，高等和低等合计在 1/4 左右。中等耕地比例在 50% 以上，低等耕地比例在 20% 以下的，包括梁山县、定陶县、高青县、荏平县、广饶县、天桥区、冠县、乐陵市、莘县、菏泽市（郊区）、嘉祥县、滨州市（郊区）12 个县市区。中等耕地比例在 50% 以上，高等耕地比例在 20% 以下的，包括郓城县、临清市、聊城市（郊区）3 个县市区。

四是低等耕地比例明显高于高等、中等耕地比例。包括历下区、平阴县、长清区、邹城市、曹县、济南市（郊区），低等耕地比例在 60% 以上。

五是以低等和中等耕地为主，高等耕地比例很低。包括东明县、单县、岱岳区 3 个县区，低等和中等耕地比例均在 35% 以上，高等耕地比例低于 20%。

六是高等、中等和低等均有相当比例。包括肥城市、高唐县、章丘市、曲阜市、历城区、宁阳县、东平县、博兴县 8 个县市区。

山东轮作区域耕地地力等级县域分布特征参见表 3-8。

表 3-8　山东轮作区各县（市、区）耕地地力等级面积与比例

县名称	一等地		二等地		三等地		四等地		五等地		六等地		合计
	面积(khm²)	比例(%)	面积(khm²)	比例(%)	面积(khm²)	比例(%)	面积(khm²)	比例(%)	面积(khm²)	比例(%)	面积(khm²)	比例(%)	
鱼台县	22.77	52.83	3.97	9.20	8.16	18.94	2.08	4.82	5.95	13.80	0.18	0.41	43.11
泰安市	4.43	52.58	0.60	7.06	3.02	35.87	0.38	4.49	—		—		8.43
兖州市	19.10	50.19	14.19	37.28	4.77	12.53	—		—		—		38.06
淄博市	7.03	48.70	6.79	47.02	0.51	3.54	0.11	0.74	—		—		14.44
桓台县	14.03	48.38	6.92	23.87	7.10	24.47	0.95	3.28	—		—		29.01
周村区	7.04	46.70	0.40	2.65	2.46	16.33	4.00	26.50	0.91	6.03	0.27	1.79	15.08
临淄区	17.02	42.51	11.58	28.93	5.50	13.73	—		4.34	10.84	1.60	3.99	40.04
济宁市	20.89	40.52	26.84	52.07	3.66	7.10	0.16	0.30	—		—		51.54
邹平县	28.29	38.39	17.71	24.03	7.40	10.05	7.89	10.71	9.51	12.90	2.90	3.93	73.71
阳谷县	23.89	36.38	25.70	39.14	15.69	23.90	0.14	0.21	0.24	0.37	—		65.66
肥城市	25.53	35.85	7.57	10.62	8.09	11.35	7.93	11.13	9.16	12.87	12.95	18.18	71.22
宁阳县	24.85	35.08	9.34	13.19	9.92	14.00	7.68	10.85	1.67	2.36	17.37	24.52	70.83
禹城市	20.01	32.45	18.91	30.66	11.93	19.35	8.62	13.97	1.99	3.22	0.21	0.35	61.66
汶上县	17.35	32.12	17.75	32.87	12.54	23.21	4.19	7.77	1.89	3.50	0.29	0.53	54.01
陵县	23.85	29.94	31.65	39.73	17.43	21.88	4.94	6.20	1.79	2.25	—		79.66
滕州市	27.63	29.90	32.55	35.22	10.37	11.22	8.56	9.26	6.16	6.67	7.15	7.74	92.42

（续）

县名称	一等地		二等地		三等地		四等地		五等地		六等地		合计
	面积 （khm²）	比例 （%）	面积 （khm²）	比例 （%）	面积 （khm²）	比例 （%）	面积 （khm²）	比例 （%）	面积 （khm²）	比例 （%）	面积 （khm²）	比例 （%）	
历城区	8.19	29.74	5.16	18.75	5.87	21.31	0.56	2.02	1.75	6.36	6.00	21.81	27.52
德城区	7.87	26.73	12.24	41.57	7.14	24.25	1.96	6.66	0.23	0.80	—	—	29.46
章丘市	17.20	17.79	13.33	13.78	11.29	11.68	26.14	27.03	8.66	8.96	20.08	20.77	96.70
曲阜市	8.67	17.77	11.85	24.28	5.23	10.71	8.88	18.21	5.92	12.14	8.23	16.88	48.78
微山县	4.90	15.83	7.67	24.74	8.56	27.63	7.47	24.10	1.27	4.10	1.12	3.61	30.99
槐荫区	0.60	14.71	1.40	34.22	1.70	41.33	0.15	3.71	0.25	6.02	—	—	4.10
济南市	1.03	13.70	0.46	6.17	0.17	2.20	1.34	17.85	0.77	10.21	3.74	49.87	7.49
东阿县	7.03	13.67	26.03	50.64	16.84	32.77	1.49	2.91	—	—			51.40
临邑县	8.55	12.61	24.47	36.12	18.23	26.90	15.72	23.20	0.79	1.17			67.75
庆云县	3.91	11.88	11.07	33.64	16.47	50.07	1.45	4.41					32.90
滨州市	6.62	9.94	8.77	13.17	20.55	30.89	16.17	24.30	11.31	16.99	3.13	4.71	66.55
东平县	6.70	9.66	14.25	20.55	15.15	21.85	14.92	21.52	12.31	17.75	6.01	8.66	69.34
平阴县	2.25	7.39	1.98	6.49	2.42	7.93	0.63	2.07	0.33	1.08	22.85	75.03	30.46
高唐县	4.46	7.31	9.42	15.45	18.62	30.54	10.31	16.91	13.15	21.56	5.03	8.24	60.98
邹城市	6.62	7.17	12.20	13.23	3.25	3.52	7.80	8.46	10.40	11.28	51.95	56.34	92.21
商河县	5.25	6.79	28.54	36.90	27.19	35.15	7.36	9.52	8.58	11.09	0.42	0.55	77.35
济阳县	4.48	6.16	36.63	50.40	25.80	35.50	5.77	7.94	—	—			72.68
梁山县	3.37	5.45	15.90	25.70	29.54	47.73	12.68	20.49	0.38	0.62			61.88
成武县	3.41	5.08	24.49	36.48	18.21	27.13	13.62	20.28	7.41	11.03			67.13
夏津县	2.26	3.99	2.34	4.12	15.30	26.99	28.90	50.99	3.59	6.33	4.29	7.57	56.68
莘县	3.30	3.68	28.04	31.27	35.39	39.46	15.58	17.37	4.10	4.57	3.28	3.65	89.68
茌平县	2.37	3.32	19.96	27.95	22.45	31.43	22.71	31.80	2.85	3.98	1.08	1.51	71.42
宁津县	1.70	3.12	35.18	64.43	12.41	22.73	1.32	2.42	3.98	7.29			54.60
天桥区	0.37	2.90	4.40	34.29	6.44	50.19	1.45	11.30	0.17	1.32			12.83
岱岳区	1.85	2.56	11.34	15.74	12.51	17.37	15.71	21.81	9.81	13.62	20.83	28.91	72.05
博兴县	1.47	2.53	20.12	34.60	19.77	33.99	7.69	13.23	7.96	13.69	1.14	1.97	58.15
聊城市	1.95	2.44	10.18	12.71	29.66	37.04	19.63	24.52	16.39	20.46	2.27	2.84	80.08
金乡县	1.06	1.80	28.22	47.87	22.83	38.72	5.64	9.56	1.20	2.04	—	—	58.95
乐陵市	1.13	1.55	24.50	33.61	29.93	41.06	12.29	16.86	3.68	5.05	1.36	1.87	72.90
平原县	0.80	1.17	34.64	50.67	23.69	34.65	8.94	13.08	0.29	0.43	—	—	68.36
菏泽市	0.79	0.89	21.68	24.60	29.13	33.06	18.96	21.51	16.24	18.43	1.33	1.51	88.11
广饶县	0.48	0.69	16.21	23.03	18.89	26.83	24.54	34.86	5.30	7.52	4.98	7.07	70.40
嘉祥县	0.36	0.56	24.02	37.99	24.44	38.67	9.07	14.36	3.09	4.88	2.24	3.54	63.22
高青县	0.24	0.45	19.46	35.67	28.25	51.77	6.61	12.12	—	—			54.56
巨野县	0.23	0.27	16.46	18.81	45.60	52.11	25.22	28.82	—	—			87.52
冠县	—	—	16.93	22.97	23.67	32.11	19.21	26.05	11.87	16.11	2.03	2.76	73.71
武城县	—	—	10.24	21.59	28.10	59.26	8.69	18.33	0.39	0.83	—	—	47.42
阳信县	—	—	10.18	19.67	21.82	42.19	16.95	32.76	2.10	4.05	0.68	1.32	51.72
定陶县	—	—	9.30	16.67	20.89	37.43	16.49	29.55	4.91	8.80	4.21	7.54	55.80
临清市	—	—	5.44	9.06	20.84	34.70	18.55	30.88	14.79	24.62	0.45	0.74	60.08
单县	—	—	8.11	7.92	19.52	19.06	26.97	26.33	32.26	31.50	15.56	15.19	102.41
长清区	—	—	4.60	7.52	9.69	15.84	3.05	4.99	5.19	8.49	38.65	63.15	61.20
惠民县	—	—	5.72	6.66	38.67	45.04	40.54	47.22	0.38	0.44	0.55	0.64	85.86
鄄城县	—	—	3.60	5.41	24.92	37.48	25.10	37.76	9.58	14.41	3.29	4.94	66.49
东明县	—	—	3.31	4.23	16.07	20.53	14.33	18.32	13.14	16.78	31.42	40.14	78.26
郓城县	—	—	3.85	3.65	16.80	15.93	46.28	43.87	33.26	31.53	5.30	5.02	105.50
齐河县	—	—	2.84	3.61	23.70	30.14	44.87	57.06	7.23	9.19	—	—	78.63
曹县	—	—	2.43	1.87	19.65	15.09	29.43	22.61	36.83	28.29	41.85	32.14	130.18
历下区	—	—	—	—	—	—	—	—	0.62	76.27	0.19	23.73	0.81

（四）山西轮作区耕地地力等级

山西轮作区耕地面积 79.72 万 hm²，包括临汾市、运城市 2 个地级市，19 个县市区。相比较而言，山西轮作区是整个华北小麦玉米轮作区中，耕地地力等级较低的区域。从地级市一级看，等级间的差异不大，低等耕地比例相对较高，高等耕地比例相对较低（图 3-6、表 3-9）。

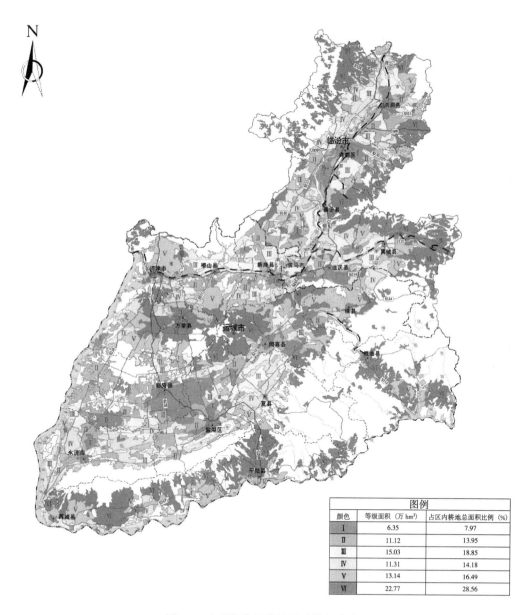

图例		
颜色	等级面积（万 hm²）	占区内耕地总面积比例（%）
Ⅰ	6.35	7.97
Ⅱ	11.12	13.95
Ⅲ	15.03	18.85
Ⅳ	11.31	14.18
Ⅴ	13.14	16.49
Ⅵ	22.77	28.56

图 3-6　山西轮作区耕地地力等级分布

表 3-9　山西轮作区各地级市耕地地力等级面积与比例

地级市	一等地		二等地		三等地		四等地		五等地		六等地		合计面积
	面积 (khm²)	比例 (%)	面积 (khm²)	比例 (%)	面积 (khm²)	比例 (%)	面积 (khm²)	比例 (%)	面积 (khm²)	比例 (%)	面积 (khm²)	比例 (%)	
临汾市	19.89	7.51	30.89	11.66	54.9	20.72	409.83	15.47	30.26	11.42	88.07	33.23	265
运城市	43.62	8.2	80.33	15.09	95.4	17.93	720.84	13.54	101.16	19.01	139.6	26.23	532.2

在县域来分析高、中、低等耕地的分布，可以分为 4 个类型。

一是高等耕地比例明显高。包括盐湖区、临猗县 2 个县区。高等耕地比例在 50% 以上。尤其是临猗县高等耕地比例达 71%，中等耕地比例为 25.67%，低等耕地比例只有 0.18%。

二是中等耕地比例较高，高等耕地和低等耕地比例近 50%。包括永济市、夏县、曲沃县、新绛县、侯马市、稷山县 6 个县市。

三是高、中、低等耕地比例相当，没有明显差异。包括洪洞县、襄汾县、尧都区。

四是低等耕地比例明显较高。包括万荣县、翼城县、芮城县、河津市、平陆县、垣曲县、绛县、闻喜县 8 个县。其中，万荣县、翼城县、芮城县、河津市、平陆县、垣曲县 6 个县市，低等耕地比例超过了 70%，高等耕地比例在 5% 以下，中等地耕地比例在 25% 以下。绛县、闻喜 2 个县低等耕地比例在 60% 以上，但仍有相当的高等耕地比例和中等耕地比例。

山西轮作区耕地地力等级县域分布特征参见表 3-10。

表 3-10　山西轮作区各县（市、区）耕地地力等级面积与比例

县名称	一等地		二等地		三等地		四等地		五等地		六等地		合计面积
	面积 (khm²)	比例 (%)	面积 (khm²)	比例 (%)	面积 (khm²)	比例 (%)	面积 (khm²)	比例 (%)	面积 (khm²)	比例 (%)	面积 (khm²)	比例 (%)	
临猗县	18.88	30.54	26.96	43.61	14.46	23.39	1.41	2.28	0.11	0.18	—	—	61.81
盐湖区	10.32	19.62	16.91	32.14	13.07	24.83	2.45	4.65	4.41	8.37	5.46	10.38	52.61
曲沃县	4.75	18.61	2.25	8.81	5.85	22.94	8.40	32.93	1.39	5.46	2.87	11.26	25.50
侯马市	1.42	12.86	3.34	30.25	4.62	41.85	1.36	12.34	—	—	0.30	2.71	11.03
闻喜县	6.68	12.45	5.35	9.96	5.27	9.81	2.25	4.20	10.83	20.17	23.31	43.42	53.68
尧都区	4.64	9.14	6.28	12.37	14.72	29.00	5.29	10.42	3.31	6.51	16.52	32.54	50.76
新绛县	2.68	8.27	10.08	31.12	12.57	38.80	5.02	15.51	2.04	6.30	—	—	32.38
襄汾县	4.63	8.04	8.47	14.69	10.11	17.55	11.68	20.26	9.48	16.45	13.25	23.00	57.62
洪洞县	4.45	6.27	9.96	14.02	12.56	17.68	11.28	15.88	7.60	10.70	25.19	35.46	71.05
绛县	0.89	3.16	1.42	5.03	0.59	2.09	6.88	24.38	12.42	44.02	6.02	21.32	28.21
永济市	1.67	3.10	8.51	15.82	17.17	31.94	19.64	36.53	6.01	11.18	0.77	1.43	53.76
夏县	1.07	2.74	4.04	10.36	13.48	34.52	11.50	29.47	3.97	10.18	4.97	12.72	39.03
万荣县	1.09	2.12	1.23	2.39	2.37	4.60	10.34	20.12	17.49	34.02	18.89	36.75	51.41
稷山县	0.35	1.04	5.59	16.88	12.19	36.79	4.07	12.29	7.87	23.76	3.06	9.25	33.13
翼城县	—	—	0.60	1.23	7.04	14.35	2.98	6.07	8.48	17.29	29.94	61.06	49.03
芮城县	—	—	0.25	0.55	2.91	6.39	6.10	13.38	11.42	25.06	24.90	54.62	45.59
河津市	—	—	—	—	1.15	5.47	1.57	7.49	12.23	58.44	5.99	28.60	20.93
垣曲县	—	—	—	—	0.19	0.77	0.25	0.98	4.62	18.44	20.00	79.80	25.07
平陆县							0.61	1.76	7.74	22.38	26.23	75.86	34.58

三、耕地地力在不同土壤类型上的分布

华北小麦玉米轮作区潮土、褐土、砂姜黑土、黄褐土、棕壤和风沙土等主要土壤类型耕地地力等级参见表3-11。

表3-11 主要土壤类型耕地地力等级面积与比例

土类	一等地		二等地		三等地		四等地		五等地		六等地		合计
	面积	比例	面积	比例	面积	比例	面积	比例	面积	比例	面积	比例	
	(万 hm²)	(%)	(万 hm²)	(%)	(万 hm²)	(%)	(万 hm²)	(%)	(万 hm²)	(%)	(万 hm²)	(%)	
总计(全部)	137.75	11.29	235.57	19.30	342.43	28.06	263.19	21.57	146.28	11.99	95.21	7.80	1220.42
潮土	85.94	10.06	171.05	20.02	247.50	28.97	196.70	23.03	107.63	12.60	45.44	5.32	854.26
褐土	40.14	20.02	32.88	16.40	36.12	18.02	36.07	17.99	25.35	12.65	29.91	14.92	200.48
砂姜黑土	6.88	8.73	14.40	18.25	36.45	46.21	16.21	20.56	4.49	5.69	0.44	0.56	78.88
黄褐土	—	—	9.18	35.97	11.49	45.04	4.39	17.22	0.30	1.16	0.15	0.60	25.52
棕壤	1.82	10.51	2.58	14.86	2.02	11.65	1.71	9.86	1.97	11.37	7.24	41.75	17.34
风沙土	0.41	3.86	1.40	13.29	1.96	18.57	2.41	22.88	2.21	20.94	2.16	20.45	10.55

潮土、砂姜黑土、黄褐土耕地地力以中等为主，高等次之，低等最少。潮土高等地力耕地占30.8%，中等地力耕地占52.00%，低等地力耕地占17.92%；砂姜黑土，高等地力耕地占26.98%，中等地力耕地占66.77%，低等地力耕地占6.25%；黄褐土，高等地力耕地占35.97%，中等地力耕地占62.26%，低等地力耕地占1.76%。

褐土高等、中等和低等地力耕地比例基本相当，高等和中等各占1/3以上，低等占近1/3。

棕壤与风沙土耕地地力以中等、低等为主，高等较少。棕壤高等地力耕地占25.37%，中等地力耕地占21.51%，低等地力耕地占53.12%；风沙土中等和低等地力耕地均占40%强，高等地力耕地只占17.15%。

潮土中，一到六等耕地，分别占10.06%、20.02%、28.97%、23.03%、12.6%和5.32%。主要集中二等、三等和四等地，占比均在20%以上。

褐土中，一到六等耕地，分别占20.02%、16.4%、18.02%、17.99%、12.65%和14.92%。各等级耕地占比基本接近。

砂姜黑土中，一到六等耕地，分别占8.73%、18.25%、46.21%、20.56%、5.69%和0.56%，明显集中在三等地中，占比接近砂姜黑土类耕地面积的一半（46.12%）。

黄褐土中，二到六等耕地，分别占35.97%、45.04%、17.22%、1.16%和0.6%，集中分布在二等和三等中，合计占81.01%。

华北小麦玉米轮作区主要耕地土壤上耕地地力等级分布参见图3-7。

1. 潮土的耕地地力等级 潮土的各亚类中，典型潮土耕地地力等级集中分布于三等和四等，脱潮土耕地地力等级集中分布于三等、四等和五等，盐化潮土耕地地力等级集中分布于三等和四等，灰潮土耕地地力等级集中分布于一等和二等。

从土属一级分析，砂质河潮土、壤质非石灰性河潮土、脱潮壤土、灰潮黏土、灰潮壤土、壤质湿潮土、黏质湿潮土7个土属的一等和二等耕地比例高。一等和二等耕地占同类

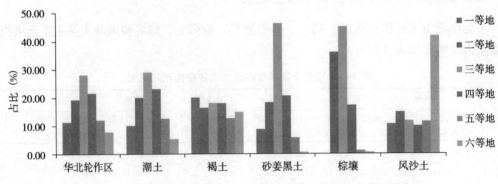

图 3-7　华北小麦玉米轮作区主要耕地土壤上耕地地力等级分布

土属耕地面积比例合计，砂质河潮土达 74.60％，壤质非石灰性河潮土达 82.76％，脱潮壤土达 62.12％，灰潮黏土占 56.64％，灰潮壤土占 50.32％，壤质湿潮土达 71.33％，黏质湿潮土达 76.24％。潮黏土耕地地力等级集中分布在三等地（64.13％）和四等地（25.6％）。石灰性潮壤土、石灰性潮黏土、壤质潮土、黏性潮土、脱潮砂土、黏质脱潮土、壤性脱潮土、黏性脱潮土、氯化物盐化潮土、硫酸盐盐化潮土、砂质硫酸盐盐化潮、氯化物潮土、苏打盐化潮土、壤质滨海盐化潮土、砂质滨海盐化潮土、黏质滨海盐化潮土、碱化砂土、碱潮壤土、碱化潮土、苏打碱化潮土和淤潮黏土耕地地力等级集中分布在三等和四等（表 3-12）。

表 3-12　潮土各亚类、土属耕地地力等级分布（%）

亚　类	土　属	一等地	二等地	三等地	四等地	五等地	六等地
合计		8.64	16.94	24.72	39.02	9.95	0.73
典型潮土		8.63	16.69	24.82	41.06	8.13	0.66
	砂质河潮土（山东）	32.19	42.46	16.23	8.18	0.94	—
	壤质非石灰性河潮土	31.10	51.66	11.19	4.35	1.70	—
	壤质河潮土	13.50	41.27	37.41	4.42	3.40	—
	石灰性潮黏土	12.76	20.23	28.74	33.95	4.32	—
	砂性潮土	11.88	15.60	11.73	40.59	18.75	1.45
	壤性潮土	10.10	11.33	20.85	47.47	8.43	1.82
	石灰性潮壤土	9.88	25.26	29.52	31.82	3.50	0.02
	石灰性潮砂土	9.18	14.12	21.15	43.07	12.48	—
	壤质潮土	5.59	16.81	28.88	40.32	8.37	0.03
	黏性潮土	3.55	9.33	22.37	48.63	13.13	2.99
	黏质潮土	2.80	15.98	37.05	38.42	5.67	0.09
	砂质潮土	1.27	5.13	17.40	62.18	13.70	0.32
	砂质非灰性河潮土	—	47.08	14.94	34.75	—	3.23
	潮黏土	—	10.27	64.13	25.60	—	—
脱潮土		9.03	16.24	22.51	30.77	20.99	0.46
	脱潮壤土	29.08	33.04	17.45	17.66	2.78	—
	脱潮砂土	13.03	20.66	22.63	32.87	10.81	—
	壤质脱潮土	5.91	17.11	18.84	41.93	16.20	—

（续）

亚　类	土　属	一等地	二等地	三等地	四等地	五等地	六等地
	脱潮黏土	4.55	35.68	13.70	46.07	—	—
	砂质脱潮土	2.12	6.68	14.25	34.04	41.98	0.92
	黏质脱潮土	1.33	9.37	4.82	84.48		
	壤性脱潮土	0.22	6.52	32.94	22.74	36.05	1.53
	砂性脱潮土	—	4.05	37.30	30.45	28.21	
	黏性脱潮土	—	—	—	78.57	21.43	
盐化潮土		9.98	14.14	25.90	36.79	12.11	1.09
	氯化物盐化潮土	21.66	14.41	24.23	23.41	11.01	5.27
	硫酸盐潮土	16.16	34.92	33.65	10.01	5.26	
	黏质氯化物盐化潮	14.85	—	2.68	82.47		
	硫酸盐盐化潮土	13.34	7.48	25.55	37.23	15.98	0.42
	砂质硫酸盐盐化潮	10.33	17.96	20.48	38.06	13.17	—
	氯化物潮土	7.75	27.65	33.40	28.22	2.97	
	壤质硫酸盐盐化潮	6.51	17.49	22.83	38.82	14.02	0.32
	壤质氯化物盐化潮	3.69	16.73	41.23	34.63	3.72	
	砂质氯化物盐化潮	0.33	7.03	28.31	49.13	15.2	
	苏打盐化潮土	—	7.13	35.07	42.94	14.85	
	壤质滨海盐化潮	—	0.99	0.58	83.47	14.03	0.92
	砂质滨海盐化潮土	—	—	41.58	58.42	—	
	黏质滨海盐化潮土	—	—	8.45	75.63	15.92	
灰潮土		—	50.32	32.63	16.94	0.11	
	灰潮黏土	—	56.64	33.8	9.56		
	灰潮壤土	—	50.32	32.13	17.42	0.13	
	灰潮砂土	—	22.06	42.51	35.43	—	
碱化潮土		1.76	12.52	28.38	52.36	4.97	
	碱化砂土	2.51	24.88	49.25	23.35	—	
	碱潮壤土	1.92	10.98	27.01	54.93	5.16	
	碱化潮土	—	17.08	26.07	50.00	6.85	
	苏打碱化潮土	—	—	—	100.00	—	
湿潮土汇总	—		11.77	32.92	13.00	28.95	6.76	6.59
	壤质湿潮土	29.56	41.77	19.36	8.01	1.29	
	黏质湿潮土	18.74	57.50	14.26	9.23	0.27	
	壤性湿潮土	5.57	14.89	6.64	58.25	5.89	8.76
	黏性湿潮土	2.72	9.76	5.33	40.31	21.17	20.72
	盐化湿潮土	—	100.00	—	—	—	
	湿潮砂土	—	85.25	14.75	—	—	
	湿潮壤土	—	3.00	29.18	64.30	3.52	
	砂质湿潮土	—	—	48.26	51.74		
灌淤潮土	淤潮黏土	1.54	14.39	28.51	38.36	17.2	—

2. 褐土的耕地地力等级　褐土的各亚类中，潮褐土耕地地力等级集中分布于一等和二等；石灰性褐土耕地地力等级分布不集中，各等级比例相当；褐土性土主要为六等地；典型褐土耕地地力等级分布比较平均，一等和六等稍高于三等、四等和五等，盐化潮土耕地地力等级集中分布于三等和四等，灰潮土耕地地力等级集中分布于一等和二等。

从土属一级看，泥砂质石灰性褐土、堆垫潮褐土、洪冲积非灰性潮褐、潮褐土、冲积潮褐土、洪冲积潮褐土、泥砂质褐土性土主要为一等地，其一等地占同类土属耕地面积的比例分别为100%、91.22%、69.31%、67.99%、62.4%、55.6%和50.28%。砂性洪冲积石灰性、黄土状石灰性褐土、冲积非灰性潮褐土、泥砂质潮褐土、硅泥褐土、黄土质褐土、洪积褐土、壤性洪冲积石灰性类耕地一等地所占比例也较高，分别达43.72%、40.68%、40.39%、38.27%、30.46%、29.05%、27.35%和21.14%。灰质石灰性褐土、灰质褐土性土、黄土质褐土性土、洪积石灰性褐土、灰泥质褐土性土、泥砂质褐土、砂泥质褐土性土、灰质褐土、黄土质淋溶褐土、洪冲积淋溶褐土、砂泥质石灰性褐土六等地所占比例较高，分别达74.75%、62.34%、54.15%、51.58%、44.61%、43.17%、39.79%、36.76%、34.92%、24.66%和23.86%。硅质褐土性土、黏质中层灰质淋溶、砂性洪冲积褐土性、粗散状褐土性土、黄土状褐土、泥砂质淋溶褐土、硅泥淋溶褐土、硅泥褐土性土、黄土质潮褐土、硅泥褐土、壤性洪冲积潮褐土和砂性洪冲积潮褐土耕地地力等级集中分布在三等和四等地，两等合计占同土属耕地面积的比例分别为100%、100%、100%、100%、100%、91.75%、88.78%、67.85%、66.75%、57.31%、53.83%和52.61%（表3-13）。

表3-13 褐土各亚类、土属耕地地力等级分布（%）

亚 类	土 属	一等地	二等地	三等地	四等地	五等地	六等地
合计		20.02	16.40	18.02	17.99	12.65	14.92
潮褐土		29.35	20.69	19.99	19.79	9.08	1.10
	堆垫潮褐土	91.22	8.78	—	—	—	—
	洪冲积非灰性潮褐	69.31	16.47	2.13	7.35	4.75	—
	潮褐土	67.99	—	32.01	—	—	—
	冲积潮褐土	62.40	21.37	8.90	5.74	1.23	0.36
	洪冲积潮褐土	55.60	25.02	9.53	5.35	2.32	2.18
	冲积非灰性潮褐土	40.39	52.90	2.31	1.59	0.74	2.07
	泥砂质潮褐土	38.27	40.11	17.17	4.45	—	—
	砂性洪冲积潮褐土	17.57	14.69	33.97	18.64	14.19	0.94
	壤性洪冲积潮褐土	15.86	16.07	24.97	28.86	13.11	1.13
	黄土质潮褐土	13.13	10.33	31.86	34.89	8.55	1.24
	黏性洪冲积潮褐土	7.47	25.82	19.82	28.87	14.43	3.58
石灰性褐土		13.02	16.52	21.75	18.31	15.69	14.72
	泥砂质石灰性褐土	100.00	—	—	—	—	—
	砂性洪冲积石灰性	43.72	15.03	23.28	17.98	—	—
	黄土状石灰性褐土	40.68	24.08	5.79	28.53	0.93	—
	壤性洪冲积石灰性	21.14	14.21	24.76	24.16	15.73	—
	黄土质石灰性褐土	10.45	18.71	23.13	14.90	16.81	16.01
	灰质石灰性褐土	2.46	—	3.66	19.13	—	74.75
	砂泥质石灰性褐土	0.21	7.82	21.87	23.25	22.99	23.86
	洪积石灰性褐土	—	8.78	18.95	16.47	4.21	51.58
褐土性土		4.06	6.80	8.67	11.38	18.05	51.04
	泥砂质褐土性土	50.28	33.50	—	—	—	16.22
	硅泥褐土性土	7.03	—	23.62	44.23	12.15	12.97

（续）

亚　类	土　属	一等地	二等地	三等地	四等地	五等地	六等地
	黄土质褐土性土	4.12	7.01	6.61	8.35	19.76	54.15
	灰质褐土性土	3.59	—	8.43	18.42	7.22	62.34
	砂泥质褐土性土	2.80	7.29	15.26	19.56	15.31	39.79
	灰泥质褐土性土	—	12.79	32.47	—	10.13	44.61
	硅质褐土性土	—	—	100.00	—	—	—
	砂性洪冲积褐土性	—	—	48.06	51.94	—	—
	粗散状褐土性土	—	—	—	100.00	—	—
褐土		20.41	12.73	15.56	15.90	14.79	20.61
	硅泥褐土	30.46	8.15	9.21	48.10	4.07	—
	黄土质褐土	29.05	10.97	18.27	11.81	13.33	16.56
	洪积褐土	27.35	11.07	18.26	18.82	14.60	9.91
	灰质褐土	2.30	18.02	10.56	17.38	14.97	36.76
	黄土状褐土	—	—	—	100.00	—	—
	泥砂质褐土	—	—	—	—	56.83	43.17
淋溶褐土		11.91	9.82	14.55	36.12	5.68	21.91
	洪冲积淋溶褐土	17.46	5.15	12.01	36.29	4.42	24.66
	灰质淋溶褐土	14.94	21.66	4.81	43.31	4.67	10.61
	硅泥淋溶褐土	11.22	—	88.78	—	—	—
	黄土质淋溶褐土	—	26.12	—	13.00	25.97	34.92
	黏质中层灰质淋溶	—	—	100.00	—	—	—
	泥砂质淋溶褐土	—	—	23.48	68.27	—	8.24
	硅铝质淋溶褐土	—	—	—	—	—	100.00
	灰泥质淋溶褐土	—	—	—	—	—	100.00
	砂泥质淋溶褐土	—	—	—	—	—	100.00

3. 砂姜黑土的耕地地力等级　砂姜黑土中，典型砂姜黑土亚类耕地地力等级主要分布在二等、三等和四等，尤其是三等，二等、三等和四等的比例分别为 19.38%、51.58%和 22.04%，合计占 93%。石灰性砂姜黑土耕地地力等级主要为一等到五等，六等地很少。三等地占 38.18%，一等、二等、四等和五等比例相近。

从土属一级看，壤性砂姜黑土、黄砂灰砂姜黑土一等地所占比例分别为 59.5%和 64.86%。深砂姜层石灰性砂姜黑土、壤性石灰性砂姜黑土、覆盖石灰性砂姜黑土和石灰性砂姜黑土主要为一等地和二等地，两等所占比例分别为 75.62%、71.01%、82.54%、67.66%。青黑土、深砂姜层砂姜黑土、覆盖砂姜黑土、灰青黑土主要为三等地，分别占 51.04%、55.84%、57.34%和 68.16%（表 3-14）。

表 3-14　砂姜黑土各亚类、土属耕地地力等级分布（%）

亚　类	土　属	一等地	二等地	三等地	四等地	五等地	六等地
合计		8.73	18.25	46.21	20.56	5.69	0.56
典型砂姜黑土		5.57	19.38	51.58	22.04	0.92	0.51
	壤性砂姜黑土	59.5	8.85	20.96	—	10.69	—
	青黑土	8.04	14.28	51.04	24.33	2.30	—

（续）

亚 类	土 属	一等地	二等地	三等地	四等地	五等地	六等地
	砂姜黑土	7.59	13.49	42.10	33.38	1.31	2.12
	深砂姜层砂姜黑土	5.03	39.13	55.84	—		
	覆盖砂姜黑土	4.64	14.67	57.34	22.56	0.41	0.37
	漂白砂姜黑土	—	56.42	38.10	5.48	—	—
石灰性砂姜黑土		13.44	16.57	38.18	18.34	12.83	0.63
	黄砂灰砂姜黑土	64.86	—	30.34	4.80	—	—
	深砂姜层石灰性砂姜黑土	33.37	42.25	24.38	—	—	—
	壤性石灰性砂姜黑土	27.06	43.95	3.31	23.98	1.69	—
	覆盖石灰性砂姜黑土	26.59	56.95	13.03	2.62	0.80	—
	覆盖灰砂姜黑土	13.66	8.94	37.80	22.60	15.90	1.10
	石灰性砂姜黑土	6.85	60.81	25.30	7.05	—	—
	灰青黑土	3.20	6.44	68.16	22.20	—	—
	灰砂姜黑土	2.45	—	48.51	14.92	34.12	

4. 黄褐土的耕地地力等级 黄褐土在评价区耕地中有 3 个亚类，5 个土属，没有一等地。

白浆化黄褐土耕地地力主要在二等地和三等地，均占 43% 以上，四等地只占 11.02%，没有五等地和六等地。

典型黄褐土有 2 个土属，等级分布基本一致。主要为二等地和三等地，四等地不到 20%，基本上没有五等地和六等地。

黄褐土性土 2 个土属，其中黄土质黄褐土全为四等地；泥砂质黄褐土近 3/4 为六等地，1/4 强点为三等地（表 3-15）。

表 3-15 黄褐土各亚类、土属耕地地力等级分布（%）

亚 类	土 属	二等地	三等地	四等地	五等地	六等地
总计		35.97	45.04	17.22	1.16	0.60
白浆化黄褐土		45.26	43.72	11.02	—	—
	白浆化黄褐土	45.26	43.72	11.02	—	—
典型黄褐土		33.17	45.80	19.18	1.58	0.27
	黄土质黄褐土	42.55	34.71	18.32	3.30	1.13
	泥砂质黄褐土	30.25	49.25	19.45	1.04	0.00
黄褐土性土		—	18.40	32.85	—	48.75
	黄土质黄褐土性土	—	—	100.00	—	—
	泥砂质黄褐土性土	—	27.40	—	—	72.60

5. 棕壤的耕地地力等级 评价区内耕地棕壤类只有 3 个亚类，6 个土属。

潮棕壤是 3 个亚类中耕地地力等级相比最高的，3/4 为一等地、二等地和三等地，四等地、五等地和六等地近 1/4。

典型棕壤中的暗泥棕壤全为三等地，黄土质棕壤全为六等地，麻砂质棕壤中六等地占

50%强，其余主要分布在二等地、三等地、四等地和五等地。

棕壤性土只有一个土属，基本上为六等地，占84%，其余主要为三等地、四等地和五等地（表3-16）。

表3-16 棕壤各亚类、土属耕地地力等级分布（%）

亚类	土属	一等地	二等地	三等地	四等地	五等地	六等地
总计		10.51	14.86	11.65	9.86	11.37	41.75
潮棕壤		25.73	31.98	16.25	10.62	6.50	8.92
	冲积潮棕壤	38.86	51.69	2.37	1.48	4.98	0.63
	洪冲积潮棕壤	20.85	24.65	21.42	14.02	7.07	12.00
典型棕壤		1.40	5.59	10.57	10.69	17.61	54.15
	暗泥棕壤	—	—	100.00	—	—	—
	黄土质棕壤	—	—	—	—	—	100.00
	麻砂棕壤	1.41	5.66	9.56	10.84	17.84	54.69
棕壤性土		—	0.41	3.92	5.87	5.68	84.12
	麻砂棕壤性土	—	0.41	3.92	5.87	5.68	84.12

6. 风沙土的耕地地力等级 风沙土在华北小麦玉米轮作区内的耕地只有1个草甸风沙土亚类，8个土属。一等地比例很低，主要为二等地到六等地。第二次土壤普查结束后30多年来，风沙土区的沙丘多被用于建筑材料，沙丘底部出露成为耕地。因此，已不便比较各个土属间耕地地力等级的差异（表3-17）。

表3-17 风沙土各土属耕地地力等级分布（%）

亚类	土属	一等地	二等地	三等地	四等地	五等地	六等地
草甸风沙土		3.86	13.29	18.57	22.88	20.94	20.45
	半固定草甸风沙土	7.85	9.46	6.12	15.16	16.26	45.15
	草甸半固定风沙土	3.18	28.60	35.03	20.45	12.74	—
	草甸固定风沙土	5.03	22.36	24.76	29.60	12.89	5.36
	草甸流动风沙土	—	49.11	50.89	—	—	—
	冲积固定草甸风沙	—	3.06	20.05	28.34	24.21	24.34
	冲积流动草甸风沙	—	2.63	5.72	16.56	27.84	47.25
	固定草甸风沙土	6.77	11.36	15.34	23.81	31.89	10.83
	流动草甸风沙土	5.60	40.64	35.44	5.01	13.31	—

第二节 一等地耕地质量特征

一、一等地分布特征

（一）区域分布

华北小麦玉米轮作区一等地耕地面积137.75万hm²，占华北小麦玉米轮作区耕地面积的 11.29%。其中，河北轮作区 34.98 万 hm²，占河北轮作区耕地的 10.28%；河南轮作区 52.9 万 hm²，占河南轮作区耕地的 12.77%；山东轮作区 43.52 万 hm²，占山东轮作区耕地的 11.27%；山西轮作区 6.35 万 hm²，占山西轮作区耕地的 7.97%（图 3-8）。

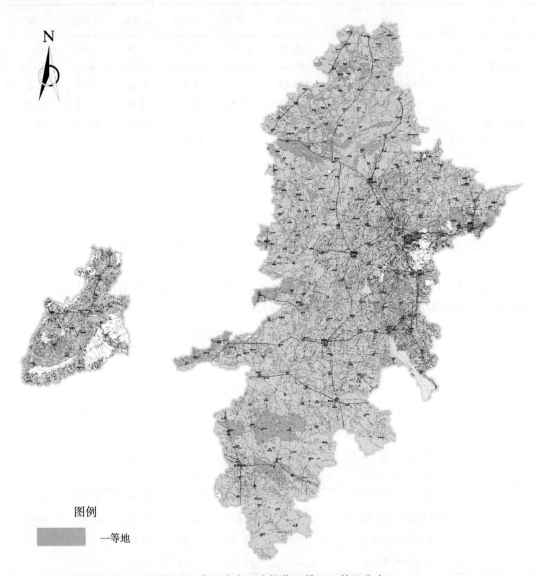

图例

▭ 一等地

图 3-8 华北小麦玉米轮作区耕地一等地分布

一等地在县域分布上有很大差异。一等地面积占全县耕地面积比例高于 50% 的，有 15 个县（市、区），包括：河北轮作区的藁城市、晋州市、阜城县、栾城县，河南轮作区的扶沟县、汤阴县、太康县、商水县、新乡县、温县、武陟县、许昌县，山东轮作区的鱼台县、泰安市（郊区）、兖州市。

一等地面积占全县耕地面积比例在 40%～50% 间的有 10 个。分别是河北轮作区的安新县、辛集市、深州市，河南轮作区的许昌市（郊区）、内黄县；山东轮作区的淄博市（郊区）、桓台县、淄博市周村区、淄博市临淄区、济宁市郊区。

一等地面积占全县耕地面积比例在30％～40％间的有13个。分别是河北轮作区的雄县、徐水县、安平县、容城县、新乐市；河南轮作区的获嘉县；山东轮作区的邹平县、阳谷县、肥城市、宁阳县、禹城市、汶上县和山西轮作区的临猗县。

一等地面积占全县耕地面积比例在20％～30％之间的有8个。分别是河北轮作区的武强县、深泽县、高碑店市；河南轮作区的清丰县；山东轮作区的陵县、滕州市、济南市历城区、德州市德城区。

一等地面积占全县耕地面积比例在10％～20％间的有26个。分别是河北轮作区的饶阳县、邯郸市郊区、清苑县、邯郸县、望都县、临漳县、景县、广平县、永年县、高阳县、隆尧县、安国市和曲周县；河南轮作区的南乐县；山东轮作区的章丘市、曲阜市、微山县、济南市槐荫区及郊区、东阿县、临邑县和庆云县；山西轮作区的运城市盐湖区、曲沃县、侯马市和闻喜县。

一等地面积占全县耕地面积比例在10％以下的有147个，其中65个县市区没有一等地。比例很低的有河北轮作区的赵县、高邑县、沧县、馆陶县、柏乡县、献县、威县、固安县、巨鹿县、鸡泽县、肥乡县、武邑县、故城县、南和县、涿州市、任丘市、广宗县、蠡县、邱县、成安县、大名县、南宫市、衡水市郊区、东光县、定州市、宁晋县、南皮县、任县、清河县、冀州市、青县31个县市区；河南轮作区的鄢陵县、濮阳县、封丘县、滑县、商丘市郊区、柘城县、长葛市、睢阳区、尉氏县、台前县、原阳县、长垣县、通许县、延津县、西华县、淮阳县、正阳县17个县市区；山东轮作区的滨州市郊区、东平县、平阴县、高唐县、邹城市、商河县、济阳县、梁山县、成武县、夏津县、莘县、茌平县、宁津县、天桥区、岱岳区、博兴县、聊城市、金乡县、乐陵市、平原县、菏泽市、广饶县、嘉祥县、高青县、巨野县25个县市区；山西轮作区的尧都区、新绛县、襄汾县、洪洞县、绛县、永济市、夏县、万荣县、稷山县9个县市区。

区域内没有一等地的县（市、区）包括：河北轮作区的正定县、枣强县、永清县、新河县、吴桥县、无极县、文安县、魏县、肃宁县、平乡县、孟村回族自治县、临西县、廊坊市、河间市、定兴县、大城县、沧州市郊区、博野县、泊头市、霸州市；河南轮作区的周口市郊区、召陵区、虞城县、永城市、新蔡县、项城市、夏邑县、西平县、遂平县、睢县、沈丘县、上蔡县、汝南县、杞县、濮阳市、平舆县、宁陵县、民权县、漯河市郊区、鹿邑县、临颍县、兰考县、开封县、开封市郊区、范县、郸城县；山东轮作区的长清区、郓城县、阳信县、武城县、齐河县、临清市、历下区、鄄城县、惠民县、冠县、东明县、定陶县、单县、曹县；山西轮作区的垣曲县、翼城县、芮城县、平陆县、河津市（表3-18）。

表 3-18　华北小麦玉米轮作区一等地面积与比例

轮作区	地级市	县名称	面积(khm²)	比例(%)	轮作区	地级市	县名称	面积(khm²)	比例(%)
河北轮作区	保定市		79.5	14.56		许昌市		46.80	24.95
		安新县	14.39	44.05			许昌县	36.76	51.34
		雄县	11.38	35.21			许昌市	2.65	47.14
		徐水县	14.06	32.00			鄢陵县	6.24	9.74
		容城县	6.16	30.70			长葛市	1.14	2.47
		高碑店市	10.43	23.91		周口市		264.30	27.50
		清苑县	9.20	16.48			扶沟县	81.74	95.10
		望都县	3.59	14.88			太康县	109.43	83.18
		高阳县	3.98	12.45			商水县	72.48	74.86
		安国市	3.48	10.92			西华县	0.32	0.37
		涿州市	0.98	2.28			淮阳县	0.33	0.30
		蠡县	0.91	2.13		驻马店市		0.36	0.06
		定州市	0.94	1.24			正阳县	0.36	0.25
	沧州市		14.00	2.29	山东轮作区	滨州市		36.38	10.83
		沧县	7.20	7.52			邹平县	28.29	38.39
		献县	4.34	5.68			滨州市	6.62	9.94
		任丘市	1.38	2.21			博兴县	1.47	2.53
		东光县	0.69	1.49		德州市		68.37	11.48
		青县	0.39	0.62			禹城市	20.01	32.45
	邯郸市		34.56	7.38			陵县	23.85	29.94
		邯郸市	0.98	16.64			德城区	7.87	26.73
		邯郸县	5.53	16.39			临邑县	8.55	12.61
		临漳县	6.33	14.64			庆云县	3.91	11.88
		广平县	2.88	14.19			夏津县	2.26	3.99
		永年县	7.73	14.14			乐陵市	1.13	1.55
		曲周县	4.74	10.85			平原县	0.80	1.17
		馆陶县	2.07	6.68		东营市		0.48	0.69
		鸡泽县	0.88	3.91			广饶县	0.48	0.69
		肥乡县	1.12	3.40		菏泽市		4.43	0.57
		邱县	0.51	1.86			成武县	3.41	5.08
		成安县	0.58	1.82			菏泽市	0.79	0.89
		大名县	1.21	1.76			巨野县	0.23	0.27
	衡水市		96.76	15.49		济南市		39.37	10.06
		阜城县	23.38	52.58			历城区	8.19	29.74
		深州市	31.4	40.28			章丘市	17.20	17.79
		安平县	10.03	31.53			槐荫区	0.60	14.71
		武强县	8.90	29.86			济南市	1.03	13.7
		饶阳县	6.55	17.49			平阴县	2.25	7.39
		景县	11.48	14.46			商河县	5.25	6.79
		武邑县	1.62	2.97			济阳县	4.48	6.16
		故城县	1.81	2.93			天桥区	0.37	2.90
		衡水市	0.58	1.49		济宁市		105.09	19.36
		南皮县	0.62	1.22			鱼台县	22.77	52.83
		冀州市	0.39	0.67			兖州市	19.10	50.19
	廊坊市		1.94	0.60			济宁市	20.89	40.52
		固安县	1.94	4.50			汶上县	17.35	32.12
	石家庄市		108.72	32.63			曲阜市	8.67	17.77
		藁城市	32.61	63.94			微山县	4.90	15.83
		晋州市	20.76	56.07			邹城市	6.62	7.17
		栾城县	11.65	51.04			梁山县	3.37	5.45

（续）

轮作区	地级市	县名称	面积（khm²）	比例（%）	轮作区	地级市	县名称	面积（khm²）	比例（%）
		辛集市	24.96	43.90			金乡县	1.06	1.80
		新乐市	8.82	30.15			嘉祥县	0.36	0.56
		深泽县	4.96	25.2		聊城市		44.69	7.36
		赵县	3.77	8.75			阳谷县	23.89	36.38
		高邑县	1.18	7.79			东阿县	7.03	13.67
	邢台市		14.29	2.88			高唐县	4.46	7.31
		隆尧县	5.17	10.99			莘县	3.30	3.68
		柏乡县	1.07	6.23			茌平县	2.37	3.32
		威县	2.89	4.56			宁津县	1.70	3.12
		巨鹿县	1.50	3.93			聊城市	1.95	2.44
		南和县	0.71	2.73		泰安市		63.36	21.71
		广宗县	0.66	2.16			泰安市	4.43	52.58
		南宫市	0.81	1.49			肥城市	25.53	35.85
		宁晋县	0.9	1.22			宁阳县	24.85	35.08
		任县	0.33	1.14			东平县	6.70	9.66
		清河县	0.27	0.85			岱岳区	1.85	2.56
河南轮作区	安阳市		80.98	32.47		枣庄市		27.63	29.90
		汤阴县	39.47	83.76			滕州市	27.63	29.90
		内黄县	31.90	42.69		淄博市		45.37	29.63
		滑县	9.61	7.54			淄博市	7.03	48.70
	焦作市		54.21	63.10			桓台县	14.03	48.38
		温县	20.42	63.55			周村区	7.04	46.70
		武陟县	33.79	62.83			临淄区	17.02	42.51
	开封市		1.22	0.24			高青县	0.24	0.45
		尉氏县	0.92	1.04	山西轮作区	临汾市		19.89	7.51
		通许县	0.29	0.53			曲沃县	4.75	18.61
	濮阳市		29.88	10.35			侯马市	1.42	12.86
		清丰县	14.26	23.85			尧都区	4.64	9.14
		南乐县	7.32	17.41			襄汾县	4.63	8.04
		濮阳县	8.07	8.39			洪洞县	4.45	6.27
		台前县	0.23	0.75		运城市		43.62	8.20
	商丘市		5.82	0.81			临猗县	18.88	30.54
		商丘市	2.50	5.13			盐湖区	10.32	19.62
		柘城县	2.33	3.07			闻喜县	6.68	12.45
		睢阳区	0.98	1.34			新绛县	2.68	8.27
	新乡市		45.48	12.22			绛县	0.89	3.16
		新乡县	25.89	70.41			永济市	1.67	3.10
		获嘉县	11.89	35.88			夏县	1.07	2.74
		封丘县	6.42	7.68			万荣县	1.09	2.12
		原阳县	0.62	0.72			稷山县	0.35	1.04
		长垣县	0.44	0.60					
		延津县	0.22	0.37					

（二）土壤类型

在区域内潮土、褐土、砂姜黑土、黄褐土、风沙土和棕壤6大主要耕地土壤类型中，潮土、褐土、砂姜黑土、风沙土和棕壤上一等地占5类土壤中耕地面积的11.39%。黄褐土上耕地没有一等地（表3-19）。

在一等地上分布的5个土类中，褐土一等地占褐土耕地面积的20.02%，棕壤为10.51%，潮土为10.06%，砂姜黑土为8.73%，风沙土为3.86%。

在上述5个土类的18个亚类中，潮褐土、潮棕壤、典型褐土的一等地比例明显高于其他亚类；脱潮土、石灰性砂姜黑土、石灰性褐土一等地比例高于平均值；淋溶褐土、典型潮土一等地比例基本与5个土类相当（表3-19）。

表3-19　各土类、亚类一等地面积与比例

土　类	亚　类	面积（khm²）	比例（%）	土　类	亚　类	面积（khm²）	比例（%）
总计		1351.92	11.39	褐土		401.44	20.02
潮土		859.37	10.06		潮褐土	279.38	29.35
	典型潮土	644.23	10.37		典型褐土	40.72	20.41
	灌淤潮土	0.95	2.90		褐土性土	13.31	4.06
	灰潮土	11.79	8.96		淋溶褐土	4.73	11.91
	碱化潮土	4.12	3.65		石灰性褐土	63.29	13.02
	湿潮土	4.21	4.53	棕壤		18.21	10.51
	脱潮土	133.95	13.63		潮棕壤	17.12	25.73
	盐化潮土	60.11	6.17		典型棕壤	1.09	1.40
砂姜黑土		68.83	8.73		棕壤性土	—	—
	典型砂姜黑土	26.35	5.57	风沙土		4.08	3.86
	石灰性砂姜黑土	42.48	13.44		草甸风沙土	4.08	3.86

从6个土类的131个土属一级分类单元上分析，各土属耕地中一等地所占比例差异十分明显。泥砂质石灰性褐土耕地全为一等地，堆垫潮褐土耕地91.22%为一等地；洪冲积非灰性潮褐土、潮褐土、冲积潮褐土、壤性砂姜黑土、洪冲积潮褐土、泥砂质褐土性土上耕地中有40%～69%为一等地；冲积潮棕壤、泥砂质潮褐土、壤质河潮土、脱潮黏土、深砂姜层石灰性砂土、覆盖砂姜黑土、脱潮壤土、壤质非灰性河潮土、硅泥褐土耕地一等地所占比例为30%～40%；黄土质褐土、洪积褐土、壤性石灰性砂姜黑土、覆盖石灰性砂姜黑土、壤质湿潮土、壤性洪冲积石灰性褐土、灰潮黏土、洪冲积潮棕壤、黏性脱潮土、砂姜黑土耕地一等地所占比例为20%～30%；氯化物盐化潮土、砂性洪冲积潮褐土、洪冲积淋溶褐土、石灰性潮黏土、壤性洪冲积潮褐土、灰质淋溶褐土、壤质脱潮土、石灰性潮壤土、灰覆黑姜土、脱潮砂土、黄土质潮褐土、苏打盐化潮土、石灰性潮砂土、硅泥淋溶褐土、壤质潮土、黄土质石灰性褐土、氯化物潮土、灰黑姜土耕地一等地所占比例为10%～20%；灰潮砂土、砂质河潮土、硫酸盐盐化潮土、壤性潮土、青黑土、硫酸盐潮土、半固定草甸风沙土、砂性潮土、黏性洪冲积潮褐土、灰潮壤土、硅泥褐土性土、石灰性砂姜黑土、固定草甸风沙土、黏性潮土、砂质非灰性河潮土、流动草甸风沙土、壤性湿潮土、草甸固定风沙土、深砂姜层砂姜黑土、壤性脱潮土、黏质滨海盐化潮土、黄土质褐土性土、覆泥黑姜土、碱潮壤土、灰质褐土性土、灰青黑土、草甸半固定风沙土、碱化潮

土、淤潮黏土、砂泥质褐土性土、砂质硫酸盐盐化潮土、壤质氯化物盐化潮土、砂质潮土、砂泥质石灰性褐土上耕地一等地比例在 10% 以下；潮黏土、碱化砂土、苏打碱化潮土、砂质湿潮土、湿潮壤土、湿潮砂土、盐化湿潮土、黏性湿潮土、黏质脱潮土、壤质滨海盐化潮土、砂质滨海盐化潮土、黏质氯化物盐化潮土、半固定草甸风砂土、草甸流动风沙土、冲积固定草甸风沙土、冲积流动草甸风沙土、黄土状褐土、泥砂质褐土、粗散状褐土性土、硅质褐土性土、黄土质棕壤、麻砂棕壤性土上没有一等地（表 3-20）。

表 3-20 各土属一等地面积与比例

土 属	面积 (khm²)	比例 (%)	土 属	面积 (khm²)	比例 (%)	土 属	面积 (khm²)	比例 (%)
泥砂质石灰性褐土	0.32	100.00	壤质潮土	120.5	10.77	砂质硫酸盐盐化潮土	0.49	0.91
堆垫潮褐土	1.27	91.22	黄土质石灰性褐土	31.54	10.45	壤质氯化物盐化潮土	0.66	0.62
洪冲积非灰性潮褐土	13.33	69.31	氯化物潮土	5.95	10.42	砂质潮土	1.23	0.31
潮褐土	0.79	67.99	灰黑姜土	3.97	10.21	砂泥质石灰性褐土	0.11	0.21
冲积潮褐土	84.77	62.40	灰潮砂土	0.36	9.65	潮黏土	—	—
壤性砂姜黑土	1.52	59.50	砂质河潮土	1.90	8.93	碱化砂土	—	—
洪冲积潮褐土	42.42	55.60	硫酸盐盐化潮土	18.00	8.92	苏打碱化潮土	—	—
泥砂质褐土性土	0.79	50.28	壤性潮土	114.27	8.06	砂质湿潮土	—	—
砂性洪冲积石灰性潮土	1.68	43.72	青黑土	7.52	8.04	湿潮壤土	—	—
黄土状石灰性褐土	11.60	40.68	硫酸盐潮土	0.90	7.95	湿潮砂土	—	—
冲积非灰性潮褐土	21.79	40.39	半固定草甸风沙土	1.24	7.85	盐化湿潮土	—	—
冲积潮棕壤	7.01	38.86	砂性潮土	26.58	7.53	黏性湿潮土	—	—
泥砂质潮褐土	17.03	38.27	黏性洪冲积潮褐土	1.01	7.47	黏质脱潮土	—	—
壤质河潮土	8.98	36.87	灰潮壤土	7.99	7.17	壤质滨海盐化潮土	—	—
脱潮黏土	2.40	35.54	硅泥褐土性土	0.22	7.03	砂质滨海盐化潮土	—	—
深砂姜层石灰性砂土	0.23	33.37	石灰性砂姜黑土	1.14	6.85	黏质氯化物盐化潮土	—	—
覆盖砂姜黑土	1.66	32.31	固定草甸风沙土	1.19	6.77	半固定草甸风砂土	—	—
脱潮壤土	64.68	32.10	黏性潮土	10.06	6.36	草甸流动风沙土	—	—
壤质非灰性河潮土	3.63	31.31	砂质非灰性河潮土	0.81	6.21	冲积固定草甸风沙土	—	—
硅泥褐土	0.97	30.46	流动草甸风沙土	0.20	5.60	冲积流动草甸风沙土	—	—
黄土质褐土	23.08	29.05	壤性湿潮土	0.76	5.57	黄土状褐土	—	—
洪积褐土	15.37	27.35	草甸固定风沙土	1.14	5.03	泥砂质褐土	—	—
壤性石灰性砂姜黑土	1.86	27.06	深砂姜层砂姜黑土	0.61	5.03	粗散状褐土性土	—	—
覆盖石灰性砂姜黑土	9.58	26.59	壤性脱潮土	10.11	4.69	硅质褐土性土	—	—
壤质湿潮土	2.61	25.90	黏质滨海盐化潮土	0.41	4.27	灰泥质褐土性土	—	—
壤性洪冲积石灰性潮土	17.75	21.14	黄土质褐土性土	9.99	4.12	砂性洪冲积褐土性土	—	—
灰潮黏土	3.45	20.87	覆泥黑姜土	9.70	4.05	硅铝质淋溶褐土	—	—
洪冲积潮棕壤	10.11	20.85	碱潮壤土	3.81	4.00	黄土质淋溶褐土	—	—
黏性脱潮土	0.35	20.76	灰质褐土性土	0.56	3.59	灰泥质淋溶褐土	—	—
砂姜黑土	4.44	20.39	灰青黑土	1.20	3.20	泥砂质淋溶褐土	—	—
氯化物盐化潮土	28.44	18.04	草甸半固定风沙土	0.30	3.18	砂泥质淋溶褐土	—	—
砂性洪冲积潮褐土	12.52	17.57	碱化潮土	0.32	2.97	黏质中层灰质淋溶土	—	—
洪冲积淋溶褐土	3.22	17.46	淤潮黏土	0.95	2.90	洪积石灰性褐土	—	—
石灰性潮黏土	108.76	16.72	砂泥质褐土性土	1.75	2.80	白浆化黄褐土	—	—
壤性洪冲积潮褐土	82.86	15.86	灰质石灰性褐土	0.28	2.46	黄土质黄褐土	—	—
灰质淋溶褐土	1.32	14.94	黏质湿潮土	0.84	2.36	泥砂质黄褐土	—	—

（续）

土　属	面积 (khm²)	比例 (%)	土　属	面积 (khm²)	比例 (%)	土　属	面积 (khm²)	比例 (%)
壤质脱潮土	38.57	14.01	灰质褐土	1.3	2.30	黄土质黄褐土性土	—	—
石灰性潮壤土	197.76	13.83	黏质潮土	4.14	2.00	泥砂质黄褐土性土	—	—
灰覆黑姜土	24.51	13.66	砂性脱潮土	0.97	1.96	漂白砂姜黑土	—	—
脱潮砂土	15.33	13.60	黑姜土	0.9	1.85	暗泥棕壤	—	—
黄土质潮褐土	1.58	13.13	壤质硫酸盐盐化潮土	4.11	1.46	黄土质棕壤	—	—
苏打盐化潮土	0.56	12.09	麻砂棕壤	1.09	1.41	麻砂棕壤性土	—	—
石灰性潮砂土	45.61	11.27	砂质脱潮土	1.54	1.38			
硅泥淋溶褐土	0.18	11.22	砂质氯化物盐化潮土	0.61	0.97			

二、一等地属性特征

（一）地貌类型

华北小麦玉米轮作区的地貌分为 20 种类型。表 3-21 列出了 20 种地貌类型的一等地面积及占该地貌类型耕地面积的比例。冲积海积平原一等地面积 189.06khm²，占冲积海积平原耕地面积的 25.63%；冲积洪积平原耕地一等地 6.49khm²，占 14.39%；冲积湖积平原耕地一等地 1115.56khm²，占 11.18%；冲积平原耕地一等地 29.23khm²，占 9.77%；海积冲积平原耕地一等地 15.26khm²，占 7.38%；河流阶地耕地一等地 13.51khm²，占 4.26%；洪积平原耕地一等地 8.17khm²，占 2.87%；湖积冲积平原耕地一等地 0.22khm²，占 0.49%。其余的湖积平原、黄山覆盖区低山、黄山覆盖区中山、侵蚀剥蚀低山、侵蚀剥蚀平原、侵蚀剥蚀丘陵、侵蚀剥蚀山间平原、侵蚀剥蚀中山、侵蚀低山、侵蚀丘陵、侵蚀山间平原、侵蚀中山等地貌类型单元中没有一等地。

综合考虑，华北小麦玉米轮作区一等地的地貌单元主要为冲积海积平原、冲积洪积平原、冲积湖积平原、冲积平原、海积冲积平原、河流阶地、洪积平原和湖积冲积平原。

表 3-21　各地貌类型一等地面积与比例

序号	地貌类型	面积（khm²）	比例（%）	序号	地貌类型	面积（khm²）	比例（%）
	总计	1377.49	11.29	11	黄山覆盖区中山	—	—
1	冲积海积平原	189.06	25.63	12	侵蚀剥蚀低山	—	—
2	冲积洪积平原	6.49	14.39	13	侵蚀剥蚀平原	—	—
3	冲积湖积平原	1115.56	11.18	14	侵蚀剥蚀丘陵	—	—
4	冲积平原	29.23	9.77	15	侵蚀剥蚀山间平原	—	—
5	海积冲积平原	15.26	7.38	16	侵蚀剥蚀中山	—	—
6	河流阶地	13.51	4.26	17	侵蚀低山	—	—
7	洪积平原	8.17	2.87	18	侵蚀丘陵	—	—
8	湖积冲积平原	0.22	0.49	19	侵蚀山间平原	—	—
9	湖积平原	—	—	20	侵蚀中山	—	—
10	黄山覆盖区低山	—	—				

（二）积温

华北小麦玉米轮作区≥10℃积温在 3000～6000℃间，≥10℃积温在 4500℃以上的耕地面积占华北小麦玉米轮作区耕地面积的 99.70％。在评价中将≥10℃积温划分为 5500～6000℃，5000～5500℃、4500～5000℃、4000～4500℃、3500～4000℃、3000～3500℃ 6 个区间进行隶属度赋值。表 3-22 列出了一等地在不同积温范围内的比例、一等地面积占同积温范围内耕地面积的比例。分析表 3-22，华北小麦玉米轮作区一等地所需的最低≥10℃活动积温在 4000℃以上。

表 3-22　一等地的≥10℃积温分布

积温值（℃）	占同积温耕地面积的比例（％）	占一等地面积的比例（％）
3000～3500	—	—
3500～4000	4.07	0.02
4000～4500	6.85	0.15
4500～5000	8.55	10.06
5000～5500	11.73	89.72
5500～6000	8.62	0.05
总计	11.29	100.00

（三）年降水量与灌溉能力

年降水量与灌溉能力同为反映耕地水分状态的指标，年降水量是自然属性，灌溉能力的高低反映了农田建设的水平。华北小麦玉米轮作区年降水量在 400～1200mm 间，将降水量划分为 1000～1200mm、800～1000mm、600～800mm、400～600mm 4 个区间进行隶属度赋值。反映农田灌溉水平的灌溉能力指标，划分为充分满足、满足、基本满足、一般满足和不满足 5 个档次。

华北小麦玉米轮作区年降水量在 1000～1200mm 间的耕地占 0.31％，只有河南轮作区正阳县 1 个县，耕地面积 37500hm^2。

降水量在 800～1000mm 间的耕地占 8.14％。包括河南轮作区中南部驻马店市、周口市、漯河市、商丘市，山东轮作区的泰安市、济南市。

降水量在 600～800mm 间的耕地占 33.21％。包括河南轮作区的周口市、漯河市、许昌市、开封市、商丘市、新乡市，山东轮作区的菏泽市、枣庄市、济宁市、滨州市、聊城市、泰安市、淄博市、德州市、济南市，山西轮作区的运城市。

降水量在 400～600mm 间的耕地占 58.34％。包括河北轮作区全部，山西轮作区的晋城等。

表 3-23　不同年降水量与灌溉能力一等地比例

灌溉能力	占比（％）	降水量占比（％）			
		1000～1200mm	800～1000mm	600～800mm	400～600mm
		0.03	4.23	38.96	56.78
充分满足	68.05	—	4.20	21.33	42.51
满足	31.00	—	0.03	17.00	13.96
基本满足	0.95	0.03	—	0.63	0.30
一般满足	—				
不满足	—				

表 3-23 反映了不同降水量下不同灌溉能力的耕地地力等级比例。综合分析，一等地的灌溉能力为充分满足和满足。在灌溉能力的有效保证下，本区域的降水量不影响耕地地力的高低。

（四）耕层质地

华北小麦玉米轮作区耕地地力评价将耕层质分为中壤、轻壤、重壤、黏土、砂壤、砂土 6 类，隶属度分别为 1、0.9、0.9、0.75、0.7、0.5。耕层质地影响着耕层土壤的通透性能、保水保肥性能及作物根系的生长。

一等地中，耕层质地为中壤、轻壤、重壤、黏土、砂壤的耕地占同类耕层质地耕地的比例分别为 20.96%、10.46%、9.49%、7.34% 和 1.51%；分别占一等地的比例为 37.01%、40.22%、18.50%、2.93%、1.34%。

通过对相同质地类型下一等地面积占同质地耕地面积的比例、一等地下不同质地类型的比例进行综合分析，一等地的主要耕层质地类型为中壤、轻壤和重壤、少量的黏土、砂壤（表 3-24）。

表 3-24　一等地耕层质地分布

耕层质地	面积（khm²）	一等地占相同质地耕地面积的比例（%）	一等地不同质地的比例（%）
中壤	509.76	20.96	37.01
轻壤	554.07	10.46	40.22
重壤	254.84	9.49	18.50
黏土	40.36	7.34	2.93
砂壤	18.46	1.51	1.34
砂土	—	—	—
总计	1377.49	—	100.00

（五）耕层厚度

耕层厚度按 25cm 以上为一级，20～25cm 为二级，15～20cm 为三级，10～15cm 为四级，10cm 以下分为五级，统计一等地中各级耕层厚度的面积。

在一等地中，耕层厚度在 25cm 及以上的占 13.93%，耕层厚度在 20～25cm 间的占 65.72%，耕层厚度在 15～20cm 间的占 16.17%，耕层厚度在 10～15cm 间的占 3.78%，耕层厚度在 10cm 以下的占 0.4%（表 3-25）。

表 3-25　一等地耕层厚度各级面积与比例

耕层分级	面积（khm²）	占比（%）
一级（≥25cm）	191.93	13.93
二级（20～25cm）	905.34	65.72
三级（15～20cm）	222.7	16.17
四级（10～15cm）	52.00	3.78
五级（10cm 以下）	5.52	0.40
总计	1377.49	100.00

华北小麦玉米轮作区一等地耕层厚度平均值为 21cm。其中，河北轮作区耕层厚度平均值为 19cm、河南轮作区与山东轮作区耕层厚度平均值为 21cm，山西轮作区耕层厚度平均值为 18cm（表 3-26）。

表 3-26　一等地耕层厚度与土壤养分含量平均值

项　　目	河北轮作区	河南轮作区	山东轮作区	山西轮作区	华北小麦玉米轮作区
耕层厚度（cm）	19	21	21	18	21
有机质（g/kg）	16.51	15.44	16.29	17.03	16.13
有效磷（mg/kg）	25.33	17.49	32.60	18.67	25.32
速效钾（mg/kg）	129.21	136.16	133.69	229.34	143.20
有效铁（mg/kg）	9.61	11.01	14.44	5.30	11.68
有效铜（mg/kg）	1.52	1.64	1.98	1.35	1.74
有效锌（mg/kg）	1.78	1.52	1.86	1.61	1.72
有效硫（mg/kg）	39.52	24.36	42.37	57.92	37.80
有效锰（mg/kg）	12.85	16.54	18.65	9.80	16.18
有效钼（mg/kg）	0.17	0.46	0.19	0.21	0.27
pH	8.08	7.83	7.36	8.32	7.72

（六）土壤有机质、有效磷、速效钾和有效锌

表 3-26 列出了一等地土壤有机质（g/kg）及有效磷（mg/kg）、速效钾（mg/kg）、有效铁（mg/kg）、有效铜（mg/kg）、有效锌（mg/kg）、有效硫（mg/kg）、有效锰（mg/kg）、有效钼（mg/kg）等耕层养分含量的平均值。

华北小麦玉米轮作区，一等地土壤有机质平均含量为 16.13g/kg、有效磷 25.32mg/kg、速效钾 143.2mg/kg、有效铁 11.68mg/kg、有效铜 1.74mg/kg、有效锌 1.72mg/kg、有效硫 37.80mg/kg、有效锰 16.18mg/kg、有效钼 0.27mg/kg。

在河北轮作区、河南轮作区、山东轮作区和山西轮作区间，土壤有机质、有效锌两种比较接近，有效磷、速效钾、有效铁、有效铜、有效硫、有效锰、有效钼的平均值有明显的差异。

在一等地中土壤有机质含量在三级（15～20g/kg）的比例最高，占 55.61%；其次为四级（10～15g/kg），占 38.10%；有机质含量为五级（6～10g/kg）占 0.6%。说明，一等地中仍有近 40% 的耕地有机质含量偏低。

一等地中土壤有效磷含量主要为二级（25～40mg/kg）、三级（20～25mg/kg）和四级（15～20mg/kg），各占一等地的 28.12%、20.30%、28.55%；五级（10～15mg/kg）的占 12.21%，六级（10mg/kg 以下）的占 2.43%。

一等地中土壤速效钾等级与土壤有机质、有效磷明显不同，主要集中在一级（＞150mg/kg）、二级（120～150mg/kg）和三级（100～120mg/kg）。一级与二级合计占 68.54%，四级及以下的比例不到 10%。

一等地土壤有效锌等级主要为二级（1.5～3mg/kg）和三级（1～1.5mg/kg）。合计占 74.2%。低于 0.5mg/kg 的五级只占 1.83%，没有六级（表 3-27）。

表 3-27　一等地土壤有机质、有效磷、速效钾与有效锌各级面积与比例

养分等级	有机质		有效磷		速效钾		有效锌	
	面积(khm²)	比例(%)	面积(khm²)	比例(%)	面积(khm²)	比例(%)	面积(khm²)	比例(%)
一级	1.45	0.11	115.68	8.40	454.56	33.00	84.84	6.16
二级	84.36	6.12	387.3	28.12	489.5	35.54	585.34	42.49
三级	766.05	55.61	279.57	20.30	287.71	20.89	436.79	31.71
四级	524.76	38.10	393.3	28.55	133.76	9.71	245.3	17.81
五级	0.86	0.06	168.18	12.21	11.97	0.87	25.21	1.83
六级	—	—	33.46	2.43	—	—	—	—

（七）盐渍化程度

华北小麦玉米轮作区曾经是深受盐碱影响的地区。经过多年的改良，尤其是地下水位的下降，其影响的程度越来越轻，影响的范围更加有限。统计华北小麦玉米轮作区不同盐渍化程度下耕地面积的比例，无盐化影响的耕地占 96.49%，轻度盐渍化的占 3.29%，中度盐渍化的占 0.21%，重度盐渍化的只占 0.02%。一等地中，盐渍化影响不明显。

三、一等地产量水平

华北小麦玉米轮作区小麦—玉米年产量的平均值为 1020kg/亩。

以调查得到的华北小麦玉米轮作区一等地小麦—玉米产量，按从低到高进行频数与累积频率统计，平均产量 1020kg/亩相当于累积频率 51% 处的产量。若以累积频率达到 70% 左右时的产量 1080kg/亩作为预期的平均产量，则一等地的增产潜力为 60kg/亩，对现时平均产量而言，增产幅度为 5.88%（表 3-28）。

表 3-28　一等地小麦玉米年产量频率分布

产量(kg/亩)	频率	累积(%)	产量(kg/亩)	频率	累积(%)	产量(kg/亩)	频率	累积(%)	产量(kg/亩)	频率	累积(%)
560	1	0.18	780	2	1.20	1000	298	45.79	1220	5	99.26
580	0	0.18	800	48	2.89	1020	158	51.36	1240	9	99.58
600	2	0.25	820	15	3.41	1040	125	55.76	1260	7	99.82
620	0	0.25	840	40	4.82	1060	303	66.42	1280	1	99.86
640	0	0.25	860	58	6.86	1080	68	68.81	1300	0	99.86
660	2	0.32	880	13	7.32	1100	277	78.56	1320	0	99.86
680	0	0.32	900	129	11.86	1120	205	85.78	1340	1	99.89
700	9	0.63	920	68	14.26	1140	30	86.84	1360	1	99.93
720	3	0.74	940	60	16.37	1160	308	97.68	1380	2	100.00
740	3	0.84	960	257	25.41	1180	15	98.20			
760	8	1.13	980	281	35.30	1200	25	99.08			

四、一等地利用改良方向

（一）一等地主要属性

一等地是华北小麦玉米轮作区中地势最为平坦、灌溉能力最高、积温充足、耕层较

厚、耕层质地较为理想、耕层养分含量最高、整体产量水平最高的一部分耕地。但是，从耕地地力的维护和提高两个方面看，还有提升的空间。

一是耕层浅、质地不良的面积仍占一定比例。在一等地中，耕层厚度低于一等地平均值的面积达 98.85 万 hm^2，占一等地的 71.76%。质地为轻壤、砂壤和黏土的面积达到 55.41 万 hm^2，占一等地的 40.22%。

二是耕层土壤养分有待于进一步改善。一等地中，有机质、有效磷、速效钾、有效锌含量低于一等地平均值的面积仍然较大。从整个华北小麦玉米轮作区看，62.51% 的耕地有机质含量低于一等地平均值，64.88% 的耕地有效磷含量低于一等地平均值，59.25% 的耕地速效钾含量低于一等地平均值，63.59% 的耕地有效锌含量低于一等地平均值（表 3-29）。

表 3-29　一等地地力属性低于平均值的面积与比例

项　　目	河北轮作区		河南轮作区		山东轮作区		山西轮作区		华北小麦玉米轮作区	
	面积 （万 hm^2）	比例 （%）	面积 （万 hm^2）	比例 （%）	面积 （万 hm^2）	比例 （%）	面积 （万 hm^2）	比例 （%）	面积 （万 hm^2）	比例 （%）
轻壤、砂壤、黏土	19.94	57.02	18.97	35.86	15.17	34.86	1.32	20.81	55.41	40.22
耕层厚度（cm）	15.54	44.43	42.03	79.44	27.24	62.60	2.98	46.93	98.85	71.76
有机质（g/kg）	19.00	54.31	31.66	59.84	27.41	62.99	4.69	73.92	86.11	62.51
有效磷（mg/kg）	22.38	63.97	28.78	54.41	24.79	56.97	4.06	63.90	89.38	64.88
速效钾（mg/kg）	17.22	49.24	27.17	51.36	24.42	56.12	3.72	58.49	81.61	59.25
有效锌（mg/kg）	25.23	72.14	27.76	52.48	29.95	68.82	4.12	64.81	87.60	63.59

（二）维护提高措施

一等地是华北小麦玉米轮作区最好的耕地，各种评价指标均属良好型。地面平坦或稍有倾斜，土层深厚，排水良好，易于耕作，土壤养分水平高，保水保肥性能好，利用上几乎没有限制因素，适宜于各种植物生长，是本区高产、稳产农田，也是高标准粮田建设和高产创建集中分布区。

维护和提高一等地的耕地地力，应从均衡地力考虑。主要是 4 个方面：一是推行深耕，加深耕层，打破犁底层。建议每 3 年进行一次深耕，逐渐加深耕层，增加活土层，耕层厚度最好能达到 25cm 以上；二是实施耕地土壤有机质提升工程。实行秸秆还田，增施有机肥料，提高有机质含量，增强耕地保水保肥能力，改善黏土质地的结构特性；三是实行测土配方施肥为主的科学施肥。调整肥料投入比例，提高化肥利用率，平衡土壤养分，促进作物增产增效。四是切实加强对该级耕地的保护，加强监管，严格控制建设用地占用，强化用养结合，促进耕地可持续利用。

第三节　二等地耕地质量特征

一、二等地分布特征

（一）区域分布

华北小麦玉米轮作区二等地耕地面积 235.57 万 hm^2，占区域内耕地总面积的 19.3%。其中，河北轮作区 43.55 万 hm^2，占河北轮作区耕地的 12.8%；河南轮作区

90.73 万 hm²，占河南轮作区耕地的 21.9%；山东轮作区 90.16 万 hm²，占山东轮作区耕地的 23.34%；山西轮作区 11.12 万 hm²，占山西轮作区耕地的 13.95%。

　　二等地主要分布在河北轮作区的冀中平原、山东轮作区的鲁中南山前平原、河南轮作区的豫中南淮河流域冲积平原及豫北太行山山前平原、山西轮作区的晋南临汾及运城盆地中心地带（图 3-9）。

图例

　　二等地

图 3-9　华北小麦玉米轮作区耕地二等地分布

　　河北轮作区二等地 435.55km²，占河北轮作区耕地的 12.80%。其中分布面积最多的是徐水县，有 28076.9hm²，在有分布的县市中分布面积最少的是临西县，仅有 340hm²。而在沧州市、栾城县、任县、望都县和无极县 5 个县市则没有二等地分布。

　　河南轮作区二等地 907.28km²，占河南轮作区耕地面积的 21.90%。分布最多的是滑县和正阳县，分别有 112614.2hm² 和 110697.5hm²。在有分布的县市中，分布最少的是民权县，有 114.2hm²；而在开封市、兰考县、临颖县、温县、夏邑县、新蔡县、永城市和召陵区 8 个县市（或区）则没有二等地分布。

山东轮作区二等地 901.6khm²，占山东轮作区耕地面积的 23.34%。分布面积最多的是济阳县，共有 36628.1hm²，在有分布的县市中分布面积最少的是周村区，有 399.5hm²。

山西轮作区二等地 111.22khm²，占山西轮作区耕地面积的 13.95%。在有分布的县市中分布最少的是芮城县，有 249.3hm²；而在河津市、平陆县和垣曲县则没有二等地分布。

二等地占辖区内耕地面积的 70% 以上的有 5 个县，河南轮作区的滑县、正阳县、濮阳县、南乐县和河北轮作区的高邑县；在 60%～70% 间的有 6 个县，河南轮作区的长葛市、长垣县、睢县、周口市郊区，山东轮作区的宁津县，河北轮作区的徐水县；在50%～60% 间的有 8 个县，分别是河北轮作区的赵县，河南轮作区的清丰县、濮阳市郊区、内黄县，山东轮作区的济宁市郊区、平原县、东阿县、济阳县；在 40%～50% 间的有 7 个县，分别是邯郸市郊区、固安县，河南轮作区的鄢陵县，山东轮作区的金乡县、淄博市郊区、德州市德城区，山西轮作区的临猗县。

二等地占辖区内耕地面积的 30%～40% 以上的有 25 个县，分别是山东轮作区的陵县、阳谷县、嘉祥县、兖州市、商河县、滕州市、临邑县、高青县、博兴县、济南市天桥区、槐荫区、乐陵市、庆云县、汶上县、莘县、禹城市，河南轮作区的商丘市、延津县，河北轮作区的泊头市、成武县、宁晋县、南皮县，山西轮作区的盐湖区、新绛县、侯马市。

二等地占辖区内耕地面积的 20%～30% 以上的有 27 个县，分别是山东轮作区的淄博临淄区、茌平县、梁山县、微山县、菏泽市郊区、曲阜市、邹平县、桓台县、广饶县、冠县、武城县、东平县，河南轮作区的许昌县、遂平县、武陟县、商水县、范县、沈丘县、汝南县、许昌市郊区，河北轮作区的曲周县、柏乡县、邯郸县、安平县、高阳县、南宫市、高碑店市。

二等地占辖区内耕地面积的 10%～20% 以上的有 53 个县。包括河北轮作区的容城县、肃宁县、新乐市、肥乡县、馆陶县、定陶县、景县、广平县、涿州市、安新县、任丘市、魏县、定州市、河间市、故城县、邱县、晋州市、广宗县、藁城市、清河县、安国市、沧县、深州市；河南轮作区的获嘉县、封丘县、太康县、新乡县、汤阴县、原阳县、项城市、通许县、西华县、台前县、睢阳区、柘城县、西平县；山东轮作区的阳信县、巨野县、历城区、岱岳区、高唐县、章丘市、邹城市、宁阳县、滨州市郊区、聊城市郊区、肥城市；山西轮作区的稷山县、永济市、襄汾县、洪洞县、尧都区、夏县。

二等地占辖区内耕地面积的 10% 以下的有 88 个县。其中闻喜县、吴桥县、威县、隆尧县、鱼台县、鸡泽县、临清市、武邑县、新河县、曲沃县、定兴县、虞城县、临漳县、单县、平舆县、长清区、成安县、泰安市、惠民县、永年县、平阴县、淮阳县、济南市郊区、正定县、阜城县、巨鹿县、尉氏县、鄄城县、永清县、大城县、冀州市、郸城县、雄县、辛集市、绛县、扶沟县、东明县、夏津县、献县、枣强县、郓城县、饶阳县、齐河县、博野县、平乡县、青县、周村区、清苑县、万荣县、东光县、大名县、深泽县、上蔡县、鹿邑县、曹县、孟村回族自治县、南和县、武强县、廊坊市、文安县、翼城县、漯河市郊区、开封县、霸州市、蠡县、衡水市郊区、临西县、宁陵县、芮城县、杞县、民权县比例较低；召陵区、垣曲县、永城市、新蔡县、夏邑县、无极县、温县、望都县、任县、平陆县、栾城县、临颍县、历下区、兰考县、开封市郊区、河津市、沧州市郊区没有二等地（表 3-30）。

表 3-30　华北小麦玉米轮作区二等地面积与比例

轮作区	地级市	县名称	面积 (khm²)	比例 (%)	轮作区	地级市	县名称	面积 (khm²)	比例 (%)
山东轮作区			901.6	23.34			开封县	1.14	1.10
	枣庄市		32.55	35.22			杞县	0.36	0.39
		滕州市	32.55	35.22			开封市	—	—
	济宁市		162.6	29.96			兰考县	—	—
		济宁市	26.84	52.07		商丘市		45.00	6.29
		金乡县	28.22	47.87			商丘市	18.84	38.61
		嘉祥县	24.02	37.99			睢阳区	7.74	10.61
		兖州市	14.19	37.28			柘城县	8.06	10.60
		汶上县	17.75	32.87			虞城县	9.73	8.47
		梁山县	15.90	25.70			宁陵县	0.51	0.89
		微山县	7.67	24.74			民权县	0.11	0.14
		曲阜市	11.85	24.28			夏邑县	—	—
		邹城市	12.20	13.23			永城市	—	—
		鱼台县	3.97	9.20		漯河市		0.52	0.40
	淄博市		45.15	29.49			漯河市	0.52	1.18
		淄博市	6.79	47.02			临颍县	—	—
		高青县	19.46	35.67			召陵区	—	—
		临淄区	11.58	28.93	河北轮作区			435.55	12.80
		桓台县	6.92	23.87		石家庄市		56.98	17.10
		周村区	0.40	2.65			高邑县	10.78	71.03
	聊城市		176.88	29.11			赵县	25.62	59.50
		宁津县	35.18	64.43			新乐市	5.24	17.90
		东阿县	26.03	50.64			晋州市	4.64	12.53
		阳谷县	25.70	39.14			藁城市	5.68	11.14
		莘县	28.04	31.27			正定县	1.72	6.15
		茌平县	19.96	27.95			辛集市	2.88	5.06
		冠县	16.93	22.97			深泽县	0.43	2.16
		高唐县	9.42	15.45			栾城县	—	—
		聊城市	10.18	12.71			无极县	—	—
		临清市	5.44	9.06		保定市		82.25	15.07
	德州市		172.89	29.04			徐水县	28.08	63.91
		平原县	34.64	50.67			高阳县	7.39	23.13
		德城区	12.24	41.57			高碑店市	8.76	20.07
		陵县	31.65	39.73			容城县	3.90	19.42
		临邑县	24.47	36.12			涿州市	6.66	15.48
		庆云县	11.07	33.64			安新县	5.05	15.47

（续）

轮作区	地级市	县名称	面积(khm²)	比例(%)	轮作区	地级市	县名称	面积(khm²)	比例(%)
		乐陵市	24.50	33.61			定州市	10.72	14.22
		禹城市	18.91	30.66			安国市	3.34	10.49
		武城县	10.24	21.59			定兴县	4.04	8.60
		夏津县	2.34	4.12			雄县	1.63	5.06
		齐河县	2.84	3.61			博野县	0.77	3.61
	济南市		96.51	24.67			清苑县	1.47	2.63
		济阳县	36.63	50.40			蠡县	0.44	1.03
		商河县	28.54	36.90			望都县	—	—
		天桥区	4.40	34.29		邯郸市		63.89	13.64
		槐荫区	1.40	34.22			邯郸市	2.84	48.28
		历城区	5.16	18.75			曲周县	12.74	29.17
		章丘市	13.33	13.78			邯郸县	9.24	27.40
		长清区	4.60	7.52			肥乡县	5.83	17.71
		平阴县	1.98	6.49			馆陶县	5.47	17.66
		济南市	0.46	6.17			广平县	3.23	15.94
		历下区	—	—			魏县	7.96	15.10
	东营市		16.21	23.03			邱县	3.69	13.33
		广饶县	16.21	23.03			鸡泽县	2.05	9.18
	滨州市		62.48	18.60			临漳县	3.49	8.08
		博兴县	20.12	34.60			成安县	2.27	7.13
		邹平县	17.71	24.03			永年县	3.58	6.54
		阳信县	10.18	19.67			大名县	1.49	2.17
		滨州市	8.77	13.17		邢台市		64.97	13.10
		惠民县	5.72	6.66			宁晋县	25.59	34.84
	泰安市		43.10	14.77			柏乡县	4.75	27.81
		东平县	14.25	20.55			南宫市	11.36	21.02
		岱岳区	11.34	15.74			广宗县	3.73	12.24
		宁阳县	9.34	13.19			清河县	3.47	11.05
		肥城市	7.57	10.62			威县	5.88	9.27
		泰安市	0.60	7.06			隆尧县	4.35	9.23
	菏泽市		93.23	11.93			新河县	2.04	8.93
		成武县	24.49	36.48			巨鹿县	2.23	5.84
		菏泽市	21.68	24.60			平乡县	0.85	3.22
		巨野县	16.46	18.81			南和县	0.38	1.45
		定陶县	9.30	16.67			临西县	0.34	0.92
		单县	8.11	7.92			任县	—	—
		鄄城县	3.60	5.41		沧州市		72.73	11.92
		东明县	3.31	4.23			泊头市	24.37	37.17
		郓城县	3.85	3.65			肃宁县	6.61	19.07
		曹县	2.43	1.87			任丘市	9.46	15.19
河南轮作区			907.28	21.90			河间市	12.16	13.91
	安阳市		158.18	63.43			沧县	10.03	10.48
		滑县	112.61	88.30			吴桥县	3.83	9.60
		内黄县	38.19	51.09			献县	3.06	4.01

（续）

轮作区	地级市	县名称	面积 (khm²)	比例 (%)	轮作区	地级市	县名称	面积 (khm²)	比例 (%)
		汤阴县	7.38	15.66			青县	1.72	2.71
	濮阳市		163.03	56.47			东光县	1.09	2.33
		濮阳县	73.98	76.88			孟村回族自治县	0.41	1.60
		南乐县	32.08	76.33			沧州市	—	—
		清丰县	34.77	58.16		衡水市		68.20	10.92
		濮阳市	9.78	52.00			南皮县	15.36	30.23
		范县	9.05	22.30			安平县	8.39	26.35
		台前县	3.38	10.81			景县	13.07	16.46
	许昌市		80.02	42.66			故城县	8.55	13.80
		长葛市	32.27	69.73			深州市	7.90	10.14
		鄢陵县	27.72	43.27			武邑县	4.93	9.04
		许昌县	18.86	26.34			阜城县	2.62	5.89
		许昌市	1.17	20.78			冀州市	3.02	5.24
	新乡市		109.82	29.49			枣强县	2.19	3.69
		长垣县	50.33	68.26			饶阳县	1.36	3.63
		延津县	19.62	32.99			武强县	0.42	1.41
		获嘉县	6.38	19.24			衡水市	0.39	1.00
		封丘县	14.17	16.95		廊坊市		26.52	8.18
		新乡县	6.00	16.32			固安县	18.85	43.69
		原阳县	13.32	15.56			永清县	2.39	5.33
	驻马店市		165.72	25.69			大城县	3.08	5.30
		正阳县	110.7	77.29			廊坊市	0.83	1.35
		遂平县	22.04	26.17			文安县	0.83	1.26
		汝南县	23.46	20.89			霸州市	0.53	1.06
		平舆县	7.36	7.91	山西轮作区			111.22	13.95
		上蔡县	2.18	2.08		运城市		80.33	15.09
		新蔡县	—	—			临猗县	26.96	43.61
	焦作市		12.56	14.62			盐湖区	16.91	32.14
		武陟县	12.56	23.36			新绛县	10.08	31.12
		温县	—	—			稷山县	5.59	16.88
	周口市		114.90	11.95			永济市	8.51	15.82
		周口市	5.89	62.01			夏县	4.04	10.36
		商水县	22.03	22.76			闻喜县	5.35	9.96
		沈丘县	16.42	20.89			绛县	1.42	5.03
		太康县	21.61	16.43			万荣县	1.23	2.39
		项城市	12.11	15.43			芮城县	0.25	0.55
		西华县	10.47	12.08			河津市	—	—
		西平县	7.61	10.05			平陆县	—	—
		淮阳县	6.95	6.27			垣曲县	—	—
		郸城县	5.76	5.11		临汾市		30.89	11.66
		扶沟县	4.21	4.90			侯马市	3.34	30.25
		鹿邑县	1.83	1.94			襄汾县	8.47	14.69
	开封市		57.52	11.33			洪洞县	9.96	14.02
		睢县	43.67	66.31			尧都区	6.28	12.37
		通许县	7.50	13.62			曲沃县	2.25	8.81
		尉氏县	4.84	5.43			翼城县	0.60	1.23

（二）土壤类型

潮土、褐土、砂姜黑土、黄褐土、棕壤和风沙土 6 类耕地二等地面积 2314.89km²，占 6 类土壤耕地面积的 19.50%。其中，黄褐土二等地面积 91.79km²，占其耕地面积的 35.97%；潮土二等地面积 1710.49km²，占其耕地面积的 20.02%；砂姜黑土二等地面积 143.99km²，占其耕地面积的 18.25%；褐土二等地面积 328.84km²，占其耕地面积的 16.4%；棕壤二等地面积 25.76km²，占其耕地面积的 14.86%；风沙土二等地面积 14.02km²，占其耕地面积的 13.29%。

从亚类上讲，典型潮土、脱潮土、潮褐土、盐化潮土、典型砂姜黑土、石灰性褐土、典型黄褐土、石灰性砂姜黑土、白浆化黄褐土、典型褐土 10 个亚类的二等地面积 2193.09km²，占二等地面积的 94.75%。其中典型潮土 1272.45km²，脱潮土 271.64km²，潮褐土 196.99km²，盐化潮土 110.56km²，砂姜黑土 91.62km²，占二等地面积的 54.97%，石灰性褐土 80.28km²，占二等地面积的 11.73，典型黄褐土 62.45km²，石灰性砂姜黑土 52.37km²，白浆化黄褐土 29.34km²，典型褐土 25.39km²。

以亚类中二等地面积占其耕地面积的比例排序，白浆化黄褐土 45.26%，典型黄褐土 33.17%，潮棕壤 31.98%，脱潮土 27.63%，潮褐土 20.69%，典型潮土 20.47%。

土属一级、二等地面积前十位的依次为壤质潮土、石灰性潮壤土、壤性潮土、壤质脱潮土、石灰性潮黏土、石灰性潮砂土、壤性洪冲积潮褐土、脱潮砂土、脱潮壤土、黄土质石灰性褐土，合计面积 1535.49km²，占 6 类土壤上二等地面积的 66.33%。

以其二等地面积占其耕地面积比例来看，盐化湿潮土、苏打碱化潮土全部为二等地；湿潮砂土 85% 为二等地；脱潮砂土、石灰性砂姜黑土、灰潮砂土、壤质湿潮土、覆盖石灰性砂姜黑、漂白砂姜黑土、冲积非灰性潮褐土、冲积潮棕壤的二等地面积各占其耕地面积的 50% 以上；草甸流动风沙土、白浆化黄褐土、壤性石灰性砂姜黑土、壤质河潮土、黄土质黄褐土、深砂姜层石灰性砂姜黑土、流动草甸风沙土、泥砂质潮褐土、壤质潮土的二等地各占其耕地面积的 40% 以上（表 3-31）。

表 3-31　各土类、亚类二等地面积与比例

土类	亚类	土属	面积（khm²）	比例（%）	土类	亚类	土属	面积（khm²）	比例（%）
黄褐土			91.79	35.97			石灰性砂姜黑土	52.37	16.57
	白浆化黄褐土		29.34	45.26			石灰性砂姜黑土	10.09	60.81
		白浆化黄褐土	29.34	45.26			覆盖石灰性砂姜黑	20.51	56.95
	典型黄褐土		62.45	33.17			壤性石灰性砂姜黑	3.02	43.95
		黄土质黄褐土	19.04	42.55			深砂姜层石灰性砂	0.29	42.25
		泥砂质黄褐土	43.41	30.25			灰覆黑姜土	16.04	8.94
潮土			1710.49	20.02			灰青黑土	2.41	6.44
	潮土		1272.45	20.47	褐土			328.84	16.40
		壤质河潮土	10.66	43.79		潮褐土		196.99	20.69
		壤质潮土	447.66	40.00			冲积非灰性潮褐土	28.54	52.90
		砂质非灰性河潮土	4.54	34.60			泥砂质潮褐土	17.84	40.11
		砂质河潮土	5.56	26.12			黏性洪冲积潮褐土	3.51	25.82

（续）

土类	亚类	土属	面积(khm²)	比例(%)	土类	亚类	土属	面积(khm²)	比例(%)
		石灰性潮壤土	338.13	23.64			洪冲积潮褐土	19.09	25.02
		石灰性潮砂土	84.32	20.83			冲积潮褐土	29.03	21.37
		壤性潮土	197.18	13.91			洪冲积非灰性潮褐土	3.17	16.47
		石灰性潮黏土	87.61	13.47			壤性洪冲积潮褐土	83.99	16.07
		壤质非灰性河潮土	1.55	13.35			砂性洪冲积潮褐土	10.47	14.69
		黏性潮土	19.36	12.25			黄土质潮褐土	1.25	10.33
		黏质潮土	24.45	11.84			堆垫潮褐土	0.12	8.78
		砂性潮土	31.53	8.93			潮褐土	—	—
		砂质潮土	19.90	4.96		褐土		25.39	12.73
	灌淤潮土		3.77	11.49			灰质褐土	10.19	18.02
		淤潮黏土	3.77	11.49			洪积褐土	6.22	11.07
	灰潮土		13.24	10.06			黄土质褐土	8.72	10.97
		灰潮砂土	2.12	57.49			硅泥褐土	0.26	8.15
		灰潮黏土	2.66	16.11			黄土状褐土	—	—
		灰潮壤土	8.46	7.59			泥砂质褐土	—	—
	碱化潮土		21.70	19.23		褐土性土		22.28	6.80
		苏打碱化潮土	0.18	100.00			泥砂质褐土性土	0.53	33.5
		碱潮壤土	18.87	19.83			灰泥质褐土性土	0.19	12.79
		碱化砂土	1.10	15.95			砂泥质褐土性土	4.56	7.29
		碱化潮土	1.55	14.56			黄土质褐土性土	17.00	7.01
	湿潮土		17.13	18.42			粗散状褐土性土	—	—
		盐化湿潮土	0.48	100.00			硅泥褐土性土	—	—
		湿潮砂土	1.16	85.25			硅质褐土性土	—	—
		壤质湿潮土	5.79	57.37			灰质褐土性土	—	—
		黏质湿潮土	8.07	22.71			砂性洪冲积褐土性土	—	—
		砂质湿潮土	0.31	18.02		淋溶褐土		3.90	9.82
		湿潮壤土	0.51	6.86			黄土质淋溶褐土	1.03	26.12
		黏性湿潮土	0.65	2.87			灰质淋溶褐土	1.91	21.66
		壤性湿潮土	0.17	1.22			洪冲积淋溶褐土	0.95	5.15
	脱潮土		271.64	27.63			硅铝质淋溶褐土	—	—
		脱潮砂土	69.17	61.39			硅泥淋溶褐土	—	—
		壤质脱潮土	108.73	39.48			灰泥质淋溶褐土	—	—
		脱潮壤土	62.21	30.88			泥砂质淋溶褐土	—	—
		脱潮黏土	0.81	11.97			砂泥质淋溶褐土	—	—
		砂性脱潮土	5.48	11.10			黏质中层灰质淋溶土	—	—
		壤性脱潮土	17.24	8.00		石灰性褐土		80.28	16.52
		砂质脱潮土	8.00	7.17			黄土状石灰性褐土	6.87	24.08
	盐化潮土		110.56	11.35			黄土质石灰性褐土	56.49	18.71
		氯化物潮土	19.72	34.54			砂性洪冲积石灰性土	0.58	15.03
		硫酸盐潮土	3.71	32.67			壤性洪冲积石灰性土	11.93	14.21
		砂质硫酸盐盐化潮土	11.52	21.52			洪积石灰性褐土	0.38	8.78
		氯化物盐化潮土	18.37	11.65			砂泥质石灰性褐土	4.04	7.82
		砂质滨海盐化潮土	0.30	11.40	棕壤			25.76	14.86
		壤质硫酸盐盐化潮土	29.68	10.56		潮棕壤		21.28	31.98
		壤质氯化物盐化潮土	10.71	10.15			冲积潮棕壤	9.33	51.69

（续）

土类	亚类	土属	面积 （khm²）	比例 （％）	土类	亚类	土属	面积 （khm²）	比例 （％）
		苏打盐化潮土	0.33	7.13			洪冲积潮棕壤	11.96	24.65
		硫酸盐盐化潮土	13.86	6.87		棕壤		4.36	5.59
		黏质滨海盐化潮土	0.40	4.18			麻砂棕壤	4.36	5.66
		砂质氯化物盐化潮	1.79	2.86		棕壤性土		0.12	0.41
		壤质滨海盐化潮土	0.18	0.77			麻砂棕壤性土	0.12	0.41
砂姜黑土			143.99	18.25	风沙土			14.02	13.29
	砂姜黑土		91.62	19.38		草甸风沙土		14.02	13.29
		漂白砂姜黑土	27.92	56.42			草甸流动风沙土	0.22	49.11
		深砂姜层砂姜黑土	4.71	39.13			流动草甸风沙土	1.45	40.64
		砂姜黑土	5.47	25.16			草甸半固定风沙土	2.74	28.60
		覆盖砂姜黑土	1.26	24.37			草甸固定风沙土	5.08	22.36
		覆泥黑姜土	34.69	14.46			固定草甸风沙土	1.99	11.36
		青黑土	13.35	14.28			半固定草甸风沙土	1.50	9.46
		壤性砂姜黑土	0.23	8.85			冲积固定草甸风沙土	0.73	3.06
		黑姜土	4.01	8.26			冲积流动草甸风沙土	0.31	2.63

二、二等地属性特征

（一）地貌类型

二等地中97.13％的耕地分布在冲积平原、冲积洪积平原、河流阶地、湖积冲积平原、洪积平原、湖积平原上，2.87％的耕地分布在侵蚀山间平原、侵蚀剥蚀平原、侵蚀剥蚀山间平原上。

不同地貌类型单元中二等地面积占其总耕地面积的比例，侵蚀剥蚀山间平原为73.16％，冲积洪积平原为26.65％，冲积平原为20.19％，洪积平原为16.00％，湖积冲积平原为13.54％，河流阶地为11.50％，侵蚀剥蚀平原为9.56％，侵蚀山间平原为9.03％，湖积平原为7.51％。

综合分析，华北小麦玉米轮作区二等地的耕地地貌类型主要为平原，丘陵和中、低山耕地没有二等地（表3-32）。

表3-32　各地貌类型耕地占二等地比例

地貌类型	占二等地比例（％）	地貌类型	占二等地比例（％）
冲积平原	79.39	冲积湖积平原	—
冲积洪积平原	9.27	海积冲积平原	—
河流阶地	3.05	黄山覆盖区低山	—
湖积冲积平原	2.78	黄山覆盖区中山	—
侵蚀山间平原	2.51	侵蚀剥蚀低山	—
洪积平原	2.24	侵蚀剥蚀丘陵	—
湖积平原	0.39	侵蚀剥蚀中山	—
侵蚀剥蚀平原	0.33	侵蚀低山	—
侵蚀剥蚀山间平原	0.03	侵蚀丘陵	—
冲积海积平原	—	侵蚀中山	—

（二）积温

不同≥10℃积温段中，二等地占其耕地面积的比例为：3500～4000℃为 20.37%，4000～4500℃为 36.30%，4500～5000℃为 17.69%，5000～5500℃为 19.49%，5500～6000℃为 36.33%。

各积温段耕地面积占华北小麦玉米轮作区二等地面积的比例为：5000～5500℃为82.65%，4500～5000℃为 16.12%。在 4500℃～5500℃积温范围内的二等地占了二等地总面积的 98.77%（表 3-33）。

表 3-33　二等地的≥10℃积温分布

积温值（℃）	面积（khm²）	同积温中二等地比例（%）	二等地不同积温段比例（%）
5500～6000	2.97	36.33	0.15
5000～5500	2053.92	19.49	82.65
4500～5000	286.73	17.69	16.12
4000～4500	10.68	36.30	0.63
3500～4000	1.35	20.37	0.45
3000～3500	—	—	—

（三）年降水量与灌溉能力

华北小麦玉米轮作区不同降水量占二等地的比例为，400～600mm 区间64.03%，600～800mm 区间 26.58%，800～1000mm 区间 8.77%，1000～1200mm区间 0.61%。

不同灌溉能力中，充分满足占 22.40%，满足占 50.76%，基本满足占 26.84%。二等地中没有一般满足和不满足灌溉能力的耕地（表 3-34）。

表 3-34　不同年降水量与灌溉能力二等地比例

灌溉能力	占比（%）	降水量占比（%）			
		1000～1200mm	800～1000mm	600～800mm	400～600mm
		0.61	8.77	26.58	64.03
充分满足	22.40	—	0.05	0.58	21.77
满足	50.76	—	0.39	16.03	34.34
基本满足	26.84	0.61	8.34	9.98	7.92
一般满足		—	—	—	—
不满足		—	—	—	—

（四）耕层质地

耕层质地为中壤、轻壤、重壤、黏土、砂壤的二等地分别占其同质地耕地面积的29.53%、18.64%、20.56%、1.91%、7.14%。耕层质地为中壤、轻壤、重壤、黏土、砂壤的二等地占二等地总面积的比例分别为 30.50%、41.91%、23.44%、0.45%、3.70%（表 3-35）。

表 3-35 二等地耕层质地分布

耕层质地	面积（khm²）	二等地占相同质地耕地的（%）	二等地不同质地的比例（%）
中壤	718.41	29.53	30.50
轻壤	987.37	18.64	41.91
重壤	552.13	20.56	23.44
黏土	10.51	1.91	0.45
砂壤	87.24	7.14	3.70
砂土	—	—	—

（五）耕层厚度

统计华北小麦玉米轮作区中二等地的耕层厚度，平均为 20cm，河北轮作区为 19cm，河南轮作区为 20cm，山东轮作区为 20cm，山西轮作区为 17cm（表 3-36）。

表 3-36 二等地耕层厚度与土壤养分含量平均值

指 标	河北轮作区	河南轮作区	山东轮作区	山西轮作区	华北小麦玉米轮作区
耕层厚度（cm）	19	20	20	17	20
有机质（g/kg）	15.29	14.97	14.61	15.30	14.86
有效磷（mg/kg）	21.75	16.90	27.14	15.46	22.37
速效钾（mg/kg）	129.08	116.08	127.74	201.19	132.11
有效铁（mg/kg）	9.93	14.13	12.11	4.81	11.69
有效铜（mg/kg）	1.43	1.63	1.77	1.33	1.65
有效锌（mg/kg）	1.69	1.47	1.74	1.62	1.65
有效硫（mg/kg）	36.73	22.00	38.87	62.47	36.20
有效锰（mg/kg）	13.05	17.15	12.47	8.56	13.48
有效钼（mg/kg）	0.14	0.71	0.19	0.20	0.34
pH	8.04	7.73	7.68	8.31	7.80

华北小麦玉米轮作区二等地中，耕层厚度主要为二级，占二等地面积的 65.63%。其次为三级，占 23.24%（表 3-37）。

表 3-37 二等地耕层厚度各级面积与比例

耕层分级	面积（khm²）	占比（%）
一级（≥25cm）	187.84	7.97
二级（20~25cm）	1545.97	65.63
三级（15~20cm）	547.34	23.24
四级（10~15cm）	74.50	3.16
五级（10cm 以下）	—	—
总计	2355.65	100.00

（六）土壤有机质、有效磷、速效钾和有效锌

二等地耕层养分含量在该区域较高见表 3-38。

土壤有机质、有效磷、速效钾、有效铁、有效铜、有效锌、有效硫、有效锰、有效钼平均值分别为 14.86g/kg、22.37mg/kg、132.11mg/kg、11.69mg/kg、1.65mg/kg、1.65mg/kg、36.20mg/kg、13.48mg/kg、0.34mg/kg。在河北轮作区、河南轮作区、

山东轮作区和山西轮作区间，土壤有机质、有效锌的平均值比较接近，其他指标相差较大。

二等地土壤有机质含量主要在三级和四级，分别占41.8％和55.33％，一级、二级和五级、六级比例很低。土壤有效磷含量主要为二级、三级、四级和五级，一级和六级所占比例很低。土壤速效钾含量为一级、二级、三级和四级，五级和六级的比例很低。土壤有效锌含量主要为二级、三级和四级，一级、五级和六级比例很低。

表3-38　二等地土壤有机质、有效磷、速效钾与有效锌各级面积与比例

等级	河北轮作区 面积 (khm²)	比例 (%)	河南轮作区 面积 (khm²)	比例 (%)	山东轮作区 面积 (khm²)	比例 (%)	山西轮作区 面积 (khm²)	比例 (%)	华北小麦玉米轮作区 面积 (khm²)	比例 (%)
有机质										
一级	—	—	—	—	—	—	1.02	0.91	1.02	0.04
二级	20.05	4.60	0.80	0.09	18.63	2.07	8.04	7.23	47.51	2.02
三级	202.84	46.57	444.86	49.03	293.63	32.57	43.22	38.86	984.55	41.80
四级	198.89	45.66	460.92	50.80	586.12	65.01	57.55	51.74	1303.48	55.33
五级	13.77	3.16	0.70	0.08	3.22	0.36	1.40	1.26	19.09	0.81
六级	—	—	—	—	—	—	—	—	—	—
有效磷										
一级	8.11	1.86	0.24	0.03	65.28	7.24	0.51	0.46	74.14	3.15
二级	122.7	28.17	50.09	5.52	398.34	44.18	7.74	6.96	578.88	24.57
三级	96.09	22.06	135.49	14.93	260.24	28.86	15.27	13.73	507.10	21.53
四级	102.00	23.42	345.72	38.11	137.45	15.25	28.60	25.71	613.77	26.06
五级	95.62	21.95	348.53	38.42	40.00	4.44	37.64	33.85	521.80	22.15
六级	11.03	2.53	27.20	3.00	0.29	0.03	21.46	19.29	59.97	2.55
速效钾										
一级	111.23	25.54	91.22	10.05	136.39	15.13	97.08	87.28	435.92	18.51
二级	162.86	37.39	237.53	26.18	386.71	42.89	9.09	8.17	796.19	33.80
三级	105.28	24.17	159.42	17.57	262.19	29.08	4.84	4.35	531.72	22.57
四级	46.15	10.60	328.27	36.18	100.70	11.17	0.22	0.20	475.33	20.18
五级	10.02	2.30	90.20	9.94	15.62	1.73	—	—	115.85	4.92
六级	—	—	0.64	0.07	—	—	—	—	0.64	0.03
有效锌										
一级	30.88	7.09	21.27	2.34	95.12	10.55	9.73	8.75	157.01	6.67
二级	179.47	41.20	326.00	35.93	281.65	31.24	35.96	32.33	823.08	34.94
三级	145.37	33.38	356.24	39.27	336.29	37.30	26.38	23.72	864.28	36.69
四级	79.37	18.22	201.68	22.23	165.96	18.41	30.65	27.56	477.66	20.28
五级	0.46	0.11	2.09	0.23	22.58	2.50	8.50	7.65	33.63	1.43
六级	—	—	—	—	—	—	—	—	—	—
总计	435.55	100.00	907.28	100.00	901.6	100.00	111.22	100.00	2355.65	100.00

（七）盐渍化程度

华北小麦玉米轮作区二等地中，轻度盐化耕地2.58万hm²，占二等地的1.09％，无盐渍化的耕地232.99万hm²，占二等地的98.91％。

三、二等地产量水平

华北小麦玉米轮作区二等地的平均小麦玉米年产量为997kg/亩。

以调查到的华北小麦玉米轮作区二等地小麦玉米年亩产量作频数分布,现时的平均产量相当于累积频率52%处的产量水平。若以累积频率达到72%左右时的产量1060kg/亩作为预期的平均产量,则一等地的增产潜力为65kg/亩,对现时平均产量而言,增产幅度为6.52%(表3-39)。

表3-39 二等地小麦玉米年产量频率分布

产量 (kg/亩)	频率	累积 (%)	产量 (kg/亩)	频率	累积 (%)	产量 (kg/亩)	频率	累积 (%)	产量 (kg/亩)	频率	累积 (%)
500	3	0.21	720	5	1.45	940	95	29.28	1160	197	96.29
520	5	0.33	740	7	1.61	960	348	37.40	1180	47	97.39
540	3	0.40	760	27	2.24	980	179	41.58	1200	71	99.04
560	1	0.42	780	19	2.69	1000	466	52.46	1220	19	99.49
580	2	0.47	800	78	4.51	1020	260	58.53	1240	11	99.74
600	6	0.61	820	30	5.21	1040	199	63.18	1260	9	99.95
620	3	0.68	840	32	5.95	1060	390	72.29	1280	0	99.95
640	1	0.70	860	114	8.62	1080	109	74.83	1300	1	99.98
660	6	0.84	880	76	10.39	1100	426	84.78	1320	1	100.00
680	6	0.98	900	634	25.19	1120	203	89.52			
700	15	1.33	920	80	27.06	1140	93	91.69			

四、二等地利用改良方向

(一)二等地主要属性

区域内二等地同一等地一起构成了华北小麦玉米轮作区高等级耕地。耕地属性相对较好,地处平原,地貌单元为冲积平原、冲积洪积平原、湖积冲积平原、河流阶地、洪积平原、侵蚀山间平原、侵蚀剥蚀平原、湖积平原、侵蚀剥蚀山间平原。≥10℃活动积温在4000℃以上,灌溉能力为充分满足、满足和基本满足,耕层厚度平均为20cm,有机质、有效磷、速效钾、有效锌平均值分别为14.86g/kg、22.37mg/kg、132.11mg/kg、1.65mg/kg,耕层质地为轻壤的面积98.74万hm²,占41.91%。与一等地相比,灌溉能力稍低,有机质、有效磷平均值也稍低。

总体上,二等地耕地力较高,但也有提高的空间。二等地中,轻壤、重壤、黏土、砂壤质地面积1637.25khm²,占二等地的69.5%。有机质含量低于二等地平均值的占54%,有效磷含量低于二等地平均值的占62%,速效钾含量低于二等地平均值的占64%,有效锌含量低于二等地平均值的占68%(表3-40)。

表3-40 二等地地力属性低于平均值的面积与比例

指标	河北轮作区		河南轮作区		山东轮作区		山西轮作区		华北小麦玉米轮作区	
	面积 (万hm²)	比例 (%)	面积 (万hm²)	比例 (%)	面积 (万hm²)	比例 (%)	面积 (万hm²)	比例 (%)	面积 (万hm²)	比例 (%)
轻壤、砂壤	20.46	46.98	31.97	35.23	51.07	56.64	3.96	35.62	107.46	45.61
有机质(g/kg)	23.78	54.59	46.16	50.88	54.54	60.50	6.15	55.32	127.37	54.07

（续）

指　标	河北轮作区		河南轮作区		山东轮作区		山西轮作区		华北小麦玉米轮作区	
	面积	比例	面积	比例	面积	比例	面积	比例	面积	比例
	（万 hm²）	（%）	（万 hm²）	（%）	（万 hm²）	（%）	（万 hm²）	（%）	（万 hm²）	（%）
有效磷（mg/kg）	25.92	59.50	53.63	59.11	54.85	60.84	6.33	56.88	146.68	62.27
速效钾（mg/kg）	22.82	52.38	54.18	59.71	48.31	53.58	5.28	47.52	152.05	64.55
有效锌（mg/kg）	25.89	59.45	53.93	59.44	63.45	70.37	6.92	62.23	160.52	68.14
耕层厚度（cm）	24.85	57.06	14.67	16.17	13.43	14.88	5.56	49.99	62.18	26.40

（二）维护提高措施

二等地与一等地类似，也是华北小麦玉米轮作区中较好的耕地，各种评价指标均属良好型。地面平坦或稍有倾斜，土层深厚，排水良好，易于耕作，土壤养分水平高，保水保肥性能好，灌溉能力较高，在利用上几乎没有限制因素，适宜于各种植物生长，同样是本区高产、稳产农田及高标准粮田的集中分布区。

二等地中，一是部分耕地土壤质地偏黏，剖面构型欠佳等，尤其是部分砂姜黑土、黄褐土，质地为重壤或黏土，耕性不良，对作物生长有一定影响。需深耕深松，以加深耕层和活土层，降低 50cm 土体内的容重，构建良好的土体构型。目前加深耕层的方法主要是大型深耕和深翻（或浅翻）深松。大型深耕可以由原来的耕层不到 20cm 增加到 30cm 以上。二是部分耕地养分比例不协调。其合理利用应主要从土壤入手，应增施有机肥料或秸秆还田，提高耕层有机质含量，改善耕层土壤结构性能。同时，应以土壤养分化验和肥料试验为依据，结合群众施肥经验，合理确定氮磷钾与微肥的比例和数量、施用时期和方法，以便最大限度地发挥各种肥料的增产潜力。

第四节　三等地耕地质量特征

一、三等地分布特征

（一）区域分布

区域内评价为三等地的面积 342.43 万 hm²，占华北小麦玉米轮作区耕地面积的 28.06%，其中河北轮作区 84.14 万 hm²，占其耕地面积的 24.73%，河南轮作区 139.08 万 hm²，占其耕地面积的 33.58%，山东轮作区 104.18 万 hm²，占其耕地面积的 26.97%，山西轮作区 15.03 万 hm²，占其耕地面积的 18.85%。

三等地主要分布在河北轮作区的冀中、冀南低平原区，山东轮作区的鲁西北黄河冲积平原，河南轮作区的豫中豫东冲积平原、豫东南黄河泛区及豫南湖积平原砂姜黑土区，山西轮作区的晋南汾河、涑水河两岸丘陵地带（图 3-10）。

三等地中，面积较大的有河北轮作区的衡水市（183.58km²）、保定市（161.63km²）、沧州市（147.46km²）、邯郸市（132.64km²），河南轮作区的周口市（483.43km²）、驻马店市（328.96km²）、商丘市（181.13km²）、新乡市（145.97km²）、开封市（126.19km²），山东轮作区的菏泽市（210.78km²）、聊城市（195.59km²）、德州市（191.92km²）、济宁市（122.98km²）、滨州市

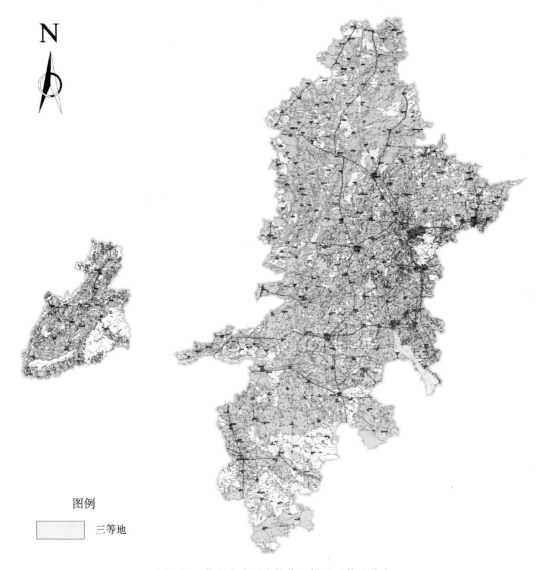

N

图例

三等地

图 3-10　华北小麦玉米轮作区耕地三等地分布

（108.22khm²）。

三等地占其区域内耕地面积的比例在 50% 的地级市有河南轮作区的驻马店市（50.99%）和周口市（50.29%）；在 30%～40% 间的有新乡市、德州市、滨州市、聊城市；在 20%～30% 间的有保定市、衡水市、淄博市、许昌市、邯郸市、菏泽市、东营市、商丘市、开封市、沧州市、石家庄市、济南市、济宁市、临汾市。

从县域分析，三等地面积在 50khm² 以上的包括河南轮作区的郸城县、虞城县、淮阳县、汝南县、鹿邑县、平舆县、上蔡县、原阳县、西华县、项城市。没有三等地的有河南轮作区的夏邑县、扶沟县，山西轮作区的平陆县，河北轮作区的高邑县、孟村回族自治县。

　　县域内三等地面积占其耕地面积比例在 80%～90% 的包括河南轮作区的郸城县、鹿邑县、平舆县、虞城县；比例在 70%～80% 的包括有河南轮作区的原阳县、淮阳县、上蔡县、西华县、项城市、汝南县和河北轮作区的涿州市；比例在 50%～70% 的包括河南轮作区的通许县、西平县，河北轮作区的故城县、饶阳县、鸡泽县、成安县、柏乡县、武强县、正定县、沧县，山东轮作区的武城县、巨野县、高青县、天桥区、庆云县；比例在 40%～50% 的包括山西轮作区的侯马市，山东轮作区的梁山县、惠民县、阳信县、槐荫区、乐陵市，河南轮作区的开封县、沈丘县、鄢陵县、商丘市郊区、封丘县、遂平县，河北轮作区的雄县、清苑县、沧州市、广平县、馆陶县、栾城县、景县、临漳县、固安县、南和县；比例在 30%～40% 的包括河北轮作区的高阳县、深州市、辛集市、蠡县、肥乡县、青县、任丘市、安新县、任县、赵县，河南轮作区的获嘉县、周口市郊区，山东轮作区的莘县、金乡县、嘉祥县、鄄城县、定陶县、聊城市郊区、泰安市郊区、济阳县、商河县、临清市、平原县、博兴县、菏泽市郊区、东阿县、冠县、茌平县、滨州市郊区、高唐县、齐河县，山西轮作区的新绛县、稷山县、夏县、永济市；比例在 20%～30% 的包括河北轮作区的容城县、吴桥县、安平县、永清县、安国市、河间市、永年县、南宫市、冀州市、高碑店市、大名县、新河县、隆尧县，河南轮作区的柘城县、睢阳区、睢县、长葛市、长垣县、温县、正阳县、宁陵县、许昌市郊区，山东轮作区的微山县、成武县、夏津县、临邑县、广饶县、桓台县、德城区、阳谷县、汶上县、宁津县、陵县、东平县、历城区、东明县，山西轮作区的尧都区、盐湖区、临猗县、曲沃县。

　　各轮作区内三等地面积及辖区耕地面积的比例参见表 3-41。

表 3-41　华北小麦玉米轮作区三等地面积与比例

轮作区	地级市	县名称	面积 (khm²)	比例 (%)	轮作区	地级市	县名称	面积 (khm²)	比例 (%)
河北轮作区			841.38	24.73			获嘉县	13.21	39.86
	保定市		161.63	29.61			长垣县	16.94	22.98
		涿州市	30.70	71.33			延津县	8.47	14.24
		雄县	16.16	49.98			新乡县	4.14	11.25
		清苑县	27.89	49.94		许昌市		53.25	28.39
		高阳县	12.77	39.97			鄢陵县	29.84	46.58
		蠡县	15.27	35.83			长葛市	10.87	23.49
		安新县	11.00	33.69			许昌市	1.17	20.79
		容城县	5.67	28.26			许昌县	11.36	15.87
		安国市	8.61	27.01		周口市		483.43	50.29
		高碑店市	10.52	24.11			郸城县	100.54	89.22
		定州市	13.29	17.63			鹿邑县	82.65	87.70
		博野县	2.44	11.38			淮阳县	86.93	78.40
		望都县	2.35	9.75			西华县	65.92	76.06
		定兴县	3.82	8.14			项城市	59.09	75.28
		徐水县	1.15	2.62			西平县	45.38	59.88
	沧州市		147.46	24.17			沈丘县	36.65	46.60
		沧县	48.99	51.21			周口市	3.61	37.99
		沧州市	6.31	49.23			商水县	2.30	2.38
		青县	21.57	33.99			太康县	0.37	0.28

（续）

轮作区	地级市	县名称	面积 （khm²）	比例 （%）	轮作区	地级市	县名称	面积 （khm²）	比例 （%）
		任丘市	21.09	33.86			扶沟县	—	—
		吴桥县	11.27	28.24		驻马店市		328.96	50.99
		河间市	23.40	26.76			平舆县	80.97	87.06
		献县	11.27	14.74			上蔡县	80.39	76.68
		肃宁县	2.24	6.45			汝南县	83.23	74.13
		东光县	1.25	2.68			遂平县	35.22	41.84
		泊头市	0.09	0.13			正阳县	31.68	22.12
		孟村回族自治县	—	—			新蔡县	17.47	16.23
	邯郸市		132.64	28.31	山东轮作区			1041.8	26.97
		鸡泽县	12.99	58.06		滨州市		108.22	32.21
		成安县	17.63	55.41			惠民县	38.67	45.04
		广平县	9.98	49.22			阳信县	21.82	42.19
		馆陶县	14.93	48.2			博兴县	19.77	33.99
		临漳县	18.22	42.11			滨州市	20.55	30.89
		肥乡县	11.58	35.21			邹平县	7.40	10.05
		永年县	14.32	26.18		德州市		191.92	32.23
		大名县	16.39	23.91			武城县	28.10	59.26
		曲周县	7.54	17.25			庆云县	16.47	50.07
		邯郸县	5.78	17.13			乐陵市	29.93	41.06
		魏县	2.87	5.45			平原县	23.69	34.65
		邱县	0.41	1.48			齐河县	23.70	30.14
		邯郸市	—	—			夏津县	15.30	26.99
	衡水市		183.58	29.39			临邑县	18.23	26.90
		故城县	38.83	62.63			德城区	7.14	24.25
		饶阳县	23.10	61.70			陵县	17.43	21.88
		武强县	15.91	53.38			禹城市	11.93	19.35
		景县	34.06	42.90		东营市		18.89	26.83
		深州市	29.77	38.20			广饶县	18.89	26.83
		安平县	8.86	27.85		菏泽市		210.78	26.97
		冀州市	14.27	24.73			巨野县	45.60	52.11
		阜城县	5.87	13.19			鄄城县	24.92	37.48
		武邑县	6.01	11.02			定陶县	20.89	37.43
		衡水市	3.98	10.15			菏泽市	29.13	33.06
		南皮县	1.91	3.77			成武县	18.21	27.13
		枣强县	1.01	1.69			东明县	16.07	20.53
	廊坊市		54.86	16.91			单县	19.52	19.06
		固安县	17.71	41.05			郓城县	16.80	15.93
		永清县	12.1	27.03			曹县	19.65	15.09
		文安县	10.95	16.51		济南市		90.56	23.15
		廊坊市	10.01	16.23			天桥区	6.44	50.19
		大城县	2.70	4.65			槐荫区	1.70	41.33
		霸州市	1.39	2.75			济阳县	25.80	35.50
	石家庄市		78.70	23.62			商河县	27.19	35.15

（续）

轮作区	地级市	县名称	面积 （khm²）	比例 （%）	轮作区	地级市	县名称	面积 （khm²）	比例 （%）
		正定县	14.76	52.71			历城区	5.87	21.31
		栾城县	9.94	43.55			长清区	9.69	15.84
		辛集市	20.48	36.03			章丘市	11.29	11.68
		赵县	13.23	30.72			平阴县	2.42	7.93
		新乐市	5.69	19.47			济南市	0.17	2.20
		藁城市	9.30	18.23			历下区	—	—
		深泽县	2.46	12.50		济宁市		122.98	22.66
		无极县	2.58	8.50			梁山县	29.54	47.73
		晋州市	0.27	0.72			金乡县	22.83	38.72
		高邑县	—	—			嘉祥县	24.44	38.67
	邢台市		82.51	16.64			微山县	8.56	27.63
		柏乡县	9.35	54.71			汶上县	12.54	23.21
		南和县	10.53	40.71			鱼台县	8.16	18.94
		任县	9.61	33.55			兖州市	4.77	12.53
		南宫市	13.98	25.86			曲阜市	5.23	10.71
		新河县	4.95	21.64			济宁市	3.66	7.10
		隆尧县	9.74	20.69			邹城市	3.25	3.52
		清河县	4.95	15.74		聊城市		195.59	32.19
		威县	8.78	13.85			莘县	35.39	39.46
		广宗县	3.58	11.74			聊城市	29.66	37.04
		平乡县	1.67	6.37			临清市	20.84	34.70
		宁晋县	3.61	4.92			东阿县	16.84	32.77
		巨鹿县	1.56	4.08			冠县	23.67	32.11
		临西县	0.18	0.50			茌平县	22.45	31.43
河南轮作区			1390.78	33.58			高唐县	18.62	30.54
	安阳市		9.04	3.62			阳谷县	15.69	23.90
		内黄县	3.92	5.24			宁津县	12.41	22.73
		滑县	4.85	3.80		泰安市		48.69	16.68
		汤阴县	0.27	0.58			泰安市	3.02	35.87
	焦作市		14.30	16.65			东平县	15.15	21.85
		温县	7.27	22.62			岱岳区	12.51	17.37
		武陟县	7.03	13.08			宁阳县	9.92	14.00
	开封市		126.19	24.86			肥城市	8.09	11.35
		通许县	36.68	66.61		枣庄市		10.37	11.22
		开封县	48.79	47.11			滕州市	10.37	11.22
		睢县	16.03	24.33		淄博市		43.81	28.62
		尉氏县	17.40	19.52			高青县	28.25	51.77
		开封市	3.26	13.35			桓台县	7.10	24.47
		兰考县	3.89	5.09			周村区	2.46	16.33
		杞县	0.14	0.15			临淄区	5.50	13.73
	漯河市		14.71	11.38			淄博市	0.51	3.54
		召陵区	5.63	18.23	山西轮作区			150.30	18.85
		漯河市	5.59	12.65		临汾市		54.90	20.72

（续）

轮作区	地级市	县名称	面积(khm²)	比例(%)	轮作区	地级市	县名称	面积(khm²)	比例(%)
		临颍县	3.49	6.44			侯马市	4.62	41.85
	濮阳市		33.80	11.71			尧都区	14.72	29.00
		范县	7.43	18.32			曲沃县	5.85	22.94
		濮阳县	14.17	14.73			洪洞县	12.56	17.68
		清丰县	7.59	12.69			襄汾县	10.11	17.55
		濮阳市	1.40	7.43			翼城县	7.04	14.35
		南乐县	2.63	6.26		运城市		95.40	17.93
		台前县	0.58	1.84			新绛县	12.57	38.80
	商丘市		181.13	25.33			稷山县	12.19	36.79
		虞城县	95.56	83.19			夏县	13.48	34.52
		商丘市	22.66	46.42			永济市	17.17	31.94
		柘城县	20.65	27.15			盐湖区	13.07	24.83
		睢阳区	18.15	24.88			临猗县	14.46	23.39
		宁陵县	11.87	20.82			闻喜县	5.27	9.81
		民权县	9.36	11.16			芮城县	2.91	6.39
		永城市	2.89	1.90			河津市	1.15	5.47
		夏邑县	—	—			万荣县	2.37	4.60
	新乡市		145.97	39.20			绛县	0.59	2.09
		原阳县	67.62	78.98			垣曲县	0.19	0.77
		封丘县	35.58	42.58			平陆县	—	—

（二）土壤类型

潮土、褐土、砂姜黑土、黄褐土、风沙土和棕壤 6 大主要区域耕地土壤中，三等地 335.55 万 hm²，占华北小麦玉米轮作区耕地面积的 28.27%。

三等地中砂姜黑土类耕地 364.54khm²，占其耕地面积的 46.21%；黄褐土类耕地 114.93khm²，占其耕地面积的 45.04%；潮土类耕地 2475.05khm²，占其耕地面积的 28.97%；风沙土类耕地 19.6khm²，占其耕地面积的 18.57%；褐土类耕地 361.2khm²，占其耕地面积的 18.02%；棕壤类耕地 20.2khm²，占其耕地面积的 11.65%。

在亚类中，耕地面积大的有典型潮土 1855.35khm²，盐化潮土 267.3khm²，典型砂姜黑土 243.9khm²，脱潮土 214.86khm²，潮褐土 190.27khm²，石灰性砂姜黑土 120.64khm²，石灰性褐土 105.7khm²，典型黄褐土 86.21khm²，灰潮土 68.54khm²。

土属中，耕地面积较大的有石灰性潮壤土 430.91khm²，壤质潮土 373.03khm²，壤性潮土 372.71khm²，石灰性潮黏土 230.26khm²，覆泥黑姜土 139.08khm²，壤性洪冲积潮褐土 130.5khm²，壤质硫酸盐盐化潮土 108.5khm²，砂性潮土 107.67khm²，黏质潮土 97.27khm²，石灰性潮砂土 93.92khm²，壤质脱潮土 87.21khm²，砂质潮土 85.74khm²。

相同土属中，三等地占其耕地面积比例高的有暗泥棕壤（100.00%）、黏质中层灰质淋溶土（100.00%）、硅质褐土性土（100.00%）、硅泥淋溶褐土（88.78%）、潮黏土（75.30%）、灰青黑土（68.16%）。

三等地面积占土属耕地面积 50%～60% 的土属有灰潮壤土、覆泥黑姜土、深砂姜层砂姜黑土、黏质湿潮土、青黑土、草甸流动风沙土。

三等地面积占土属耕地面积 40%～50%的土属有泥砂质黄褐土、砂性洪冲积褐土性土、黑姜土、黏质潮土、碱化砂土、灰黑姜土、白浆化黄褐土、砂质滨海盐化潮土、砂质湿潮土。

三等地面积占土属耕地面积 30%～40%的土属有黏质氯化物盐化潮土、壤质非灰性河潮土、砂质硫酸盐盐化潮土、砂质河潮土、壤质硫酸盐盐化潮土、漂白砂姜黑土、灰覆黑姜土、淤潮黏土、流动草甸风沙土、石灰性潮黏土、苏打盐化潮土、壤质氯化物盐化潮土、草甸半固定风沙土、黄土质黄褐土、砂性洪冲积潮褐土、壤质潮土、灰泥质褐土性土、砂质非灰性河潮土、潮褐土、黄土质潮褐土、壤质脱潮土、砂性潮土、砂姜黑土、石灰性潮壤土。

三等地面积占土属耕地面积 20%～30%的土属有砂质脱潮土、氯化物潮土、覆盖砂姜黑土、泥砂质黄褐土性土、碱潮壤土、壤性潮土、黏性潮土、石灰性砂姜黑土、硫酸盐潮土、壤性洪冲积潮褐土、壤性洪冲积石灰性土、草甸固定风沙土、深砂姜层石灰性砂土、硅泥褐土性土、泥砂质淋溶褐土、砂性洪冲积石灰性土、石灰性潮砂土、黄土质石灰性褐土、砂性脱潮土、碱化潮土、砂泥质石灰性褐土、洪冲积潮棕壤、砂质潮土、壤性砂姜黑土、壤性湿潮土、冲积固定草甸风沙土。

三等地面积占土属耕地面积 10%～20%的土属有灰潮黏土、黏性洪冲积潮褐土、硫酸盐盐化潮土、砂质氯化物盐化潮土、洪积石灰性褐土、壤性脱潮土、湿潮壤土、黄土质褐土、洪积褐土、泥砂质潮褐土、脱潮壤土、固定草甸风沙土、砂泥质褐土性土、灰潮砂土、氯化物盐化潮土、湿潮砂土、脱潮黏土、壤质河潮土、覆盖石灰性砂姜黑土、洪冲积淋溶褐土、黏质脱潮土、灰质褐土。

三等地面积占土属耕地面积 10%以下的土属有麻砂棕壤、洪冲积潮褐土、硅泥褐土、冲积潮褐土、脱潮砂土、灰质褐土性土、黏性湿潮土、黄土质褐土性土、半固定草甸风沙土、黄土状石灰性褐土、冲积流动草甸风沙土、灰质淋溶褐土、壤质滨海盐化潮土、麻砂棕壤性土、灰质石灰性褐土、壤性石灰性砂姜黑土、壤质湿潮土、黏质滨海盐化潮土、冲积潮棕壤、冲积非灰性潮褐土、洪冲积非灰性潮褐土。

下列土属的耕地中没有三等地。黏性脱潮土、盐化湿潮土、苏打碱化潮土、砂泥质淋溶褐土、泥砂质石灰性褐土、泥砂质褐土性土、泥砂质褐土、灰泥质淋溶褐土、黄土状褐土、黄土质棕壤、黄土质淋溶褐土、黄土质黄褐土性土、硅铝质淋溶褐土、堆垫潮褐土、粗散状褐土性土、半固定草甸风砂土（表 3-42）。

表 3-42　各土类、亚类三等地面积与比例

土类	亚类	土属	面积 (khm²)	比例 (%)	土类	亚类	土属	面积 (khm²)	比例 (%)
砂姜黑土			364.54	46.21			壤质氯化物盐化潮土	36.99	35.04
	砂姜黑土		243.90	51.58			氯化物潮土	16.50	28.89
		覆泥黑姜土	139.08	57.98			硫酸盐潮土	2.86	25.18
		深砂姜层砂姜黑土	6.72	55.84			硫酸盐盐化潮土	39.95	19.79
		青黑土	47.69	51.04			砂质氯化物盐化潮	12.34	19.74

（续）

土类	亚类	土属	面积(khm²)	比例(%)	土类	亚类	土属	面积(khm²)	比例(%)
		黑姜土	23.02	47.40			氯化物盐化潮土	23.8	15.10
		漂白砂姜黑土	18.85	38.10			壤质滨海盐化潮土	1.09	4.75
		砂姜黑土	6.59	30.29			黏质滨海盐化潮土	0.24	2.51
		覆盖砂姜黑土	1.42	27.52	风沙土			19.6	18.57
		壤性砂姜黑土	0.54	20.96		草甸风沙土		19.6	18.57
	石灰性砂姜黑土		120.64	38.18			草甸流动风沙土	0.23	50.89
		灰青黑土	25.54	68.16			流动草甸风沙土	1.26	35.44
		灰黑姜土	17.98	46.25			草甸半固定风沙土	3.35	35.03
		灰覆黑姜土	67.82	37.80			草甸固定风沙土	5.63	24.76
		石灰性砂姜黑土	4.20	25.30			冲积固定草甸风沙土	4.79	20.05
		深砂姜层石灰性砂土	0.17	24.38			固定草甸风沙土	2.69	15.34
		覆盖石灰性砂姜黑土	4.69	13.03			半固定草甸风沙土	0.97	6.12
		壤性石灰性砂姜黑土	0.23	3.31			冲积流动草甸风沙土	0.67	5.72
黄褐土			114.93	45.04			半固定草甸风砂土	—	—
	白浆化黄褐土		28.33	43.72	褐土			361.2	18.02
		白浆化黄褐土	28.33	43.72		潮褐土		190.27	19.99
	典型黄褐土		86.21	45.80			砂性洪冲积潮褐土	24.21	33.97
		泥砂质黄褐土	70.68	49.25			潮褐土	0.37	32.01
		黄土质黄褐土	15.53	34.71			黄土质潮褐土	3.84	31.86
	黄褐土性土		0.39	18.40			壤性洪冲积潮褐土	130.5	24.97
		泥砂质黄褐土性土	0.39	27.40			黏性洪冲积潮褐土	2.69	19.82
		黄土质黄褐土性土	—	—			泥砂质潮褐土	7.64	17.17
潮土			2475.05	28.97			洪冲积潮褐土	7.27	9.53
	潮土		1855.35	29.85			冲积潮褐土	12.09	8.90
		潮黏土	2.62	75.30			冲积非灰性潮褐土	1.25	2.31
		黏质潮土	97.27	47.09			洪冲积非灰性潮褐土	0.41	2.13
		壤质非灰性河潮土	4.56	39.32			堆垫潮褐土	—	—
		砂质河潮土	8.24	38.68		褐土		31.05	15.56
		石灰性潮黏土	230.26	35.40			黄土质褐土	14.52	18.27
		壤质潮土	373.03	33.33			洪积褐土	10.26	18.26
		砂质非灰性河潮土	4.23	32.30			灰质褐土	5.97	10.56
		砂性潮土	107.67	30.49			硅泥褐土	0.29	9.21
		石灰性潮壤土	430.91	30.13			黄土状褐土	—	—
		壤性潮土	372.71	26.29			泥砂质褐土	—	—
		黏性潮土	40.89	25.87		褐土性土		28.41	8.67
		石灰性潮砂土	93.92	23.21			硅质褐土性土	0.17	100.00
		砂质潮土	85.74	21.36			砂性洪冲积褐土性土	0.12	48.06
		壤质河潮土	3.30	13.54			灰泥质褐土性土	0.49	32.47
	灌淤潮土		12.13	36.97			硅泥褐土性土	0.73	23.62
		淤潮黏土	12.13	36.97			砂泥质褐土性土	9.54	15.26
	灰潮土		68.54	52.05			灰质褐土性土	1.32	8.43
		灰潮壤土	64.68	58.03			黄土质褐土性土	16.03	6.61
		灰潮黏土	3.30	19.97			粗散状褐土性土	—	—
		灰潮砂土	0.56	15.14			泥砂质褐土性土	—	—

（续）

土类	亚类	土属	面积 (khm²)	比例 (%)	土类	亚类	土属	面积 (khm²)	比例 (%)
碱化潮土			30.80	27.29		淋溶褐土		5.77	14.55
	碱化砂土		3.22	46.79			黏质中层灰质淋溶土	0.56	100.00
	碱潮壤土		25.16	26.44			硅泥质淋溶褐土	1.44	88.78
	碱化潮土		2.41	22.74			泥砂质淋溶褐土	1.13	23.48
	苏打碱化潮土		—	—			洪冲积淋溶褐土	2.22	12.01
湿潮土			26.07	28.04			灰质淋溶褐土	0.43	4.81
	黏质湿潮土		19.12	53.77			硅铝质淋溶褐土	—	—
	砂质湿潮土		0.71	41.17			黄土质淋溶褐土	—	—
	壤性湿潮土		2.82	20.73			灰泥质淋溶褐土	—	—
	湿潮壤土		1.37	18.49			砂泥质淋溶褐土	—	—
	湿潮砂土		0.2	14.75		石灰性褐土		105.7	21.75
	黏性湿潮土		1.58	6.94			壤性洪冲积石灰性土	20.78	24.76
	壤质湿潮土		0.28	2.76			砂性洪冲积石灰性土	0.90	23.28
	盐化湿潮土						黄土质石灰性褐土	69.84	23.13
脱潮土			214.86	21.86			砂泥质石灰性褐土	11.29	21.87
	壤质脱潮土		87.21	31.66			洪积石灰性褐土	0.82	18.95
	砂质脱潮土		32.3	28.97			黄土状石灰性褐土	1.65	5.79
	砂性脱潮土		11.28	22.84			灰质石灰性褐土	0.42	3.66
	壤性脱潮土		40.68	18.88			泥砂质石灰性褐土	—	—
	脱潮壤土		31.53	15.65	棕壤			20.20	11.65
	脱潮黏土		0.99	14.62		潮棕壤		10.82	16.25
	黏质脱潮土		0.94	10.70			洪冲积潮棕壤	10.39	21.42
	脱潮砂土		9.94	8.82			冲积潮棕壤	0.43	2.37
	黏性脱潮土		—	—		棕壤		8.26	10.57
盐化潮土			267.30	27.44			暗泥棕壤	0.89	100.00
	砂质滨海盐化潮土		1.13	42.58			麻砂棕壤	7.37	9.56
	黏质氯化物盐化潮土		1.54	39.70			黄土质棕壤	—	—
	砂质硫酸盐盐化潮土		20.73	38.75		棕壤性土		1.13	3.92
	壤质硫酸盐盐化潮土		108.50	38.62			麻砂棕壤性土	1.13	3.92
	苏打盐化潮土		1.62	35.07					

二、三等地属性特征

（一）地貌类型

华北小麦玉米轮作区三等地 3424.27khm²，占华北小麦玉米轮作区耕地面积的 28.06%。在 20 种地貌单元中，有三等地分布的有 12 种，包括冲积平原、冲积洪积平原、河流阶地、湖积冲积平原、洪积平原、侵蚀山间平原、湖积平原、侵蚀剥蚀平原、冲积湖积平原、侵蚀丘陵、侵蚀剥蚀山间平原、侵蚀剥蚀丘陵。其中冲积平原三等地面积最大，2994.76km²，占三等地面积的 87.46%；其次为冲积洪积平原，155.94km²，占三等地的 4.55%；河流阶地，93.84km²，占三等地面积的 2.74%；湖积冲积平原，77.77km²，占三等地面积的 2.27%。冲积海积平原、海积冲积平原、黄山覆盖区低山、黄山覆盖区中山、侵蚀剥蚀低山、侵蚀剥蚀中山、侵蚀低山、侵蚀中山 8 种地貌单元中没有三等地。

在有三等地的12种地貌单元中，三等地面积占相同地貌单元面积的比例，从高到低，依次为湖积平原、冲积平原、河流阶地、湖积冲积平原、洪积平原、冲积洪积平原、侵蚀剥蚀山间平原、冲积湖积平原、侵蚀山间平原、侵蚀剥蚀平原、侵蚀丘陵、侵蚀剥蚀丘陵。其中侵蚀丘陵、侵蚀剥蚀丘陵两种地貌单元中三等地面积只分别占其耕地面积的1.12%、0.27%。

三等地中各地貌类型的比例，大平原中的冲积平原、冲积洪积平原、河流阶地、湖积冲积平原、洪积平原、湖积平原、冲积湖积平原合计占98.86%；侵蚀山间平原、侵蚀剥蚀平原合计占1.12%；侵蚀丘陵、侵蚀剥蚀山间平原合计占0.02%。

华北小麦玉米轮作区三等地的地貌属性特征为平原、河流阶地。包括湖积平原、冲积平原、河流阶地、湖积冲积平原、洪积平原、冲积洪积平原、侵蚀剥蚀山间平原、冲积湖积平原、侵蚀山间平原、侵蚀剥蚀平原（表3-43）。

表3-43 各地貌类型三等地面积与比例

地貌类型	三等地面积（khm²）	三等地占同地貌单元的比例（%）	三等地在每地貌单元比例（%）
总计	3424.27	—	100.00
冲积平原	2994.76	30.01	87.46
冲积洪积平原	155.94	21.14	4.55
河流阶地	93.84	29.60	2.74
湖积冲积平原	77.77	26.00	2.27
洪积平原	44.86	21.71	1.31
侵蚀山间平原	35.54	12.48	1.04
湖积平原	16.62	36.82	0.49
侵蚀剥蚀平原	2.91	6.58	0.08
冲积湖积平原	1.32	15.01	0.04
侵蚀丘陵	0.28	1.10	0.01
侵蚀剥蚀山间平原	0.27	19.22	0.01
侵蚀剥蚀丘陵	0.17	0.27	0.00
冲积海积平原	—	—	—
海积冲积平原	—	—	—
黄山覆盖区低山	—	—	—
黄山覆盖区中山	—	—	—
侵蚀剥蚀低山	—	—	—
侵蚀剥蚀中山	—	—	—
侵蚀低山	—	—	—
侵蚀中山	—	—	—

（二）积温

不同积温段中三等地占其耕地面积的比例为，3000～3500℃为15.43%，3500～4000℃为15.09%，4000～4500℃为8.92%，4500～5000℃为26.67%，5000～5500℃为28.31%，5500～6000℃为55.04%。

各积温段内三等耕地面积比例分析结果表明，三等地分布集中在5000～5500℃积温段内。在此积温范围内的耕地约占三等地总面积的87%，而在4500～5500℃积温范围内的耕地占了三等地总面积的将近 99％（表 3-44）。

表 3-44　三等地的≥10℃积温分布

积温值（℃）	面积（khm²）	同积温中三等地比例（％）	三等地在不同积温段比例（％）
5500～6000	4.49	55.04	0.13
5000～5500	2983.70	28.31	87.13
4500～5000	432.35	26.67	12.63
4000～4500	2.63	8.92	0.08
3500～4000	1.00	15.09	0.03
3000～3500	0.09	15.43	—

（三）年降水量与灌溉能力

华北小麦玉米轮作区不同降水量占三等地的比例为：400～600mm 区间 53.84％，600～800mm 区间 31.28％，800～1000mm 区间 14.21％，1000～1200mm 区间 0.67％。

灌溉能力充分满足占 3.38％，满足占 21.76％，基本满足占 73.42％，一般满足占 1.44％，灌溉能力不满足的没有三等地。

灌溉能力基本满足的条件下，在 1000～1200mm、800～1000mm、600～800mm、400～600mm 4 个降水量区间的三等地占比分别为 0.67％、13.97％、23.94％、34.85％（表 3-45）。

表 3-45　灌溉能力与降水量组合中三等地比例

灌溉能力	占比（％）	降水量占比（％）			
		1000～1200mm	800～1000mm	600～800mm	400～600mm
		0.67	14.21	31.28	53.84
充分满足	3.38	—	—	0.19	3.18
满足	21.76	—	0.23	6.20	15.33
基本满足	73.42	0.67	13.97	23.94	34.85
一般满足	1.44	—	0.02	0.94	0.48
不满足	—	—	—	—	—

（四）耕层质地

耕层质地为中壤、轻壤、重壤、黏土、砂壤的三等地面积占相应质地耕地面积比例分别为 19.80％、33.01％、36.33％、8.49％、14.00％、1.72％；在三等地中，耕层质地为中壤、轻壤、重壤、黏土、砂壤、砂土的分别占 14.07％、51.08％、28.49％、1.36％、5.00％、0.01％（表 3-46）。

表 3-46　三等地耕层质地分布

耕层质地	面积（khm²）	同质地中三等地的比例（％）	三等地中各质地的比例（％）
总计	3424.27	—	100.00
中壤	481.69	19.80	14.07
轻壤	1749.04	33.01	51.08
重壤	975.48	36.33	28.49

（续）

耕层质地	面积（khm²）	同质地中三等地的比例（％）	三等地中各质地的比例（％）
黏土	46.65	8.49	1.36
砂壤	171.12	14.00	5.00
砂土	0.29	1.72	0.01

（五）耕层厚度

华北小麦玉米轮作区中三等地耕层厚度平均值为 19cm。其中河北轮作区为 19cm，河南轮作区为 20cm，山东轮作区为 20cm，山西轮作区为 15cm（表 3-47）。

表 3-47　三等地耕层厚度与土壤养分含量平均值

项　　　目	河北轮作区	河南轮作区	山东轮作区	山西轮作区	华北小麦玉米轮作区
耕层厚度（cm）	19	20	20	15	19
有机质（g/kg）	15.05	14.74	13.55	15.88	14.38
有效磷（mg/kg）	21.75	16.15	24.96	16.05	20.84
速效钾（mg/kg）	128.70	122.07	120.26	198.25	129.98
有效铁（mg/kg）	10.04	21.51	11.91	4.70	13.91
有效铜（mg/kg）	1.40	2.20	1.69	1.19	1.76
有效锌（mg/kg）	1.55	1.67	1.57	1.59	1.60
有效硫（mg/kg）	37.60	21.38	40.33	54.67	35.47
有效锰（mg/kg）	12.55	22.34	11.83	9.76	15.01
有效钼（mg/kg）	0.14	1.03	0.18	0.18	0.44
pH	8.05	7.70	7.83	8.27	7.87

三等地的耕层厚度以二级为主，占 66.38％。其次为三级，占 25.04％（表 3-48）。

表 3-48　三等地耕层厚度各等级面积与比例

耕层分级	面积（khm²）	比例（％）
一级（≥25cm）	141.51	4.13
二级（20～25cm）	2273.03	66.38
三级（15～20cm）	857.34	25.04
四级（10～15cm）	146.88	4.29
五级（10cm 以下）	5.51	0.16
总计	3424.27	100.00

（六）有机质、有效磷、速效钾和有效锌

区域三等地土壤有机质、有效磷、速效钾、有效铁、有效铜、有效锌、有效硫、有效锰、有效钼平均值分别为 14.38g/kg、20.84mg/kg、129.98mg/kg、13.91mg/kg、1.76mg/kg、1.60mg/kg、35.47mg/kg、15.01mg/kg、0.44mg/kg。在河北轮作区、河南轮作区、山东轮作区和山西轮作区间，土壤有机质、有效锌的平均值比较接近，其他指标相差较大（表 3-49）。

表 3-49　三等地土壤有机质、有效磷、速效钾与有效锌各级面积与比例

养分等级	有机质		有效磷		速效钾		有效锌	
	面积 (khm²)	比例 (%)	面积 (khm²)	比例 (%)	面积 (khm²)	比例 (%)	面积 (khm²)	比例 (%)
一级	0.53	0.02	63.13	1.84	703.23	20.54	246.47	7.20
二级	112.12	3.27	620.22	18.11	1108.56	32.37	934.86	27.30
三级	1142.06	33.35	765.47	22.35	848.64	24.78	1275.55	37.25
四级	2113.64	61.73	1079.49	31.52	611.67	17.86	930.07	27.16
五级	55.92	1.63	781.4	22.82	151.93	4.44	35.76	1.04
六级	—	—	114.56	3.35	0.25	0.01	1.56	0.05
总计	3424.27	100.00	3424.27	100.00	3424.27	100.00	3424.27	100.00

三等地中，土壤有机质含量主要为三级和四级，分别占 33.35% 和 61.73%；土壤有效磷含量主要在二级、三级、四级和五级，五级和六级合计占 26.17%；土壤速效钾含量以一级、二级、三级为主，四级占 17.86%，五级 4.44%；土壤有效锌含量以二级、三级和四级为主，五级、六级合计占 1.09%。

（七）盐渍化程度

华北小麦玉米轮作区三等地中，轻度盐渍化耕地 6.92 万 hm²，占三等地的 2.02%，无盐渍化的耕地 335.50 万 hm²，占三等地的 97.98%。区域内该等级耕地盐渍化程度较轻。

三、三等地产量水平

华北小麦玉米轮作区三等地小麦玉米平均年产量 980kg/亩。

以调查得到的华北小麦玉米轮作区三等地小麦玉米年亩产量作产量分布，现时的平均年产量 980kg/亩相当于累积频率 43% 时的产量水平。若以 70% 处的年产量 1040kg/亩作为预期平均产量，三等地增产潜力为 60kg/亩，相当于增产幅度 6.12%（表 3-50）。

表 3-50　三等地小麦玉米年产量频率分布

产量 (kg/亩)	频率	累积 (%)	产量 (kg/亩)	频率	累积 (%)	产量 (kg/亩)	频率	累积 (%)	产量 (kg/亩)	频率	累积 (%)
480	2	0.04	700	34	1.84	920	104	27.93	1140	35	93.66
500	4	0.11	720	4	1.91	940	154	30.63	1160	260	98.21
520	3	0.16	740	17	2.21	960	544	40.15	1180	10	98.39
540	2	0.19	760	64	3.33	980	213	43.87	1200	73	99.67
560	4	0.26	780	43	4.08	1000	990	61.20	1220	8	99.81
580	1	0.28	800	177	7.18	1020	280	66.10	1240	5	99.89
600	3	0.33	820	38	7.84	1040	233	70.18	1260	3	99.95
620	3	0.39	840	61	8.91	1060	700	82.43	1280	0	99.95
640	2	0.42	860	174	11.95	1080	108	84.32	1300	3	100.00
660	9	0.58	880	103	13.76	1100	396	91.25			
680	38	1.24	900	706	26.11	1120	103	93.05			

四、三等地利用改良方向

（一）三等地主要属性

三等地的地貌类型主要包括湖积平原、冲积平原、河流阶地、湖积冲积平原、洪积平原、冲积洪积平原、侵蚀剥蚀山间平原、冲积湖积平原、侵蚀山间平原、侵蚀剥蚀平原。≥10℃积温分布最集中的是在 5000～5500℃积温段内。

耕层厚度平均为 19cm；耕层质地为中壤、轻壤、重壤、黏土、砂壤。

盐渍化程度为无或轻度盐渍化。三等地在地力要素上存在的主要问题有：一是质地不良耕地面积大。耕层质地为轻壤、重壤、黏土、砂壤的耕地面积 2942.29khm²，占三等地的 85.93%。二是养分较低的耕地比重大：有机质含量低于三等地平均值的占 51.49%，有效磷含量低于三等地平均值的占 62.26%，速效钾含量低于三等地平均值的占 59.13%，有效锌低含量低于三等地平均值的占 69.31%，详见表 3-51。三是灌溉能力较低：灌溉能力充分满足的占三等地的 3.38%，满足的占 21.76%，基本满足的占三等地的 73.42%，灌溉能力一般满足的占三等地的 1.44%。

（二）改良利用措施方向

表 3-51　三等地地力属性低于平均值的面积与比例

养分类型	河北轮作区		河南轮作区		山东轮作区		山西轮作区		华北小麦玉米轮作区	
	面积（万 hm²）	比例（%）	面积（万 hm²）	比例（%）	面积（万 hm²）	比例（%）	面积（万 hm²）	比例（%）	面积（万 hm²）	比例（%）
耕层厚度（cm）	34.10	40.53	24.45	17.58	21.73	20.86	8.52	56.66	81.09	23.68
有机质（g/kg）	49.43	58.75	70.72	50.85	58.93	56.56	8.11	53.98	176.3	51.49
有效磷（mg/kg）	45.71	54.33	78.24	56.25	62.22	59.73	7.90	52.58	213.21	62.26
速效钾（mg/kg）	43.66	51.89	74.12	53.30	55.30	53.08	8.27	55.03	202.48	59.13
有效锌（mg/kg）	52.46	62.35	106.63	76.67	68.66	65.91	8.61	57.28	237.34	69.31

三等地大部分耕地表层质地适中，耕性良好，土壤养分含量多属于中等或较丰富水平。但部分土壤砂性大或偏黏重，灌溉保证率偏低，干旱年份灌溉无保证。今后的改良利用应做好以下几个方面。一是深耕深翻，平整地面。一方面可以逐步加深耕作层，提高土壤蓄水保肥能力；另一方面，达到保持水土，增强保肥保水性能的目的。二是实行秸秆还田，改良土壤，培肥地力。三是协调氮磷钾投入比例，适当减少磷肥投入，补充施用钾肥和中微肥。四是提高灌溉保证率。在有条件的区域一方面兴修水利，完善排灌系统，另一方面发展节水农业，提高水资源生产效率。

第五节　四等地耕地质量特征

一、四等地分布特征

（一）区域分布

区域内四等地 263.19 万 hm²，占华北小麦玉米轮作区耕地的 21.57%。其中，河北轮作区 93.35 万 hm²，占河北轮作区耕地面积的 27.44%，河南轮作区 83.85 万 hm²，占河南轮作区耕地面积的 20.24%，山东轮作区 74.68 万 hm²，占山东轮作区耕地面积的 19.34%，山西轮作区 11.31 万 hm²，占山西轮作区耕地面积的 14.18%（图 3-11）。

图例

四等地

图 3-11　华北小麦玉米轮作区四等地分布

四等地主要分布在河北轮作区的冀中、冀南低平原区，山东轮作区的鲁西北黄河冲积平原，河南轮作区的豫中豫东冲积平原、豫东南黄河泛区及豫南湖积平原砂姜黑土区，山西轮作区的晋南汾河、涑水河两岸丘陵地带。

辖区内四等地面积较大的有商丘市 251.63km²、菏泽市 216.4km²、沧州市 193.01km²、邢台市 173.75km²、衡水市 142.06km²、驻马店市 139.97km²、邯郸市 137.76km²、德州市 136.39km²、开封市 136.13km²、保定市 120.36km²、聊城市 108.95km²、廊坊市 103.44km²、漯河市 99.6km²、周口市 96.83km²、滨州市

$89.24 \mathrm{khm}^2$、运城市 $72.08 \mathrm{khm}^2$、石家庄市 $63.15 \mathrm{khm}^2$、新乡市 $63 \mathrm{khm}^2$、济宁市 $57.97 \mathrm{khm}^2$。

从县域分析，四等地面积在 $40 \mathrm{khm}^2$ 以上的有河南轮作区新蔡县、夏邑县、民权县、临颍县、开封县、宁陵县；山东轮作区的郓城县、齐河县、惠民县；河北轮作区的泊头市。

四等地占辖区耕地面积的比例高有河南轮作区临颍县 93.56%，宁陵县 70.85%，召陵区 81.77%，新蔡县 79.86%；河北轮作区无极县 91.50%，定兴县 80.56%。

四等地面积占辖区耕地面积 60%～70% 间的有河南轮作区开封市郊区、民权县，河北轮作区的枣强县、大城县、泊头市、新河县、任县、吴桥县。

四等地面积占辖区耕地面积 50%～60% 间的有河北轮作区清河县、魏县，河南轮作区漯河市郊区、夏邑县，山东轮作区的齐河县、夏津县。

四等地面积占辖区耕地面积 40%～50% 间的有河北轮作区献县、武邑县、威县、隆尧县、沧州市郊区、宁晋县、永年县、南皮县、平乡县，河南轮作区的睢阳区、延津县、柘城县、台前县、范县，山东轮作区的惠民县、郓城县。

四等地面积占辖区耕地面积 30%～40% 间的有山西轮作区永济市、曲沃县，山东轮作区鄄城县、广饶县、阳信县、茌平县、临清市，河南轮作区的开封县、尉氏县、沈丘县、濮阳市郊区、封丘县、西平县，河北轮作区的肃宁县、邯郸市郊区、蠡县、文安县、东光县、定州市、霸州市、邯郸县、晋州市。

四等地面积占辖区耕地面积 20%～30% 间的有山西轮作区的夏县、绛县、襄汾县、万荣县，山东轮作区的定陶县、巨野县、章丘市、周村区、单县、冠县、聊城市、滨州市、微山县、临邑县、曹县、岱岳区、东平县、菏泽市、梁山县、成武县，河南轮作区的遂平县、上蔡县，河北轮作区的正定县、深泽县、衡水市、馆陶县、邱县、冀州市、廊坊市、高阳县、南和县、临漳县、成安县、曲周县、大名县、博野县、高邑县、沧县。

四等地面积占辖区耕地面积 10%～20% 间的有河北轮作区的清苑县、永清县、河间市、鸡泽县、任丘市、巨鹿县、肥乡县、南宫市、饶阳县、广平县、武强县、容城县、景县、青县、阜城县、高碑店市，河南轮作区的通许县、杞县、永城市、兰考县、淮阳县、温县、西华县，山东轮作区的武城县、东明县、曲阜市、济南市、莘县、高唐县、乐陵市、嘉祥县、禹城市、博兴县、平原县、高青县、天桥区、肥城市、宁阳县、邹平县，山东轮作区的洪洞县、新绛县、芮城县、侯马市、稷山县、尧都区。

四等地面积占辖区耕地面积 10% 以下的有河北轮作区的临西县、固安县、雄县、柏乡县、涿州市、安国市、广宗县、安新县、藁城市、栾城县、深州市、望都县、辛集市、新乐市、孟村回族自治县、故城县、赵县、徐水县、安平县，河南轮作区的睢县、项城市、鹿邑县、长垣县、许昌县、虞城县、郸城县、清丰县、汝南县、原阳县、长葛市、平舆县、获嘉县、内黄县、新乡县、鄢陵县、武陟县、滑县、正阳县、太康县，山东轮作区的金乡县、商河县、滕州市、邹城市、济阳县、汶上县、德城区、陵县、长清区、鱼台县、庆云县、槐荫区、桓台县、东阿县、宁津县、平阴县、历城区、淄博市、阳谷县、河津市，山西轮作区的翼城县、盐湖区、闻喜县、临猗县、平陆县、垣曲县。

汤阴县、南乐县、濮阳县、扶沟县、商水县、历下区、兖州市、临淄区没有四等地（表 3-52）。

表 3-52　华北小麦玉米轮作区四等地面积与比例

轮作区	地级市	县名称	面积 (khm²)	比例 (%)	轮作区	地级市	县名称	面积 (khm²)	比例 (%)
河北轮作区			933.52	27.44			长垣县	6.02	8.16
	保定市		120.36	22.05			原阳县	3.67	4.29
		定兴县	37.81	80.56			获嘉县	1.05	3.16
		蠡县	14.52	34.08			新乡县	0.30	0.80
		定州市	24.66	32.71		许昌市		7.39	3.94
		高阳县	7.81	24.45			许昌市	0.64	11.29
		博野县	4.74	22.08			许昌县	4.63	6.46
		清苑县	10.98	19.66			长葛市	1.87	4.05
		容城县	2.69	13.41			鄢陵县	0.26	0.40
		高碑店市	4.42	10.13		周口市		96.83	10.07
		雄县	3.04	9.41			沈丘县	25.57	32.51
		涿州市	3.71	8.62			西平县	22.79	30.07
		安国市	2.34	7.36			淮阳县	16.66	15.03
		安新县	2.22	6.79			西华县	9.96	11.50
		望都县	1.02	4.22			项城市	7.30	9.30
		徐水县	0.40	0.91			鹿邑县	8.01	8.50
	沧州市		193.01	31.63			郸城县	6.39	5.67
		泊头市	41.09	62.69			太康县	0.15	0.11
		吴桥县	23.96	60.05			扶沟县	—	—
		献县	37.98	49.69			商水县	—	—
		沧州市	5.50	42.92			周口市	—	—
		肃宁县	12.72	36.72		驻马店市		139.97	21.70
		东光县	15.49	33.31			新蔡县	85.95	79.86
		沧县	20.24	21.16			遂平县	22.5	26.72
		河间市	16.44	18.80			上蔡县	22.27	21.24
		任丘市	11.45	18.38			汝南县	5.59	4.98
		青县	7.80	12.29			平舆县	3.18	3.42
		孟村回族自治县	0.34	1.32			正阳县	0.49	0.34
	邯郸市		137.76	29.40	山东轮作区			746.79	19.34
		魏县	30.08	57.03		滨州市		89.24	26.56
		永年县	22.97	42.01			惠民县	40.54	47.22
		邯郸市	2.07	35.07			阳信县	16.95	32.76
		邯郸县	10.36	30.69			滨州市	16.17	24.30
		馆陶县	8.33	26.91			博兴县	7.69	13.23
		邱县	7.19	26.01			邹平县	7.89	10.71
		临漳县	10.29	23.79		德州市		136.39	22.91
		成安县	7.52	23.62			齐河县	44.87	57.06
		曲周县	10.25	23.47			夏津县	28.90	50.99
		大名县	15.57	22.71			临邑县	15.72	23.20
		鸡泽县	4.18	18.68			武城县	8.69	18.33
		肥乡县	5.90	17.94			乐陵市	12.29	16.86
		广平县	3.05	15.07			禹城市	8.62	13.97
	衡水市		142.06	22.74			平原县	8.94	13.08
		枣强县	38.80	65.16			德城区	1.96	6.66
		武邑县	26.77	49.10			陵县	4.94	6.20

（续）

轮作区	地级市	县名称	面积 （khm²）	比例 （%）	轮作区	地级市	县名称	面积 （khm²）	比例 （%）
		南皮县	21.18	41.68			庆云县	1.45	4.41
		衡水市	10.65	27.15		东营市		24.54	34.86
		冀州市	14.42	25.00			广饶县	24.54	34.86
		饶阳县	6.10	16.30		菏泽市		216.4	27.69
		武强县	4.24	14.23			郓城县	46.28	43.87
		景县	10.30	12.98			鄄城县	25.10	37.76
		阜城县	5.03	11.32			定陶县	16.49	29.55
		深州市	3.73	4.79			巨野县	25.22	28.82
		故城县	0.73	1.18			单县	26.97	26.33
		安平县	0.10	0.33			曹县	29.43	22.61
	廊坊市		103.44	31.89			菏泽市	18.96	21.51
		大城县	37.20	64.05			成武县	13.62	20.28
		文安县	22.18	33.45			东明县	14.33	18.32
		霸州市	16.11	31.98		济南市		46.46	11.88
		廊坊市	15.12	24.52			章丘市	26.14	27.03
		永清县	8.75	19.54			济南市	1.34	17.85
		固安县	4.08	9.44			天桥区	1.45	11.30
	石家庄市		63.15	18.95			商河县	7.36	9.52
		无极县	27.72	91.50			济阳县	5.77	7.94
		晋州市	11.36	30.68			长清区	3.05	4.99
		正定县	8.28	29.57			槐荫区	0.15	3.71
		深泽县	5.71	29.05			平阴县	0.63	2.07
		高邑县	3.21	21.18			历城区	0.56	2.02
		藁城市	3.31	6.50			历下区	—	—
		栾城县	1.23	5.41		济宁市		57.97	10.68
		辛集市	1.41	2.47			微山县	7.47	24.10
		新乐市	0.46	1.58			梁山县	12.68	20.49
		赵县	0.44	1.03			曲阜市	8.88	18.21
	邢台市		173.75	35.04			嘉祥县	9.07	14.36
		新河县	14.12	61.77			金乡县	5.64	9.56
		任县	17.65	61.61			邹城市	7.80	8.46
		清河县	18.79	59.81			汶上县	4.19	7.77
		威县	31.00	48.86			鱼台县	2.08	4.82
		隆尧县	20.85	44.29			济宁市	0.16	0.30
		宁晋县	30.94	42.12			兖州市	—	—
		平乡县	10.79	41.09		聊城市		108.95	17.93
		南和县	6.31	24.37			茌平县	22.71	31.80
		巨鹿县	6.93	18.12			临清市	18.55	30.88
		南宫市	9.09	16.81			冠县	19.21	26.05
		临西县	3.54	9.59			聊城市	19.63	24.52
		柏乡县	1.53	8.94			莘县	15.58	17.37
		广宗县	2.23	7.31			高唐县	10.31	16.91
河南轮作区			838.51	20.24			东阿县	1.49	2.91
	安阳市		1.18	0.47			宁津县	1.32	2.42
		内黄县	0.73	0.98			阳谷县	0.14	0.21

（续）

轮作区	地级市	县名称	面积(khm²)	比例(%)	轮作区	地级市	县名称	面积(khm²)	比例(%)
		滑县	0.45	0.35		泰安市		46.62	15.97
		汤阴县	—	—			岱岳区	15.71	21.81
	焦作市		4.64	5.40			东平县	14.92	21.52
		温县	4.44	13.82			肥城市	7.93	11.13
		武陟县	0.20	0.37			宁阳县	7.68	10.85
	开封市		136.13	26.82			泰安市	0.38	4.49
		开封市	16.42	67.24		枣庄市		8.56	9.26
		开封县	40.51	39.12			滕州市	8.56	9.26
		尉氏县	34.23	38.40		淄博市		11.66	7.62
		通许县	10.05	18.25			周村区	4.00	26.50
		杞县	16.88	18.14			高青县	6.61	12.12
		兰考县	11.87	15.53			桓台县	0.95	3.28
		睢县	6.17	9.36			淄博市	0.11	0.74
	漯河市		99.60	77.02			临淄区	—	—
		临颍县	50.72	93.56	山西轮作区			113.07	14.18
		召陵区	25.24	81.77		临汾市		40.98	15.47
		漯河市	23.64	53.42			曲沃县	8.40	32.93
	濮阳市		38.13	13.21			襄汾县	11.68	20.26
		台前县	12.72	40.65			洪洞县	11.28	15.88
		范县	16.34	40.29			侯马市	1.36	12.34
		濮阳市	5.89	31.32			尧都区	5.29	10.42
		清丰县	3.17	5.30			翼城县	2.98	6.07
		南乐县	—	—		运城市		72.08	13.54
		濮阳县	—	—			永济市	19.64	36.53
	商丘市		251.63	35.19			夏县	11.50	29.47
		宁陵县	40.39	70.85			绛县	6.88	24.38
		民权县	52.86	63.06			万荣县	10.34	20.12
		夏邑县	55.64	50.72			新绛县	5.02	15.51
		睢阳区	34.60	47.43			芮城县	6.10	13.38
		柘城县	31.54	41.47			稷山县	4.07	12.29
		永城市	24.70	16.26			河津市	1.57	7.49
		商丘市	4.60	9.43			盐湖区	2.45	4.65
		虞城县	7.31	6.37			闻喜县	2.25	4.20
	新乡市		63.00	16.92			临猗县	1.41	2.28
		延津县	26.64	44.79			平陆县	0.61	1.76
		封丘县	25.33	30.30			垣曲县	0.25	0.98

（二）土壤类型

潮土、褐土、砂姜黑土、黄褐土、风沙土和棕壤 6 大主要耕地土壤中，四等地 2575.08 万 hm²，占 6 类土壤耕地面积的 21.69%。

潮土类耕地四等地 1967.03km²，占潮土类耕地的 23.03%；风沙土类耕地四等地 24.15km²，占风沙土类耕地面积的 22.88%；褐土类耕地四等地 360.72km²，占褐土类耕地面积的 17.99%；黄褐土类耕地四等地 43.94km²，占黄褐土类耕地面积的 17.22%；砂姜黑土类耕地四等地 162.14km²，占砂姜黑土类耕地面积的 20.56%；棕壤类耕地四等地 17.1km²，占棕壤类耕地面积的 9.86%。

四等地中，耕地面积较大的亚类有潮土中的典型潮土 1351.78km²，盐化潮土 316.36km²，脱潮土 211.66km²，潮褐土 188.35km²，典型砂姜黑土 104.19km²，石灰性褐土 89.01km²，石灰性砂姜黑土 57.95km²。

四等地中，耕地面积较大的土属有壤性潮土 404.89km²，石灰性潮壤土 269.09km²，砂质潮土 155.89km²，壤性洪冲积潮褐土 150.8km²，石灰性潮黏土 130.07km²，壤质硫酸盐盐化潮土 111.59km²，壤质潮土 106.66km²，石灰性潮砂土 98.14km²，壤性脱潮土 74.35km²，砂性潮土 71.73km²，黏质潮土 62.4km²，硫酸盐盐化潮土 62.4km²，覆泥黑姜土 54.76km²。

在土属一级，四等地占同土属耕地面积的比例最高的是黄土质黄褐土性土、粗散状褐土性土、黄土状褐土，全为四等地；四等地占同土属耕地面积的比例黏质滨海盐化潮土为 72.42%，泥砂质淋溶褐土为 68.27%，黏性脱潮土为 65.24%，湿潮壤土为 55.49%，砂性洪冲积褐土性为 51.94%。

四等地占同土属耕地面积的比例在 40%～50% 间的土属有硅泥褐土、壤质滨海盐化潮土、硅泥褐土性土、灰质淋溶褐土、灰潮黏土、砂质湿潮土、砂性脱潮土。

四等地占同土属耕地面积的比例在 30%～40% 间的土属有壤质硫酸盐盐化潮土、黑姜土、砂质潮土、壤质氯化物盐化潮土、洪冲积淋溶褐土、黄土质潮褐土、壤性脱潮土、砂质脱潮土、砂质氯化物盐化潮土、硫酸盐盐化潮土、黏质氯化物盐化潮土、黏质潮土。

四等地占同土属耕地面积的比例在 20%～30% 间的土属有草甸固定风沙土、黏质脱潮土、黏性潮土、黏性洪冲积潮褐土、壤性洪冲积潮褐土、壤性潮土、黄土状石灰性褐土、冲积固定草甸风沙土、碱化砂土、砂质硫酸盐盐化潮土、灰潮壤土、脱潮黏土、青黑土、石灰性潮砂土、壤性洪冲积石灰性土、壤性石灰性砂姜黑土、固定草甸风沙土、碱潮壤土、砂质滨海盐化潮土、砂泥质石灰性褐土、覆泥黑姜土、灰覆黑姜土、灰青黑土、氯化物盐化潮土、黏性湿潮土、硫酸盐潮土、氯化物潮土、潮黏土、草甸半固定风沙土、砂性潮土。

四等地占同土属耕地面积的比例在 10%～20% 间的土属有石灰性潮黏土、砂姜黑土、砂泥质褐土性土、泥砂质黄褐土、灰质石灰性褐土、苏打盐化潮土、洪积褐土、石灰性潮壤土、脱潮壤土、砂性洪冲积潮褐土、灰质褐土性土、黄土质黄褐土、砂性洪冲积石灰性土、灰潮砂土、灰质褐土、冲积流动草甸风沙土、壤性湿潮土、洪积石灰性褐土、碱化潮土、砂质河潮土、半固定草甸风沙土、黄土质石灰性褐土、洪冲积潮棕壤、壤质湿潮土、灰黑姜土、壤质非灰性河潮土、黄土质淋溶褐土、潮黏土、黄土质褐土、黏质湿潮土、白浆化黄褐土、麻砂棕壤、脱潮砂土。

四等地占同土属耕地面积的比例在 10% 以下的土属有覆盖砂姜黑土、壤质潮土、壤质脱潮土、砂质非灰性河潮土、黄土质褐土性土、洪冲积非灰性潮褐土、石灰性砂姜黑土、麻砂棕壤性土、冲积潮褐土、漂白砂姜黑土、洪冲积潮褐土、流动草甸风沙土、泥砂质潮褐土、壤质河潮土、覆盖石灰性砂姜黑土、冲积非灰性潮褐土、冲积潮棕壤。

23 个土属中没有四等地。包括黏质中层灰质淋溶土、盐化湿潮土、苏打碱化潮土、湿潮砂土、深砂姜层石灰性砂土、深砂姜层砂姜黑土、砂泥质淋溶褐土、壤性砂姜黑土、泥砂质石灰性褐土、泥砂质黄褐土性土、泥砂质褐土性土、泥砂质褐土、灰泥质淋溶褐土、灰泥质褐土性土、黄土质棕壤、硅质褐土性土、硅泥淋溶褐土、硅铝质淋溶褐土、堆垫潮褐土、潮褐土、草甸流动风沙土、半固定草甸风砂土、暗泥棕壤（表3-53）。

表3-53 各土类、亚类四等地面积与比例

土类	亚类	土属	面积 (khm²)	比例 (%)	土类	亚类	土属	面积 (khm²)	比例 (%)
总计			2575.08	21.69			漂白砂姜黑土	2.71	5.48
潮土			1967.03	23.03			壤性砂姜黑土	—	—
	潮土		1351.78	21.75			深砂姜层砂姜黑土	—	—
		砂质潮土	155.89	38.84		石灰性砂姜黑土		57.95	18.34
		黏质潮土	62.40	30.21			壤性石灰性砂姜黑土	1.65	23.98
		黏性潮土	45.78	28.96			灰覆黑姜土	40.55	22.60
		壤性潮土	404.89	28.56			灰青黑土	8.32	22.20
		石灰性潮砂土	98.14	24.25			灰黑姜土	5.31	13.66
		砂性潮土	71.73	20.32			石灰性砂姜黑土	1.17	7.05
		石灰性潮黏土	130.07	19.99			覆盖石灰性砂姜黑土	0.95	2.62
		石灰性潮壤土	269.09	18.81			深砂姜层石灰性砂土	—	—
		砂质河潮土	3.35	15.74	褐土			360.72	17.99
		壤质非灰性河潮土	1.55	13.40		潮褐土		188.35	19.79
		潮黏土	0.44	12.63			黄土质潮褐土	4.21	34.89
		壤质潮土	106.66	9.53			黏性洪冲积潮褐土	3.92	28.87
		砂质非灰性河潮土	1.12	8.57			壤性洪冲积潮褐土	150.8	28.86
		壤质河潮土	0.65	2.68			砂性洪冲积潮褐土	13.29	18.64
	灌淤潮土		6.73	20.51			洪冲积非灰性潮褐土	1.41	7.35
		淤潮黏土	6.73	20.51			冲积潮褐土	7.80	5.74
	灰潮土		36.96	28.07			洪冲积潮褐土	4.08	5.35
		灰潮黏土	7.11	43.05			泥砂质潮褐土	1.98	4.45
		灰潮壤土	29.20	26.19			冲积非灰性潮褐土	0.86	1.59
		灰潮砂土	0.65	17.73			潮褐土	—	—
	碱化潮土		26.15	23.17			堆垫潮褐土	—	—
		碱化砂土	1.87	27.20		褐土		31.72	15.90
		碱潮壤土	22.54	23.69			黄土状褐土	0.40	100.00
		碱化潮土	1.74	16.36			硅泥褐土	1.53	48.10
		苏打碱化潮土	—	—			洪积褐土	10.58	18.82
	湿潮土		17.4	18.71			灰质褐土	9.83	17.38
		湿潮壤土	4.10	55.49			黄土质褐土	9.39	11.81
		砂质湿潮土	0.70	40.82			泥砂质褐土	—	—
		黏性湿潮土	4.88	21.40		褐土性土		37.30	11.38
		壤性湿潮土	2.25	16.52			粗散状褐土性土	0.45	100.00
		壤质湿潮土	1.41	13.97			砂性洪冲积褐土性土	0.13	51.94
		黏质湿潮土	4.06	11.42			硅泥褐土性土	1.37	44.23
		湿潮砂土	—	—			砂泥质褐土性土	12.23	19.56
		盐化湿潮土	—	—			灰质褐土性土	2.88	18.42
	脱潮土		211.66	21.53			黄土质褐土性土	20.24	8.35
		黏性脱潮土	1.08	65.24			硅质褐土性土	—	—
		砂性脱潮土	20.09	40.70			灰泥质褐土性土	—	—
		壤性脱潮土	74.35	34.52			泥砂质褐土性土	—	—
		砂质脱潮土	35.94	32.24		淋溶褐土		14.33	36.12

（续）

土类	亚类	土属	面积(khm²)	比例(%)
		黏质脱潮土	2.58	29.50
		脱潮黏土	1.77	26.10
		脱潮壤土	37.64	18.68
		脱潮砂土	12.12	10.75
		壤质脱潮土	26.08	9.47
	盐化潮土		316.36	32.48
		黏质滨海盐化潮土	6.89	72.42
		壤质滨海盐化潮土	10.58	46.21
		壤质硫酸盐盐化潮土	111.59	39.72
		壤质氯化物盐化潮土	40.09	37.98
		砂质氯化物盐化潮土	19.64	31.41
		硫酸盐盐化潮土	62.40	30.92
		黏质氯化物盐化潮土	1.19	30.59
		砂质硫酸盐盐化潮土	14.12	26.39
		砂质滨海盐化潮土	0.63	23.63
		氯化物盐化潮土	34.15	21.66
		硫酸盐潮土	2.41	21.27
		氯化物潮土	11.79	20.64
		苏打盐化潮土	0.88	18.99
风沙土			24.15	22.88
			24.15	22.88
	草甸风沙土	草甸固定风沙土	6.73	29.60
		冲积固定草甸风沙土	6.78	28.34
		固定草甸风沙土	4.18	23.81
		草甸半固定风沙土	1.96	20.45
		冲积流动草甸风沙土	1.93	16.56
		半固定草甸风沙土	2.40	15.16
		流动草甸风沙土	0.18	5.01
		半固定草甸风砂土	—	—
		草甸流动风沙土	—	—
砂姜黑土			162.14	20.56
	砂姜黑土		104.19	22.04
		黑姜土	19.14	39.42
		青黑土	22.73	24.33
		覆泥黑姜土	54.76	22.83
		砂姜黑土	4.33	19.91
		覆盖砂姜黑土	0.51	9.92

土类	亚类	土属	面积(khm²)	比例(%)
		泥砂质淋溶褐土	3.30	68.27
		灰质淋溶褐土	3.83	43.31
		洪冲积淋溶褐土	6.70	36.29
		黄土质淋溶褐土	0.51	13.00
		硅铝质淋溶褐土	—	—
		硅泥质淋溶褐土	—	—
		灰泥质淋溶褐土	—	—
		砂泥质淋溶褐土	—	—
		黏质中层灰质淋溶土	—	—
	石灰性褐土		89.01	18.31
		黄土状石灰性褐土	8.14	28.53
		壤性洪冲积石灰性褐土	20.28	24.16
		砂泥质石灰性褐土	12.00	23.25
		灰质石灰性褐土	2.22	19.13
		砂性洪冲积石灰性褐土	0.69	17.98
		洪积石灰性褐土	0.71	16.47
		黄土质石灰性褐土	44.97	14.90
		泥砂质石灰性褐土	—	—
黄褐土			43.94	17.22
	白浆化黄褐土		7.14	11.02
		白浆化黄褐土	7.14	11.02
	典型黄褐土		36.11	19.18
		泥砂质黄褐土	27.91	19.45
		黄土质黄褐土	8.20	18.32
	黄褐土性土		0.69	32.85
		黄土质黄褐土性土	0.69	100.00
		泥砂质黄褐土性土	—	—
棕壤			17.1	9.86
	潮棕壤		7.07	10.62
		洪冲积潮棕壤	6.80	14.02
	棕壤		8.35	10.69
		冲积潮棕壤	0.27	1.48
		麻砂棕壤	8.35	10.84
		暗泥棕壤	—	—
		黄土质棕壤	—	—
	棕壤性土		1.68	5.87
		麻砂棕壤性土	1.68	5.87

二、四等地属性特征

（一）地貌类型

在区域内20种地貌单元中，有四等地分布的占15种，包括冲积平原、冲积洪积平原、湖积冲积平原、河流阶地、洪积平原、侵蚀山间平原、湖积平原、侵蚀剥蚀平原、海积冲积平原、冲积湖积平原、侵蚀丘陵、侵蚀剥蚀丘陵、侵蚀低山、冲积海积平原、侵蚀剥蚀山间平原。但冲积平原、冲积洪积平原、湖积冲积平原、河流阶地、洪积平原、侵蚀山间平原6种地貌单元中的四等地占全部四等地的99.03%（表3-54）。

表3-54　各地貌类型四等地面积与比例

地貌类型	面积（khm²）	各地貌类型中四等地比例（%）	各地貌单元占四等地比例（%）
总计	2631.89		100.00
冲积平原	2243.78	22.49	85.25
冲积洪积平原	122.41	16.60	4.65
湖积冲积平原	84.42	28.22	3.21
河流阶地	68.21	21.52	2.59
洪积平原	51.17	24.77	1.94
侵蚀山间平原	36.46	12.81	1.39
湖积平原	8.02	17.78	0.30
侵蚀剥蚀平原	5.91	13.38	0.22
海积冲积平原	4.64	72.09	0.18
冲积湖积平原	3.98	45.17	0.15
侵蚀丘陵	0.76	2.98	0.03
侵蚀剥蚀丘陵	0.75	1.18	0.03
侵蚀低山	0.74	1.28	0.03
冲积海积平原	0.55	23.67	0.02
侵蚀剥蚀山间平原	0.11	7.63	0.00
黄山覆盖区低山	—	—	—
黄山覆盖区中山	—	—	—
侵蚀剥蚀低山	—	—	—
侵蚀剥蚀中山	—	—	—
侵蚀中山	—	—	—

其中冲积平原四等地2243.78khm²，占四等地的85.25%；冲积洪积平原四等地122.41khm²，占四等地的4.65%；湖积冲积平原四等地84.42khm²，占四等地的3.21%；河流阶地四等地68.21khm²，占四等地的2.59%；洪积平原四等地51.17khm²，占四等地的1.94%；侵蚀山间平原四等地36.46khm²，占四等地的1.39%。

侵蚀剥蚀丘陵四等地只有0.75khm²，只占四等地的0.03%；侵蚀低山四等地0.74khm²，只占四等地的0.03%。

在有四等地的15种地貌单元中，四等地面积占相应地貌单元面积的比例，高的达72.09%，低的只有1.18%。从高到低，依次为海积冲积平原、冲积湖积平原、湖积冲积平原、洪积平原、冲积海积平原、冲积平原、河流阶地、湖积平原、冲积洪积平原、侵蚀剥蚀平原、侵蚀山间平原、侵蚀剥蚀山间平原、侵蚀丘陵、侵蚀低山、侵蚀剥蚀丘陵。

因此，华北小麦玉米轮作区四等地的地貌属性特征为平原、河流阶地、低山。包括冲积平原、冲积洪积平原、湖积冲积平原、河流阶地、洪积平原、侵蚀山间平原、湖积平原、侵蚀剥蚀平原、海积冲积平原、冲积湖积平原、侵蚀丘陵、侵蚀剥蚀丘陵、侵蚀低山、冲积海积平原、侵蚀剥蚀山间平原。

（二）积温

不同≥10℃积温段中四等地占其耕地面积的比例为，3000～3500℃为0%，3500～

4000℃为 16.45%，4000～4500℃为 6.93%，4500～5000℃为 18.17%，5000～5500℃为 22.15%，5500～6000℃为 0.00%。

各积温段内四等地面积占华北小麦玉米轮作区四等耕地面积比例的分析表明，四等地分布最集中的是在 5000～5500℃积温段内，在此积温范围内的四等地占四等地总面积的 88.69%，而在 4500～5500℃积温范围内的四等地占了四等地总面积的将近 99.88%，四等地在 4500～5500℃积温段范围之外极少分布（表 3-55）。

表 3-55　四等地的≥10℃积温分布

≥10℃积温值（℃）	面积（khm²）	不同积温中四等地的比例（%）	各积温段占四等地比例（%）
总计	2631.89	—	100.00
5500～6000	—	—	—
5000～5500	2334.23	22.15	88.69
4500～5000	294.53	18.17	11.19
4000～4500	2.04	6.93	0.08
3500～4000	1.09	16.45	0.04
3000～3500	—	—	—

（三）年降水量与灌溉能力

华北小麦玉米轮作区的自然条件下，四等地在 1000～1200mm、800～1000mm、600～800mm、400～600mm，4 个降水区间的比例分别为 0.00%，8.10%，32.23%，59.67%。

灌溉能力中，充分满足、满足、基本满足、一般满足、不满足的耕地分别占四等地的 0.77%、5.04%、68.00%、26.12%、0.07%，多数为基本满足和一般满足。

综合分析可知，400～600mm 降水量中，灌溉能力基本满足的占四等地的 42.43%，一般满足的占四等地的 12.85%（表 3-56）。

表 3-56　不同年降水量与灌溉能力四等地比例

灌溉能力	占比（%）	降水量占比（%）			
		1000～1200mm	800～1000mm	600～800mm	400～600mm
		0.00	8.10	32.23	59.67
充分满足	0.77	—	—	0.09	0.68
满足	5.04	—	—	1.39	3.65
基本满足	68.00	—	7.13	18.43	42.43
一般满足	26.12	—	0.97	12.31	12.85
不满足	0.07	—	—	0.01	0.06

（四）耕层质地

在四等地中，耕层质地为中壤、轻壤、重壤、黏土、砂壤、砂土的分别占 14.91%、40.80%、20.54%、7.83%、15.90%、0.02%；耕层质地为中壤、轻壤、重壤、黏土、砂壤、砂土的四等地面积占相应质地耕地面积的比例分别为 16.13%、20.27%、20.13%、37.52%、34.23%、2.43%（表 3-57）。

表 3-57　四等地耕层质地分布

耕层质地	面积（khm²）	四等地占同质地耕地的比例（%）	不同质地占四等地的比例（%）
中壤	392.41	16.13	14.91
轻壤	1073.91	20.27	40.80
重壤	540.58	20.13	20.54
黏土	206.17	37.52	7.83
砂壤	418.41	34.23	15.90
砂土	0.41	2.43	0.02
总计	2631.89	21.57	100.00

（五）耕层厚度

统计华北小麦玉米轮作区中四等地的耕层厚度，平均为 19cm，河北轮作区为 18cm，河南轮作区为 19cm，山东轮作区为 20cm，山西轮作区为 14cm。

四等地中，耕层厚度主要为二级和三级，合计占四等地的 92.29%。四级、五级合计只占 5.62%（表 3-58、表 3-59）。

表 3-58　四等地耕层厚度与土壤养分含量平均值

指标	河北轮作区	河南轮作区	山东轮作区	山西轮作区	华北小麦玉米轮作区
耕层厚度（cm）	18	19	20	14	19
有机质（g/kg）	14.25	14.52	12.82	16.23	13.89
有效磷（mg/kg）	19.81	15.62	23.36	16.34	19.85
速效钾（mg/kg）	127.85	115.58	112.13	201.35	124.27
有效铁（mg/kg）	10.00	21.16	11.75	4.83	13.38
有效铜（mg/kg）	1.41	2.44	1.57	1.15	1.74
有效锌（mg/kg）	1.54	2.34	1.46	1.50	1.72
有效硫（mg/kg）	37.76	25.03	40.45	47.78	36.26
有效锰（mg/kg）	12.27	26.61	11.83	10.51	15.90
有效钼（mg/kg）	0.12	2.37	0.18	0.16	0.78
pH	8.07	7.73	7.85	8.25	7.90

表 3-59　四等地耕层厚度各级面积与比例

耕层分级	面积（khm²）	比例（%）
一级（≥25cm）	55.05	2.09
二级（20～25cm）	1319.17	50.12
三级（15～20cm）	1109.88	42.17
四级（10～15cm）	145.71	5.54
五级（10cm 以下）	2.08	0.08
总计	2631.89	100.00

（六）土壤有机质、有效磷、速效钾和有效锌

从华北小麦玉米轮作区看，四等地土壤有机质、有效磷、速效钾、有效铁、有效铜、

有效锌、有效硫、有效锰、有效钼平均值分别为 13.89g/kg、19.85mg/kg、124.27mg/kg、13.38mg/kg、1.74mg/kg、1.72mg/kg、36.26mg/kg、15.90mg/kg、0.78mg/kg。

四等地中，土壤有机质含量四级的占 67.88%，三级的占 24.93%。土壤有效磷含四级与五级合计占 56.5%；土壤速效钾含量在五级与六级间的比例很低；土壤有效锌含量主要在四级以上（表 3-60）。

表 3-60　四等地土壤有机质、有效磷、速效钾与有效锌各级面积与比例

养分等级	有机质		有效磷		速效钾		有效锌	
	面积(khm²)	比例(%)	面积(khm²)	比例(%)	面积(khm²)	比例(%)	面积(khm²)	比例(%)
一级	1.43	0.05	45.58	1.73	427.08	16.23	188.53	7.16
二级	109.21	4.15	418.76	15.91	836.63	31.79	828.35	31.47
三级	656.24	24.93	572.62	21.76	618.45	23.50	953.81	36.24
四级	1786.51	67.88	860.92	32.71	529.01	20.10	638.88	24.27
五级	78.50	2.98	626.08	23.79	218.73	8.31	19.45	0.74
六级	—	—	107.93	4.10	1.99	0.08	2.86	0.11
总计	2631.89	100.00	2631.89	100.00	2631.89	100.00	2631.89	100.00

（七）盐渍化程度

华北小麦玉米轮作区五等地中，无盐渍化耕地 2481.17km²，占四等地的 94.27%；轻度盐化耕地 140.77km²，占四等地的 5.35%；中度盐渍化的耕地 8.42km²，占四等地的 0.32%；重度盐渍化的耕地 1.53km²，占四等地的 0.06%。

轻度盐渍化耕地中的 35.08%、中度盐渍化耕地中的 33.42%、重度盐渍化耕地中的 76.84% 是四等地。四等地中轻度盐渍化、中度盐渍化和重度盐渍化 150.72km²，占四等地的 5.73%。

华北小麦玉米轮作区四等地的盐渍化程度应为无盐渍化和轻度盐渍化（表 3-61）。

表 3-61　盐渍化程度与四等地分布

盐渍化程度	面积（khm²）	不同盐渍化中四等地比例（%）	四等地中不同盐渍化程度的比例（%）
无	2481.17	21.07	94.27
轻度	140.77	35.08	5.35
中度	8.42	33.42	0.32
重度	1.53	76.84	0.06
总计	2631.89	21.57	100.00

三、四等地产量水平

华北小麦玉米轮作区小麦玉米年平均产量 960kg/亩。

以调查得到的华北小麦玉米轮作区四等地小麦玉米年亩产量作产量分布，现时的平均产量 960kg/亩相当于累积频率 51% 时的产量水平。若以 70% 处的产量 1020kg/亩作为预期平均产量，则四等地增产潜力为 60kg/亩，相当于增产幅度 6.25%（表 3-62）。

表 3-62 四等地小麦玉米年产量频率分布

产量 (kg/亩)	频率	累积 (%)	产量 (kg/亩)	频率	累积 (%)	产量 (kg/亩)	频率	累积 (%)	产量 (kg/亩)	频率	累积 (%)
420	1	0.02	660	21	1.45	900	1001	37.29	1140	23	93.57
440	1	0.04	680	9	1.63	920	123	39.80	1160	244	98.55
460	0	0.04	700	42	2.49	940	83	41.49	1180	15	98.86
480	5	0.14	720	9	2.67	960	469	51.06	1200	43	99.73
500	8	0.31	740	20	3.08	980	194	55.02	1220	2	99.78
520	7	0.45	760	89	4.90	1000	641	68.09	1240	5	99.88
540	7	0.59	780	35	5.61	1020	180	71.77	1260	5	99.98
560	3	0.65	800	169	9.06	1040	160	75.03	1280	0	99.98
580	4	0.73	820	50	10.08	1060	387	82.93	1300	1	100.00
600	12	0.98	840	36	10.81	1080	96	84.88			
620	1	1.00	860	223	15.36	1100	322	91.45			
640	1	1.02	880	74	16.87	1120	81	93.10			

四、四等地利用改良方向

(一)四等地主要属性

华北小麦玉米轮作区四等地的地貌属性特征为平原、河流阶地、低山。地貌类型包括冲积平原、冲积洪积平原、湖积冲积平原、河流阶地、洪积平原、侵蚀山间平原、湖积平原、侵蚀剥蚀平原、海积冲积平原、冲积湖积平原、侵蚀丘陵、侵蚀剥蚀丘陵、侵蚀低山、冲积海积平原、侵蚀剥蚀山间平原。四等地≥10℃积温在3000℃以上。灌溉能力以基本满足、一般满足为主。耕层厚度平均为19cm。华北小麦玉米轮作区四等地有机质、有效磷、速效钾及有效锌指标分别为14g/kg、20mg/kg、125mg/kg、1.60mg/kg。盐渍化程度为无、轻度盐渍化、中度盐渍化、重度盐渍化。灌溉能力较低,充分满足的占四等地的0.77%,满足的占5.04%,基本满足的占68.00%,一般满足的占26.12%。耕地轻度盐渍化耕地中的35.08%、中度盐渍化耕地中的33.42%、重度盐渍化耕地中的76.84%是四等地。四等地中轻度盐渍化、中度盐渍化和重度盐渍化耕地面积合计150.72khm²,占四等地的5.73%。质地不良耕地面积比重大,轻壤、重壤、黏土、砂壤质地面积合计2631.48khm²,占四等地的99.98%。养分较低的耕地比重大,土壤有机质含量低于四等地平均值的占52.03%,土壤有效磷含量低于四等地平均值的占59.06%,土壤速效钾含量低于四等地平均值的占56.86%,土壤有效锌低含量低于四等地平均值的占72.28%。

(二)改良利用措施方向

四等地的改良利用措施,要依据四等地存在的主要问题开展,消除限制因素,培育和提高地力。主要考虑四个方面:一是加强灌溉能力的提升。根据四等地的具体水资源情况,以发展节水灌溉为主,提升农田灌溉能力。加强农田基本建设,平整土地,因地制宜地兴修水利,完善灌排设施。二是实施有机质提升工程,提高耕层有机质含量,增强轻壤、砂壤质地的保水保肥能力,改善重壤、黏土质地的结构特性,改良耕地土壤理化性状。三是消减耕地土壤盐渍化的影响程度。加强作物秸秆还田,改变灌溉方式,通过修建排水沟、降低地下水位等措施，降低耕层含盐量。四是实行测土配方施肥，校正施肥，增施有机肥，实行有机无机结合，改良结构，均衡土壤养分。

第六节　五等地耕地质量特征

一、五等地分布特征

（一）区域分布

华北小麦玉米轮作区五等地 146.28 万 hm²，占华北小麦玉米轮作区耕地面积的 11.99%。五等地中，河北轮作区 56.75 万 hm²，占河北轮作区耕地面积的 16.68%；河南轮作区 38.56 万 hm²，占河南轮作区耕地面积的 9.31%；山东轮作区 37.83 万 hm²，占山东轮作区耕地面积的 9.8%；山西轮作区 13.14 万 hm²，占山西轮作区耕地面积的 16.49%（图 3-12）。

五等地主要分布在河北轮作区的冀中海河低平原区，山东轮作区的鲁中南丘陵区，河南轮作区的豫中郑州至兰考一线黄河古道地区及黄泛地区，山西轮作区的晋南中低山区。

五等地耕地面积较大的有河南轮作区的商丘市 188.3km²，开封市 146.34km²，河北轮作区的沧州市 115.26km²，衡水市 107.88km²，保定市 91.2km²，廊坊市 87.42km²，邢台市 70.73km²，邯郸市 69.51km²，山东轮作区的菏泽市 153.62km²，聊城市 67.37km²，山西轮作区的运城市 101.16km²。

地级市内的五等地占其总耕地面积的比例都不太高。较高的有河南轮作区的开封市，面积 146.34km²，占耕地面积的 28.83%，商丘市面积 188.3km²，占其耕地面积的 26.33%，河北轮作区的廊坊市面积 87.42km²，占其耕地面积的 26.95%。

县域内五等地面积超过 30km² 的有河南轮作区的永城市 95.59km²，杞县 61.99km²，夏邑县 43.81km²，兰考县 37.35km²；山东轮作区的曹县 36.83km²，郓城县 33.26km²，单县 32.26km²。

以五等地面积占县内耕地面积的比例来衡量，轮作区各县有明显的差异。

五等地面积占总耕地面积 70% 以上的县有 2 个，山东轮作区的济南市历下区和河北轮作区的望都县。

五等地面积占总耕地面积 60%～70% 间的县有河南轮作区的杞县、永城市，河北轮作区的孟村回族自治县和衡水市郊区。

五等地面积占总耕地面积 50%～60% 间的县有山西轮作区的河津市，河北轮作区广宗县、邱县。

五等地面积占总耕地面积 40%～50% 间的县有河南轮作区的兰考县、台前县，河北轮作区的东光县、青县、冀州市，山西轮作区的绛县。

五等地面积占总耕地面积 30%～40% 间的县有河南轮作区的夏邑县、尉氏县，河北轮作区的安国市、霸州市、巨鹿县、定州市、深泽县、新乐市，山西轮作区的万荣县，山东轮作区的郓城县、单县。

五等地面积占总耕地面积 20%～30% 间的县有山西轮作区的芮城县、稷山县、平陆县、闻喜县，山东轮作区的曹县、临清市、高唐县，河南轮作区的民权县，河北轮

图例

五等地

图 3-12　华北小麦玉米轮作区耕地五等地分布

作区的平乡县、肃宁县、文安县、蠡县、大城县、博野县、肥乡县、献县、高碑店市、永清县。

　　五等地面积占总耕地面积 10%～20% 间的县有山西轮作区的垣曲县、翼城县、襄汾县、永济市、洪洞县、夏县，山东轮作区、东平县、东明县、冠县、鄄城县、鱼台县、博兴县、岱岳区、邹平县、肥城市、曲阜市、邹城市、商河县、成武县、临淄区，河南轮作区、柘城县、范县、睢阳区、开封县，河北轮作区的大名县、故城县、南皮县、阜城县、魏县、威县、安平县、景县、临西县、曲周县、辛集市、枣强县、正定县、临漳县、成安县、清苑县、南和县、永年县。

　　五等地面积占总耕地面积 10% 以下的有河北轮作区的武邑县、任丘市、宁晋县、鸡泽县、容城县、邯郸县、沧县、河间市、隆尧县、南宫市、深州市、清河县、新河县、广平县、定兴县、任县、柏乡县、涿州市、吴桥县、固安县、武强县、馆陶县、雄县、藁城市，河南轮作区的延津县、宁陵县、新蔡县、虞城县、遂平县、鹿邑县、获嘉县、平舆县、新乡县、通许县、封丘县、原阳县、武陟县、长葛市，山东轮作区的齐河县、章丘市、定陶县、长清区、广饶县、宁津县、滕州市、历城区、夏津县、周村区、槐荫区、乐陵市、嘉祥县、莘县、微山县、阳信县、茌平县、汶上县、禹城市、宁阳县、陵县、金乡县、天桥区、临邑县、平阴县、武城县、德城区、梁山县、惠民县、平原县、阳谷县，山西轮作区的盐湖区、尧都区、新绛县、曲沃县、临猗县。

43个县市区没有五等地。包括河北轮作区的赵县、徐水县、无极县、饶阳县、栾城县、晋州市、高邑县、高阳县、泊头市、安新县，河南轮作区、正阳县、召陵区、长垣县、鄢陵县、许昌县、项城市、西平县、西华县、温县、汤阴县、太康县、睢县、沈丘县、上蔡县、商水县、汝南县、清丰县、濮阳县、内黄县、南乐县、临颍县、淮阳县、滑县、扶沟县、郸城县，山东轮作区、兖州市、庆云县、巨野县、济阳县、桓台县、高青县、东阿县、侯马市（表3-63）。

表3-63 华北小麦玉米轮作区五等地面积与比例

轮作区	地级市	县名称	面积(khm²)	比例(%)	轮作区	地级市	县名称	面积(khm²)	比例(%)
河北轮作区			567.46	16.68			新乡县	0.45	1.22
	保定市		91.20	16.71			封丘县	0.80	0.96
		望都县	17.19	71.15			原阳县	0.38	0.45
		安国市	12.53	39.33			长垣县	—	—
		定州市	24.67	32.72		许昌市		0.12	0.06
		蠡县	11.48	26.94			长葛市	0.12	0.26
		博野县	5.52	25.74			许昌市	—	—
		高碑店市	9.50	21.78			许昌县	—	—
		清苑县	6.31	11.30			鄢陵县	—	—
		容城县	1.65	8.22		周口市		1.75	0.18
		定兴县	1.27	2.70			鹿邑县	1.75	1.86
		涿州市	0.99	2.29			郸城县	—	—
		雄县	0.11	0.34			扶沟县	—	—
		安新县	—	—			淮阳县	—	—
		高阳县	—	—			商水县	—	—
		徐水县	—	—			沈丘县	—	—
	沧州市		115.26	18.89			太康县	—	—
		孟村回族自治县	16.71	65.42			西华县	—	—
		东光县	22.05	47.43			西平县	—	—
		青县	29.03	45.76			项城市	—	—
		肃宁县	9.57	27.61			周口市	—	—
		献县	16.66	21.79		驻马店市		5.82	0.90
		任丘市	5.55	8.91			新蔡县	2.72	2.53
		沧州市	1.01	7.85			遂平县	1.61	1.91
		沧县	7.46	7.79			平舆县	1.50	1.61
		河间市	6.38	7.30			汝南县	—	—
		吴桥县	0.84	2.11			上蔡县	—	—

（续）

轮作区	地级市	县名称	面积 (khm²)	比例 (%)	轮作区	地级市	县名称	面积 (khm²)	比例 (%)
		泊头市	—	—			正阳县	—	—
	邯郸市		69.51	14.84	山东轮作区			378.3	9.80
		邱县	14.02	50.72		滨州市		31.25	9.30
		肥乡县	7.63	23.18			滨州市	11.31	16.99
		大名县	13.04	19.02			博兴县	7.96	13.69
		魏县	8.97	17.01			邹平县	9.51	12.90
		曲周县	5.36	12.27			阳信县	2.10	4.05
		临漳县	4.93	11.39			惠民县	0.38	0.44
		成安县	3.60	11.31		德州市		19.99	3.36
		永年县	5.95	10.88			齐河县	7.23	9.19
		鸡泽县	1.98	8.84			夏津县	3.59	6.33
		邯郸县	2.74	8.12			乐陵市	3.68	5.05
		广平县	1.13	5.58			禹城市	1.99	3.22
		馆陶县	0.17	0.56			陵县	1.79	2.25
		邯郸市	—	—			临邑县	0.79	1.17
	衡水市		107.88	17.27			武城县	0.39	0.83
		衡水市	23.63	60.22			德城区	0.23	0.80
		冀州市	23.30	40.39			平原县	0.29	0.43
		故城县	11.75	18.96			庆云县	—	—
		南皮县	9.46	18.62		东营市		5.30	7.52
		阜城县	7.57	17.02			广饶县	5.30	7.52
		安平县	4.44	13.94		菏泽市		153.62	19.66
		景县	10.26	12.93			郓城县	33.26	31.53
		枣强县	7.01	11.77			单县	32.26	31.50
		武邑县	4.99	9.15			曹县	36.83	28.29
		深州市	5.14	6.60			菏泽市	16.24	18.43
		武强县	0.34	1.13			东明县	13.14	16.78
		饶阳县	—	—			鄄城县	9.58	14.41
	廊坊市		87.42	26.95			成武县	7.41	11.03
		廊坊市	27.15	44.02			定陶县	4.91	8.80
		霸州市	17.05	33.85			巨野县	—	—
		文安县	18.25	27.53		济南市		26.32	6.73
		大城县	15.1	26.00			历下区	0.62	76.27
		永清县	9.30	20.76			商河县	8.58	11.09
		固安县	0.57	1.32			济南市	0.77	10.21
	石家庄市		25.46	7.64			章丘市	8.66	8.96
		深泽县	6.12	31.09			长清区	5.19	8.49
		新乐市	9.04	30.90			历城区	1.75	6.36
		辛集市	6.97	12.26			槐荫区	0.25	6.02
		正定县	3.24	11.58			天桥区	0.17	1.32
		藁城市	0.09	0.18			平阴县	0.33	1.08
		高邑县	—	—			济阳县	—	—
		晋州市	—	—		济宁市		30.10	5.55
		栾城县	—	—			鱼台县	5.95	13.80
		无极县	—	—			曲阜市	5.92	12.14
		赵县	—	—			邹城市	10.40	11.28

（续）

轮作区	地级市	县名称	面积 (khm²)	比例 (%)	轮作区	地级市	县名称	面积 (khm²)	比例 (%)
	邢台市		70.73	14.27			嘉祥县	3.09	4.88
		广宗县	15.85	51.99			微山县	1.27	4.10
		巨鹿县	12.68	33.18			汶上县	1.89	3.50
		平乡县	7.47	28.44			金乡县	1.20	2.04
		威县	9.22	14.53			梁山县	0.38	0.62
		临西县	4.54	12.30			济宁市	—	—
		南和县	2.84	10.99			兖州市	—	—
		宁晋县	6.50	8.86		聊城市		67.37	11.09
		隆尧县	3.42	7.26			临清市	14.79	24.62
		南宫市	3.71	6.86			高唐县	13.15	21.56
		清河县	1.97	6.26			聊城市	16.39	20.46
		新河县	1.43	6.26			冠县	11.87	16.11
		任县	0.70	2.45			宁津县	3.98	7.29
		柏乡县	0.39	2.31			莘县	4.10	4.57
河南轮作区			385.62	9.31			茌平县	2.85	3.98
	安阳市		—	—			阳谷县	0.24	0.37
		滑县	—	—			东阿县	—	—
		内黄县	—	—		泰安市		32.96	11.29
		汤阴县	—	—			东平县	12.31	17.75
	焦作市		0.19	0.22			岱岳区	9.81	13.62
		武陟县	0.19	0.36			肥城市	9.16	12.87
		温县	—	—			宁阳县	1.67	2.36
	开封市		146.34	28.83			泰安市	—	—
		杞县	61.99	66.59		枣庄市		6.16	6.67
		兰考县	37.35	48.85			滕州市	6.16	6.67
		尉氏县	28.60	32.08		淄博市		5.25	3.43
		开封市	4.74	19.41			临淄区	4.34	10.84
		开封县	13.12	12.67			周村区	0.91	6.03
		通许县	0.54	0.99			高青县	—	—
		睢县	—	—			桓台县	—	—
	漯河市		13.20	10.20			淄博市	—	—
		漯河市	13.20	29.83	山西轮作区			131.43	16.49
		临颍县	—	—		运城市		101.16	19.01
		召陵区	—	—			河津市	12.23	58.44
	濮阳市		23.12	8.01			绛县	12.42	44.02
		台前县	14.38	45.96			万荣县	17.49	34.02
		范县	7.00	17.25			芮城县	11.42	25.06
		濮阳市	1.74	9.25			稷山县	7.87	23.76
		南乐县	—	—			平陆县	7.74	22.38
		濮阳县	—	—			闻喜县	10.83	20.17
		清丰县	—	—			垣曲县	4.62	18.44
	商丘市		188.30	26.33			永济市	6.01	11.18
		永城市	95.59	62.93			夏县	3.97	10.18
		夏邑县	43.81	39.94			盐湖区	4.41	8.37
		民权县	18.92	22.57			新绛县	2.04	6.30
		柘城县	13.47	17.71			临猗县	0.11	0.18

（续）

轮作区	地级市	县名称	面积 (khm²)	比例 (%)	轮作区	地级市	县名称	面积 (khm²)	比例 (%)
		睢阳区	10.65	14.59		临汾市		30.26	11.42
		宁陵县	3.41	5.98			翼城县	8.48	17.29
		虞城县	2.27	1.98			襄汾县	9.48	16.45
		商丘市	0.20	0.41			洪洞县	7.60	10.70
	新乡市		6.77	1.82			尧都区	3.31	6.51
		延津县	4.52	7.60			曲沃县	1.39	5.46
		获嘉县	0.62	1.86			侯马市	—	—

（二）土壤类型

潮土、褐土、砂姜黑土、黄褐土、风沙土和棕壤 6 大主要耕地土壤中，五等地 1419.51 万 hm²，占华北小麦玉米轮作区 6 类土壤耕地面积的 11.96%。

潮土类耕地中五等地 1076.29km²，占潮土类耕地面积的 12.60%；风沙土类耕地五等地面积 22.09km²，占风沙土类耕地面积的 20.94%；褐土类耕地五等地面积 253.54km²，占风沙土类耕地面积的 12.65%；黄褐土类耕地五等地面积 2.97km²，占黄褐土类耕地面积的 1.58%；砂姜黑土类耕地五等地面积 44.9km²，占砂姜黑土类耕地面积的 5.69%；棕壤类耕地五等地面积 19.71km²，占棕壤类耕地面积的 11.37%。

在亚类一级上，五等地耕地面积较大的有典型潮土 773.02km²，盐化潮土 153.74km²，脱潮土 104.8km²，潮褐土 86.39km²，石灰性褐土 76.26km²，褐土性土 59.14km²，石灰性砂姜黑土 40.54km²。

五等地面积占同一亚类耕地面积的比例，草甸风沙土 20.94%，碱化潮土 20.27%，湿潮土 18.06%，褐土性土 18.05%，棕壤 17.61%，盐化潮土 15.78%，石灰性褐土 15.69%，褐土 14.79%，石灰性砂姜黑土 12.83%，潮土 12.44%，灌淤潮土 11.98%，脱潮土 10.66%，潮褐土 9.08%，潮棕壤 6.50%，淋溶褐土 5.68%，棕壤性土 5.68%，典型黄褐土 1.58%，砂姜黑土 0.92%，灰潮土 0.86%。

五等地耕地面积在 40km² 以上的土属有，壤性潮土 219.57km²，石灰性潮壤土 165.06km²，砂质潮土 91km²，石灰性潮黏土 71.82km²，壤性洪冲积潮褐土 68.53km²，砂性潮土 66.9km²，石灰性潮砂土 64.12km²，壤质潮土 51.44km²，黄土质石灰性褐土 50.74km²，黄土质褐土性土 47.9km²，壤性脱潮土 46.62km²，硫酸盐盐化潮土 42.54km²。

半固定草甸风沙土中五等地面积占同土属耕地面积的 100.00%，泥砂质褐土中五等地占同土属耕地面积的 56.83%，黏质脱潮土为 45.34%，黏性湿潮土为 39.77%，壤质滨海盐化潮土为 39.73%，固定草甸风沙土 31.89%。

五等地面积占同土属耕地面积 20%～30% 间的土属有灰黑姜土、壤性湿潮土、冲积流动草甸风沙土、碱化潮土、苏打盐化潮土、黄土质淋溶褐土、砂质氯化物盐化潮土、砂质脱潮土、冲积固定草甸风沙土、砂泥质石灰性褐土、砂质潮土、氯化物盐化潮土、砂质滨海盐化潮土、壤性脱潮土、硫酸盐盐化潮土、碱潮壤土。

五等地面积占同土属耕地面积 10%～30% 间的土属有黄土质褐土性土、湿潮壤土、砂性潮土、黏性潮土、麻砂棕壤、黄土质石灰性褐土、半固定草甸风沙土、灰覆黑姜土、石灰性潮砂土、壤性洪冲积石灰性土、壤性潮土、砂泥质褐土性土、灰质褐土、洪积褐土、黏性洪冲积潮褐土、砂性洪冲积潮褐土、壤质氯化物盐化潮土、黄土质褐土、流动草甸风沙土、壤性洪冲积潮褐土、草甸固定风沙土、草甸半固定风沙土、硅泥褐土性土、潮黏土、淤潮黏土、脱潮黏土、石灰性潮壤土、硫酸盐潮土、石灰性潮黏土、壤性砂姜黑土、砂质硫酸盐盐化潮土、灰泥质褐土性土、碱化砂土。

五等地面积占同土属耕地面积在 10% 以下的土属有砂质河潮土、砂性脱潮土、黏质氯化物盐化潮土、壤质硫酸盐盐化潮土、黄土质潮褐土、灰质褐土性土、洪冲积潮棕壤、黏质湿潮土、砂质非灰性河潮土、覆盖砂姜黑土、黏性脱潮土、麻砂棕壤性土、冲积潮棕壤、壤质脱潮土、黏质潮土、氯化物潮土、洪冲积非灰性潮褐土、灰质淋溶褐土、壤质潮土、洪冲积淋溶褐土、砂姜黑土、洪积石灰性褐土、硅泥褐土、脱潮砂土、黄土质黄褐土、洪冲积潮褐土、青黑土、脱潮壤土、壤性石灰性砂姜黑土、冲积潮褐土、泥砂质黄褐土、灰潮壤土、黄土状石灰性褐土、覆盖石灰性砂姜黑土、冲积非灰性潮褐土、壤质河潮土、覆泥黑姜土（表 3-64）。

表 3-64　各土类、亚类五等地面积与比例

土类	亚类	土属	面积（khm²）	比例（%）	土类	亚类	土属	面积（khm²）	比例（%）
总计			1419.51	11.96			流动草甸风沙土	0.47	13.31
潮土			1076.29	12.60			草甸固定风沙土	2.93	12.89
	潮土		773.02	12.44			草甸半固定风沙土	1.22	12.74
		砂质潮土	91.00	22.67	褐土			253.54	12.65
		砂性潮土	66.90	18.95		潮褐土		86.39	9.08
		黏性潮土	29.80	18.85			黏性洪冲积潮褐土	1.96	14.43
		石灰性潮砂土	64.12	15.84			砂性洪冲积潮褐土	10.11	14.19
		壤性潮土	219.57	15.49			壤性洪冲积潮褐土	68.53	13.11
		潮黏土	0.42	12.07			黄土质潮褐土	1.03	8.55
		石灰性潮壤土	165.06	11.54			洪冲积非灰性潮褐土	0.91	4.75
		石灰性潮黏土	71.82	11.04			洪冲积潮褐土	1.77	2.32
		砂质河潮土	2.04	9.58			冲积潮褐土	1.67	1.23
		砂质非灰性河潮土	0.80	6.08			冲积非灰性潮褐土	0.40	0.74
		黏质潮土	9.91	4.80		褐土		29.51	14.79
		壤质潮土	51.44	4.60			泥砂质褐土	2.12	56.83
		壤质河潮土	0.14	0.59			灰质褐土	8.47	14.97
	灌淤潮土		3.93	11.98			洪积褐土	8.21	14.60
		淤潮黏土	3.93	11.98			黄土质褐土	10.59	13.33
	灰潮土		1.14	0.86			硅泥褐土	0.13	4.07
		灰潮壤土	1.14	1.02		褐土性土		59.14	18.05
	碱化潮土		22.87	20.27			黄土质褐土性土	47.9	19.76
		碱化潮土	2.88	27.16			砂泥质褐土性土	9.57	15.31
		碱潮壤土	19.30	20.28			硅泥褐土性土	0.38	12.15
		碱化砂土	0.69	10.06			灰泥质褐土性土	0.15	10.13
	湿潮土		16.79	18.06			灰质褐土性土	1.13	7.22
		黏性湿潮土	9.07	39.77		淋溶褐土		2.25	5.68

（续）

土类	亚类	土属	面积 (khm²)	比例 (%)	土类	亚类	土属	面积 (khm²)	比例 (%)
		壤性湿潮土	4.05	29.76			黄土质淋溶褐土	1.03	25.97
		湿潮壤土	1.42	19.17			灰质淋溶褐土	0.41	4.67
		黏质湿潮土	2.26	6.36			洪冲积淋溶褐土	0.82	4.42
	脱潮土		104.80	10.66		石灰性褐土		76.26	15.69
		黏质脱潮土	3.97	45.34			砂泥质石灰性褐土	11.87	22.99
		砂质脱潮土	27.77	24.92			黄土质石灰性褐土	50.74	16.81
		壤性脱潮土	46.62	21.64			壤性洪冲积石灰性褐土	13.20	15.73
		脱潮黏土	0.80	11.77			洪积石灰性褐土	0.18	4.21
		砂性脱潮土	4.72	9.57			黄土状石灰性褐土	0.26	0.93
		黏性脱潮土	0.10	5.74	黄褐土			2.97	1.58
		壤质脱潮土	13.23	4.80		典型黄褐土		2.97	1.58
		脱潮砂土	3.89	3.45			黄土质黄褐土	1.48	3.30
		脱潮壤土	3.70	1.84			泥砂质黄褐土	1.49	1.04
	盐化潮土		153.74	15.78	砂姜黑土			44.90	5.69
		壤质滨海盐化潮土	9.10	39.73		砂姜黑土		4.36	0.92
		苏打盐化潮土	1.23	26.72			壤性砂姜黑土	0.27	10.69
		砂质氯化物盐化潮土	15.79	25.25			覆盖砂姜黑土	0.30	5.88
		氯化物盐化潮土	35.67	22.62			砂姜黑土	0.92	4.25
		砂质滨海盐化潮土	0.60	22.40			青黑土	2.15	2.30
		硫酸盐盐化潮土	42.54	21.08			覆泥黑姜土	0.71	0.30
		壤质氯化物盐化潮土	14.18	13.43			深砂姜层砂姜黑土	—	—
		硫酸盐潮土	1.28	11.25		石灰性砂姜黑土		40.54	12.83
		砂质硫酸盐盐化潮土	5.55	10.37			灰黑姜土	11.62	29.88
		黏质氯化物盐化潮土	0.35	9.00			灰覆黑姜土	28.52	15.90
		壤质硫酸盐盐化潮土	24.72	8.80			壤性石灰性砂姜黑土	0.12	1.69
		氯化物潮土	2.74	4.80			覆盖石灰性砂姜黑土	0.29	0.80
		黏质滨海盐化潮土	—	—	棕壤			19.71	11.37
风沙土			22.09	20.94		潮棕壤		4.33	6.50
	草甸风沙土		22.09	20.94			洪冲积潮棕壤	3.43	7.07
		半固定草甸风沙土	0.27	100.00			冲积潮棕壤	0.90	4.98
		固定草甸风沙土	5.60	31.89		棕壤		13.75	17.61
		冲积流动草甸风沙土	3.24	27.84			麻砂棕壤	13.75	17.84
		冲积固定草甸风沙土	5.79	24.21		棕壤性土		1.63	5.68
		半固定草甸风沙土	2.57	16.26			麻砂棕壤性土	1.63	5.68

二、五等地属性特征

（一）地貌类型

华北小麦玉米轮作区五等地 1462.82khm²，占华北小麦玉米轮作区耕地面积的 11.99%。在 20 种地貌单元中，有五等地分布的占 13 种，包括冲积平原、侵蚀山间平原、冲积洪积平原、河流阶地、洪积平原、湖积冲积平原、侵蚀剥蚀平原、湖积平原、侵蚀丘陵、冲积湖积平原、侵蚀剥蚀丘陵、冲积海积平原、侵蚀低山。

冲积平原、侵蚀山间平原、冲积洪积平原、河流阶地、洪积平原、湖积冲积平原 6 种地貌单元类型中的五等地占五等地总数的 98.09%。

其中冲积平原五等地 1156.79km²，占五等地的 79.08%；侵蚀山间平原五等地 77.35km²，占五等地的 5.29%；冲积洪积平原五等地 62.54km²，占五等地的 4.28%；河流阶地五等地 51.43km²，占五等地的 3.52%；洪积平原五等地 46.56km²，占五等地的 3.18%；湖积冲积平原五等地 40.16km²，占五等地的 2.75%。

侵蚀剥蚀平原五等地 11.59km²，占五等地的 0.79%；湖积平原五等地 7.03km²，占五等地的 0.48%；侵蚀丘陵五等地 3.4km²，占五等地的 0.23%；冲积湖积平原五等地 3.35km²，占五等地的 0.23%；侵蚀剥蚀丘陵五等地 1.14km²，占五等地的 0.08%；冲积海积平原五等地 1.05km²，占五等地的 0.07%；侵蚀低山五等地 0.43km²，占五等地的 0.03%。

在有五等地的 13 种地貌单元中，五等地面积占相同地貌单元面积的比例，高的达 45.28%，低的只有 0.74%。从高到低，依次为冲积海积平原、冲积湖积平原、侵蚀山间平原、侵蚀剥蚀平原、洪积平原、河流阶地、湖积平原、湖积冲积平原、侵蚀丘陵、冲积平原、冲积洪积平原、侵蚀剥蚀丘陵、侵蚀低山。

华北小麦玉米轮作区五等地的地貌属性特征为冲积平原、侵蚀山间平原、冲积洪积平原、河流阶地、洪积平原、湖积冲积平原、侵蚀剥蚀平原、湖积平原、侵蚀丘陵、冲积湖积平原、侵蚀剥蚀丘陵、冲积海积平原，侵蚀低山占比很低（表 3-65）。

表 3-65　各地貌类型五等地面积与比例

地貌类型	面积（khm²）	同类地貌单元中五等地比例（%）	五等地中不同地貌单元比例（%）
总计	1462.82	11.99	100.00
冲积平原	1156.79	11.59	79.08
侵蚀山间平原	77.35	27.17	5.29
冲积洪积平原	62.54	8.48	4.28
河流阶地	51.43	16.23	3.52
洪积平原	46.56	22.53	3.18
湖积冲积平原	40.16	13.43	2.75
侵蚀剥蚀平原	11.59	26.25	0.79
湖积平原	7.03	15.58	0.48
侵蚀丘陵	3.40	13.38	0.23
冲积湖积平原	3.35	38.07	0.23
侵蚀剥蚀丘陵	1.14	1.80	0.08
冲积海积平原	1.05	45.28	0.07
侵蚀低山	0.43	0.74	0.03
海积冲积平原	—	—	—
黄山覆盖区低山	—	—	—
黄山覆盖区中山	—	—	—
侵蚀剥蚀低山	—	—	—
侵蚀剥蚀山间平原	—	—	—
侵蚀剥蚀中山	—	—	—
侵蚀中山	—	—	—

（二）积温

不同≥10℃积温段中五等地占其耕地面积的比例为，3000～3500℃为0.00％，3500～4000℃为12.22％，4000～4500℃为6.10％，4500～5000℃为15.77％，5000～5500℃为11.43％，5500～6000℃为0.00％。

各积温段内五等地面积占华北小麦玉米轮作区五等耕地面积比例的分析表明，五等地分布最集中的是在5000～5500℃积温段内。在此积温范围内的五等地占五等地总面积的82.35％，而在4500～5500℃积温范围的五等地占五等地的99.82％（表3-66）。

表3-66　五等地的≥10℃积温分布

积温（℃）	面积（khm²）	在五等地中的比例（％）	不同积温段的五等地比例（％）
总计	1462.82	11.99	100.00
5500～6000	—	—	—
5000～5500	1204.6	11.43	82.35
4500～5000	255.61	15.77	17.47
4000～4500	1.80	6.10	0.12
3500～4000	0.81	12.22	0.06
3000～3500	—	—	—

（三）年降水量与灌溉能力

在华北小麦玉米轮作区的自然条件下，五等地主要分布在降水量400～800mm区间。这一范围内的五等地占五等地的98.58％，其中400～600mm区间的五等地占60.84％，600～800mm区间的五等地占37.74％。

从灌溉能力上统计，充分满足的只占0.41％，满足的只占0.89％，基本满足的占31.20％，一般满足的占65.18％，不满足的占2.32％。

不同降水量区间的五等地比例及不同灌溉能力的五等地比例见表3-67。该表反映了不同灌溉能力与降水量组合条件下的五等地占其耕地面积的比例。综合分析可知，400～600mm降水量情况下，灌溉能力为基本满足、一般满足的五等地占五等地面积的59.01％。600～800mm降水量情况下，灌溉能力一般满足的五等地占五等地的27.75％。说明五等地的灌溉保证能力整体很低（表3-67）。

表3-67　不同年降水量与灌溉能力五等地比例

灌溉能力	占比（％）	降水量占比（％）			
		1000～1200mm	800～1000mm	600～800mm	400～600mm
		0.00	1.41	37.74	60.84
充分满足	0.41	—	—	0.41	0.01
满足	0.89	—	—	0.36	0.53
基本满足	31.20	—	0.04	8.33	22.84
一般满足	65.18	—	0.11	27.75	36.17
不满足	2.32	—	1.26	0.90	1.30

（四）耕层质地

在五等地中，耕层质地为中壤、轻壤、重壤、黏土、砂壤、砂土的分别占12.82％、

39.66％、15.24％、11.43％、20.62％、0.23％；耕层质地为中壤、轻壤、重壤、黏土、砂壤、砂土的五等地面积占相应质地耕地面积的比例分别为 7.71％、10.95％、8.30％、30.44％、24.68％、19.74％。轻壤、重壤、黏土、砂壤、砂土五种质地占五等地面积的87.18％（表 3-68）。

表 3-68　五等地耕层质地分布

耕层质地	面积（khm²）	五等地占同质地耕地的比例（％）	不同质地占五等地的比例（％）
总计	1462.82	11.99	100.00
中壤	187.49	7.71	12.82
轻壤	580.09	10.95	39.66
重壤	222.94	8.30	15.24
黏土	167.26	30.44	11.43
砂壤	301.69	24.68	20.62
砂土	3.34	19.74	0.23

（五）耕层厚度

统计华北小麦玉米轮作区中五等地的耕层厚度，平均为 18cm，河北轮作区为 18cm，河南轮作区为 19cm，山东轮作区为 19cm，山西轮作区为 15cm（表 3-69）。

表 3-69　五等地耕层厚度与土壤养分含量平均值

指标	河北轮作区	河南轮作区	山东轮作区	山西轮作区	华北小麦玉米轮作区
耕层厚度（cm）	18	19	19	15	18
有机质（g/kg）	13.53	14.09	12.49	15.27	13.54
有效磷（mg/kg）	19.37	15.34	22.96	15.93	19.34
速效钾（mg/kg）	127.69	108.63	106.83	193.00	127.13
有效铁（mg/kg）	9.41	13.59	12.42	4.74	10.57
有效铜（mg/kg）	1.39	2.28	1.46	1.15	1.55
有效锌（mg/kg）	1.47	3.43	1.36	1.31	1.79
有效硫（mg/kg）	35.47	21.64	40.10	42.23	35.60
有效锰（mg/kg）	11.72	16.46	12.98	9.83	12.80
有效钼（mg/kg）	0.14	3.85	0.19	0.14	0.88
pH	8.08	8.08	7.85	8.28	8.03

五等地的耕层厚度主要为二级和三级，合计占 86.48％，四级占 11.12％，五级占0.41％（表 3-70）。

表 3-70　五等地耕层厚度各级面积与比例

耕层分级	面积（khm²）	占比（％）
一级（≥25cm）	29.03	1.98
二级（20～25cm）	558.27	38.16
三级（15～20cm）	706.86	48.32
四级（10～15cm）	162.71	11.12
五级（10cm 以下）	5.95	0.41
总计	1462.82	100.00

（六）土壤有机质、有效磷、速效钾和有效锌

从华北小麦玉米轮作区看，五等地土壤有机质、有效磷、速效钾、有效铁、有效铜、有效锌、有效硫、有效锰、有效钼平均值分别为 13.54g/kg、19.34mg/kg、127.13mg/kg、10.57mg/kg、1.55mg/kg、1.79mg/kg、35.60mg/kg、12.80mg/kg、0.88mg/kg。

五等地的养分指标平均值与四等地基本一致（表 3-71）。

表 3-71　五等地土壤有机质、有效磷、速效钾与有效锌各级面积与比例

养分等级	有机质		有效磷		速效钾		有效锌	
	面积(khm²)	比例(%)	面积(khm²)	比例(%)	面积(khm²)	比例(%)	面积(khm²)	比例(%)
一级	0.54	0.04	15.18	1.04	286.16	19.56	114.17	7.81
二级	23.72	1.62	206.55	14.12	364.25	24.90	516.44	35.30
三级	302.18	20.66	315.32	21.56	390.96	26.73	508.81	34.78
四级	1087.44	74.34	499	34.11	298.24	20.39	312.8	21.38
五级	48.94	3.35	367.39	25.12	121.43	8.30	9.38	0.64
六级	—	—	59.38	4.06	1.76	0.12	1.21	0.08
合计	1462.82	100.00	1462.82	100.00	1462.82	100.00	1462.82	100.00

五等地中，土壤有机质含量主要为四级，占 74.34%，三级占 20.66%；土壤有效磷含量集中在三级、四级和五级，合计占 80.79%；土壤速效钾含量主要为一级、二级、三级和四级，五、六两级只占 8.42%；土壤有效锌含量集中在二级、三级和四级，合计占 91.46%。

（七）盐渍化程度

华北小麦玉米轮作区五等地中，无盐渍化耕地 1352.38khm²，占五等地的 92.45%；轻度盐化耕地 97.04khm²，占五等地的 6.63%；中度盐渍化的耕地 12.94khm²，占五等地的 0.88%；重度盐渍化的耕地 0.46khm²，占五等地的 0.03%。

轻度盐渍化耕地中的 24.18%、中度盐渍化耕地中的 51.33%、重度盐渍化耕地中的 23.16% 是五等地。五等地中轻度盐渍化、中度盐渍化和重度盐渍化 110.44khm²，占五等地的 7.55%（表 3-72）。

表 3-72　盐渍化程度与五等地分布

盐渍化程度	面积（khm²）	其中五等地比例（%）	占五等地的比例（%）
无	1352.38	11.48	92.45
轻度	97.04	24.18	6.63
中度	12.94	51.33	0.88
重度	0.46	23.16	0.03
总计	1462.82	11.99	100.00

三、五等地产量水平

华北小麦玉米轮作区小麦玉米年平均产量 923kg/亩。

以调查得到的华北小麦玉米轮作区五等地小麦玉米年产量作产量分布，现时的平均年产量923kg/亩相当于累积频率50％时的年产量水平。若以70％处的年产量990kg/亩作为预期平均产量，则五等地增产潜力为67kg/亩，相当于增产幅度6.25％（表3-73）。

表3-73　五等地小麦玉米年产量频率分布

产量（kg/亩）	频率	累积（％）	产量（kg/亩）	频率	累积（％）	产量（kg/亩）	频率	累积（％）	产量（kg/亩）	频率	累积（％）
340	2	0.08	600	17	3.05	860	179	24.95	1120	33	95.74
360	1	0.11	620	8	3.35	880	77	27.86	1140	8	96.04
380	1	0.15	640	7	3.62	900	547	48.47	1160	90	99.43
400	4	0.30	660	40	5.13	920	49	50.32	1180	2	99.51
420	0	0.30	680	6	5.35	940	41	51.87	1200	9	99.85
440	0	0.30	700	42	6.94	960	205	59.59	1220	0	99.85
460	6	0.53	720	9	7.27	980	119	64.08	1240	1	99.89
480	18	1.21	740	16	7.88	1000	238	73.05	1260	2	99.96
500	9	1.55	760	61	10.18	1020	115	77.38	1280	0	99.96
520	7	1.81	780	22	11.01	1040	123	82.02	1300	1	100.00
540	3	1.92	800	115	15.34	1060	162	88.13			
560	5	2.11	820	44	17.00	1080	47	89.90			
580	8	2.41	840	32	18.21	1100	122	94.50			

四、五等地利用改良方向

（一）五等地主要属性

华北小麦玉米轮作区五等地的地貌属性特征为冲积平原、侵蚀山间平原、冲积洪积平原、河流阶地、洪积平原、湖积冲积平原、侵蚀剥蚀平原、湖积平原、侵蚀丘陵、冲积湖积平原、侵蚀剥蚀丘陵、冲积海积平原，侵蚀低山占比很低。华北小麦玉米轮作区五等地对≥10℃积温的最低保障应为3000℃。

降水量与灌溉能力：400～600mm降水量、灌溉能力基本满足、一般满足的五等地占五等地的59.01％。600～800mm降水量、灌溉能力一般满足的五等地占五等地的27.75％。

耕层厚度与耕层质地：耕层厚度平均为18cm；华北小麦玉米轮作区五等地的质地条件主要为中壤、轻壤、重壤、黏土、砂壤。

盐渍化程度为无或轻度盐渍化。

（二）改良利用措施方向

区域内五等地在耕地地力的属性状态上存在明显的不足。改良利用和提高耕地地力主要从四个方面进行：一是提高灌溉能力。五等地中98.58％的耕地降水量分布在400～800mm间。但是，灌溉能力低，充分满足的只占0.41％，满足的只占0.89％，基本满足的占31.20％，一般满足的占65.18％，不满足的占2.32％。应结合水资源特点，发展灌溉，尤其是节水灌溉，提高灌溉保障能力。二是增施有机肥料，实行秸秆还田。五等地质地不良耕地面积大，轻壤、重壤、黏土、砂壤质地面积 2631.48km²，占五等地的 99.98%。通过增施有机肥，实行秸秆还田等措施，提高耕层有机质含量，改善耕层土壤结构。三是平衡施肥和矫正施肥，提高养分含量，平衡养分结构。四是加强灌溉与排水设施建设，消除盐渍化影响。五等地存在盐渍化影响，轻度盐渍化、中度盐渍化和重度盐渍化 110.44km²，占五等地的 7.55%。五是在坡度较大的耕地进行梯田改造，增加土层厚度，防止水土流失（表 3-74）。

表 3-74　五等地地力属性低于平均值的面积与比例

指　　标	河北轮作区		河南轮作区		山东轮作区		山西轮作区		华北小麦玉米轮作区	
	面积（万 hm²）	比例（%）	面积（万 hm²）	比例（%）	面积（万 hm²）	比例（%）	面积（万 hm²）	比例（%）	面积（万 hm²）	比例（%）
耕层厚度（cm）	29.48	51.95	19.14	49.63	13.54	35.78	6.27	47.71	54.65	37.36
有机质（g/kg）	27.33	48.16	21.26	55.14	20.5	54.20	8.17	62.19	73.8	50.45
有效磷（mg/kg）	29.55	52.08	16.34	42.37	22.6	59.75	7.88	59.96	85.46	58.42
速效钾（mg/kg）	34.15	60.19	16.71	43.33	22.22	58.73	6.73	51.19	95.14	65.04
有效锌（mg/kg）	35.16	61.97	31.25	81.04	25.21	66.64	7.72	58.75	103.73	70.91

第七节　六等地耕地质量特征

一、六等地分布特征

（一）区域分布

华北小麦玉米轮作区六等地 95.21 万 hm²，占华北小麦玉米轮作区耕地面积的 7.8%。其中河北轮作区六等地 27.49 万 hm²，占河北轮作区耕地面积的 8.08%；河南轮作区六等地 9.11 万 hm²，占河南轮作区耕地面积的 2.2%；山东轮作区六等地 35.84 万 hm²，占山东轮作区耕地面积的 9.28%；山西轮作区六等地面积 22.77 万 hm²，占山西轮作区耕地面积的 28.56%（图 3-13）。

六等地主要分布在河北轮作区的冀中海河低平原区，山东轮作区的鲁中南丘陵区，河南轮作区的豫中郑州—兰考一线黄河古道地区及黄泛区，山西轮作区的晋南中低山区。

地级市中六等地面积较大的有：运城市 139.6km²，菏泽市 102.94km²，济南市 91.94km²，邢台市 89.57km²，临汾市 88.07km²，沧州市 67.76km²，济宁市 64.01km²，泰安市 57.15km²，廊坊市 50.19km²，商丘市 43.23km²，开封市 40.21km²，邯郸市 30.18km²，衡水市 26.17km²，聊城市 14.13km²，保定市 10.9km²。面积较小的有滨州市 8.41km²，枣庄市 7.15km²，德州市 5.87km²，东营市 4.98km²，驻马店市 4.32km²，淄博市 1.87km²，漯河市 1.29km²，新乡市 1.28km²，濮阳市 0.74km²，石家庄市 0.16km²。周口市、许昌市、焦作市、安阳市在轮作区内没有六等地。

六等地面积占地级市在轮作区内的耕地面积比例依次为：临汾市 33.23%，运城市 26.23%，济南市 23.50%，泰安市 19.58%，邢台市 18.07%，廊坊市 15.47%，菏泽市 13.17%，济宁市 11.79%，沧州市 11.10%，开封市 7.92%，枣庄市 7.74%，东营市

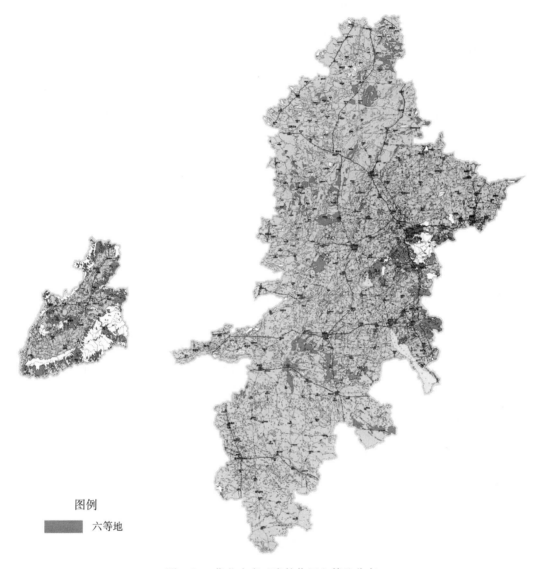

图例

六等地

图 3-13　华北小麦玉米轮作区六等地分布

7.07％，邯郸市 6.44％，商丘市 6.05％，衡水市 4.19％，滨州市 2.50％，聊城市 2.33％，保定市 2.00％，淄博市 1.22％，漯河市 1.00％，德州市 0.99％，驻马店市 0.67％，新乡市 0.34％，濮阳市 0.26％，石家庄市 0.05％。

六等地面积超过 20khm² 的县有河北轮作区的河间市 29.06khm²、临西县 28.32khm²、大名县 20.86khm²，河南轮作区的永城市 28.73khm²、兰考县 23.35khm²，山东轮作区的邹城市 51.95khm²、曹县 41.85khm²、长清区 38.65khm²、东明县 31.42khm²、平阴县 22.85khm²、岱岳区 20.83khm²、章丘市 20.08khm²，山西轮作区的翼城县 29.94khm²、平陆县26.23khm²、洪洞县25.19khm²、芮城县24.9khm²、闻喜县23.31khm²、垣曲县20khm²。

六等地占全县耕地比例高的有山西轮作区的垣曲县 79.80％，平陆县 75.03％，山东轮作区的长清区 76.69%、东明县 75.86%、岱岳区 54.62%，河北轮作区的大名县 63.15%、河间市 56.34%，河南轮作区的兰考县 61.06%。

六等地占全县耕地比例较高的有山西轮作区的翼城县 43.42%、河南轮作区的永城市 40.14%。

六等地占全县耕地面积的比例在 30%～40% 间的有山西轮作区的万荣县、尧都区、洪洞县，山东轮作区的平阴县、邹城市、章丘市，河北轮作区的博野县、巨鹿县、临西县、孟村回族自治县、霸州市。

六等地占全县耕地面积的比例在 20%～30% 间的有河北轮作区的南宫市、永清县、任丘市、文安县、平乡县，山东轮作区的宁阳县、历下区、历城区，山西轮作区的芮城县、河津市、襄汾县、绛县、闻喜县。

六等地占全县耕地面积的比例在 10%～20% 间的有河北轮作区的南和县、武邑县、枣强县、广宗县、廊坊市、东光县、肃宁县，河南轮作区的杞县，山东轮作区的曹县、肥城市、曲阜市、单县，山西轮作区的夏县、曲沃县、盐湖区。

六等地占全县耕地面积的比例在 10% 以下的有 67 个县市区。

91 个县中没有六等地。包括河北轮作区的安新县、定兴县、高碑店市、高阳县、蠡县、清苑县、容城县、望都县、雄县、涿州市、泊头市、吴桥县、馆陶县、广平县、临漳县、安平县、阜城县、深州市、武强县、大城县、固安县、高邑县、藁城市、晋州市、栾城县、深泽县、无极县、新乐市、赵县、正定县、柏乡县，河南轮作区的滑县、内黄县、汤阴县、温县、武陟县、开封县、睢县、通许县、临颍县、召陵区、南乐县、濮阳县、清丰县、台前县、虞城县、柘城县、获嘉县、新乡县、延津县、原阳县、长垣县、许昌县、鄢陵县、长葛市、郸城县、扶沟县、淮阳县、鹿邑县、商水县、沈丘县、太康县、西华县、西平县、项城市、平舆县、汝南县、上蔡县、正阳县，山东轮作区中的德城区、临邑县、陵县、平原县、齐河县、庆云县、武城县、成武县、巨野县、槐荫区、济阳县、天桥区、金乡县、梁山县、兖州市、东阿县、宁津县、阳谷县、高青县、桓台县，山西轮作区的临猗县、新绛县（表 3-75）。

表 3-75　华北小麦玉米轮作区六等地面积与比例

轮作区	地级市	县名称	面积 (khm²)	比例 (%)	轮作区	地级市	县名称	面积 (khm²)	比例 (%)
河北轮作区			274.93	8.08			新乡县	—	—
	保定市		10.90	2.00			延津县	—	—
		博野县	7.98	37.20			原阳县	—	—
		安国市	1.56	4.91			长垣县	—	—
		定州市	1.12	1.48		许昌市		—	—
		徐水县	0.25	0.57			许昌市	—	—
		安新县	—	—			许昌县	—	—
		定兴县	—	—			鄢陵县	—	—
		高碑店市	—	—			长葛市	—	—
		高阳县	—	—		周口市		—	—
		蠡县	—	—			郸城县	—	—
		清苑县	—	—			扶沟县	—	—

（续）

轮作区	地级市	县名称	面积 (khm²)	比例 (%)	轮作区	地级市	县名称	面积 (khm²)	比例 (%)
		容城县	—	—			淮阳县	—	—
		望都县	—	—			鹿邑县	—	—
		雄县	—	—			商水县	—	—
		涿州市	—	—			沈丘县	—	—
	沧州市		67.76	11.10			太康县	—	—
		河间市	29.06	33.23			西华县	—	—
		孟村回族自治县	8.08	31.65			西平县	—	—
		任丘市	13.37	21.45			项城市	—	—
		东光县	5.93	12.76			周口市	—	—
		肃宁县	3.51	10.14		驻马店市		4.32	0.67
		青县	2.94	4.64			遂平县	2.83	3.36
		献县	3.12	4.08			新蔡县	1.49	1.39
		沧县	1.74	1.82			平舆县	—	—
		泊头市	—	—			汝南县	—	—
		沧州市	—	—			上蔡县	—	—
		吴桥县	—	—			正阳县	—	—
	邯郸市		30.18	6.44	山东轮作区			358.45	9.28
		大名县	20.86	30.42		滨州市		8.41	2.50
		曲周县	3.06	7.00			滨州市	3.13	4.71
		邱县	1.82	6.60			邹平县	2.90	3.93
		魏县	2.85	5.41			博兴县	1.14	1.97
		肥乡县	0.84	2.55			阳信县	0.68	1.32
		鸡泽县	0.30	1.33			惠民县	0.55	0.64
		成安县	0.22	0.70		德州市		5.87	0.99
		邯郸县	0.09	0.28			夏津县	4.29	7.57
		永年县	0.13	0.24			乐陵市	1.36	1.87
		馆陶县	—	—			禹城市	0.21	0.35
		广平县	—	—			德城区	—	—
		邯郸市	—	—			临邑县	—	—
		临漳县	—	—			陵县	—	—
	衡水市		26.17	4.19			平原县	—	—
		武邑县	10.21	18.72			齐河县	—	—
		枣强县	10.54	17.69			庆云县	—	—
		南皮县	2.28	4.49			武城县	—	—
		冀州市	2.28	3.96		东营市		4.98	7.07
		饶阳县	0.33	0.87			广饶县	4.98	7.07
		故城县	0.32	0.52		菏泽市		102.94	13.17
		景县	0.22	0.27			东明县	31.42	40.14
		安平县	—	—			曹县	41.85	32.14
		阜城县	—	—			单县	15.56	15.19
		衡水市	—	—			定陶县	4.21	7.54
		深州市	—	—			郓城县	5.30	5.02
		武强县	—	—			鄄城县	3.29	4.94
	廊坊市		50.19	15.47			菏泽市	1.33	1.51
		霸州市	15.29	30.36			成武县	—	—

（续）

轮作区	地级市	县名称	面积(khm²)	比例(%)	轮作区	地级市	县名称	面积(khm²)	比例(%)
		永清县	12.24	27.34			巨野县	—	—
		文安县	14.10	21.26		济南市		91.94	23.50
		廊坊市	8.56	13.88			平阴县	22.85	75.03
		大城县	—	—			长清区	38.65	63.15
		固安县	—	—			济南市	3.74	49.87
	石家庄市		0.16	0.05			历下区	0.19	23.73
		辛集市	0.16	0.28			历城区	6.00	21.81
		高邑县	—	—			章丘市	20.08	20.77
		藁城市	—	—			商河县	0.42	0.55
		晋州市	—	—			槐荫区	—	—
		栾城县	—	—			济阳县	—	—
		深泽县	—	—			天桥区	—	—
		无极县	—	—		济宁市		64.01	11.79
		新乐市	—	—			邹城市	51.95	56.34
		赵县	—	—			曲阜市	8.23	16.88
		正定县	—	—			微山县	1.12	3.61
	邢台市		89.57	18.07			嘉祥县	2.24	3.54
		临西县	28.32	76.69			汶上县	0.29	0.53
		巨鹿县	13.32	34.85			鱼台县	0.18	0.41
		南宫市	15.12	27.96			济宁市	—	—
		平乡县	5.48	20.87			金乡县	—	—
		南和县	5.11	19.75			梁山县	—	—
		广宗县	4.44	14.56			兖州市	—	—
		威县	5.66	8.93		聊城市		14.13	2.33
		宁晋县	5.91	8.05			高唐县	5.03	8.24
		隆尧县	3.55	7.55			莘县	3.28	3.65
		清河县	1.98	6.29			聊城市	2.27	2.84
		新河县	0.32	1.41			冠县	2.03	2.76
		任县	0.36	1.25			茌平县	1.08	1.51
		柏乡县	—	—			临清市	0.45	0.74
河南轮作区			91.07	2.20			东阿县	—	—
	安阳市		—	—			宁津县	—	—
		滑县	—	—			阳谷县	—	—
		内黄县	—	—		泰安市		57.15	19.58
		汤阴县	—	—			岱岳区	20.83	28.91
	焦作市		—	—			宁阳县	17.37	24.52
		温县	—	—			肥城市	12.95	18.18
		武陟县	—	—			东平县	6.01	8.66
	开封市		40.21	7.92			泰安市	—	—
		兰考县	23.35	30.54		枣庄市		7.15	7.74
		杞县	13.72	14.74			滕州市	7.15	7.74
		尉氏县	3.14	3.52		淄博市		1.87	1.22
		开封市	—	—			临淄区	1.60	3.99
		开封县	—	—			周村区	0.27	1.79
		睢县	—	—			高青县	—	—

（续）

轮作区	地级市	县名称	面积 (khm²)	比例 (%)	轮作区	地级市	县名称	面积 (khm²)	比例 (%)
		通许县	—	—			桓台县	—	—
	漯河市		1.29	1.00			淄博市	—	—
		漯河市	1.29	2.92	山西轮作区			227.67	28.56
		临颍县	—	—		临汾市		88.07	33.23
		召陵区	—	—			翼城县	29.94	61.06
	濮阳市		0.74	0.26			洪洞县	25.19	35.46
		范县	0.74	1.83			尧都区	16.52	32.54
		南乐县	—	—			襄汾县	13.25	23.00
		濮阳市	—	—			曲沃县	2.87	11.26
		濮阳县	—	—			侯马市	0.30	2.71
		清丰县	—	—		运城市		139.60	26.23
		台前县	—	—			垣曲县	20.00	79.80
	商丘市		43.23	6.05			平陆县	26.23	75.86
		永城市	28.73	18.91			芮城县	24.90	54.62
		夏邑县	10.25	9.35			闻喜县	23.31	43.42
		民权县	2.58	3.08			万荣县	18.89	36.75
		宁陵县	0.83	1.46			河津市	5.99	28.60
		睢阳区	0.83	1.14			绛县	6.02	21.32
		商丘市	—	—			夏县	4.97	12.72
		虞城县	—	—			盐湖区	5.46	10.38
		柘城县	—	—			稷山县	3.06	9.25
	新乡市		1.28	0.34			永济市	0.77	1.43
		封丘县	1.28	1.53			临猗县	—	—
		获嘉县	—	—			新绛县	—	—

（二）土壤类型

潮土、褐土、砂姜黑土、黄褐土、棕壤和风沙土 6 类耕地六等地面积 853.35khm²，占 6 类土壤耕地面积的 7.19%。

其中，黄褐土六等地面积 1.53khm²，占其耕地面积的 0.60%；潮土六等地面积 454.36khm²，占其耕地面积的 5.32%；砂姜黑土六等地面积 4.39khm²，占其耕地面积的 0.56%；褐土六等地面积 299.1khm²，占其耕地面积的 14.92%；棕壤六等地面积 72.39khm²，占其耕地面积的 41.75%；风沙土六等地面积 21.58khm²，占其耕地面积的 20.45%。

六等地中面积较大的亚类有典型潮土 318.4khm²，褐土性土 167.25khm²，石灰性褐土 71.54khm²，盐化潮土 65.96khm²，脱潮土 46.1khm²，典型棕壤 42.31khm²，典型褐土 41.13khm²。

亚类中，六等地耕地面积占同亚类耕地面积的比例依次为，棕壤性土 84.12%，典型棕壤 54.15%，褐土性土 51.04%，黄褐土性土 48.75%，淋溶褐土 21.91%，典型褐土 20.61%，草甸风沙土 20.45%，灌淤潮土 16.16%，石灰性褐土 14.72%，湿潮土 12.24%，潮棕壤 8.92%，盐化潮土 6.77%，碱化潮土 6.39%，典型潮土 5.12%，脱潮土 4.69%，潮土 1.10%，石灰性砂姜黑土 0.63%，典型砂姜黑土 0.51%，典型黄褐土

0.27%。

六等地中面积较大的土属有黄土质褐土性土 131.28khm²，壤性潮土 108.96khm²，砂性潮土 48.65khm²，黄土质石灰性褐土 48.33khm²，砂质潮土 47.63khm²，麻砂棕壤 42.15khm²。

土属一级，砂泥质淋溶褐土、硅铝质淋溶褐土、黄土质棕壤、灰泥质淋溶褐土 4 个土属上的耕地全为六等地。麻砂棕壤性土上的耕地 84.12%为六等地，灰质石灰性褐土上 74.75%的耕地为六等地，泥砂质黄褐土性土上 72.60%的耕地为六等地，灰质褐土性土上 62.34%的耕地为六等地。麻砂棕壤、黄土质褐土性土、洪积石灰性褐土 3 个土属上，有 50%~60%的耕地为六等地；冲积流动草甸风沙土、半固定草甸风沙土、灰泥质褐土性土、泥砂质褐土 4 个土属上有 40%~50%的耕地为六等地；砂泥质褐土性土、灰质褐土、黄土质淋溶褐土上的耕地 30%~40%为六等地；黏性湿潮土、壤性湿潮土、洪冲积淋溶褐土、冲积固定草甸风沙土、砂泥质石灰性褐土、黏质氯化物盐化潮土上的耕地 20%~30%为六等地。

砂质氯化物盐化潮土、黏质滨海盐化潮土、黄土质褐土、碱化潮土、泥砂质褐土性土、淤潮黏土、黄土质石灰性褐土、黏质脱潮土、砂性脱潮土、砂性潮土、硅泥褐土性土、硫酸盐盐化潮土、壤性脱潮土、砂质非灰性河潮土、洪冲积潮棕壤、砂质潮土、氯化物盐化潮土、固定草甸风沙土、灰质淋溶褐土上的耕地 10%~20%为六等地。

洪积褐土、壤质滨海盐化潮土、黏性脱潮土、泥砂质淋溶褐土、黏性潮土、壤性潮土、碱潮壤土、草甸固定风沙土、砂质脱潮土、石灰性潮砂土、黏质潮土、黏性洪冲积潮褐土、石灰性潮黏土、黏质湿潮土、黑姜土、壤质氯化物盐化潮土、壤质非灰性河潮土、壤质河潮土、洪冲积潮褐土、冲积非灰性潮褐土、石灰性潮壤土、砂质硫酸盐盐化潮土、脱潮砂土、壤质潮土、硫酸盐潮土、黄土质潮褐土、壤性洪冲积潮褐土、黄土质黄褐土、灰覆黑姜土、砂性洪冲积潮褐土、砂质河潮土、脱潮壤土、壤质硫酸盐盐化潮土、氯化物潮土、冲积潮棕壤、壤质脱潮土、覆泥黑姜土、冲积潮褐土上的耕地为六等地的不到 10%（表 3-76）。

表 3-76　各土类、亚类六等地面积与比例

土类	亚类	土属	面积 (khm²)	比例 (%)	土类	亚类	土属	面积 (khm²)	比例 (%)
总计			853.35	7.19	褐土			299.1	14.92
潮土			454.36	5.32		潮褐土		10.49	1.10
	潮土		318.40	5.12			冲积潮褐土	0.49	0.36
		潮黏土	—	—			冲积非灰性潮褐土	1.11	2.07
		壤性潮土	108.96	7.69			洪冲积潮褐土	1.66	2.18
		壤质潮土	19.88	1.78			黄土质潮褐土	0.15	1.24
		壤质非灰性河潮土	0.30	2.62			壤性洪冲积潮褐土	5.92	1.13
		壤质河潮土	0.61	2.52			砂性洪冲积潮褐土	0.67	0.94
		砂性潮土	48.65	13.78			黏性洪冲积潮褐土	0.49	3.58
		砂质潮土	47.63	11.87		褐土		41.13	20.61
		砂质非灰性河潮土	1.60	12.24			硅泥褐土	—	—
		砂质河潮土	0.20	0.94			洪积褐土	5.57	9.91

（续）

土类	亚类	土属	面积(khm²)	比例(%)	土类	亚类	土属	面积(khm²)	比例(%)
		石灰性潮壤土	29.37	2.05			黄土质褐土	13.16	16.56
		石灰性潮砂土	18.60	4.60			灰质褐土	20.79	36.76
		石灰性潮黏土	22.02	3.39			泥砂质褐土	1.61	43.17
		黏性潮土	12.18	7.71		褐土性土		167.25	51.04
		黏质潮土	8.39	4.06			硅泥褐土性土	0.40	12.97
	灌淤潮土		5.30	16.16			黄土质褐土性土	131.28	54.15
		淤潮黏土	5.30	16.16			灰泥质褐土性土	0.68	44.61
	碱化潮土		7.21	6.39			灰质褐土性土	9.75	62.34
		碱化潮壤土	5.49	5.77			泥砂质褐土性土	0.26	16.22
		碱化潮土	1.72	16.22			砂泥质褐土性土	24.88	39.79
	湿潮土		11.38	12.24		淋溶褐土		8.70	21.91
		壤性湿潮土	3.56	26.19			硅铝质淋溶褐土	0.53	100.00
		黏性湿潮土	6.62	29.02			洪冲积淋溶褐土	4.55	24.66
		黏质湿潮土	1.20	3.39			黄土质淋溶褐土	1.38	34.92
	脱潮土		46.10	4.69			灰泥质淋溶褐土	0.13	100.00
		壤性脱潮土	26.41	12.26			灰质淋溶褐土	0.94	10.61
		壤质脱潮土	1.60	0.58			泥砂质淋溶褐土	0.40	8.24
		砂性脱潮土	6.83	13.83			砂泥质淋溶褐土	0.77	100.00
		砂质脱潮土	5.92	5.31		石灰性褐土		71.54	14.72
		脱潮壤土	1.72	0.85			洪积石灰性褐土	2.24	51.58
		脱潮砂土	2.22	1.97			黄土质石灰性褐土	48.33	16.01
		黏性脱潮土	0.14	8.27			灰质石灰性褐土	8.66	74.75
		黏质脱潮土	1.27	14.47			砂泥质石灰性褐土	12.31	23.86
	盐化潮土		65.96	6.77	黄褐土			1.53	0.60
		硫酸盐潮土	0.19	1.67		典型黄褐土		0.50	0.27
		硫酸盐盐化潮土	25.07	12.42			黄土质黄褐土	0.50	1.13
		氯化物潮土	0.40	0.70			泥砂质黄褐土	—	—
		氯化物盐化潮土	17.24	10.93		黄褐土性土		1.02	48.75
		壤质滨海盐化潮土	1.95	8.54			泥砂质黄褐土性土	1.02	72.60
		壤质硫酸盐盐化潮土	2.33	0.83	砂姜黑土			4.39	0.56
		壤质氯化物盐化潮土	2.93	2.78		砂姜黑土		2.41	0.51
		砂质硫酸盐盐化潮土	1.10	2.05			覆泥黑姜土	0.92	0.38
		砂质氯化物盐化潮土	12.36	19.76			黑姜土	1.49	3.08
		黏质滨海盐化潮土	1.58	16.62		石灰性砂姜黑土		1.98	0.63
		黏质氯化物盐化潮土	0.80	20.71			灰覆黑姜土	1.98	1.10
风沙土			21.58	20.45	棕壤			72.39	41.75
	草甸风沙土		21.58	20.45		潮棕壤		5.94	8.92
		半固定草甸风沙土	7.14	45.15			冲积潮棕壤	0.11	0.63
		草甸固定风沙土	1.22	5.36			洪冲积潮棕壤	5.82	12.00
		冲积固定草甸风沙土	5.82	24.34		棕壤		42.31	54.15
		冲积流动草甸风沙土	5.50	47.25			黄土质棕壤	0.16	100.00
		固定草甸风沙土	1.90	10.83			麻砂棕壤	42.15	54.69
						棕壤性土		24.15	84.12
							麻砂棕壤性土	24.15	84.12

二、六等地属性特征

(一)地貌类型

区域内六等地 952.12km²，占华北小麦玉米轮作区耕地面积的 7.8%。在 20 种地貌单元中，除侵蚀剥蚀山间平原外，其余 19 种地貌类型单元均有六等地。包括冲积平原、侵蚀山间平原、侵蚀剥蚀丘陵、侵蚀低山、侵蚀剥蚀中山、河流阶地、侵蚀剥蚀低山、湖积冲积平原、侵蚀丘陵、侵蚀剥蚀平原、洪积平原、黄山覆盖区低山、黄山覆盖区中山、侵蚀中山、冲积洪积平原、湖积平原、海积冲积平原、冲积海积平原、冲积湖积平原。

六等地中，冲积平原 453.1km²，占六等地的 47.59%；侵蚀山间平原 101.45km²，占六等地的 10.66%；侵蚀剥蚀丘陵 61.22km²，占六等地的 6.43%；侵蚀低山 56.98km²，占六等地的 5.98%；侵蚀剥蚀中山 55.18km²，占六等地的 5.80%；河流阶地 53.52km²，占六等地的 5.62%。

地貌类型单元耕地全部为六等地的有 5 种：侵蚀剥蚀中山 55.18km²、侵蚀剥蚀低山 31.94km²、黄山覆盖区低山 13.19km²、黄山覆盖区中山 12.63km² 和侵蚀中山 12.56km²。其他地貌类型单元中六等地比例从高到低，依次为：侵蚀低山 56.98km²，97.99%；侵蚀剥蚀丘陵 61.22km²，96.76%；侵蚀丘陵 20.96km²，82.55%；侵蚀剥蚀平原 19.3km²，43.73%；侵蚀山间平原 101.45km²，35.64%；冲积海积平原 0.72km²，31.05%；海积冲积平原 1.79km²，27.91%；河流阶地 53.52km²，16.89%；湖积冲积平原 27.05km²，9.04%；湖积平原 3.57km²，7.91%；洪积平原 15.71km²，7.60%；冲积平原 453.1km²，4.54%；冲积湖积平原 0.15km²，1.75%；冲积洪积平原 11.1km²，1.50%。

因此，六等地是华北小麦玉米轮作区中地貌类型最为复杂的，也是地貌类型状态最差的，从平原到丘陵，再到低山、中山，均有六等地（表 3-77）。

表 3-77　各地貌类型六等地面积与比例

地貌类型	面积（km²）	在六等地上的比例（%）	占六等地比例（%）
总计	952.12	7.80	100.00
冲积平原	453.10	4.54	47.59
侵蚀山间平原	101.45	35.64	10.66
侵蚀剥蚀丘陵	61.22	96.76	6.43
侵蚀低山	56.98	97.99	5.98
侵蚀剥蚀中山	55.18	100.00	5.80
河流阶地	53.52	16.89	5.62
侵蚀剥蚀低山	31.94	100.00	3.35
湖积冲积平原	27.05	9.04	2.84
侵蚀丘陵	20.96	82.55	2.20
侵蚀剥蚀平原	19.30	43.73	2.03
洪积平原	15.71	7.60	1.65
黄山覆盖区低山	13.19	100.00	1.39
黄山覆盖区中山	12.63	100.00	1.33
侵蚀中山	12.56	100.00	1.32

（续）

地貌类型	面积（khm²）	在六等地上的比例（%）	占六等地比例（%）
冲积洪积平原	11.10	1.50	1.17
湖积平原	3.57	7.91	0.38
海积冲积平原	1.79	27.91	0.19
冲积海积平原	0.72	31.05	0.08
冲积湖积平原	0.15	1.75	0.02
侵蚀剥蚀山间平原	—	—	—

（二）积温

不同≥10℃积温段中六等地占其耕地面积的比例为，3000～3500℃为84.57%，3500～4000℃为31.79%，4000～4500℃为34.89%，4500～5000℃为13.15%，5000～5500℃为6.89%，5500～6000℃为0。

各积温段内六等地面积占华北小麦玉米轮作区六等耕地面积比例的分析结果表明，六等地分布最集中的是在4500～5500℃积温段内，占比为98.65%，而在4000～4500℃积温范围的六等地占1.08%（表3-78）。

表3-78　六等地的≥10℃积温分布

积温（℃）	面积（khm²）	六等地在不同积温段上比例（%）	占六等地的比例（%）
5500～6000	—		
5000～5500	726.04	6.89	76.26
4500～5000	213.22	13.15	22.39
4000～4500	10.27	34.89	1.08
3500～4000	2.11	31.79	0.22
3000～3500	0.48	84.57	0.05
总计	952.12	7.80	100.00

（三）年降水量与灌溉能力

在华北小麦玉米轮作区的自然条件下，六等地主要分布在降水量400～800mm的区间。这一范围内的六等地占比达99.19%，其中400～600mm区间的六等地占55.21%，600～800mm区间的六等地占43.98%。

六等地的灌溉能力是华北小麦玉米轮作区中最低的。充分满足的没有，满足的只占0.04%，基本满足的占7.79%，一般满足的占69.25%，不满足的占22.93%。

不同降水量区间的六等地比例及不同灌溉能力的六等地比例见表3-80。该表反映了不同灌溉能力与降水量组合条件下的六等地占其耕地面积的比例。综合分析可知，400～600mm降水量情况下，灌溉能力一般满足的占六等地的36.68%。600～800mm降水量情况下，灌溉能力一般满足的占六等地的32.32%。说明六等地的灌溉保证能力整体很低（表3-79）。

表 3-79　不同年降水量与灌溉能力六等地比例

灌溉能力	占比（%）	降水量（mm）占比（%）				
		1000~1200	800~1000	600~800	400~600	
		0.00	0.82	43.98	55.21	100.00
充分满足	—	—	—	—	—	—
满足	0.04	—	—	—	0.04	—
基本满足	7.79	—	0.13	3.80	3.86	—
一般满足	69.25	—	0.25	32.32	36.68	—
不满足	22.93	—	0.44	7.87	14.63	—
	100.00	—	—	—	—	—

（四）耕层质地

六等地中，耕层质地为中壤、轻壤、重壤、黏土、砂壤、砂土的耕地分别占 14.99%、37.12%、14.61%、8.25%、23.68%、1.35%；中壤、轻壤、重壤、黏土、砂壤、砂土耕地上的六等地面积占相同质地类型上耕地面积的比例分别为 5.87%、6.67%、5.18%、14.30%、18.45%、76.11%。

轻壤、重壤、黏土、砂壤、砂土五种质地耕地 809.43khm², 占六等地面积的 85.01%（表 3-80）。

表 3-80　六等地耕层质地分布

耕层质地	面积（khm²）	六等地占同质地耕地的比例（%）	不同质地占六等地的比例（%）
中壤	142.69	5.87	14.99
轻壤	353.40	6.67	37.12
重壤	139.09	5.18	14.61
黏土	78.58	14.30	8.25
砂壤	225.47	18.45	23.68
砂土	12.89	76.11	1.35
总计	952.12	7.80	100.00

（五）耕层厚度

统计华北小麦玉米轮作区中六等地的耕层厚度，平均为 18cm，河北轮作区为 18cm，河南轮作区为 18cm，山东轮作区为 20cm，山西轮作区为 14cm（表 3-81）。

表 3-81　六等地耕层厚度与土壤养分含量平均值

指　标	河北轮作区	河南轮作区	山东轮作区	山西轮作区	华北小麦玉米轮作区
耕层厚度（cm）	18	18	20	14	18
有机质（g/kg）	12.45	13.84	12.22	14.41	13.07
有效磷（mg/kg）	15.45	14.02	21.22	12.87	17.20
速效钾（mg/kg）	118.31	103.76	106.44	170.76	128.50
有效铁（mg/kg）	8.13	12.07	13.84	4.72	9.96
有效铜（mg/kg）	1.44	3.01	1.32	1.08	1.38

（续）

指　　标	河北轮作区	河南轮作区	山东轮作区	山西轮作区	华北小麦玉米轮作区
有效锌（mg/kg）	1.38	5.45	1.14	1.13	1.47
有效硫（mg/kg）	36.24	19.14	35.74	34.18	34.17
有效锰（mg/kg）	11.95	13.95	14.28	9.35	12.34
有效钼（mg/kg）	0.16	3.95	0.19	0.12	0.42
pH	8.18	8.06	7.44	8.21	7.84

六等地中，耕层以二级和三级为主，合计占 79.47％，四级占 16.86％（表 3-82）。

表 3-82　六等地耕层厚度各级面积与比例

耕层分级	面积（khm²）	占比（％）
一级（≥25cm）	34.74	3.65
二级（20～25cm）	368.24	38.68
三级（15～20cm）	388.32	40.79
四级（10～15cm）	160.54	16.86
五级（10cm 以下）	0.27	0.03
总计	952.12	100.00

（六）土壤有机质、有效磷、速效钾和有效锌

六等地土壤有机质、有效磷、速效钾、有效铁、有效铜、有效锌、有效硫、有效锰、有效钼平均值分别为 13.07g/kg、17.20mg/kg、128.50mg/kg、9.96mg/kg、1.38mg/kg、1.47mg/kg、34.17mg/kg、12.34mg/kg、0.42mg/kg。六等地的养分指标平均值与五等地基本一致。

六等地中，土壤有机质含量四级为主，占 67.98％；土壤有效磷含量以四级和五级为主，合计占 62.55％；土壤速效钾含量以一级、二级、三级为主，合计占 68.18％；土壤有效锌含量以二级、三级和四级为主，合计占 92.97％（表 3-83）。

表 3-83　六等地土壤有机质、有效磷、速效钾与有效锌各级面积与比例

养分等级	有机质		有效磷		速效钾		有效锌	
	面积（khm²）	比例（％）	面积（khm²）	比例（％）	面积（khm²）	比例（％）	面积（khm²）	比例（％）
一级	0.10	0.01	20.22	2.12	199.39	20.94	32.26	3.39
二级	7.86	0.83	68.87	7.23	238.25	25.02	178.64	18.76
三级	166.88	17.53	145.67	15.30	211.59	22.22	359.59	37.77
四级	647.24	67.98	253.04	26.58	167.08	17.55	346.99	36.44
五级	128.84	13.53	342.47	35.97	134.00	14.07	32.65	3.43
六级	1.21	0.13	121.85	12.80	1.81	0.19	1.99	0.21
总计	952.12	100.00	952.12	100.00	952.12	100.00	952.12	100.00

（七）盐渍化程度

华北小麦玉米轮作区六等地中，无盐渍化耕地 952.12khm²，占六等地的 94.04％；轻度盐化耕地 52.92khm²，占六等地的 5.56％；中度盐渍化的耕地 3.84khm²，占六等地

的 0.40%；没有重度盐渍化的耕地。

轻度盐渍化耕地中的 13.19%、中度盐渍化耕地中的 15.25%、无盐渍化耕地中的 7.60% 是六等地（表 3-84）。

表 3-84   盐渍化程度与六等地分布

盐渍化程度	面积（khm²）	六等地所占比例（%）	占六等地的比例（%）
无	895.35	7.60	94.04
轻度	52.92	13.19	5.56
中度	3.84	15.25	0.40
重度	—	—	—
总计	952.12	7.80	100.00

三、六等地产量水平

华北小麦玉米轮作区小麦玉米年平均产量 923kg/亩。

以调查得到的华北小麦玉米轮作区六等地小麦玉米年产量作产量分布，现时的平均产量 923kg/亩相当于累积频率 62% 时的产量水平。若以 74% 处的产量 960kg/亩作为预期平均产量，则六等地增产潜力为 37kg/亩，相当于增产幅度 4%（表 3-85）。

表 3-85   六等地小麦玉米年产量频率分布

产量（kg/亩）	频率	累积（%）	产量（kg/亩）	频率	累积（%）	产量（kg/亩）	频率	累积（%）	产量（kg/亩）	频率	累积（%）
340	4	0.35	600	16	8.82	860	104	41.09	1120	7	97.75
360	4	0.69	620	10	9.69	880	33	43.94	1140	0	97.75
380	0	0.69	640	5	10.12	900	192	60.55	1160	23	99.74
400	6	1.21	660	17	11.59	920	16	61.94	1180	0	99.74
420	1	1.30	680	5	12.02	940	15	63.24	1200	2	99.91
440	1	1.38	700	20	13.75	960	120	73.62	1220	0	99.91
460	7	1.99	720	10	14.62	980	26	75.87	1240	0	99.91
480	14	3.20	740	4	14.97	1000	90	83.65	1260	0	99.91
500	22	5.10	760	42	18.60	1020	20	85.38	1280	0	99.91
520	4	5.45	780	22	20.50	1040	21	87.20	1300	1	100.00
540	6	5.97	800	94	28.63	1060	53	91.78			
560	14	7.18	820	22	30.54	1080	14	92.99			
580	3	7.44	840	18	32.09	1100	48	97.15			

四、六等地利用改良方向

（一）六等地主要属性

区域内六等地地貌类型最为复杂。侵蚀剥蚀中山、侵蚀剥蚀低山、黄山覆盖区低山、黄山覆盖区中山、侵蚀中山、侵蚀低山、侵蚀剥蚀丘陵、侵蚀丘陵等 8 种华北小麦玉米轮作区中最差的地貌类型单元中 90% 以上的耕地全在六等地中。

六等地的灌溉能力是华北小麦玉米轮作区中最低的。从灌溉能力上统计，充分满足的没有，满足的只占 0.04％，基本满足的占 7.79％，一般满足的占 69.25％，不满足的占 22.93％，以一般满足和不满足为主。

耕层厚度平均为 18cm，华北小麦玉米轮作区六等地的质地条件主要为中壤、轻壤、重壤、黏土、砂壤。

轻度盐渍化和中度盐渍化所占比例为 28.44％。

（二）改良利用措施方向

六等地改良利用要结合六等地的主要限制因素区别对待。一是改变利用方式。对中低山地区，受水资源和地形制约而难以实施一般性农田水利设施建设的，可适当采取滴灌形式。河南轮作区的六等地主要为黄河故道区，土体过砂是最主要的限制因素，可以发展花生等种植作物，或发展节水灌溉。二是加强基础设施建设。建议对平原区灌溉能力低的，积极发展灌溉设施，提高灌溉能力。三是实行耕地定向培育。对耕层浅、养分低的地区，积极推行深松深耕制度，逐步加深耕层厚度、增加活土层，采取增施有机肥、秸秆还田、测土配方施肥等综合培肥措施，培肥耕地土壤，有效增加土壤养分含量。四是消减盐渍化。对海积平原和北河洼土类，地势低、易产生盐渍化的地区，应加强田间灌溉与排水的配套建设，降低地下水位，消除盐渍化影响。

第八节　各等级耕地主要属性对比

一、立地条件对比

（一）地貌类型

从地貌类型上看，由于华北小麦玉米轮作区主要是平原，各类平原类型的耕地面积占 97.77％，丘陵区耕地占 0.73％，中低山区耕地占 1.50％。在一等地、二等地中没有丘陵、低山和中山地区的耕地，三等地中只有极小部分为丘陵。四等地、五等地有丘陵和侵蚀低山，没有中山地貌类型。六等地是地貌类型最为复杂的一类耕地。平原、丘陵、低山和中山均有。100％的中山，90％以上的低山和丘陵均为六等地（表 3-86）。

表 3-86　各等地地貌类型

耕地地力等级	地貌类型
一等地	98.79％为冲积平原、冲积洪积平原、湖积冲积平原、河流阶地、洪积平原、湖积平原；1.21％为侵蚀山间平原、侵蚀剥蚀平原
二等地	97.13％为冲积平原、冲积洪积平原、河流阶地、湖积冲积平原、洪积平原、湖积平原；2.87％为侵蚀山间平原、侵蚀剥蚀平原、侵蚀剥蚀山间平原
三等地	98.86％为冲积平原、冲积洪积平原、河流阶地、湖积冲积平原、洪积平原、湖积平原、冲积湖积平原；1.12％为侵蚀山间平原、侵蚀剥蚀平原；0.02％为侵蚀丘陵、侵蚀剥蚀山间平原
四等地	99.91％为冲积平原、冲积洪积平原、湖积冲积平原、河流阶地、洪积平原、侵蚀山间平原、湖积平原、侵蚀剥蚀平原、海积冲积平原、冲积湖积平原、冲积海积平原；0.06％为侵蚀丘陵、侵蚀剥蚀丘陵；0.03％为低山、侵蚀低山

（续）

耕地地力等级	地貌类型
五等地	99.67%为冲积平原、侵蚀山间平原、冲积洪积平原、河流阶地、洪积平原、湖积冲积平原、侵蚀剥蚀平原、湖积平原、冲积湖积平原、冲积海积平原；0.31%为侵蚀丘陵、侵蚀剥蚀丘陵；0.03%为侵蚀低山
六等地	59.54%为冲积平原、河流阶地、洪积平原、湖积冲积平原、冲积洪积平原、湖积平原、海积冲积平原、冲积海积平原、冲积湖积平原；12.69%为侵蚀山间平原、侵蚀剥蚀平原；8.63%为侵蚀剥蚀丘陵、侵蚀丘陵；10.72%为侵蚀剥蚀低山、侵蚀低山、黄山覆盖区低山；8.45%为侵蚀剥蚀中山、黄山覆盖区中山、侵蚀中山

（二）积温

华北小麦玉米轮作区≥10℃活动积温主要集中于4500℃以上，该积温范围内的耕地占整个区域耕地面积的99.7%，分析不同积温段中各耕地地力等级的分布可以看出，在3000℃～3500℃的积温内，15.43%的耕地为三等地，84.57%的耕地为六等地（表3-87）。

表3-87　不同积温段内的耕地地力等级比例（%）

积温（℃）	一等地	二等地	三等地	四等地	五等地	六等地
5500～6000	8.62	36.33	55.04	—	—	—
5000～5500	11.73	19.49	28.31	22.15	11.43	6.89
4500～5000	8.55	17.69	26.67	18.17	15.77	13.15
4000～4500	6.85	36.30	8.92	6.93	6.10	34.89
3500～4000	4.07	20.37	15.09	16.45	12.22	31.79
3000～3500	—	—	15.43	—	—	84.57

（三）灌溉能力

灌溉能力对华北小麦玉米轮作区耕地地力影响十分明显。一等地的灌溉能力主要为充分满足、满足，而五等地、六等地的灌溉能力主要为一般满足和不满足（表3-88）。

表3-88　耕地地力等级与灌溉能力

耕地地力等级	灌溉能力
一等地	99.05%为充分满足、满足
二等地	充分满足22.40%、满足50.76%、基本满足26.84%
三等地	97.9%为充分满足、满足、基本满足；2.1%为一般满足
四等地	充分满足、满足、基本满足占73.81%；一般满足26.12%；不满足0.07%
五等地	充分满足、满足、基本满足占32.5%；一般满足65.18%；不满足2.32%
六等地	充分满足、满足、基本满足占7.83%；一般满足69.25%；不满足22.93%

（四）耕层质地

华北小麦玉米轮作区中，19.93%的耕地是中壤，43.41%的耕地是轻壤，22.00%的耕地是重壤，4.50%的耕地是黏土，10.02%的耕地是砂壤，0.14%的耕地是砂土。除一等地、二等地的质地类型中没有砂土外，其余的质地均在每等耕地中占有一定的比例（表

3-89）。

表 3-89　耕层质地类型与耕地地力等级（%）

耕层质地	一等地	二等地	三等地	四等地	五等地	六等地	总计
中壤	20.96	29.53	19.80	16.13	7.71	5.87	100.00
轻壤	10.46	18.64	33.01	20.27	10.95	6.67	100.00
重壤	9.49	20.56	36.33	20.13	8.30	5.18	100.00
黏土	7.34	1.91	8.49	37.52	30.44	14.30	100.00
砂壤	1.51	7.14	14.00	34.23	24.68	18.45	100.00
砂土	—	—	1.72	2.43	19.74	76.11	100.00
总计	11.29	19.30	28.06	21.57	11.99	7.80	100.00

（五）耕层厚度

华北小麦玉米轮作区中，耕层厚度为一级（≥25cm）的只占 4.99%，二级（20～25cm）占 54.34%，三级（15～20cm）占 29.88%，四级（10～15cm）占 5.79%，五级（10cm 以下）占 0.15%。总体上看，耕层厚度在 20cm 以下的占 35.82%（表 3-90）。

表 3-90　耕层厚度与耕地地力等级（%）

耕层分级	一等地	二等地	三等地	四等地	五等地	六等地	总计
一级（≥25cm）	13.93	7.97	4.13	2.09	1.98	3.65	4.99
二级（20～25cm）	65.72	65.63	66.38	50.12	38.16	38.68	54.34
三级（15～20cm）	16.17	23.24	25.04	42.17	48.32	40.79	29.88
四级（10～15cm）	3.78	3.16	4.29	5.54	11.12	16.86	5.79
五级（10cm 以下）	0.40	—	0.16	0.08	0.41	0.03	0.15

（六）盐渍化程度

华北小麦玉米轮作区中，96.49% 的耕地无盐渍化，3.29% 的耕地为轻度盐渍化，0.21% 的为中度盐渍化，0.02% 的耕地为重度盐渍化。

一等地中，尚有极小部分的中度和重度盐渍化耕地，而二等地、三等地均为无盐渍化或轻度盐渍化耕地。总体上看，轻度盐渍化、中度盐渍化和重度盐渍化的绝大部分主要分布于四等地、五等地和六等地中。与第二次土壤普查时相比，耕地的盐渍化程度明显下降，盐渍化程度对耕地地力的影响明显下降（表 3-91）。

表 3-91　耕地地力等级与盐渍化程度

耕地地力等级	盐渍化程度
一等地	无占 96.49%，轻度占 3.29%，中度占 0.21%，重度 0.02%
二等地	无盐渍化占 98.91%；轻度盐化占 1.09%
三等地	无盐渍化占 97.98%；轻度盐化占 2.02%
四等地	无盐渍化占 94.27%；轻度盐化占 5.35%；中度盐渍化占 0.32%；度盐渍化占 0.06%
五等地	无盐渍化占 92.45%；轻度盐化占 6.63%；中度盐渍化占 0.88%；重度盐渍化占 0.03%
六等地	无盐渍化占 94.04%；轻度盐化占 5.56%；中度盐渍化占 0.40%

二、耕层养分对比

（一）土壤有机质、有效磷与速效钾

从图 3-14 可以看出，随着耕地地力等级的下降，土壤有机质、有效磷含量平均值也呈下降趋势。一等地到三等地下降趋势明显，四等地到六等地下降趋缓。土壤速效钾从一等地到四等地下降趋势明显，五等地到六等有所回升。这可能与五等地、六等地的产量水平低，对土壤中钾素的消耗较少有关；此外，五等地、六等地主要处于山区和丘陵地带，土壤中矿物钾素含量相对较高（表 3-92、表 3-93）。

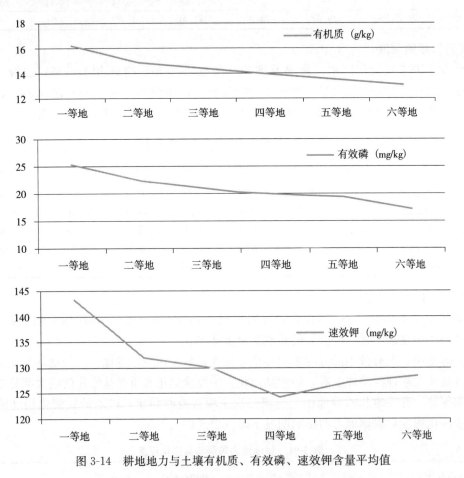

图 3-14　耕地地力与土壤有机质、有效磷、速效钾含量平均值

表 3-92　耕地地力等级与耕层土壤养分含量平均值

指标	地力等级	河北轮作区	河南轮作区	山东轮作区	山西轮作区	华北小麦玉米轮作区
有机质（g/kg）	一等地	16.51	15.44	16.29	17.03	16.13
	二等地	15.29	14.97	14.61	15.30	14.86
	三等地	15.05	14.74	13.55	15.88	14.38
	四等地	14.25	14.52	12.82	16.23	13.89
	五等地	13.53	14.09	12.49	15.27	13.54
	六等地	12.45	13.84	12.22	14.41	13.07

（续）

指　标	地力等级	河北轮作区	河南轮作区	山东轮作区	山西轮作区	华北小麦玉米轮作区
有效磷（mg/kg）	一等地	25.33	17.49	32.60	18.67	25.32
	二等地	21.75	16.90	27.14	15.46	22.37
	三等地	21.75	16.15	24.96	16.05	20.84
	四等地	19.81	15.62	23.36	16.34	19.85
	五等地	19.37	15.34	22.96	15.93	19.34
	六等地	15.45	14.02	21.22	12.87	17.20
速效钾（mg/kg）	一等地	129.21	136.16	133.69	229.34	143.20
	二等地	129.08	116.08	127.74	201.19	132.11
	三等地	128.70	122.07	120.26	198.25	129.98
	四等地	127.85	115.58	112.13	201.35	124.27
	五等地	127.69	108.63	106.83	193.00	127.13
	六等地	118.31	103.76	106.44	170.76	128.50
有效铁（mg/kg）	一等地	9.61	11.01	14.44	5.30	11.68
	二等地	9.93	14.13	12.11	4.81	11.69
	三等地	10.04	21.51	11.91	4.70	13.91
	四等地	10.00	21.16	11.75	4.83	13.38
	五等地	9.41	13.59	12.42	4.74	10.57
	六等地	8.13	12.07	13.84	4.72	9.96
有效铜（mg/kg）	一等地	1.52	1.64	1.98	1.35	1.74
	二等地	1.43	1.63	1.77	1.33	1.65
	三等地	1.40	2.20	1.69	1.19	1.76
	四等地	1.41	2.44	1.57	1.15	1.74
	五等地	1.39	2.28	1.46	1.15	1.55
	六等地	1.44	3.01	1.32	1.08	1.38
有效锌（mg/kg）	一等地	1.78	1.52	1.86	1.61	1.72
	二等地	1.69	1.47	1.74	1.62	1.65
	三等地	1.55	1.67	1.57	1.59	1.60
	四等地	1.54	2.34	1.46	1.50	1.72
	五等地	1.47	3.43	1.36	1.31	1.79
	六等地	1.38	5.45	1.14	1.13	1.47
有效硫（mg/kg）	一等地	39.52	24.36	42.37	57.92	37.80
	二等地	36.73	22.00	38.87	62.47	36.20
	三等地	37.60	21.38	40.33	54.67	35.47
	四等地	37.76	25.03	40.45	47.78	36.26
	五等地	35.47	21.64	40.10	42.23	35.60
	六等地	36.24	19.14	35.74	34.18	34.17
有效锰（mg/kg）	一等地	12.85	16.54	18.65	9.80	16.18
	二等地	13.05	17.15	12.47	8.56	13.48
	三等地	12.55	22.34	11.83	9.76	15.01
	四等地	12.27	26.61	11.83	10.51	15.90
	五等地	11.72	16.46	12.98	9.83	12.80
	六等地	11.95	13.95	14.28	9.35	12.34

（续）

指　标	地力等级	河北轮作区	河南轮作区	山东轮作区	山西轮作区	华北小麦玉米轮作区
有效钼（mg/kg）	一等地	0.17	0.46	0.19	0.21	0.27
	二等地	0.14	0.71	0.19	0.20	0.34
	三等地	0.14	1.03	0.18	0.18	0.44
	四等地	0.12	2.37	0.18	0.16	0.78
	五等地	0.14	3.85	0.19	0.14	0.88
	六等地	0.16	3.95	0.19	0.12	0.42

表 3-93　各等级耕地中不同土壤养分等级比例（%）

养分等级	地力等级						
	一等地	二等地	三等地	四等地	五等地	六等地	总计
有机质							
一级	0.11	0.04	0.02	0.05	0.04	0.01	0.04
二级	6.12	2.02	3.27	4.15	1.62	0.83	3.15
三级	55.61	41.80	33.35	24.93	20.66	17.53	32.92
四级	38.10	55.33	61.73	67.88	74.34	67.98	61.15
五级	0.06	0.81	1.63	2.98	3.35	13.53	2.72
六级	—	—	—	—	—	0.13	0.01
有效磷分级							
一级	8.40	3.15	1.84	1.73	1.04	2.12	2.74
二级	28.12	24.57	18.11	15.91	14.12	7.23	18.69
三级	20.30	21.53	22.35	21.76	21.56	15.30	21.19
四级	28.55	26.06	31.52	32.71	34.11	26.58	30.31
五级	12.21	22.15	22.82	23.79	25.12	35.97	23.00
六级	2.43	2.55	3.35	4.10	4.06	12.80	4.07
速效钾分级							
一级	33.00	18.51	20.54	16.23	19.56	20.94	20.54
二级	35.54	33.80	32.37	31.79	24.90	25.02	31.41
三级	20.89	22.57	24.78	23.50	26.73	22.22	23.67
四级	9.71	20.18	17.86	20.10	20.39	17.55	18.15
五级	0.87	4.92	4.44	8.31	8.30	14.07	6.18
六级	—	0.03	0.01	0.08	0.12	0.19	0.05
有效锌分级							
一级	6.16	6.67	7.20	7.16	7.81	3.39	6.75
二级	42.49	34.94	27.30	31.47	35.30	18.76	31.68
三级	31.71	36.69	37.25	36.24	34.78	37.77	36.04
四级	17.81	20.28	27.16	24.27	21.38	36.44	24.19
五级	1.83	1.43	1.04	0.74	0.64	3.43	1.28
六级	—	—	0.05	0.11	0.08	0.21	0.06
总计	100.00	100.00	100.00	100.00	100.00	100.00	100.00

第九节　华北小麦玉米轮作区粮食生产潜力分析

一、分析方法

在本次评价中，共从区域调查得到23863个点位的小麦－玉米年产量数据，依照产量数据的点位，与耕地地力评价单元建立对应关系。然后，计算每等耕地小麦玉米产量平均值和每等地耕地地力的地力综合指数（IFI）的平均值。以产量的平均值与对应耕地地力等级的耕地地力指数平均值建立拟合函数，证明评价结果与产量间有较好的相关关系。

以每等耕地的面积与平均产量作为基础，计算当前的产量水平。按二等地到六等地地力水平各自提高一个等级原则进行分析，依次将现在的一等地到五等地的平均产量作为二等地到六等地的增产后平均产量，分析计算华北小麦玉米轮作区耕地粮食增产潜力。

二、轮作区粮食生产潜力分析

按照上述方法计算，华北小麦玉米轮作区耕地地力提升一个等级后，可以增产粮食41.87亿kg。其中，二等地、三等地、四等地、五等地和六等地的增产份额分别为19.41%、20.85%、18.86%、19.4%、21.49%（表3-94）。

表3-94　各等级耕地增产潜力分析

耕地地力等级	一等地	二等地	三等地	四等地	五等地	六等地
耕地面积（万 hm²）	137.75	235.57	342.43	263.19	146.28	95.21
平均产量（kg/亩）	1020	997	980	960	923	860
现实总产量（亿 kg）	210.76	352.30	503.37	378.99	202.53	123.82
亩均增产（kg/亩）	—	23	17	20	37	63
增产量（亿 kg）	41.87	8.13	8.73	7.89	8.12	8.99
占增产量的份额（%）	—	19.41	20.85	18.86	19.4	21.49

山西轮作区增产潜力39870.75万kg，占总增产潜力的9.52%；山东轮作区增产潜力134944.3万kg，占总增产潜力的32.23%；河南轮作区增产潜力121929.9万kg，占总增产潜力的29.12%；河北轮作区增产潜力121962.4万kg，占总增产潜力的29.13%。

增产潜力在5%以上的地级市包括菏泽市7.96%、商丘市6.75%、运城市6.25%、沧州市5.94%、邢台市5.24%和开封市5.06%。

菏泽市、商丘市、运城市、沧州市、邢台市、开封市、衡水市、聊城市、周口市、驻马店、济宁市、济南市、保定市、德州市、邯郸市、廊坊市、临汾市、泰安市、滨州市19个地级市的增产潜力都在1亿kg以上（表3-95）。

表 3-95 华北小麦玉米轮作区增产量及份额

轮作区	地级市	一到六等地面积（hm²）						增产量（万 kg）	所占份额（%）
		一等地	二等地	三等地	四等地	五等地	六等地		
总计		1377490	2355653	3424269	2631890	1462817	952119.8	418707.3	
山西轮作区		63510.51	111223.4	150303.6	113067	131425.4	227668.6	39870.75	9.52
	运城市	43618.07	80330.52	95402.43	72083.83	101164.9	139600.9	26173.62	6.25
	临汾市	19892.44	30892.88	54901.15	40983.21	30260.43	88067.71	13697.13	3.27
山东轮作区		435173.9	901604.7	1041804	746790.3	378304.4	358447.5	134944.3	32.23
	菏泽市	4425.157	93227.49	210775.9	216401.5	153616.8	102941.9	33336.92	7.96
	聊城市	44689.77	176882.5	195587.6	108951.4	67368.68	14128.58	19432.59	4.64
	济宁市	105094.2	162599.3	122976.2	57969.88	30102.74	64012.94	18204.59	4.35
	济南市	39368.34	96511.43	90555.27	46456.53	26316.56	91937.05	17181.12	4.1
	德州市	68374.28	172891.5	191920.3	136386	19989.35	5868.261	16614.26	3.97
	泰安市	63355.03	43098.03	48694.38	46622.73	32956.78	57152.56	11357.29	2.71
	滨州市	36382.66	62484.79	108219.9	89240.32	31245.54	8410.584	10121.47	2.42
	淄博市	45368.2	45151.45	43814.59	11663.86	5248.428	1867.505	3492.68	0.83
	枣庄市	27632.59	32548.11	10372.29	8558.723	6162.598	7150.333	2661.896	0.64
	东营市	483.6176	16210.1	18887.86	24539.3	5296.966	4977.792	2541.451	0.61
河南轮作区		529036	907277.7	1390780	838508.3	385624	91074.41	121929.9	29.12
	商丘市	5815.266	44999.29	181132.7	251632.2	188304.9	43229.86	28256.47	6.75
	开封市	1216.498	57517.65	126190.5	136128.2	146337.8	40205.02	21207.19	5.06
	周口市	264296.3	114900.2	483432.3	96829.02	1750.7	—	19293.61	4.61
	驻马店市	355.5576	165724.1	328957.8	139973.1	5824.518	4321.391	19036.73	4.55
	新乡市	45484.9	109818.8	145971.7	63000.82	6772.595	1282.921	9898.168	2.36
	濮阳市	29880.19	163034	33797.86	38126.92	23122.91	741.9525	8983.763	2.15
	安阳市	80983.04	158181.6	9039.668	1184.484	—	—	5723.313	1.37
	许昌市	46795.1	80018.11	53246.77	7392.009	121.8785	—	4346.942	1.04
	漯河市		522.6013	14710.89	99598.5	13196.61	1293.265	4235.738	1.01
	焦作市	54209.15	12561.21	14299.87	4643.104	192.0942	—	947.9629	0.23
河北轮作区		349770.1	435546.9	841380.6	933524.8	567463.7	274929.2	121962.4	29.13
	沧州市	14002.33	72728.67	147459	193005.3	115256.8	67757.06	24859.3	5.94
	邢台市	14293.04	64972.25	82505.45	173752.3	70731.66	89574.73	21948.42	5.24
	衡水市	96762.21	68202.08	183575	142061.1	107877.2	26169.15	19756.13	4.72
	保定市	79498.88	82248.45	161632.2	120356.4	91204.29	10903.64	16662.12	3.98
	邯郸市	34555.61	63892.44	132640.3	137764.8	69514.55	30179.92	16429.62	3.92
	廊坊市	1941.247	26518.67	54864	103435	87419.29	50187.04	15011.42	3.59
	石家庄市	108716.8	56984.32	78704.66	63149.76	25459.91	157.6813	7295.346	1.74

第四章 耕地土壤有机质及主要营养元素

　　土壤有机质及主要营养元素是作物生长发育所必需的物质基础，其含量的高低直接影响作物的生长发育及产量与品质。土壤有机质及主要营养元素状况是土壤肥力的核心内容，是土壤生产力的物质基础，农业生产上通常以土壤耕层养分含量作为衡量土壤肥力高低的主要依据。通过对华北小麦玉米轮作区耕地土壤有机质及主要营养元素状况分析测定评价，以期为该区域作物科学施肥制度建立、高产高效及环境安全，实现可持续发展提供技术支撑。

　　根据华北小麦玉米轮作区土壤有机质及养分含量状况，参照第二次土壤普查时土壤有机质及主要营养元素分级标准，将土壤有机质、全氮、有效磷、速效钾、缓效钾、有效硫、有效铁、有效锰、有效铜、有效锌、有效钼、有效硼12个指标分为6个级别，见表4-1。

表4-1　华北小麦玉米轮作区土壤有机质及主要养分分级标准

项目	分级标准					
	一级	二级	三级	四级	五级	六级
有机质（g/kg）	>30	20～30	15～20	10～15	6～10	<6
全氮（g/kg）	>1.5	1.25～1.5	1～1.25	0.75～1	0.5～0.75	<0.5
有效磷（mg/kg）	>40	25～40	20～25	15～20	10～15	<10
速效钾（mg/kg）	>150	120～150	100～120	80～100	50～80	<50
缓效钾（mg/kg）	>1500	1200～1500	900～1200	750～900	500～750	<500
有效铜（mg/kg）	>1.8	1.5～1.8	1～1.5	0.5～1	0.2～0.5	<0.2
有效锌（mg/kg）	>3	1.5～3	1～1.5	0.5～1	0.3～0.5	<0.3
有效铁（mg/kg）	>20	15～20	10～15	4.5～10	2.5～4.5	<2.5
有效锰（mg/kg）	>30	20～30	15～20	10～15	5～10	<5
有效硼（mg/kg）	>2	1.5～2	1～1.5	0.5～1	0.2～0.5	<0.2
有效钼（mg/kg）	>0.3	0.25～0.3	0.2～0.25	0.15～0.2	0.1～0.15	<0.1
有效硫（mg/kg）	>200	100～200	50～100	25～50	12～25	<12

第一节　土壤有机质

　　土壤有机质是指存在于土壤中的所有含碳的有机化合物，它主要包括土壤中各种动物、植物残体，微生物体及其分解和合成的各种有机化合物，其中经过微生物作用形成的腐殖质，主要为腐殖酸及其盐类物质，是土壤有机质的主体。土壤有机质基本成分是纤维素、木质素、淀粉、糖类、油脂、蛋白质等，主要元素组成有碳、氧、氢、氮，其次还有硫、磷、铁、镁等。

土壤有机质是衡量土壤肥力的重要指标之一，它是土壤的重要组成部分，它不仅是植物营养的重要来源，也是微生物生活和活动的能源。与土壤发生演变、肥力水平和诸多属性密切相关，而且对于土壤结构的形成、熟化，改善土壤物理性质，调节水肥气热状况也起着重要作用，是评价耕地地力的重要指标。

一、华北小麦玉米轮作区土壤有机质含量空间差异

（一）华北各轮作区土壤有机质含量

华北小麦玉米轮作区采集土壤样品 23862 个测定土壤有机质。0～20cm 耕层土壤平均有机质含量为 14.4g/kg，变化范围 5.0～44.3g/kg（图 4-1）。不同轮作区以山西轮作区含量最高，平均 15.1g/kg，变动范围 5.1～40.5g/kg；河北轮作区、河南轮作区次之，分别为 14.7g/kg、14.6g/kg，分别在 5.0～44.3g/kg 和 5.0～42.7g/kg 之间变动；山东轮作区最低，平均 13.6g/kg，变动范围 5.0～30.0g/kg。

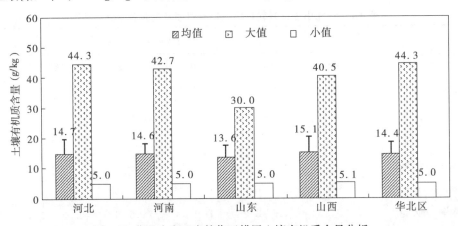

图 4-1　华北小麦玉米轮作区耕层土壤有机质含量分析

（二）不同轮作区土壤有机质含量

不同城市以河北轮作区的石家庄市土壤有机质含量最高，平均 19.4g/kg；其次是河南轮作区的焦作市和许昌市，分别为 16.5g/kg 和 16.3g/kg；第三个层次是河北轮作区保定市、山西的临汾市、山东的淄博市、河南的驻马店，分别为 15.9g/kg、15.9g/kg、15.4g/kg 和 15.0g/kg；含量较低的为山东菏泽和德州市、河北沧州，分别为 12.0g/kg、12.9g/kg 和 12.5g/kg；其余各市则介于 13.3～14.9g/kg 之间（表 4-2）。

变异系数以山西临汾市最大，为 40.9%；河北保定、邯郸、廊坊和邢台，山东的滨州、泰安，山西的运城变异系数均高于 30%，变动于 31.3%～36.1% 之间；河南许昌最低为 17.3%。

表 4-2 华北小麦玉米轮作区地级市耕层土壤有机质含量

轮作区	地级市	点位数 (个)	均值 (g/kg)	最大值 (g/kg)	最小值 (g/kg)	标准差 (g/kg)	变异系数 (%)
河北	保定市	819	15.9	44.3	5.0	5.5	34.9
	沧州市	873	12.5	26.2	5.0	3.4	26.9
	邯郸市	1597	14.9	42.5	5.0	5.4	36.1
	衡水市	840	14.3	30.0	5.3	3.4	23.9
	廊坊市	395	13.8	34.6	5.1	4.4	31.8
	石家庄	431	19.4	37.0	5.4	5.2	26.7
	邢台市	800	13.8	29.1	5.1	4.6	33.5
河南	安阳市	898	14.2	27.5	5.3	4.0	28.1
	焦作市	432	16.5	42.7	5.6	4.3	25.9
	开封市	857	14.6	27.9	7.3	3.4	23.2
	漯河市	634	13.7	21.7	6.2	3.0	21.5
	濮阳市	1132	14.0	23.1	5.1	3.0	21.1
	商丘市	2172	14.3	38.1	5.9	3.1	21.8
	新乡市	1228	14.9	36.1	5.0	4.3	29.1
	许昌市	560	16.3	27.1	6.6	2.8	17.3
	周口市	1745	14.3	38.1	5.9	3.3	22.9
	驻马店	1202	15.0	26.8	6.3	3.1	20.6
山东	滨州市	465	13.3	30.0	5.1	4.6	34.8
	德州市	948	12.9	26.1	5.1	3.1	24.3
	东营市	147	13.4	24.2	5.0	3.5	26.4
	菏泽市	1176	12.0	24.1	5.0	2.6	21.4
	济南市	521	14.8	30.0	5.0	4.0	26.7
	济宁市	703	14.7	29.1	5.3	4.4	29.7
	聊城市	1382	13.8	29.9	5.0	3.7	27.0
	泰安市	321	14.8	30.0	5.1	5.2	35.0
	枣庄市	131	14.6	29.7	5.4	4.0	27.1
	淄博市	224	15.4	29.4	5.4	4.5	29.2
山西	临汾市	316	15.9	40.5	5.1	6.5	40.9
	运城市	913	14.8	39.0	5.4	4.6	31.3

二、华北小麦玉米轮作区耕层土壤有机质含量及其影响因素

(一)土壤类型与土壤有机质含量

1. 主要土类土壤有机质含量

(1)华北轮作区主要土类的土壤有机质含量分析 华北小麦玉米轮作区主要土壤类型有机质含量水平顺序为:褐土>黄褐土>砂姜黑土>潮土>棕壤>风沙土(图 4-2)。其中以褐土和黄褐土土壤有机质含量最高,为 15.9g/kg 和 15.0g/kg,分别在 5.0~44.3g/kg 和 7.0~26.8g/kg 之间变动;其次是砂姜黑土和潮土,为 14.7g/kg 和 14.0g/kg,分别在

5.4～26.0g/kg、5.0～42.7g/kg 之间变动；第三个层次是棕壤和风沙土，为 13.9g/kg 和 12.5g/kg，分别在 5.0～30.0g/kg、5.0～30.6g/kg 之间变动。

变异系数以风沙土、棕壤最大，均为 36.0%；褐土次之，为 32.9%；潮土、黄褐土、砂姜黑土变异系数均低于 30%，分别为 27.3%、21.3% 和 21.9%。

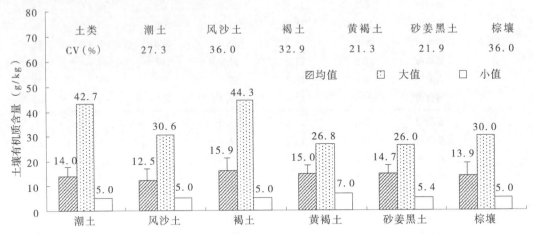

图 4-2　华北小麦玉米轮作区主要土类耕层土壤有机质含量分析

（2）主要土类的土壤有机质省域差异　潮土的土壤有机质平均含量以山西轮作区最高，为 16.8g/kg，山东轮作区最低，为 13.2g/kg；风沙土的平均含量以河北轮作区最高，为 13.7g/kg，山东轮作区最低，为 10.8g/kg；褐土的平均含量以河北轮作区最高，为 17.1g/kg，山西轮作区最低，为 14.9g/kg；砂姜黑土的平均含量以山东轮作区最高，为 16.2g/kg，河南轮作区最低，为 14.6g/kg（图 4-3）。

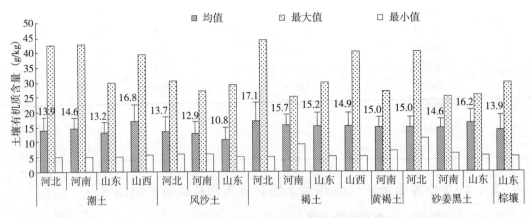

图 4-3　主要土类耕层土壤有机质含量省域分析

2. 主要亚类土壤有机质含量　以潮褐土和石灰性褐土土壤有机质含量最高，分别为 16.4g/kg 和 16.1g/kg；其次是褐土、白浆化黄褐土、典型黄褐土和砂姜黑土，分别为 15.1g/kg、15.1g/kg、15.0g/kg 和 15.0g/kg；第三个层次是潮棕壤、湿潮土、灰潮土和灌淤潮土，分别为 14.9g/kg、14.9g/kg、14.8g/kg 和 14.8g/kg，含量较低的为棕壤性草甸土和风沙土，分别为 12.5g/kg 和 11.6g/kg，其余的各亚类则介于 13.3～14.5g/kg 之间（表 4-3）。

变异系数以棕壤性土最大，为 48.5％，棕壤次之，为 38.8％；石灰性褐土、草甸风沙土、褐土性土、湿潮土、潮褐土 5 个亚类的变异系数介于 30.7％～36.0％之间；其余各亚类变异系数低于 30％，介于 19.8％～29.8％之间。

表 4-3　华北小麦玉米轮作区主要亚类耕层土壤有机质含量

亚　　类	点位数 （个）	均值 （g/kg）	最大值 （g/kg）	最小值 （g/kg）	标准差 （g/kg）	变异系数 （％）
潮土	12598	14.1	42.7	5.0	3.9	27.3
灌淤潮土	83	14.8	24.5	6.8	3.5	23.7
灰潮土	296	14.8	25.0	7.0	3.3	22.1
碱化潮土	302	14.2	27.6	5.5	3.3	23.4
湿潮土	138	14.9	34.6	5.5	4.6	30.7
脱潮土	2295	13.8	36.1	5.0	3.7	26.5
盐化潮土	1662	13.5	30.0	5.0	3.9	29.2
草甸风沙土	264	12.5	30.6	5.0	4.5	36.0
潮褐土	1807	16.4	44.3	5.0	5.3	32.0
褐土	373	15.1	30.0	5.4	4.2	27.7
褐土性土	459	14.5	36.5	5.1	4.7	32.5
淋溶褐土	87	13.6	29.6	6.8	3.7	27.3
石灰性褐土	773	16.1	40.5	5.1	5.8	35.9
白浆化黄褐土	98	15.1	24.6	9.7	3.0	19.8
典型黄褐土	314	15.0	26.8	7.0	3.3	21.8
黄褐土性土	1	13.3	—	—	—	—
砂姜黑土	867	15.0	25.3	6.3	3.2	21.4
石灰性砂姜黑土	894	14.5	26.0	5.4	3.2	22.3
潮棕壤	76	14.9	30.0	5.5	4.4	29.8
棕壤	63	13.5	30.0	5.0	5.2	38.8
棕壤性土	21	11.6	30.0	5.3	5.6	48.5

（二）地貌类型与土壤有机质含量

不同地貌类型以侵蚀中山和侵蚀山间中原土壤有机质含量最高，为 19.2g/kg 和 18.4g/kg，其中侵蚀山间中原在 13.6～30.0g/kg 之间变动；其次是洪积平原和冲积洪积平原，分别为 16.7g/kg 和 16.2g/kg，分别在 5.1～36.5g/kg 和 5.1～44.3g/kg 之间变动；第三个层次是河流阶地、湖积平原、侵蚀剥蚀中山，分别为 15.9g/kg、15.9g/kg 和 15.6g/kg，含量较低的为侵蚀剥蚀低山和黄土覆盖丘陵，分别为 12.3g/kg 和 11.7g/kg，其余的地貌类型则介于 13.4～14.8g/kg。

变异系数以侵蚀剥蚀丘陵最大，为 47.2％，冲积湖积平原次之，为 32.3％；冲积洪积平原、洪积平原、湖积冲积平原、侵蚀山间平原和侵蚀剥蚀低山 5 个地貌类型的变异系数介于 30.9％～32.0％；其余各地貌类型变异系数低于 30％，介于 23.0％～29.7％之间（表 4-4）。

表 4-4　华北小麦玉米轮作区不同地貌类型耕层土壤有机质含量

地貌类型	点位数（个）	均值（g/kg）	最大值（g/kg）	最小值（g/kg）	标准差（g/kg）	变异系数（%）
冲积洪积平原	1478	16.2	44.3	5.1	5.1	31.3
冲积湖积平原	44	14.3	24.5	5.1	4.6	32.3
冲积平原	19680	14.1	42.7	5.0	3.9	27.6
海积冲积平原	9	13.4	19.6	8.4	3.2	23.9
河流阶地	585	15.9	40.9	5.0	4.7	29.6
洪积平原	437	16.7	36.5	5.1	5.4	32.0
湖积冲积平原	481	15.4	34.6	5.5	4.8	30.9
湖积平原	93	15.9	29.3	7.3	4.6	28.8
黄土覆盖丘陵	1	11.7	11.7	11.7	—	—
黄土覆盖区低山	19	14.3	19.5	9.4	3.3	23.0
黄土覆盖区中山	17	15.2	22.1	6.1	4.4	28.7
黄土覆盖区山间平原	614	13.5	39.0	5.1	4.0	29.7
侵蚀剥蚀低山	48	12.3	24.4	5.5	3.7	30.2
侵蚀剥蚀丘陵	71	13.6	33.8	5.3	6.4	47.2
侵蚀剥蚀山间平原	80	14.8	28.5	6.0	4.2	28.1
侵蚀剥蚀中山	38	15.6	25.1	5.6	3.9	25.2
侵蚀低山	67	13.7	22.9	7.3	3.3	23.8
侵蚀丘陵	68	14.3	25.6	5.4	3.7	25.8
侵蚀山间平原	7	18.4	30.0	13.6	5.7	31.0
侵蚀中山	1	19.2	19.2	19.2	—	—

（三）成土母质与土壤有机质含量

黄土性土的土壤有机质平均值最高为 18.0g/kg；冰水沉积物、洪积物的土壤有机质含量其次，分别为 16.3g/kg 和 15.9g/kg；残积物、湖积物和黄土状土的土壤有机质含量居于第三位，分别为 15.0g/kg、15.1g/kg 和 15.2g/kg；平均含量最低为滨海沉积物母质，为 10.9g/kg。最大值在冲积物母质上，为 44.3g/kg；最小值为 5.0g/kg，分别在冲积物、洪积物、黄土母质和黄土状土上。变异系数最高的为黄土性土母质，为 43.5%；最低为冰水沉积物母质，为 16.7%（表 4-5）。

表 4-5　华北小麦玉米轮作区不同母质类型耕层土壤有机质含量

母质类型	平均值（g/kg）	最小值（g/kg）	最大值（g/kg）	变异系数（%）
滨海沉积物	10.9	10.9	10.9	—
冰水沉积物	16.3	6.6	27.1	16.7
残积物	15.0	8.8	23.1	19.7
冲积物	14.1	5.0	44.3	28.5
风积物	11.8	5.7	22.7	30
红土母质	14.0	10.3	17.7	18.8
洪积物	15.9	5.0	40.9	32.5
湖积物	15.1	5.6	25.4	21.8
黄土母质	14.0	5.0	39.4	31.9
黄土状土	15.2	5.1	40.5	27.5
黄土性土	18.0	12.4	32.6	43.5

（续）

母质类型	平均值（g/kg）	最小值（g/kg）	最大值（g/kg）	变异系数（%）
坡积物	13.1	5.5	23.5	28.2
人工堆垫	11.9	10.3	14.2	17
异源母质	14.3	9.7	21.6	17.5
河湖沉积物	14.5	6.2	23.2	20.6

（四）土壤质地与土壤有机质含量

土壤质地影响到土壤水热状况和保肥供肥能力，从而影响土壤有机质的含量。质地黏重的土壤，其土壤有机质含量往往较高。华北区的土壤质地由砂土—壤土—黏土的有机质平均值分别为 14.0g/kg、14.3g/kg 和 15.3g/kg；由砂壤—轻壤—中壤—重壤的平均值分别为 13.4g/kg、14.3g/kg、14.6g/kg、14.8g/kg。有机质最大值出现在中壤上，为 44.3g/kg（图 4-4）。

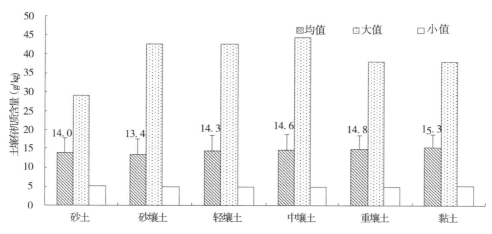

图 4-4　华北小麦玉米轮作区不同质地耕层土壤有机质含量分析

三、土壤有机质含量分级与变化

（一）分级

根据华北小麦玉米轮作区域土壤有机质含量状况，参照第二次土壤普查时土壤有机质及主要营养元素分级标准，将土壤有机质含量划分为 6 级。全区耕地土壤有机质含量分级面积见图 4-5。

土壤有机质大于 30g/kg 的 1 级水平全区共计 0.51 万 hm²，占全区耕地面积的 0.04%，主要分布在山西轮作区有 0.49 万 hm²，河北轮作区仅有 0.02 万 hm²（图 4-6）。2 级水平全区共 38.48 万 hm²，占全区耕地面积的 3.15%，各轮作区分布为：河北（1.74%）、山东（0.67%）、山西（0.60%）和河南（0.14%）。3 级水平全区共 401.80 万 hm²，占全区耕地面积的 32.92%，其中河南（14.25%）、河北（9.09%）、山东（7.11%）和山西（2.47%）。4 级水平面积全区共 746.31 万 hm²，占全区耕地面积的

61.16%，其中山东（22.47%）、河南（19.46%）、河北（16.04%）和山西（3.17%）。5级水平面积全区共 33.2 万 hm²，占全区耕地面积的 2.72%，其中山东（1.39%）、河北（1.01%）和山西（0.23%）和河南（0.09%）。6级水平面积全区仅 0.12 万 hm²，占全区耕地面积的 0.01%，全部分布在山西轮作区。

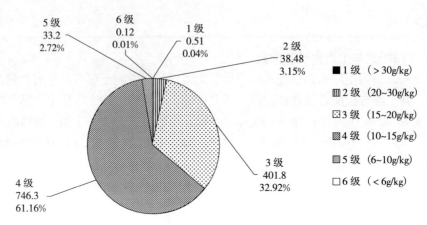

图 4-5　华北小麦玉米轮作区耕层土壤有机质含量分级面积与比例（万 hm²）

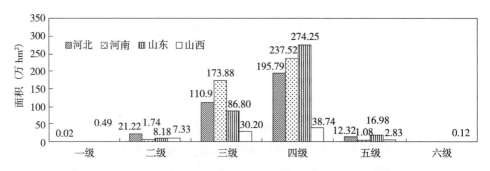

图 4-6　华北小麦玉米轮作区耕层土壤有机质不同等级所占面积分析

（二）土壤有机质含量变化分析

本次华北小麦玉米轮作区的调查结果显示，与 20 世纪 80 年代第二次土壤普查时相比，土壤有机质含量明显增加（图 4-7）。经过 30 年的土壤培肥管理，尤其是近年来通过实施土壤有机质提升工程，大力推进秸秆还田，全区土壤有机质含量平均达到 14.4g/kg，比第二次土壤普查时增加 4.18g/kg，增幅为 41.01%。河北、河南、山东和山西的增加值与增幅分别为 2.50g/kg 和 20.47%、5.71g/kg 和 64.13%、4.48g/kg 和 49.19%、4.42g/kg 和 41.29%。

第二次土壤普查时，全区土壤有机质含量以 4、5 级为主，分别占耕地总面积的 43.98% 和 45.31%；其次是六级，占耕地总面积的 8.71%；三级仅占 1.23%（表 4-6）。本次调查土壤有机质 3 级面积显著增加，占全区耕地总面积的 32.92%，跃居第二位；5级大幅度减少占全区耕地总面积 2.72%；6级仅有 0.12 万 hm²，占全区耕地面积的 0.01%，可见华北小麦玉米轮作区土壤有机质提升明显。

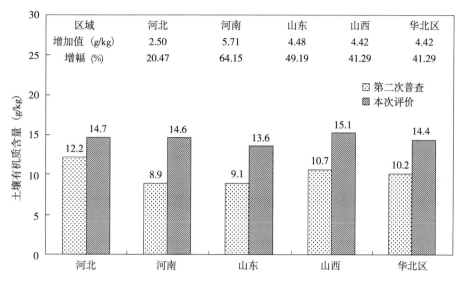

图 4-7　本次评价与第二次土壤普查时土壤有机质含量比较

表 4-6　本次评价与第二次土壤普查时土壤有机质分级面积比较

等级 (g/kg)	轮作区	第二次土壤普查		华北轮作区本次评价		等级 (g/kg)	轮作区	第二次土壤普查		华北轮作区本次评价	
		面积 (10⁴hm²)	占总耕地 (%)	面积 (10⁴hm²)	占总耕地 (%)			面积 (10⁴hm²)	占总耕地 (%)	面积 (10⁴hm²)	占总耕地 (%)
1 (>30)	山东	—	—	—	—	4 (10~15)	山东	119.16	9.76	274.25	22.47
	河北	0.08	0.01	0.02	—		河北	135.33	11.09	195.79	16.04
	河南	—	—	—	—		河南	254.19	20.83	237.52	19.46
	山西	6.09	0.50	0.49	0.04		山西	28.10	2.30	38.75	3.17
	华北区	6.17	0.51	0.51	0.04		华北区	536.78	43.98	746.31	61.15
2 (20~30)	山东	—	—	8.18	0.67	5 (6~10)	山东	224.83	18.42	16.98	1.39
	河北	0.78	0.06	21.22	1.74		河北	164.96	13.52	12.32	1.01
	河南	0.08	0.01	1.74	0.14		河南	130.46	10.69	1.08	0.09
	山西	2.24	0.18	7.34	0.60		山西	32.77	2.69	2.83	0.23
	华北区	3.10	0.25	38.48	3.15		华北区	553.02	45.31	33.21	2.72
3 (15~20)	山东	2.11	0.17	86.8	7.11	6 (<6)	山东	40.11	3.29	—	—
	河北	3.71	0.30	110.91	9.09		河北	35.40	2.90	—	—
	河南	6.03	0.49	173.88	14.25		河南	23.47	1.92	—	—
	山西	3.20	0.26	30.21	2.47		山西	7.32	0.60	0.12	0.01
	华北区	15.05	1.23	401.80	32.92		华北区	106.30	8.71	0.12	0.01

四、土壤有机质调控

土壤有机质在微生物的作用下，不断进行着矿化过程和腐殖化过程，在增加有机质的前提下，使土壤既有较强的矿化过程，又有较强的腐殖化过程，才能满足作物在连续生产中对土壤肥力的要求，实现农业可持续发展。秸秆还田与有机肥施用、化肥投入增加与合理的养分配比是华北小麦玉米轮作区土壤有机质提升的有效途径。

（一）大力推广秸秆直接还田

秸秆中含有大量的有机质、氮、磷、钾和微量元素，将其归还于土壤中，可以提高土壤有机质，还可通过改善土壤的孔隙团聚、坚实性等物理性质改善土壤结构，蓄水保墒、培肥地力的目的，达到改善农业生态环境，提高农业综合能力的目的。研究结果显示，随着秸秆还田年限的增加，土壤有机质含量提高，年均递增约 0.13g/kg，年秸秆还田1000kg/亩，可提高土壤有机质 0.277%，同时有效改善土壤的理化性状，提高耕地质量水平。

由于秸秆的 C/N 大（多在 60～100：1），碳多氮少，施入土壤后易发生微生物与作物幼苗争夺速效养分的状况，特别是争夺氮素更为突出，应配施适量的氮肥或氮磷肥（含磷高的土壤可只配施氮肥）。秸秆用量不宜过多，在较瘠薄的土壤上，施肥量不足的情况下，秸秆还田数量一般 3000～3900kg/hm^2 为宜。在较肥沃的土壤上，施肥充足的条件下，还田数量可达 6000～7500kg/hm^2，过多翻埋不严，对播种出苗不利。积极推广秸秆还田腐殖化技术，如喷洒腐化剂，尽量提高还田秸秆的当年利用率，以提高农民参与秸秆还田的积极性。提倡机械化秸秆直接还田，以提高效率，争抢农时。

（二）因地制宜发展绿肥、掩青肥田

种植绿肥可为土壤提供丰富的有机质和氮素，改善农业生态环境及土壤的理化性状，促进用地与养地相结合，提高土壤有机质含量。提倡多品种、多途径发展绿肥，搞好综合利用。据研究，一年生草木樨当年压青即压鲜草 650kg/亩，增加有机质 0.151%。根据试验显示，与不进行绿肥还田相比，当年绿肥还田的土壤有机质含量增加 2.0g/kg。

（三）增施农家肥及商品有机肥

充分利用各种畜禽粪便堆沤腐熟制成有机肥料，提升耕地有机肥投入水平，促进农业资源的循环利用；在发展沼气业和饲养业拓宽优质有机肥肥源的基础上，改进有机肥积制的方法和技术，提高工效，减少损失，增进肥效。在充分利用有限农家肥资源的基础上，要重视商品有机肥和有机无机复混肥的施用，大力发展有机肥及有机无机复混肥深加工产业，使有机肥含量高度化，形状颗粒化。让农民在施用有机肥时像施用化肥一样省工、省力，当年见效，以提高农民施用有机肥的积极性。

（四）提升科学施肥水平

化肥投入增加与合理的养分配比，增加了作物产量，使得作物以根系或秸秆废弃物形式归还土壤的数量相应增长。开展测土配方施肥是以土壤有机质及主要营养元素测试和肥料田间试验为基础，根据作物需肥规律、土壤供肥性能和肥料效应，在合理施用有机肥的基础上，提出氮、磷、钾及中、微量元素的施用数量、施肥时期和施肥方法。它能满足作物均衡吸收各种养分，达到有机与无机养分平衡，以满足作物均衡吸收各种营养，有提高土壤有机质和培肥地力的作用。

第二节　土壤全氮

氮是作物生长发育所必需的营养元素之一，也是农业生产中影响作物产量的最主要的

养分限制因子。据 FAO（1998 年）统计，发展中国家粮食增加，约 50％是靠氮肥取得的。研究表明，小麦吸收的氮素 75％来源于土壤，玉米也有 50％～63％的氮素来源于土壤。土壤中的全氮含量代表着土壤氮素的总贮量和供氮潜力。因此，土壤全氮是土壤肥力的主要指标之一。

土壤中的氮元素可分为有机氮和无机氮，两者之和称为全氮。土壤中的氮素绝大部分以有机态的氮存在，占全氮的 95％～99％。无机氮主要是铵态氮、硝态氮和亚硝态氮，它们容易被作物吸收利用。我国耕地土壤含 N 量一般都在 0.2～2g/kg 之间，高于 2g/kg 的很少，大部分低于 1g/kg。而华北、西北大部分地区土壤耕层含 N 量不足 1g/kg；南方土壤的含 N 量介于二者之间。

耕作土壤氮素的来源主要为生物固氮、降水、灌溉水和地下水、施入土壤中的含氮肥料。全氮含量与有机质含量呈正相关，影响进入土壤的有机质数量和有机质分解的因素包括水热条件、土壤质地等，都会对土壤氮素含量产生显著影响。另外，土壤中氮素含量还受耕作、施肥、灌溉及利用方式的影响，变异性很大。

一、华北小麦玉米轮作区土壤全氮含量空间差异

（一）华北各轮作区土壤全氮含量

华北小麦玉米轮作区 0～20cm 耕层土壤平均全氮含量为 0.86g/kg，变化范围 0.10～2.48g/kg（图 4-8）。山东轮作区含量最高，平均 0.91g/kg，变动范围在 0.10～2.05g/kg；河北轮作区全氮平均值最低，为 0.83g/kg。河南轮作区和山西轮作区的全氮含量平均值分别为 0.85g/kg 和 0.84g/kg。

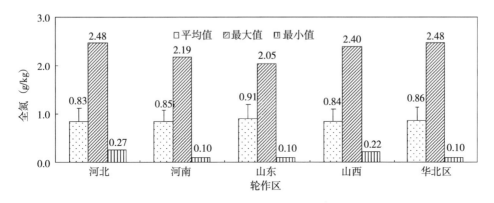

图 4-8 华北小麦玉米轮作区耕层土壤全氮含量分析

（二）不同轮作区土壤全氮含量

不同城市的全氮含量见表 4-7。河北轮作区的平均含量最高值在石家庄市，为 1.11 g/kg，最低值出现在沧州市，为 0.70g/kg；变异系数以邯郸市最大，为 35.89％，衡水市最小，为 26.21％。河南轮作区平均含量最高值在许昌市，为 0.97g/kg，最低值出现在漯河市，为 0.63g/kg；变异系数以漯河市最大，为 61.49％，驻马店最小，为 18.36％。山东轮作区平均含量最高值在淄博市，为 1.17g/kg，最低值在济南市，为 0.74g/kg；变异系数以济南市最大，为 53.70％，枣庄市最小，为 20.25％。山西轮作区临汾市和运城

市的全氮含量平均值分别为 0.91g/kg 和 0.82g/kg，变异系数分别为 37.70％和 27.07％。从华北小麦玉米轮作区看，山东的淄博市全氮平均值最高为 1.17g/kg，河南漯河市的平均值最低为 0.63g/kg。

表 4-7　华北小麦玉米轮作区地级市耕层土壤全氮含量

轮作区	地级市	点位数（个）	平均值（g/kg）	最大值（g/kg）	最小值（g/kg）	标准差（g/kg）	变异系数（％）
河北	保定市	819	0.89	2.48	0.28	0.31	34.95
	沧州市	873	0.70	1.47	0.28	0.19	26.95
	邯郸市	1597	0.84	2.38	0.28	0.30	35.89
	衡水市	840	0.84	1.77	0.30	0.22	26.21
	廊坊市	395	0.77	1.94	0.29	0.25	31.83
	石家庄	431	1.11	2.07	0.34	0.29	26.67
	邢台市	800	0.80	1.75	0.27	0.27	34.11
河南	安阳市	898	0.75	1.45	0.30	0.15	20.43
	焦作市	432	0.89	1.66	0.33	0.20	22.10
	开封市	857	0.88	1.92	0.23	0.25	28.62
	漯河市	634	0.63	1.40	0.10	0.38	61.49
	濮阳市	1132	0.84	1.50	0.32	0.17	20.23
	商丘市	2172	0.89	1.92	0.13	0.21	23.69
	新乡市	1228	0.83	2.19	0.11	0.27	32.78
	许昌市	560	0.97	1.95	0.44	0.21	22.11
	周口市	1745	0.90	2.04	0.13	0.23	25.69
	驻马店	1202	0.85	1.90	0.41	0.16	18.36
山东	滨州市	465	0.97	1.91	0.11	0.27	27.44
	德州市	948	0.85	1.93	0.11	0.26	30.71
	东营市	147	0.77	1.40	0.28	0.20	26.41
	菏泽市	1176	0.83	1.78	0.21	0.19	22.92
	济南市	521	0.74	1.60	0.10	0.40	53.70
	济宁市	703	0.95	2.05	0.11	0.32	33.57
	聊城市	1382	1.02	1.97	0.10	0.30	28.98
	泰安市	321	0.90	1.58	0.11	0.22	24.48
	枣庄市	131	0.85	1.36	0.44	0.17	20.25
	淄博市	224	1.17	2.00	0.13	0.37	31.61
河北	临汾市	316	0.91	2.40	0.22	0.34	37.70
	运城市	913	0.82	1.82	0.25	0.22	27.07
华北小麦玉米轮作区		23862	0.86	2.48	0.10	31.16	—

二、华北小麦玉米轮作区耕层土壤全氮含量及其影响因素

（一）土壤类型与土壤全氮含量

1. 主要土类土壤全氮含量

（1）华北轮作区主要土类的土壤全氮含量分析　华北小麦玉米轮作区主要土壤类型全氮含量从大到小的顺序为：褐土＞棕壤＞潮土＞砂姜黑土＞黄褐土＞风沙土（图 4-9）。褐土和棕壤土壤全氮含量分别为 0.92g/kg 和 2.48g/kg，分别在 0.10～0.92g/kg

和 0.18~1.53g/kg 之间；其次是潮土和砂姜黑土，均为 0.85g/kg，分别在 0.10~
2.38g/kg、0.10~2.04g/kg 之间；风沙土含量最低，为 0.80g/kg，在 0.23~1.86g/kg
之间。

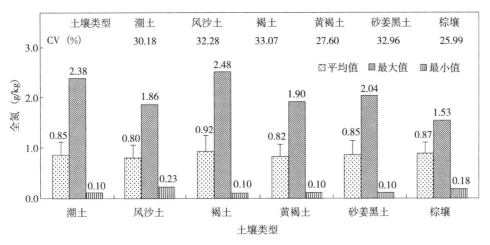

图 4-9　华北小麦玉米轮作区主要土类耕层土壤全氮含量分析

（2）主要土类的土壤全氮省域差异　潮土的全氮平均含量以山西轮作区最高，为
0.92g/kg，河北轮作区最低，为 0.79g/kg；风沙土的平均含量以山东轮作区最高，为
0.87g/kg，河南轮作区最低，为 0.75g/kg；褐土的平均含量以山东轮作区最高，为
0.98g/kg，河南轮作区最低，为 0.82g/kg；黄褐土只存在于河南轮作区，平均含量为
0.82g/kg；砂姜黑土的平均含量以山东轮作区最高，为 1.08g/kg，河南轮作区最低，为
0.83g/kg；棕壤只存在山东轮作区，为 0.87g/kg（图 4-10）。

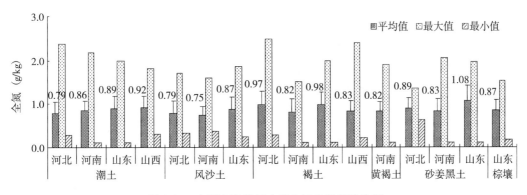

图 4-10　主要土类耕层土壤全氮含量省域分析

2. 主要亚类土壤全氮含量　以湿潮土全氮含量最高，平均 1.01g/kg；其次是潮褐
土、潮棕壤、石灰性褐土和褐土，分别为 0.96g/kg、0.93g/kg、0.92g/kg 和 0.91g/kg；
第三个层次是碱化潮土、脱潮土、白浆化黄褐土、砂姜黑土和石灰性砂姜黑土，均为
0.85g/kg；平均含量最低的为淋溶褐土，为 0.63g/kg；其余的各亚类则介于 0.73g/kg~

0.84g/kg（表4-8）。

变异系数以淋溶褐土最大，为63.87%，石灰性砂姜黑土次之，为38.63%；第三层次为潮土、灰潮土、湿潮土、盐化潮土、草甸风沙土、潮褐土、石灰性褐土和棕壤性土，其变异系数介于30.06%～37.92%；其余各亚类变异系数低于30%，介于18.87%～29.99%。

表4-8 华北小麦玉米轮作区主要亚类耕层土壤全氮含量

亚　　类	平均值（g/kg）	最大值（g/kg）	最小值（g/kg）	标准差（g/kg）	变异系数（%）
潮土	0.85	2.38	0.10	0.26	30.06
灌淤潮土	0.77	1.51	0.39	0.21	27.53
灰潮土	0.83	1.61	0.10	0.27	32.90
碱化潮土	0.85	1.81	0.27	0.20	24.06
湿潮土	1.01	2.00	0.45	0.34	33.21
脱潮土	0.85	2.18	0.10	0.23	26.63
盐化潮土	0.84	1.95	0.10	0.30	34.97
草甸风沙土	0.80	1.86	0.23	0.26	32.28
潮褐土	0.96	2.48	0.10	0.31	32.23
褐土	0.91	1.99	0.10	0.27	29.32
褐土性土	0.81	1.91	0.22	0.23	28.30
淋溶褐土	0.63	1.32	0.10	0.40	63.87
石灰性褐土	0.92	2.40	0.25	0.30	32.61
白浆化黄褐土	0.85	1.19	0.46	0.16	18.87
典型黄褐土	0.82	1.90	0.10	0.25	29.99
黄褐土性土	0.73	0.73	0.73	—	—
砂姜黑土	0.85	2.04	0.10	0.22	25.99
石灰性砂姜黑土	0.85	2.04	0.10	0.33	38.63
潮棕壤	0.93	1.53	0.49	0.22	23.63
棕壤	0.84	1.23	0.37	0.19	22.84
棕壤性土	0.73	1.09	0.18	0.28	37.92

（二）地貌类型与土壤全氮含量

表4-9 华北小麦玉米轮作区不同地貌类型耕层土壤全氮含量

地貌类型	平均值（g/kg）	最大值（g/kg）	最小值（g/kg）	变异系数（%）
冲积洪积平原	0.93	2.48	0.10	33.00
冲积湖积平原	0.79	1.37	0.31	27.39
冲积平原	0.85	2.38	0.10	30.99
海积冲积平原	0.75	1.10	0.47	24.11
河流阶地	0.89	1.92	0.30	25.62
洪积平原	0.97	2.03	0.14	28.90
湖积冲积平原	0.94	2.05	0.11	32.93
湖积平原	0.93	1.86	0.30	31.00
黄土覆盖丘陵	0.61	0.61	0.61	—
黄土覆盖区低山	0.70	1.00	0.40	24.56

（续）

地貌类型	平均值 （g/kg）	最大值 （g/kg）	最小值 （g/kg）	变异系数 （%）
黄土覆盖区中山	0.91	1.91	0.45	38.93
黄土覆盖区山间平原	0.76	2.40	0.22	29.12
侵蚀剥蚀低山	0.83	1.30	0.28	25.44
侵蚀剥蚀丘陵	0.80	1.89	0.18	37.69
侵蚀剥蚀山间平原	0.79	1.34	0.27	22.09
侵蚀剥蚀中山	0.91	1.39	0.58	21.06
侵蚀低山	0.91	1.50	0.10	28.91
侵蚀丘陵	0.92	1.46	0.44	21.71
侵蚀山间平原	1.16	1.54	0.88	19.29
侵蚀中山	1.02	1.02	1.02	—

不同地貌类型以侵蚀山间平原和侵蚀中山土壤全氮含量最高，为1.16g/kg和1.02g/kg，其中侵蚀山间中原在0.88～1.54g/kg之间变动；其次是洪积平原为0.97g/kg，湖积冲积平原为0.94g/kg，湖积平原和冲积洪积平原均为0.93g/kg，侵蚀丘陵为0.92g/kg，黄土覆盖区中山、侵蚀剥蚀中山和侵蚀低山均为0.91g/kg；第三个层次是河流阶地、冲积平原、侵蚀剥蚀低山和侵蚀剥蚀丘陵，分别为0.89g/kg、0.85g/kg、0.83g/kg和0.80g/kg；含量较低的为黄土覆盖丘陵，为0.61g/kg；其余的地貌类型则介于0.70～0.79g/kg（表4-9）。

变异系数以黄土覆盖区中山最大，为38.93%，侵蚀剥蚀丘陵次之，为37.69%；冲积洪积平原、冲积平原、湖积冲积平原、湖积平原4个地貌类型的变异系数介于31.00%～33.00%；其余各地貌类型变异系数低于30%，介于19.29%～29.12%之间。

（三）成土母质与土壤全氮含量

滨海沉积物母质的全氮平均值最高，均为1.23g/kg；黄土性土、冰水沉积物和黄土状土的全氮含量其次，分别为0.99g/kg、0.97g/kg和0.91g/kg；平均含量最低为风积物母质，为0.74g/kg。最大值在冲积物母质上，为2.48g/kg；最小值为0.10g/kg，分别在洪积物、湖积物和冲积物上。变异系数最高的为洪积物母质，是40.50%；最低为人工堆垫母质，是9.46%（表4-10）。

表4-10　华北小麦玉米轮作区不同母质类型耕层土壤全氮含量

母质类型	平均值（g/kg）	最大值（g/kg）	最小值（g/kg）	变异系数（%）
滨海沉积物	1.23	1.23	1.23	—
冰水沉积物	0.97	1.95	0.44	23.06
残积物	0.82	1.81	0.46	23.83
冲积物	0.85	2.48	0.10	30.97
风积物	0.74	1.36	0.36	33.89
河湖沉积物	0.88	2.04	0.23	24.48
红土母质	0.78	1.39	0.42	32.49
洪积物	0.89	2.10	0.10	40.50
湖积物	0.86	1.92	0.10	24.88

（续）

母质类型	平均值（g/kg）	最大值（g/kg）	最小值（g/kg）	变异系数（%）
黄土母质	0.87	1.91	0.13	27.51
黄土性土	0.99	1.26	0.64	23.82
黄土状土	0.91	2.40	0.26	26.83
坡积物	0.85	1.34	0.28	29.43
人工堆垫	0.79	0.87	0.72	9.46
异源母质	0.87	1.32	0.43	20.16

（四）耕层质地与土壤全氮含量

土壤耕层质地影响到土壤水热状况和保肥供肥能力，从而影响土壤氮的有效性。重壤土的全氮平均值最高，为 0.90g/kg；其次为中壤土，为 0.88g/kg；砂壤土和黏土的全氮含量最低，为 0.81g/kg。从壤土看，由砂壤土—轻壤土—中壤土—重壤土，全氮平均值依次增加，分别为 0.81g/kg、0.86g/kg、0.88g/kg、0.90g/kg。全氮最大值和最小值均出现在中壤上，分别为 2.48g/kg 和 0.10g/kg（图 4-11）。

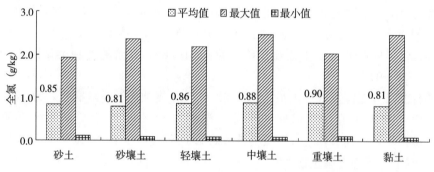

图 4-11　华北小麦玉米轮作区不同土壤质地全氮含量分析

三、土壤全氮含量分级与变化

（一）土壤全氮含量分级

根据华北小麦玉米轮作区域全氮含量状况，参照第二次土壤普查时土壤有机质及主要营养元素分级标准，将全氮含量划分为 6 级。全区耕地土壤全氮含量分级面积见图 4-12 和图 4-13。

土壤全氮大于 1.5g/kg 的 1 级水平面积共 6.38 万 hm²，占全轮作区区耕地面积的 0.52%，四个轮作区均有分布，山东轮作区分布面积最多，为 5.61 万 hm²，河南轮作区分布面积最少，仅为 0.01 万 hm²。2 级水平面积全区共 22.71 万 hm²，占全区耕地面积的 1.86%，河北轮作区、河南轮作区、山东轮作区和山西轮作区面积分别占全轮作区面积的 0.47%、0.12%、1.16% 和 0.11%。3 级水平面积全区共 189.43 万 hm²，占全区耕地面积的 15.52%，其中河北轮作区面积占全轮作区面积的 4.40%、河南轮作区占 4.07%、山东轮作区占 6.22%、山西轮作区占 0.83%。4 级水平面积全区共 704.67 万 hm²，占全区耕地面积的 57.74%，其中河北轮作区面积占全轮作区面积的 12.48%、河

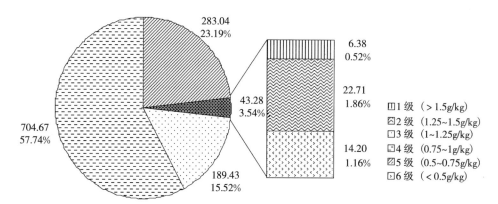

图 4-12　华北小麦玉米轮作区耕层土壤全氮含量分级面积与比例（万 hm²）

南轮作区占 24.14%、山东轮作区占 17.51%、山西轮作区占 3.62%。5 级水平面积全区共 283.04 万 hm²，占全区耕地面积的 23.19%，其中河北轮作区占 10.39%、河南轮作区占 5.33%、山东轮作区占 5.54%、山西轮作区占 1.93%。6 级水平面积全区共 14.20 万 hm²，占全区耕地面积的 1.16%，其中河北轮作区占 0.10%、河南轮作区占 0.28%、山东轮作区占 0.76%、山西轮作区占 0.02%。

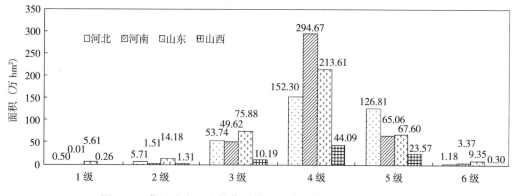

图 4-13　华北小麦玉米轮作区耕层土壤全氮不同等级所占面积

（二）土壤全氮含量变化分析

本次华北小麦玉米轮作区的调查结果，与 20 世纪 80 年代第二次土壤普查时相比，土壤全氮含量明显增加（图 4-14）。经过 30 年的演变，尤其是近些年来秸秆还田土壤培育，全区土壤全氮含量平均达到 0.86g/kg，比第二次土壤普查时增加 0.16g/kg，增幅为 23.06%。河北轮作区、河南轮作区、山东轮作区和山西轮作区的增加值与增幅分别为 0.12g/kg 和 17.54%、0.05g/kg 和 6.27%、0.29g/kg 和 46.57%、0.17g/kg 和 25.86%。

第二次土壤普查时，全区土壤全氮含量以 5 级为主，占耕地总面积的 44.81%；其次是 4 级，占耕地总面积的 26.60%；第三位是 6 级，占耕地总面积的 19.35%（表 4-11）。本次土壤全氮 3、4 级含量面积显著增加，6 级降低为 1.16%。

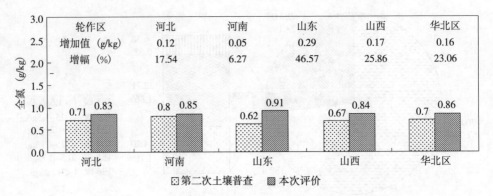

图 4-14　本次评价与第二次土壤普查时土壤全氮含量比较

表 4-11　本次评价与第二次土壤普查时土壤全氮分级面积比较

等级 (g/kg)	轮作区	第二次 土壤普查		本次评价		等级 (g/kg)	轮作区	第二次 土壤普查		本次评价	
		面积 (万 hm²)	占总耕地 (%)	面积 (万 hm²)	占总耕地 (%)			面积 (万 hm²)	占总耕地 (%)	面积 (万 hm²)	占总耕地 (%)
1 (>1.5)	河北	0.31	0.03	0.50	0.04	4 (0.75~1)	河北	85.8	7.03	152.30	12.48
	河南	—	—	0.01	—		河南	79.41	6.51	294.67	24.14
	山东	—	—	5.61	0.46		山东	147.05	12.05	213.61	17.51
	山西	5.85	0.48	0.26	0.02		山西	12.42	1.02	44.09	3.62
	华北区	6.16	0.50	6.38	0.52		华北区	324.68	26.60	704.67	57.74
2 (1.25~1.5)	河北	1.55	0.13	5.71	0.47	5 (0.5~0.75)	河北	169.99	13.93	126.81	10.39
	河南	—	—	1.51	0.12		河南	190.29	15.59	65.06	5.33
	山东	0.08	0.01	14.18	1.16		山东	145.96	11.96	67.60	5.54
	山西	1.67	0.14	1.31	0.11		山西	40.68	3.33	23.57	1.93
	华北区	3.3	0.27	22.71	1.86		华北区	546.92	44.81	283.04	23.19
3 (1~12.5)	河北	8.54	0.70	53.74	4.40	6 (<0.5)	河北	74.07	6.07	1.18	0.10
	河南	14.59	1.20	49.62	4.07		河南	101.92	8.35	3.37	0.28
	山东	74.77	6.13	75.88	6.22		山东	46.37	3.80	9.35	0.76
	山西	5.28	0.43	10.19	0.83		山西	13.82	1.13	0.30	0.02
	华北区	103.18	8.46	189.43	15.52		华北区	236.18	19.35	14.20	1.16

四、土壤氮素调控

土壤全氮反映土壤氮素的总贮量和供氮潜力，土壤速效氮反映近期土壤的氮素供应能力。土壤氮的有效化过程（包括氨化作用和硝化作用）和无效化过程（包括反硝化作用、化学脱氮作用和矿物晶格固定）是土壤氮素的调控关键。如合理施肥、耕作、灌溉等，控制土壤有机 N 的矿化速率和减少有效 N 的固定量，促使土壤氮素既能满足作物需要，有利于氮素的保存和周转，以尽量减少氮素损失数量，又能达到提高土壤氮素利用率的效果。

（一）增施有机肥

有机质含量与土壤全氮含量呈正相关，土壤有机质含量高，全氮的含量也会随之增加。利用有机物质 C/N 比值与土壤有效氮的相互关系，来调节土壤氮素状况。在有机物质开始分解时，其 C/N>30，矿化作用所释放的有效氮量远少于微生物吸收同化的数量，此时微生物要从土壤中吸收一部分原有的有效氮量，转为微生物体中的有机氮。随着有机物的不断分解，其中碳被用作微生物活动的能源消耗，剩余物质的 C/N 迅速下降。当 C/N 达到 30～15 之间时，矿化释放的氮量和同化的固氮量基本相等，此时土壤中的氮素无亏损。有机质进一步分解，微生物种类更迭，有机质的 C/N 继续不断下降，当下降到 C/N<15 时，氮的矿化量是超过了同化量，土壤有效氮有了盈余，作物的氮营养条件也开始得到改善。

（二）合理施用化肥

合理施用氮肥的目的在于减少氮素损失，提高氮肥利用率，充分发挥氮肥增产效益。要做到合理施用，必须根据下列因素来考虑氮肥的分配和施用。

1. 土壤条件 一般石灰性土可以施酸性或生理酸性的氮肥，如硫酸铵、氯化铵，这些肥料能中和土壤碱性，在碱性条件下铵态氮容易被作物吸收；而在酸性土，可选施碱性或生理碱性氮肥，如硝酸钠、硝酸钙、硝酸铵钙或石灰氮等，一方面可降低土壤酸性，另一方面在酸性条件下作物容易吸收硝态氮。在盐碱土中不宜施用含氯的氯化铵，以免增加盐分，影响作物生长。肥沃的土壤，施氮量宜少，保肥能力强的土壤施肥次数可少些；相反地，施氮量适当增加，分次施用。

2. 作物营养特性 各种作物对氮要求是不一样的，如水稻、玉米、小麦等作物需要较多氮肥，香蕉、甘蔗、叶菜类蔬菜等需氮肥更多，而豆科作物有根瘤固定空气中的氮素，因而对氮肥需要较少。不同作物对氮肥品种的反应也不同，如水稻施用铵态氮肥，尤以氯化铵、碳铵和尿素效果好，而硫铵虽然也是铵态氮肥，但在水田中常还原生成硫化氢，妨碍水稻根的呼吸。马铃薯也是施用铵态氮肥好，尤其是硫铵，因硫对马铃薯生长有利。忌氯作物如烟草、淀粉类作物、葡萄等应少施或不施氮化铵。烟草施用硝铵施用硝铵较好，它能改善烟叶品质。多数蔬菜施用硝态氮肥效果好，如萝卜施用铵态氮肥会抑制其生长。作物不同生育期施氮肥的效果也不一样。在作物施肥的关键时期如营养临界期或最大效率期进行施肥，增产作用显著，如玉米在抽穗开花前后需要养分最多，重施穗肥都能获得显著增产。所以考虑作物不同生育期对养分的要求，掌握适宜的施肥时期和施肥量，是经济有效施用氮肥的关键。

3. 氮肥本身的性质 凡是铵态肥特别是碳酸氢铵、氨水都要深施盖土，防止挥发，由于是速效肥，在土壤中不易流失，故可作基肥和追肥，适宜水田、旱地施用；硝态氮肥在土壤中移动性强，肥效快，适宜作旱地追肥，等等。总之，要根据氮肥的特性来考虑它的施用方法。

4. 氮肥与其他肥料配施 在缺乏速效磷和速效钾的土壤上，单施氮肥效果很差，增施氮肥还有可能减产。因为在缺磷、钾的情况下，蛋白质和许多重要含氮化合物很难形成，严重地影响了作物的生长。各地试验已经证明，氮肥与适量磷钾肥配合，增产效果显著。

（三）其他措施

1. 采用氮肥抑制剂　工厂生产肥料时，在肥料表面包一层薄膜，以减缓氮素释放速度，起到缓效作用，提高氮肥的利用率。

2. 控制氮肥的施用量　采取配方施肥技术，确定氮肥用量，以达到发挥氮肥最佳经济效益的效果。

3. 合理施肥与灌水　在石灰性土壤上，施用铵态 N 肥时，应采取深施复土、随施随灌水、或分次施肥方法。对水稻田来说，将 NH_4^+ 施在还原层，把 NO_3^- 施入氧化层，防止反硝化作用产生所引起的氮损失。总之，应用耕作、灌溉措施，采取合理的施肥方法，做到尽量减少氮的损失，达到提高氮肥利用率的目的。

第三节　土壤有效磷

土壤有效磷是土壤中可被植物吸收的磷组分，包括全部水溶性磷、部分吸附态磷及有机态磷，有的土壤中还包括某些沉淀态磷。土壤有效磷是土壤磷素养分供应水平高低的指标，土壤磷素含量高低在一定程度反映了土壤中磷素的贮量和供应能力。土壤中有效磷含量低于 3mg/kg 时，土壤往往表现缺少有效磷。我国自北而南或自西而东土壤含磷量呈递减趋势。以华南的砖红壤含磷量最低，东北的黑土、黑钙土和内蒙古的栗钙土含磷量最高，华中的红、黄壤以及华北的褐土、棕壤介于以上二者之间。土壤中磷的主要来源于矿物质，在长期的风化和成土过程中，经过生物的积累而逐渐聚积到土壤的上层。开垦后，则主要来源于施用磷肥。

一、华北小麦玉米轮作区土壤有效磷含量空间差异

（一）华北各轮作区土壤有效磷含量

华北小麦玉米轮作区 0~20cm 耕层土壤平均有效磷含量为 19.91mg/kg，变化范围 3.00~98.50mg/kg（图 4-15）。山东轮作区含量最高，平均 25.42mg/kg，变动范围在 3.00~85.00mg/kg；山西轮作区有效磷平均值最低，为 15.39mg/kg。河南轮作区和河北

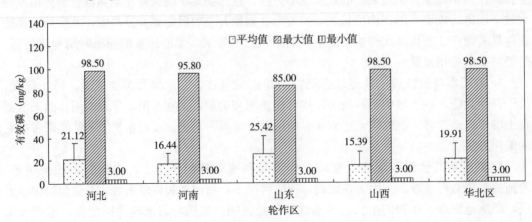

图 4-15　华北小麦玉米轮作区耕层土壤有效磷含量分析

轮作区的有效磷含量平均值分别为 16.44mg/kg 和 21.12mg/kg。

（二）不同轮作区土壤有效磷含量

不同城市的有效磷含量见表 4-12。河北轮作区的平均含量最高值在石家庄市，为 28.67mg/kg，最低值出现在沧州市，为 16.39mg/kg；变异系数以廊坊市最大，为 74.11%，衡水市最小，为 49.13%。河南轮作区平均含量最高值在安阳市，为 20.79mg/kg，最低值出现在许昌市，为 11.22mg/kg；变异系数以新乡市最大为 68.77%，漯河市最小为 41.61%。山东轮作区平均含量最高值在枣庄市，为 41.27mg/kg，最低值在东营市，为 18.27mg/kg；变异系数以济南市最大，为 69.98%，枣庄市最小，为 50.73%。山西轮作区临汾市和运城市的有效磷含量平均值分别为 14.81mg/kg 和 15.59mg/kg，变异系数分别为 81.34% 和 70.30%。从华北区看，山东的枣庄市有效磷平均值最高，河南许昌市的平均值最低。

表 4-12　华北小麦玉米轮作区地级市耕层土壤有效磷含量

轮作区	地级市	点位数（个）	平均值（mg/kg）	最大值（mg/kg）	最小值（mg/kg）	标准差（mg/kg）	变异系数（%）
河北	保定市	819	25.10	98.50	3.51	16.53	65.84
	沧州市	873	16.39	63.90	3.00	10.02	61.11
	邯郸市	1597	22.83	91.80	3.00	14.16	62.00
	衡水市	840	19.61	63.30	3.20	9.63	49.13
	廊坊市	395	19.59	97.50	3.03	14.52	74.11
	石家庄	431	28.67	93.20	3.30	19.51	68.05
	邢台市	800	16.76	86.98	3.00	12.30	73.40
河南	安阳市	898	20.79	70.70	3.00	12.62	60.70
	焦作市	432	18.44	80.20	3.60	10.77	58.42
	开封市	857	15.72	61.09	3.30	8.06	51.26
	漯河市	634	17.26	45.20	3.00	7.18	41.61
	濮阳市	1132	15.90	58.70	3.30	7.30	45.94
	商丘市	2172	17.10	95.80	3.00	9.47	55.41
	新乡市	1228	15.41	62.00	3.00	10.60	68.77
	许昌市	560	11.22	37.79	4.90	5.15	45.89
	周口市	1745	15.90	95.80	3.00	9.81	61.72
	驻马店	1202	16.00	67.90	3.00	9.08	56.74
山东	滨州市	465	23.38	85.00	5.20	11.89	50.86
	德州市	948	23.12	79.40	3.40	12.14	52.53
	东营市	147	18.27	62.80	5.20	10.09	55.20
	菏泽市	1176	21.43	78.60	4.10	11.20	52.26
	济南市	521	23.33	85.00	3.00	16.32	69.98
	济宁市	703	27.31	85.00	3.10	15.28	55.94
	聊城市	1382	27.63	80.00	3.60	17.30	62.60
	泰安市	321	34.56	85.00	3.50	20.59	59.59
	枣庄市	131	41.27	85.00	8.80	20.94	50.73
	淄博市	224	28.01	80.00	3.60	16.74	59.76

（续）

轮作区	地级市	点位数 （个）	平均值 （mg/kg）	最大值 （mg/kg）	最小值 （mg/kg）	标准差 （mg/kg）	变异系数 （%）
山西	临汾市	316	14.81	98.50	3.40	12.05	81.34
	运城市	913	15.59	85.80	3.00	10.96	70.30
华北小麦玉米轮作区		23862	19.91	98.50	3.00	66.37	13.22

二、华北小麦玉米轮作区耕层土壤有效磷含量及其影响因素

（一）土壤类型与土壤有效磷含量

1. 主要土类土壤有效磷含量

（1）华北轮作区主要土类的土壤有效磷含量分析　华北小麦玉米轮作区主要土壤类型有效磷含量从大到小的顺序为：棕壤＞褐土＞风沙土＞潮土＞黄褐土＞砂姜黑土（图4-16）。棕壤和褐土土壤含量分别为31.22mg/kg和22.09mg/kg，分别在3.40～85.00mg/kg和3.00～98.50mg/kg之间；砂姜黑土含量最低，为16.70mg/kg，在3.40～95.80mg/kg之间。褐土的变异系数最大，为73.01%；黄褐土的变异系数最小，为55.87%。

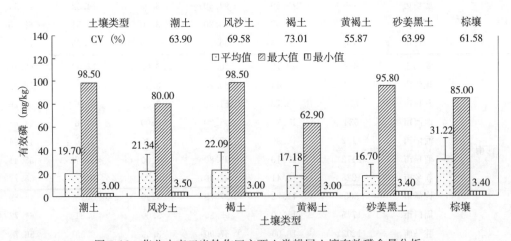

图4-16　华北小麦玉米轮作区主要土类耕层土壤有效磷含量分析

（2）主要土类的土壤有效磷省域差异　潮土的有效磷平均含量以山东轮作区最高，为24.73mg/kg，山西轮作区最低，为16.31mg/kg；风沙土的平均含量以山东轮作区最高，为23.61mg/kg，河南轮作区最低，为18.76mg/kg；褐土的平均含量以山东轮作区最高，为28.38mg/kg，山西轮作区最低，为15.33mg/kg；黄褐土只存在于河南轮作区，平均含量为17.18mg/kg；砂姜黑土的平均含量以山东轮作区最高，为29.05mg/kg,河南轮作区最低，为15.61mg/kg；棕壤只存在山东轮作区，为31.22mg/kg（图4-17）。

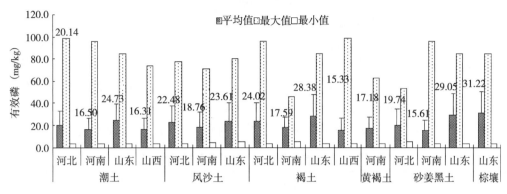

图 4-17 主要土类耕层土壤有效磷含量省域分析

2. 主要亚类土壤有效磷含量 以棕壤有效磷含量最高，平均 33.61mg/kg；其次是潮棕壤为 30.71mg/kg；第三个层次是湿潮土、盐化潮土、草甸风沙土、潮褐土、褐土、淋溶褐土和棕壤性土，有效磷平均值在 20.74～25.68mg/kg 之间；平均含量最低的是黄褐土性土，为 3.80mg/kg；其余的各亚类则介于 15.71～19.73mg/kg（表 4-13）。

表 4-13 华北小麦玉米轮作区主要亚类耕层土壤有效磷含量

亚 类	平均值 （mg/kg）	最大值 （mg/kg）	最小值 （mg/kg）	标准差 （mg/kg）	变异系数 （％）
潮土	19.73	98.50	3.00	12.45	63.10
灌淤潮土	17.59	56.90	5.50	10.07	57.26
灰潮土	16.33	58.09	3.60	9.99	61.19
碱化潮土	16.89	78.40	3.00	9.90	58.65
湿潮土	20.74	85.00	3.10	17.63	84.98
脱潮土	18.99	86.98	3.00	13.02	68.56
盐化潮土	21.55	85.70	3.00	13.17	61.09
草甸风沙土	21.34	80.00	3.50	14.85	69.58
潮褐土	24.89	94.90	3.00	17.21	69.17
褐土	21.03	85.00	3.10	13.75	65.37
褐土性土	15.17	79.20	3.20	10.93	72.09
淋溶褐土	24.84	77.30	3.90	14.44	58.15
石灰性褐土	19.51	98.50	3.00	15.50	79.44
白浆化黄褐土	16.40	44.29	3.60	9.97	60.83
典型黄褐土	17.48	62.90	3.00	9.47	54.17
黄褐土性土	3.80	3.80	3.80	—	—
砂姜黑土	17.20	85.00	3.40	11.27	65.54
石灰性砂姜黑土	16.21	95.80	3.40	10.06	62.07
潮棕壤	30.71	85.00	5.40	19.02	61.96
棕壤	33.61	85.00	3.40	19.21	57.16
棕壤性土	25.68	85.00	6.60	19.73	76.84

变异系数以湿潮土最大，为 84.98％，石灰性褐土、棕壤性土和褐土性土次之，分别为 79.44％、76.84％和 72.09％；第三层次为潮土、灰潮土、脱潮土、盐化潮土、草甸风沙土、潮褐土、褐土、白浆化黄褐土、砂姜黑土、石灰性砂姜黑土和潮棕壤，其变异系数

介于 61.09%～69.58%；其余各亚类变异系数低于 60%，介于 54.17%～58.65%。

（二）地貌类型与土壤有效磷含量

侵蚀山间平原土壤有效磷含量最高，为 36.47mg/kg，在 13.30～85.00mg/kg 之间变动；其次是侵蚀剥蚀山间平原为 30.65mg/kg，变动范围为 4.00～85.00mg/kg；第三个层次是冲积洪积平原、洪积平原、湖积冲积平原、侵蚀剥蚀丘陵和侵蚀丘陵，分别为 24.07mg/kg、20.90mg/kg、22.45mg/kg、24.24mg/kg 和 24.10mg/kg；含量较低的为黄土覆盖丘陵，为 6.60mg/kg；其余的地貌类型则介于 8.73～19.69mg/kg（表 4-14）。

表 4-14　华北小麦玉米轮作区不同地貌类型耕层土壤有效磷含量

地貌类型	平均值 （mg/kg）	最大值 （mg/kg）	最小值 （mg/kg）	标准差 （mg/kg）	变异系数 （%）
冲积洪积平原	24.07	98.50	3.00	17.02	70.72
冲积湖积平原	19.12	56.60	4.00	11.79	61.62
冲积平原	19.69	97.50	3.00	12.69	64.45
海积冲积平原	16.34	37.40	7.20	9.44	57.79
河流阶地	17.76	98.50	3.20	11.76	66.22
洪积平原	20.90	94.90	3.10	17.48	83.65
湖积冲积平原	22.45	85.00	3.10	13.42	59.77
湖积平原	18.23	63.70	3.70	12.17	66.75
黄土覆盖丘陵	6.60	6.60	6.60	—	—
黄土覆盖区低山	8.73	16.60	4.50	3.31	37.92
黄土覆盖区中山	9.76	18.10	4.20	3.57	36.55
黄土覆盖区山间平原	14.96	79.20	3.00	10.70	71.52
侵蚀剥蚀低山	15.55	66.50	4.20	11.39	73.24
侵蚀剥蚀丘陵	24.24	85.00	3.40	18.58	76.65
侵蚀剥蚀山间平原	30.65	85.00	4.00	17.18	56.07
侵蚀剥蚀中山	17.73	78.30	3.90	14.67	82.71
侵蚀低山	16.66	75.30	3.10	14.54	87.28
侵蚀丘陵	24.10	80.00	3.80	16.67	69.19
侵蚀山间平原	36.47	85.00	13.30	23.70	64.97
侵蚀中山	17.00	17.00	17.00	—	—

变异系数以侵蚀低山最大，为 87.28%，洪积平原和侵蚀剥蚀中山次之，分别为 83.65% 和 82.71%；黄土覆盖区山间平原、侵蚀剥蚀低山、侵蚀剥蚀丘陵和冲积洪积平原 4 个地貌类型的变异系数介于 70.72%～76.65%；其余各地貌类型变异系数低于 70%，介于 37.92%～69.19% 之间。

（三）成土母质与土壤有效磷含量

人工堆垫母质的有效磷平均值最高为 33.50mg/kg；其次为滨海沉积物母质，有效磷平均值为 25.50mg/kg；平均含量最低为红土母质，为 6.53mg/kg。有效磷最大值为 98.50mg/kg，在冲积物母质上；最小值为 3.00mg/kg，分别出现冲积物、湖积物、黄土母质和异源母质上。变异系数最高的是坡积物母质，为 76.09%；最低的是红土母质，为 12.61%（表 4-15）。

表4-15 华北小麦玉米轮作区不同母质类型耕层土壤有效磷含量

母质类型	平均值（mg/kg）	最大值（mg/kg）	最小值（mg/kg）	变异系数（%）
滨海沉积物	25.50	25.50	25.50	—
冰水沉积物	11.57	37.79	4.90	45.66
残积物	17.43	83.30	3.20	76.87
冲积物	20.33	98.50	3.00	64.71
风积物	14.50	33.60	4.80	50.79
河湖沉积物	13.86	95.80	3.40	62.07
红土母质	6.53	7.90	5.20	12.61
洪积物	23.69	95.80	3.10	64.69
湖积物	17.31	85.00	3.00	65.61
黄土母质	18.68	93.70	3.00	72.20
黄土性土	20.25	35.10	4.50	54.16
黄土状土	15.94	98.50	3.10	66.41
坡积物	22.87	78.30	4.70	76.09
人工堆垫	33.50	47.50	26.50	36.19
异源母质	10.14	25.40	3.00	41.22

（四）耕层质地与土壤有效磷含量

砂土有效磷平均值为17.89mg/kg；在壤土质地中，轻壤土的有效磷含量最高，为20.85mg/kg，重壤土最低，为18.35mg/kg。黏土的有效磷为18.15mg/kg。有效磷最大值和最小值均出现在中壤上，分别为98.50mg/kg和3.00mg/kg（图4-18）。

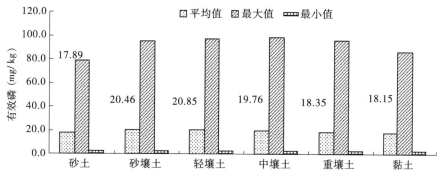

图4-18 华北小麦玉米轮作区不同质地土壤有效磷含量分析

三、土壤有效磷含量分级与变化

（一）分级

根据华北小麦玉米轮作区有效磷含量状况，参照第二次土壤普查时土壤有机质及主要营养元素分级标准，将有效磷含量划分为6级。全区耕地土壤有效磷含量分级面积见图4-19和图4-20。

土壤有效磷含量1级水平全轮作区面积共33.39万hm²，占全区耕地面积的2.74%，山东轮作区分布面积最多，为27.00万hm²，河南轮作区分布面积最少，仅为0.10万hm²。2级水平共228.06万hm²，占全区耕地面积的18.69%，其中河北轮作区面积

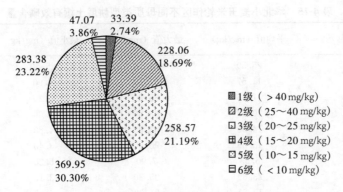

图 4-19　华北小麦玉米轮作区耕层土壤有效磷含量分级面积与比例（万 hm²）

75.14 万 hm²（占全区的 6.16%），河南轮作区面积 15.62 万 hm²（占 1.28%），山东轮作区面积为 132.93 万 hm²（占 10.89%），山西轮作区面积 4.37 万 hm²（占 0.36%）。3 级水平面积共 258.57 万 hm²，占全区耕地面积的 21.19%，河北轮作区面积 84.79 万 hm²（占全区的 6.95%），河南轮作区面积 51.97 万 hm²（占 4.26%）、山东轮作区面积 113.66 万 hm²（占 9.31%），山西轮作区面积 8.15 万 hm²（占 0.67%）。4 级水平面积共 369.95 万 hm²，占全区耕地面积的 30.30%，其中河北轮作区面积 91.50 万 hm²（占全区的 7.50%），河南轮作区面积 177.57 万 hm²（占 14.54%），山东轮作区面积 78.91 万 hm²（占 6.46%），山西轮作区面积 21.97 万 hm²（占 1.80%）。5 级水平面积共 283.38 万 hm²，占全区耕地面积的 23.22%，其中河北轮作区面积 69.76 万 hm²（占全区的 5.72%），河南轮作区面积 149.51 万 hm²（占 12.25%），山东轮作区面积 32.08 万 hm²（占 2.63%），山西轮作区面积 32.03 万 hm²（占 2.62%）。6 级水平面积共 47.07 万 hm²，占全区耕地面积的 3.86%，其中河北轮作区面积 13.23 万 hm²（占全区的 1.08%），河南轮作区面积 19.45 万 hm²（占 1.60%），山东轮作区面积 1.64 万 hm²（占 0.13%），山西轮作区面积 12.75 万 hm²（占 1.05%）。

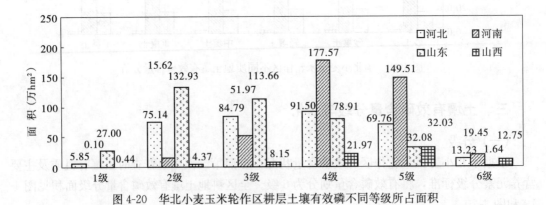

图 4-20　华北小麦玉米轮作区耕层土壤有效磷不同等级所占面积

（二）土壤有效磷含量变化分析

本次华北小麦玉米轮作区的调查，与 20 世纪 80 年代第二次土壤普查时相比，土壤有效磷含量明显增加（图 4-21）。经过 30 年的演变，尤其是近年来大量施用磷肥和含磷高的复混肥料，全区土壤有效磷含量平均达到 19.91mg/kg，比第二次土壤普查时增加 14.15mg/kg，增幅为 245.70％。河北轮作区、河南轮作区、山东轮作区和山西轮作区的增加值与增幅分别为 15.12mg/kg 和 251.92％、10.54mg/kg 和 178.63％、20.42mg/kg 和 408.46％、9.27mg/kg 和 151.44％。

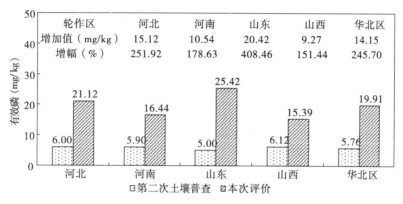

图 4-21 本次评价与第二次土壤普查土壤有效磷含量比较

第二次土壤普查时，全区土壤有效磷含量以 4 级为主，占耕地总面积的 31.96％；其次是 5 级，占耕地总面积的 30.82％；第三位是 6 级，占耕地总面积的 25.48％（表 4-16）。本次评价土壤有效磷的 1、2、3 级含量面积显著增加，4、5、6 级降低，其中 6 级由 25.48％降为 3.86％。

表 4-16　本次评价与第二次土壤普查时土壤有效磷分级面积比较

等级 (mg/kg)	轮作区	第二次土壤普查		本次评价		等级 (mg/kg)	轮作区	第二次土壤普查		本次评价	
		面积 (万 hm²)	占总耕地 (%)	面积 (万 hm²)	占总耕地 (%)			面积 (万 hm²)	占总耕地 (%)	面积 (万 hm²)	占总耕地 (%)
1 (>40)	河北	0.44	0.04	5.85	0.48	4 (15~20)	河北	101.50	8.32	91.50	7.50
	河南	0.83	0.07	0.10	0.01		河南	144.86	11.87	177.57	14.54
	山东	—	—	27.00	2.21		山东	127.10	10.41	78.91	6.46
	山西	0.10	0.01	0.44	0.04		山西	16.63	1.36	21.97	1.80
	华北区	1.37	0.12	33.39	2.74		华北区	390.09	31.96	369.95	30.30
2 (25~40)	河北	4.25	0.35	75.14	6.16	5 (10~15)	河北	106.08	8.69	69.76	5.72
	河南	7.04	0.58	15.62	1.28		河南	116.56	9.55	149.51	12.25
	山东	3.32	0.27	132.93	10.89		山东	133.75	10.96	32.08	2.63
	山西	2.08	0.17	4.37	0.36		山西	19.79	1.62	32.03	2.62
	华北区	16.69	1.37	228.06	18.69		华北区	376.18	30.82	283.38	23.22
3 (20~25)	河北	30.54	2.50	84.79	6.95	6 (<10)	河北	97.45	7.98	13.23	1.08
	河南	55.01	4.51	51.97	4.26		河南	89.93	7.37	19.45	1.60
	山东	35.57	2.91	113.66	9.31		山东	86.47	7.09	1.64	0.13
	山西	4.07	0.33	8.15	0.67		山西	37.05	3.04	12.75	1.05
	华北区	125.19	10.25	258.57	21.19		华北区	310.90	25.48	47.07	3.86

四、土壤有效磷调控

提高土壤中磷的有效性，一般要从以下三方面调控：一是采取增施速效态磷肥来增加土壤中有效磷的含量，以保证供给当季作物对磷的吸收利用。二是调节土壤环境条件，如在酸性上施石灰，在碱性土壤上施石膏，尽量减弱土壤中的固磷机制。三是要促使土壤中难溶态磷的溶解，提高磷的活性，使难溶性磷逐渐转化为有效态磷。

根据土壤条件和固磷机制的不同，一般可采取以下农业措施。

（一）调节土壤 pH

在酸性土壤上施用石灰，降低其酸性，以减少土壤中的活性 Al^{3+}、Fe^{3+} 数量，降低固磷作用。由于土壤酸度降低有利于微生物的活动，从而增强了有机磷矿化过程的进行。

（二）因土、因作物施磷肥

在施用磷肥时要考虑不同的土壤条件和作物不同种类选择适宜的磷肥品种。如在酸性土壤上施用磷矿粉，有利于提高磷矿粉的有效性。磷矿粉适合在豆科作物上施用，因为这种作物吸收利用磷的能力比一般作物强。

（三）磷肥与有机肥混施

磷化肥与有机肥混合堆沤后一起施用，效果较好。因为有机肥在分解过程中所产生的中间产物（有机酸类），对铁、铝、钙能够起一定的络合作用，因而降低了 Fe^{3+}、Al^{3+}、Ca^{2+} 的离子浓度，可减弱磷的化学固定作用。另外，形成的腐殖质还可在土壤固体表面形成胶膜，可减弱磷的表面固定作用。在石灰性土壤上结合施用大量的有机肥（道理同上）也可降低磷的固定作用，从而提高磷的有效性。

（四）集中施磷肥

采取集中施用磷肥的方法，尽量减少或避免与土壤的接触面，把磷肥施在根系附近效果较好。因为磷的活动性很小，穴施、条施或把磷肥制成颗粒肥、或采取叶面喷肥等，均可提高磷肥的有效性。在酸性土壤上施用酸溶性磷肥，如磷矿粉、钙镁磷肥等，应采用撒施，磷肥剂型以粉状为好，其细度越细，效果越好，尽量多与土壤接触才能提高其有效性。

第四节　土壤速效钾

钾是作物生长发育过程中所必需的营养元素之一，与作物的生理代谢、抗逆及品质改善密切相关，被认为是品质元素。钾还可以提高肥料的利用率，改善环境质量。土壤中的钾素呈无机形态存在，根据钾的存在形态和作物吸收能力，可把土壤中钾素分为 4 个类型：土壤矿物态钾，此为难溶性钾；非交换态钾，为缓效性钾（缓效钾）；交换性钾；水溶性钾。后两种合称为速效性钾（速效钾），一般占全钾的 1%～2%，可以被当季作物吸收利用，是反映土壤肥力高低的标志之一。

一、华北小麦玉米轮作区土壤速效钾含量空间差异

（一）华北各轮作区土壤速效钾含量

对华北小麦玉米轮作区耕层（0~20cm）土壤样品分析测定结果表明，速效钾平均含量为126mg/kg（图4-22）。总体看来，不同轮作区土壤速效钾平均含量存在一定差异，山西最高，达190mg/kg；河北、河南、山东省较低，在119~126mg/kg之间；不同区域变异系数在43.47%~35.22%之间，河北最高，山西最低。

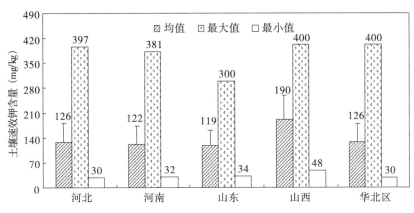

图4-22 华北小麦玉米轮作区耕层土壤速效钾含量分析

（二）不同轮作区土壤速效钾含量

不同城市土壤速效钾平均含量以山西省运城市最高，临汾市次之，分别为191mg/kg和186mg/kg；开封市、驻马店市含量较低，分别为91mg/kg和99mg/kg；；其余城市在102~155mg/kg之间。土壤速效钾含量变异系数从25.6%~48.0%不等，以保定市最大，枣庄市最小（表4-17）。

表4-17 华北小麦玉米轮作区地级市耕层土壤速效钾含量

轮作区	地级市	点位数（个）	平均值（mg/kg）	最大值（mg/kg）	最小值（mg/kg）	标准差（mg/kg）	变异系数（%）
河北	保定市	819	119	397	31	57	48.0
	沧州市	873	126	327	30	55	44.0
	邯郸市	1597	128	385	30	56	44.0
	衡水市	840	133	387	36	44	32.9
	廊坊市	395	152	391	33	65	42.5
	石家庄	431	115	313	30	51	44.4
	邢台市	800	120	357	30	53	44.4
河南	安阳市	898	129	320	32	56	43.4
	焦作市	432	155	376	42	57	36.8
	开封市	857	91	244	38	36	40.1
	漯河市	634	133	280	48	43	32.3
	濮阳市	1132	102	356	38	43	41.8

（续）

轮作区	地级市	点位数（个）	平均值（mg/kg）	最大值（mg/kg）	最小值（mg/kg）	标准差（mg/kg）	变异系数（%）
河南	商丘市	2172	124	353	38	51	40.9
	新乡市	1228	113	247	36	46	41.0
	许昌市	560	121	353	42	37	30.3
	周口市	1745	146	381	35	52	35.9
	驻马店	1202	99	270	38	30	30.7
山东	滨州市	465	112	265	44	42	37.4
	德州市	948	128	262	38	39	30.6
	东营市	147	131	247	52	38	29.2
	菏泽市	1176	102	272	36	38	37.1
	济南市	521	118	273	41	42	35.2
	济宁市	703	128	300	34	50	39.3
	聊城市	1382	121	300	37	39	32.5
	泰安市	321	119	270	40	36	30.7
	枣庄市	131	132	226	70	34	25.6
	淄博市	224	135	273	44	45	33.1
山西	临汾市	316	186	400	48	70	37.7
	运城市	913	191	400	48	69	35.9

二、华北小麦玉米轮作区耕层土壤速效钾含量及其影响因素

（一）土壤类型与土壤速效钾含量

1. 主要土类土壤速效钾含量

（1）华北轮作区主要土类的土壤速效钾含量分析　主要土类土壤速效钾平均含量变化范围在 95～142mg/kg 之间，以褐土含量最高，风沙土最低。土壤速效钾平均含量水平由低到高顺序为：风沙土、黄褐土、棕壤、潮土、砂姜黑土、褐土。不同土类变异系数之间相差较大，变化范围在 34.15%～43.78% 之间，以褐土最大，棕壤最低（图4-23）。

（2）主要土类的土壤速效钾不同轮作区差异　潮土的速效钾平均含量以山西省最高，为 202mg/kg，山东省最低，为 119mg/kg；褐土的平均含量以山西最高，为 190mg/kg，河北最低，为 120mg/kg；砂姜黑土的平均含量以山东稍高，为 131mg/kg，河北、河南稍低，为 127mg/kg；其余各土类除河北的风沙土外其他速效钾平均含量均低于 100 mg/kg（图4-24）。

2. 主要亚类土壤速效钾含量　亚类中土壤速效钾平均含量变化范围在 59～179 mg/kg之间，变异很大，以褐土性土含量最高，黄褐土性土最低（表4-18）。变异系数变化范围在 21.4%～45.0%，相差较大。以石灰性褐土和碱化潮土变异系数最大，白浆化黄褐土最低。

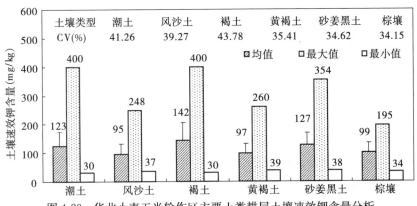

图 4-23　华北小麦玉米轮作区主要土类耕层土壤速效钾含量分析

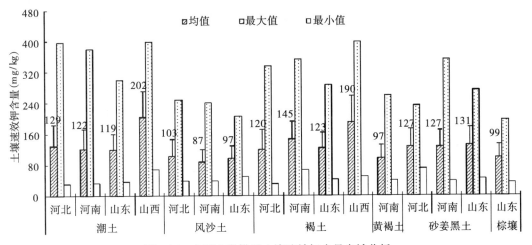

图 4-24　主要土类耕层土壤速效钾含量省域分析

表 4-18　华北小麦玉米轮作区主要亚类耕层土壤速效钾含量

亚　　　类	点位数 （个）	平均值 （mg/kg）	最大值 （mg/kg）	最小值 （mg/kg）	标准差 （mg/kg）	变异系数 （%）
潮土	12598	125	400	31	53	42.0
灌淤潮土	83	112	233	38	47	42.3
灰潮土	296	109	241	38	42	38.4
碱化潮土	302	117	351	38	53	45.0
湿潮土	138	124	262	38	43	34.7
脱潮土	2295	119	376	30	45	38.3
盐化潮土	1662	123	380	30	47	38.6
草甸风沙土	264	95	248	37	37	39.3
潮褐土	1807	124	353	30	50	40.2
褐土	373	140	356	49	52	36.9
褐土性土	459	179	389	58	65	36.4
淋溶褐土	87	137	260	44	50	36.8
石灰性褐土	773	167	400	32	75	45.0
白浆化黄褐土	98	86	146	47	19	21.4
典型黄褐土	314	101	260	39	37	37.1
黄褐土性土	1	59	59	59	—	—

（续）

亚　类	点位数 （个）	平均值 （mg/kg）	最大值 （mg/kg）	最小值 （mg/kg）	标准差 （mg/kg）	变异系数 （%）
砂姜黑土	867	111	305	38	32	29.1
石灰性砂姜黑土	894	142	354	47	48	33.8
潮棕壤	76	101	194	47	35	34.8
棕壤	63	100	195	45	32	31.8
棕壤性土	21	91	153	34	36	40.1

（二）地貌类型与土壤速效钾含量

表 4-19 为不同地貌类型耕层土壤速效钾含量，从表中可以明显看出，不同地貌类型土壤耕层速效钾含量也明显不同。不同地貌类型速效钾平均含量在 84～186mg/kg 之间，以黄土覆盖区山间平原最高，侵蚀中山最低。不同地貌类型间变异系数变化范围在 18.8%～52.3%，相差也较大；其中以侵蚀剥蚀中山变异系数最大，侵蚀山间平原最小。

表 4-19　华北小麦玉米轮作区不同地貌类型耕层土壤速效钾含量

地貌类型	平均值 （mg/kg）	最大值 （mg/kg）	最小值 （mg/kg）	标准差 （mg/kg）	变异系数 （%）
冲积洪积平原	124	397	31	56	45.1
冲积湖积平原	113	293	46	57	50.2
冲积平原	122	400	30	49	40.1
海积冲积平原	176	306	109	82	46.9
河流阶地	155	400	38	76	49.0
洪积平原	140	388	36	63	44.7
湖积冲积平原	141	357	30	58	41.1
湖积平原	165	380	59	75	45.4
黄土覆盖丘陵	156	156	156	—	—
黄土覆盖区低山	164	279	84	51	31.3
黄土覆盖区中山	147	224	95	35	23.7
黄土覆盖区山间平原	186	400	64	68	36.3
侵蚀剥蚀低山	126	280	43	48	38.3
侵蚀剥蚀丘陵	108	205	34	38	35.5
侵蚀剥蚀山间平原	142	245	49	51	36.0
侵蚀剥蚀中山	155	351	41	81	52.3
侵蚀低山	127	266	69	35	27.7
侵蚀丘陵	133	273	69	33	25.1
侵蚀山间平原	150	192	100	28	18.8
侵蚀中山	84	84	84	—	—
总计	126	400	30	53	41.9

（三）成土母质与土壤速效钾含量

华北小麦玉米轮作区土壤的母质类型很多，有流水沉积物、风成母质、湖积物、残积物等。不同母质的土壤速效钾含量见表 4-20。从表中可以看出，在不同母质中，黄土性土母质发育的土壤速效钾平均含量较高，为 207mg/kg；其次是红土母质的土壤，为 162mg/kg；残积物母质发育的土壤含量最低，为 98mg/kg。

表 4-20　华北小麦玉米轮作区不同母质类型耕层土壤速效钾含量

母质类型	平均值 (mg/kg)	最小值 (mg/kg)	最大值 (mg/kg)	标准差 (mg/kg)	变异系数 (％)
滨海沉积物	142	142	142	—	—
冰水沉积物	122	42	271	37	30.5
残积物	98	48	339	44	44.8
冲积物	122	30	397	50	40.9
风积物	138	52	319	83	60.1
红土母质	162	116	197	28	17.2
洪积物	135	32	388	55	40.9
湖积物	135	32	388	55	40.9
黄土母质	152	37	400	67	44.2
黄土状土	142	39	400	76	53.5
黄土性土	207	103	368	92	44.4
坡积物	103	34	167	36	35.4
人工堆垫	104	72	142	35	34
异源母质	130	57	240	41	31.2
河湖沉积物	154	57	354	56	36.5

（四）耕层质地与土壤速效钾含量

从图 4-25 可以看出，土壤中速效钾含量有随质地不同而规律变化的趋势，质地越黏重，含量越高。不同质地的土壤速效钾含量表现为黏土＞壤土＞砂土；壤土各质地表现为重壤＞中壤＞轻壤＞砂壤。速效钾平均含量最大值出现在重壤土，为 144mg/kg；最小值出现在砂土，为 98mg/kg。

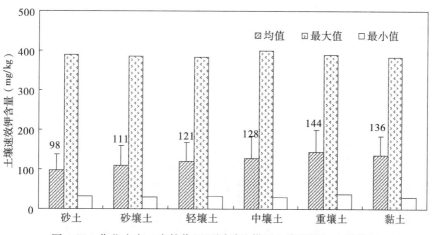

图 4-25　华北小麦玉米轮作区不同质地耕层土壤速效钾含量分析

三、土壤速效钾含量分级与变化

（一）分级

根据华北小麦玉米轮作区土壤速效钾含量状况，按养分分级标准将土壤速效钾划分为 6 级。全区耕地土壤速效钾含量分级面积见图 4-26。

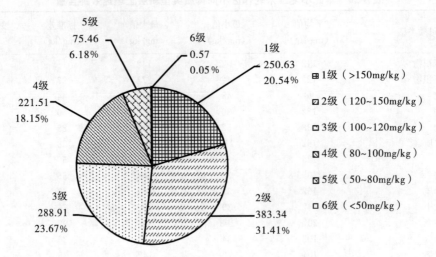

图 4-26　华北小麦玉米轮作区耕层土壤速效钾含量分级面积与比例（万 hm²）

土壤速效钾 1 级水平全区共计 250.63 万 hm²，占全区耕地面积的 20.54％，各轮作区均有分布，以河北、河南、山西轮作区较多，均在 70 万 hm² 左右（图 4-27）。2 级水平全区共 383.34 万 hm²，占全区耕地面积的 31.41％，主要分布在河南、山东、河北各轮作区。3 级水平全区共 288.91 万 hm²，占全区耕地面积的 23.67％，主要分布在山东、河北、河南轮作区，山西轮作区面积很小。4 级水平面积全区共 221.51 万 hm²，占全区耕地面积的 18.15％，主要分布在山东、河北及河南轮作区，山西面积较小。5 级水平面积全区共 75.46 万 hm²，占全区耕地面积的 6.18％，主要分布在河南、山东、河北轮作区。6 级水平面积全区仅 0.57 万 hm²，占全区耕地面积的 0.05％，山西轮作区没有。

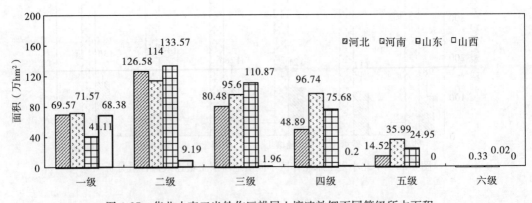

图 4-27　华北小麦玉米轮作区耕层土壤速效钾不同等级所占面积

（二）土壤速效钾含量变化分析

与第二次全国土壤普查时相比，本次华北小麦玉米轮作区土壤速效钾平均含量均有不同程度的变化（图 4-28）。其中河北轮作区、河南轮作区出现下降趋势，下降值和降幅分别为 8.68mg/kg 和 6.43%、10.83mg/kg 和 8.16%；山东轮作区、山西轮作区则是上升趋势，增加值和增幅分别为 28.12mg/kg 和 30.90%、58.19mg/kg 和 44.12%。

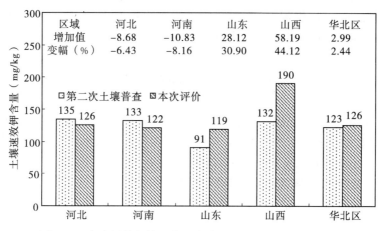

图 4-28 本次评价与第二次土壤普查时土壤速效钾含量比较

表 4-21 本次与第二次土壤普查时土壤速效钾分级面积比较

等级 (mg/kg)	轮作区	第二次土壤普查 面积 (万 hm²)	第二次土壤普查 占总耕地 (%)	本次评价 面积 (万 hm²)	本次评价 占总耕地 (%)	等级 (mg/kg)	轮作区	第二次土壤普查 面积 (万 hm²)	第二次土壤普查 占总耕地 (%)	本次评价 面积 (万 hm²)	本次评价 占总耕地 (%)
1 (>150)	山东	33.38	9.81	69.57	20.45	4 (80~100)	山东	92.65	27.23	48.89	14.37
	河北	34.26	8.27	71.57	17.28		河北	131.84	31.83	96.74	23.35
	河南	22.52	5.83	41.11	10.64		河南	137.99	35.73	75.68	19.60
	山西	11.96	15.00	68.38	85.77		山西	18.74	23.51	0.20	0.25
	华北区	102.12	8.37	250.63	20.54		华北区	381.22	31.24	221.51	18.15
2 (120~150)	山东	66.59	19.57	126.58	37.20	5 (50~80)	山东	13.07	3.84	14.52	4.27
	河北	64.58	15.59	114.00	27.52		河北	8.91	2.15	35.99	8.69
	河南	61.61	15.95	133.57	34.58		河南	10.25	2.65	24.95	6.46
	山西	12.52	15.71	9.19	11.52		山西	3.30	4.14	—	—
	华北区	205.3	16.82	383.34	31.41		华北区	35.53	2.91	75.46	6.18
3 (100~120)	山东	129.81	38.15	80.48	23.65	6 (<50)	山东	4.76	1.4	0.22	0.07
	河北	174.39	42.10	95.60	23.08		河北	0.25	0.06	0.33	0.08
	河南	153.03	39.62	110.87	28.71		河南	0.81	0.21	0.02	0.01
	山西	32.80	41.14	1.96	2.46		山西	0.40	0.50	—	—
	华北区	490.03	40.15	288.91	23.67		华北区	6.22	0.51	0.57	0.05

第二次土壤普查时，全区土壤速效钾含量以 3、4 级为主，分别占耕地面积的 40.15％和 31.24％；其次是 2 级，占 16.82％；其他级别均在 10％以下（表 4-21）。本次不同区域土壤速效钾含量分级结果表明，全区耕地土壤速效钾含量 1 级、2 级面积所占比例上升，分别占 20.54％和 31.41％；3、4 级比例约各占 20％左右。6 级比例显著下降。可见华北小麦玉米轮作区土壤速效钾提升明显。

第五节 土壤缓效钾

缓效钾主要指 2：1 型层状硅酸盐矿物层间和颗粒边缘的一部分钾，通常占全钾量的 1％～10％。缓效钾是速效钾的贮备库，当速效钾因作物吸收和淋失，浓度降低时，部分缓效钾可以释放出来转化为交换性钾和溶液钾，成为速效钾。因此，判断土壤供钾能力应综合考虑土壤速效钾和土壤缓效钾两项指标。如果土壤速效钾含量低，而缓效钾含量较高时，土壤的供钾能力并不一定很低，施用钾肥往往效果不明显。只有土壤速效钾和缓效钾含量都低的情况下，施用钾肥的效果才十分显著。

一、华北小麦玉米轮作区土壤缓效钾含量空间差异

（一）华北各轮作区土壤缓效钾含量

华北小麦玉米轮作区耕层（0～20cm）土壤缓效钾分析数据表明，缓效钾平均含量为 760mg/kg，变异系数为 33.02％。土壤缓效钾平均含量以山西最高，达到了 880mg/kg，河北次之，平均值为 815mg/kg，然后是山东，平均值为 786mg/kg，河南平均含量最低，为 701mg/kg（图 4-29）。土壤缓效钾含量变异系数以河北、河南较大，约为 35％；山西、山东较小，约为 26％。

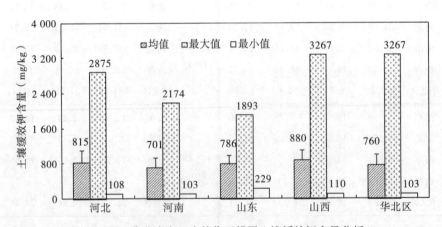

图 4-29 华北小麦玉米轮作区耕层土壤缓效钾含量分析

（二）不同轮作区土壤缓效钾含量

各城市土壤缓效钾平均含量在 548～1192mg/kg 之间（表 4-22），差异较大，以山东省东营市为最高，河南省的新乡市最低。各城市之间变异系数相差也较大，其中邯郸市最大，达到 43.9％；东营市最低，只有 9.9％；其余城市介于二者之间。

表 4-22 华北小麦玉米轮作区地级市耕层土壤缓效钾含量

轮作区	地级市	点位数 （个）	平均值 （mg/kg）	最大值 （mg/kg）	最小值 （mg/kg）	标准差 （mg/kg）	变异系数 （%）
河北	保定市	819	819	2875	108	342	41.7
	沧州市	873	786	1706	210	185	23.5
	邯郸市	1597	847	2632	130	371	43.9
	衡水市	840	854	1671	119	249	29.1
	廊坊市	395	693	1947	112	259	37.4
	石家庄	431	896	1700	388	243	27.1
	邢台市	800	742	1713	290	206	27.8
河南	安阳市	898	712	1730	212	180	25.3
	焦作市	432	781	1647	307	205	26.2
	开封市	857	567	1221	115	229	40.3
	漯河市	634	643	1290	305	184	28.6
	濮阳市	1132	688	1376	103	172	25.0
	商丘市	2172	754	2095	134	258	34.3
	新乡市	1228	548	1497	171	217	39.7
	许昌市	560	664	1305	229	142	21.4
	周口市	1745	854	2174	126	275	32.2
	驻马店	1202	606	1005	200	141	23.2
山东	滨州市	465	785	1420	273	176	22.4
	德州市	948	795	1420	240	212	26.7
	东营市	147	1192	1500	1000	118	9.9
	菏泽市	1176	731	1596	229	201	27.4
	济南市	521	778	1392	253	151	19.4
	济宁市	703	871	1893	240	243	27.9
	聊城市	1382	754	1540	240	130	17.2
	泰安市	321	677	1282	240	205	30.3
	枣庄市	131	875	1403	476	161	18.4
	淄博市	224	821	1522	344	201	24.5
山西	临汾市	316	910	1536	368	208	22.9
	运城市	913	869	3267	110	233	26.8
华北小麦玉米轮作区		23862	760	3267	103	251	33.0

二、华北小麦玉米轮作区耕层土壤缓效钾含量及其影响因素

（一）土壤类型与土壤缓效钾含量

1. 主要土类土壤缓效钾含量

（1）华北小麦玉米轮作区主要土类的土壤缓效钾含量 主要土类土壤缓效钾平均含量变化范围在 598～842mg/kg 之间，其中以褐土最高，黄褐土最低，其余土类介于二者之

间。不同土类土壤缓效钾平均含量水平由低到高顺序为：黄褐土、棕壤、风沙土、砂姜黑土、潮土、褐土（图4-30）。不同土类变异系数之间相差较大，变化范围在25.42%～34.20%之间，其中以风沙土最大，黄褐土最小，其余土类则介于二者之间。

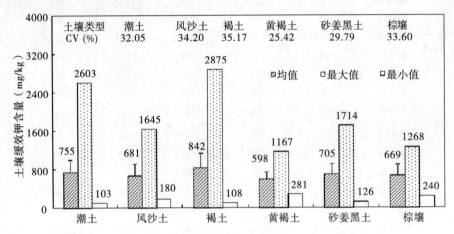

图 4-30　华北小麦玉米轮作区主要土类耕层土壤缓效钾含量分析

（2）主要土类的土壤缓效钾区域差异　潮土的缓效钾平均含量以山西最高，为909mg/kg，河南最低，为711mg/kg；褐土的平均含量以山西最高，为873mg/kg，河南最低，为661mg/kg；砂姜黑土的平均含量以山东稍高，为786mg/kg，河南、河北稍低，分别为698mg/kg、675mg/kg；河北省的风沙土最高，为825mg/kg（图4-31）。

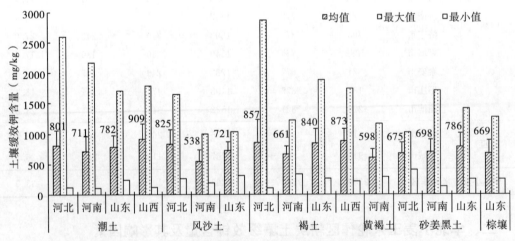

图 4-31　主要土类耕层土壤缓效钾含量省域分析

2. 主要亚类土壤缓效钾含量　土壤亚类缓效钾平均含量变化范围在492mg/kg～870mg/kg之间，以石灰性褐土含量最高，灌淤潮土最低，其余亚类在二者之间（表4-23）。不同亚类变异系数变化范围在23.0%～44.0%之间，相差较大。其中以灌淤潮土最大，褐土性土最低，其余亚类变异系数在二者之间。

表 4-23　华北小麦玉米轮作区主要亚类耕层土壤缓效钾含量

亚　　类	点位数 （个）	平均值 （mg/kg）	最大值 （mg/kg）	最小值 （mg/kg）	标准差 （mg/kg）	变异系数 （%）
潮土	12598	758	2603	103	252	33.2
灌淤潮土	83	492	1012	183	217	44.0
灰潮土	296	682	1296	205	172	25.2
碱化潮土	302	718	2071	152	253	35.2
湿潮土	138	823	1465	299	219	26.6
脱潮土	2295	740	2410	110	199	26.9
盐化潮土	1662	775	1795	153	223	28.8
草甸风沙土	264	681	1645	180	233	34.2
潮褐土	1807	840	2875	108	337	40.1
褐土	373	821	1433	328	221	26.9
褐土性土	459	846	1581	344	195	23.0
淋溶褐土	87	681	1167	328	188	27.6
石灰性褐土	773	870	2348	204	273	31.4
白浆化黄褐土	98	624	965	303	162	26.0
典型黄褐土	314	590	1167	281	148	25.1
黄褐土性土	1	653	653	653	—	—
砂姜黑土	867	645	1288	200	166	25.8
石灰性砂姜黑土	894	763	1714	126	231	30.3
潮棕壤	76	693	1268	277	221	31.8
棕壤	63	647	1258	285	216	33.4
棕壤性土	21	643	1211	240	266	41.3

（二）地貌类型与土壤缓效钾含量

表 4-24 为不同地貌类型土壤缓效钾含量，从表中可以看出，不同地貌类型土壤耕层缓效钾含量也明显不同。不同地貌类型缓效钾平均含量在 601～932mg/kg 之间，以湖积平原最高，侵蚀中山最低，其余则在二者之间。不同地貌类型间变异系数变化范围在 16.2%～52.7%，相差也较大。其中以侵蚀剥蚀中山变异系数最大，黄土覆盖区中山最低，其余地貌类型缓效钾变异系数在二者之间。

表 4-24　华北小麦玉米轮作区不同地貌类型耕层土壤缓效钾含量

地貌类型	平均值 （mg/kg）	最大值 （mg/kg）	最小值 （mg/kg）	标准差 （mg/kg）	变异系数 （%）
冲积洪积平原	782	2632	108	305	39.1
冲积湖积平原	745	1250	410	194	26.1
冲积平原	752	2875	103	243	32.3
海积冲积平原	645	806	427	152	23.6
河流阶地	754	1577	155	263	34.9
洪积平原	799	2343	162	312	39.1
湖积冲积平原	838	2541	217	308	36.8
湖积平原	932	1795	355	284	30.4
黄土覆盖丘陵	820	820	820	—	—

（续）

地貌类型	平均值 (mg/kg)	最大值 (mg/kg)	最小值 (mg/kg)	标准差 (mg/kg)	变异系数 (%)
黄土覆盖区低山	788	1027	503	133	16.8
黄土覆盖区中山	880	1066	577	142	16.2
黄土覆盖区山间平原	862	1745	204	196	22.8
侵蚀剥蚀低山	786	1211	281	201	25.6
侵蚀剥蚀丘陵	674	1551	240	266	39.5
侵蚀剥蚀山间平原	753	1628	385	220	29.3
侵蚀剥蚀中山	876	3267	320	461	52.7
侵蚀低山	786	1365	253	189	24.1
侵蚀丘陵	760	1000	328	151	19.8
侵蚀山间平原	826	994	636	137	16.6
侵蚀中山	601	601	601	—	—
总计	760	3267	103	251	33.0

（三）成土母质与土壤缓效钾含量

表 4-25　华北小麦玉米轮作区不同母质类型耕层土壤缓效钾含量

母质类型	平均值 (mg/kg)	最大值 (mg/kg)	最小值 (mg/kg)	标准差 (mg/kg)	变异系数 (%)
滨海沉积物	721	721	721	—	—
冰水沉积物	675	229	1305	146	21.7
残积物	770	400	1451	170	22
冲积物	761	103	2875	254	33.4
风积物	717	286	1645	335	46.8
红土母质	871	685	1066	111	12.7
洪积物	793	114	3267	292	36.8
湖积物	793	114	3267	292	36.8
黄土母质	827	204	1745	205	24.8
黄土状土	743	306	1536	254	34.1
黄土性土	926	820	1110	103	11.1
坡积物	694	240	1365	224	32.3
人工堆垫	650	450	888	221	34
异源母质	712	389	1158	158	22.2
河湖沉积物	740	126	2141	225	30.4

　　不同母质的土壤速效钾含量见表 4-25。从表中可以看出，在不同母质中，黄土性土母质发育的土壤速效钾的平均含量较高，为 926mg/kg；其次是红土母质的土壤，为 871mg/kg；人工堆垫母质发育的土壤含量最低，为 650mg/kg。

（四）耕层质地与土壤缓效钾含量

　　从图 4-32 可以看出，不同质地的土壤缓效钾平均表现为：壤土＞黏土＞砂土，壤土各质地表现为：重壤＞中壤＞轻壤＞砂壤；以重壤土缓效钾含量最高，为799mg/kg，其次是中壤土，为772mg/kg，轻壤土为762mg/kg。

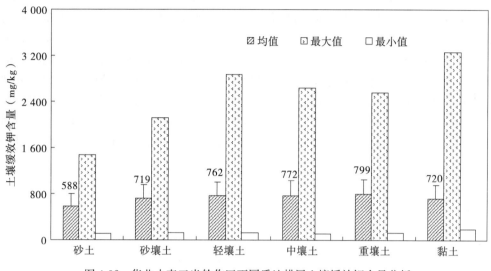

图4-32 华北小麦玉米轮作区不同质地耕层土壤缓效钾含量分析

三、土壤缓效钾含量分级与变化

根据华北小麦玉米轮作区域缓效钾含量状况，参照第二次土壤普查时土壤有机质及主要营养元素分级标准，将缓效钾含量划分为6级（图4-33）。全区耕地土壤缓效钾含量分级结果表明，全区耕地土壤缓效钾含量以5级为主，超过总面积的2/5；其次是4级，约占总面积的1/3；再次是3级，6级、2级面积较少；1级地最少，仅为总面积的0.07%。

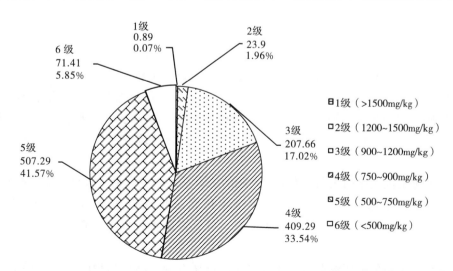

图4-33 华北小麦玉米轮作区耕层土壤缓效钾含量分级面积与比例（万hm²）

轮作区内土壤缓效钾含量1级面积最小，面积0.89万hm²，占该区耕地0.07%。主要分布在河北、山西，分别为 0.57 万 hm²、0.25 万 hm²；河南很少，仅 0.02 万 hm²；山东没有。2 级面积共 23.9 万 hm²，占全区耕地面积的 1.96%，各轮作区均有少量分布。其中河北最多，为 12.67 万 hm²，山东、山西约为 5 万 hm²；河南 1.27 万 hm²。3 级面积共 207.66 万 hm²，占全区耕地面积的 17.02%，主要分布在河北、河南、山东，约为 60 万 hm²。山西较少，为 24.52 万 hm²。4 级面积共 409.29 万 hm²，占全区耕地面积的 33.54%，主要分布在山东、河北约为 150 万 hm²；河南、山西省较少。5 级面积最多，共 507.29 万 hm²，占全区耕地面积的 41.57%，主要分布在山东、河南、河北，山西较少。其中河北 110.73 万 hm²，河南 239.28 万 hm²，山东 141.97 万 hm²，山西 15.31 万 hm²。6 级面积共 71.41 万 hm²，占全区耕地面积的 5.85%，主要分布在河南，面积为 45.17 万 hm²，河北、山东分别为 11.8 万 hm²、14.4 万 hm²，山西很少，仅 0.05 万 hm²（图 4-34）。

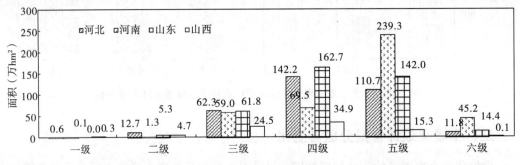

图 4-34　华北小麦玉米轮作区耕层土壤缓效钾含量不同等级所占面积

四、土壤钾素调控

（一）土壤钾素含量变化的影响因素

土壤钾素含量变化的影响因素很多，主要是施肥和种植制度。已有部分地区土壤钾素亏缺，主要集中在南方地区，究其原因，主要有以下几个方面：

1. 有机肥投入不足　施肥结构不合理造成耕地养分失衡。有机肥不仅富含作物生长发育的多种营养元素，还能改良培育土壤，提高土壤保水保肥能力，从而改善土壤供钾水平，对土壤钾素的循环十分重要。但有机肥料肥效缓慢，周期长、见效慢，不如化肥养分含量高，施用方便，见效快，因此投入相对不足。据统计调查，大多数地块甚至不施有机肥。

2. 氮磷钾肥投入比例失调　人们对钾肥的认识不足，生产上一直存在着"重氮磷肥，轻钾肥"的施肥现象。据统计，2008 年全年化肥总投入折纯氮 10450t，P_2O_5 5049t，K_2O 1165t，$N : P_2O_5 : K_2O = 1 : 0.48 : 0.11$。可见钾肥投入极少，氮、磷、钾比例严重失调。

3. 作物产量和复种指数提高　随着农业的迅猛发展，高产品种的引进和科学栽培技术的应用，复种指数和产量不断提高，从土壤中带走的钾越来越多，加剧了土壤钾素的消耗，一些地区土壤钾素亏缺严重。

（二）土壤钾素调控

合理施用钾肥应以土壤钾素丰缺状况为依据。因为在土壤缺钾的情况下，钾肥的增产效果极为显着，一般可增产10％～25％。当土壤速效钾含量达到高或极高时，一般就没有必要施钾肥了，因为土壤中的钾已能满足作物的需要。总的来说，华北大部分地区的缺钾现象并不十分严重，但某些地区也存在着钾肥施用不合理、钾肥利用率低的现象，造成了钾素资源的大量浪费。因此，科学合理的评价土壤供钾特性、充分发挥土壤的供钾潜力，有效施用和分配钾肥显得尤为重要。针对土壤缺钾状况，可以通过以下几种途径进行调控。

1. 提高对钾肥投入的认识　利用一切形式广泛深入地宣传增施钾肥的重要性，以增强农户的施用钾肥意识，增加钾肥投入的自觉性。另外，还应当认识到：（1）钾肥的肥效一定要在满足作物氮、磷营养的基础上才能显现出来。（2）土壤速效钾的丰缺标准会随着作物产量的提高和氮、磷化肥用量的增加而变化。（3）我国钾肥资源紧缺，多年来依靠进口，因此有限的钾肥应优先分配在缺钾土壤和喜钾作物上。

2. 深翻晒垡　这一措施可改良土壤结构，协调土壤水、肥、气、热状况，有利于土壤钾素释放。

3. 增施有机肥　一般每667m²施用优质有机肥1500～2000kg为宜。作物秸秆还田对增加土壤钾素尤为明显，秸秆可通过过腹、堆沤和直接覆盖3种形式还田。另外，华北不适合发展绿肥。

4. 施用生物钾肥　土壤中钾素含量比较丰富，但90％～98％是一般作物难以吸收的形态。施用生物钾肥可将难溶性钾转变为有效钾，挖掘土壤钾素潜力，从而增加土壤有效钾含量，达到补钾目的。

5. 优化配方施肥，增施化学钾肥　改变多氮、磷肥，少钾肥的施肥现状，充分利用各地地力监测和试验示范结果，因土壤因作物制定施肥方案，协调氮、磷、钾，有机肥与无机肥之间的比例。根据不同土壤及作物，在增施有机肥的基础上，适量增加钾肥用量，逐步扭转钾素亏缺局面。

第六节　土壤有效硫

硫是地壳中最丰富的元素之一，也是生物必需的营养元素，土壤中的硫最初来源于岩浆岩中的各种含硫矿物，耕作土壤中的硫除来源于含硫矿物和有机物质以外，天然降水、灌溉水以及施用含硫的化学肥料。土壤有效硫包括易溶性硫、吸附硫和部分有机硫。具有 -2 价至 $+6$ 价之间不同的氧化态，对环境条件的变化很敏感，可随环境条件的变化生成不同种类的化合物，生物作用也能使硫从一种氧化态转变为另一种氧化态，一般植物吸收的硫是 $+6$ 价的 SO_2^{-4}，还原态的硫只有被氧化后才能被植物充分利用。

我国不同土壤类型全硫（S）含量大致在100～500mg/kg范围内，南部和东南部湿润地区，土壤硫以有机硫为主，有机硫含量占全硫量的85％～94％，无机硫仅占6％～15％。北部和西部干旱地区无机硫含量较高，石灰性土壤无机硫占全硫量的39.4％～61.8％。

土壤中的硫可分为无机硫和有机硫两大部分，它们之间的比例关系随土壤类型、pH、排水状况、有机质含量、矿物组成和剖面深度变化很大。在表层土壤中，大部分硫以有机形态存在。多数湿润和半湿润地区的非石灰性表层土壤中，有机硫可占全硫的95％以上；但在石灰性土壤和下层土壤中则硫酸盐含量很高。我国湿润地区的表层土壤有机硫占85％～94％，无机硫占全硫的6％～15％，而北部和西部石灰性土壤无机硫占全硫的39.4％～61.8％。无机硫酸盐在土壤中以水溶态、吸附态和不溶态〔如 $CaSO_4$、$FeSO_4$、$Al_2(SO_4)_3$ 或元素硫〕存在。植物有效硫取决于土壤溶液中硫酸盐的浓度，而土壤溶液中硫酸盐与吸附态硫酸盐和有机硫之间存在着平衡关系。虽然可溶性硫酸盐易被作物吸收利用，但其在一年中变化较大，而且有时数量有限，难以满足植物的需要。所以，可溶性硫酸盐一般不能作为植物有效硫的指标。吸附态硫酸盐中，一部分对植物有效。石灰性土壤中与碳酸钙结合的硫酸盐有效性很低，而土壤黏粒吸附的硫酸盐则是有效的。Fe、Al 化合物以及 Fe、Al 腐殖质复合体也吸附部分硫酸盐，但这两部分吸附态硫酸盐的有效性还不清楚。

一、华北小麦玉米轮作区土壤有效硫含量空间差异

（一）华北各轮作区土壤有效硫含量

华北小麦玉米轮作区 0～20cm 耕层土壤平均有效硫含量为 32.81mg/kg，变化范围 1.00～291.10mg/kg（图4-35）。山西轮作区含量最高，平均 47.23mg/kg，变动范围在 1.50mg/kg～291.10mg/kg；河南轮作区有效硫平均值最低，为 23.78mg/kg。山东轮作区和河北轮作区的有效硫含量平均值分别为 40.66mg/kg 和 37.60mg/kg。

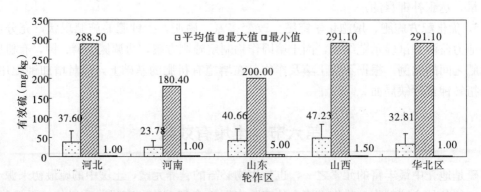

图4-35 华北小麦玉米轮作区耕层土壤有效硫含量分析

（二）不同轮作区土壤有效硫含量

不同地级市的有效硫含量见表4-26。河北轮作区的平均含量最高值在邯郸市，为 44.93mg/kg，最低值出现在保定市，为 24.50mg/kg；变异系数以廊坊市最大，为 136.20％，沧州市最小，为 59.93％。河南轮作区平均含量最高值在焦作市，为 39.51 mg/kg，最低值出现在许昌市，为 13.28mg/kg；变异系数以安阳市最大为 97.47％，漯河市最小为 36.96％。山东轮作区平均含量最高值在济宁市，为 49.64mg/kg，最低值在枣庄市，为 23.44mg/kg；变异系数以菏泽市最大，为 83.02％，枣庄市最小，为 47.66％。山西轮作

区临汾市和运城市的有效硫含量平均值分别为51.24mg/kg 和45.82mg/kg，变异系数分别为82.54％和74.94％。从华北区看，山西的临汾市有效硫平均值最高，河南许昌市的平均值最低。

表4-26　华北小麦玉米轮作区地级市耕层土壤有效硫含量

轮作区	地级市	点位数（个）	平均值（mg/kg）	最大值（mg/kg）	最小值（mg/kg）	标准差（mg/kg）	变异系数（％）
河北	保定市	819	24.50	185.60	2.20	16.99	69.33
	沧州市	873	35.51	214.00	2.00	21.28	59.93
	邯郸市	1597	44.93	254.88	1.00	32.05	71.32
	衡水市	840	39.51	216.00	4.88	30.33	76.78
	廊坊市	395	35.24	288.50	1.31	48.00	136.20
	石家庄	431	42.01	142.90	2.40	28.63	68.15
	邢台市	800	35.11	190.00	5.09	25.11	71.53
河南	安阳市	898	31.96	180.40	1.00	31.15	97.47
	焦作市	432	39.51	172.00	6.81	29.32	74.21
	开封市	857	19.31	141.00	1.60	16.65	86.22
	漯河市	634	34.67	58.00	8.00	12.81	36.96
	濮阳市	1132	23.00	170.10	1.57	13.02	56.58
	商丘市	2172	22.24	163.38	1.17	14.24	64.01
	新乡市	1228	16.72	37.60	4.50	7.07	42.29
	许昌市	560	13.28	51.16	1.20	6.29	47.40
	周口市	1745	21.86	91.70	2.10	10.43	47.71
	驻马店	1202	26.58	99.99	1.01	16.69	62.80
山东	滨州市	465	34.70	198.00	11.00	28.43	81.94
	德州市	948	37.05	199.10	5.30	21.29	57.47
	东营市	147	29.30	200.00	5.00	15.18	51.80
	菏泽市	1176	39.72	199.50	5.84	32.97	83.02
	济南市	521	37.90	200.00	5.00	25.59	67.52
	济宁市	703	49.64	190.50	5.00	32.84	66.16
	聊城市	1382	46.52	200.00	5.20	37.52	80.65
	泰安市	321	34.13	95.90	5.69	18.64	54.60
	枣庄市	131	23.44	60.90	5.10	11.17	47.66
	淄博市	224	42.04	198.40	5.20	27.44	65.26
山西	临汾市	316	51.24	291.10	1.50	42.29	82.54
	运城市	913	45.82	281.30	3.00	34.34	74.94
华北小麦玉米轮作区		23862	32.81	291.10	1.00	82.26	—

二、华北小麦玉米轮作区耕层土壤有效硫含量及其影响因素

（一）土壤类型与土壤有效硫含量

1. 主要土类土壤有效硫含量

（1）华北小麦玉米轮作区主要土类的土壤有效硫含量分析　华北小麦玉米轮作区主要土壤类型有效硫含量从大到小的顺序为：褐土＞棕壤＞潮土＞风沙土＞黄褐土＞砂姜黑土

（图 4-36）。褐土有效硫含量为 39.59mg/kg，范围变化在 1.00～291.10mg/kg 之间；砂姜黑土含量最低，为 26.26mg/kg，在 1.02～162.85mg/kg 之间。

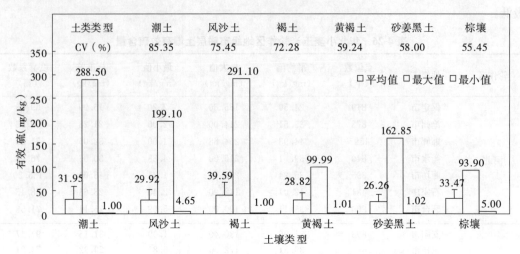

图 4-36　华北小麦玉米轮作区主要土类耕层土壤有效硫含量分析

（2）主要土类的土壤有效硫区域差异　潮土的有效硫平均含量以山西轮作区最高，为 62.93mg/kg，河南轮作区最低，为 22.72mg/kg；风沙土的平均含量以山东轮作区最高，为 41.99mg/kg，河南轮作区最低，为 17.18mg/kg；褐土的平均含量以山西轮作区最高，为 45.50mg/kg，山东轮作区最低，为 34.79mg/kg；黄褐土只存在于河南轮作区，平均含量为 28.82mg/kg；砂姜黑土的平均含量以山东轮作区最高，为 35.39mg/kg，河南轮作区最低，为 25.45mg/kg；棕壤只存在山东轮作区，为 33.47mg/kg（图 4-37）。

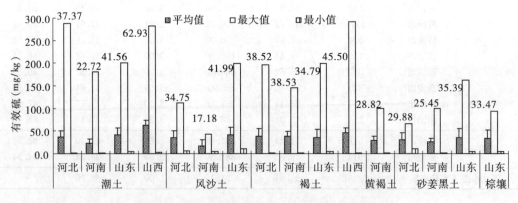

图 4-37　主要土类耕层土壤有效硫含量省域分析

2. 主要亚类土壤有效硫含量　以湿潮土有效硫含量最高，平均 46.13mg/kg；其次是石灰性褐土、褐土性土和盐化潮土，分别为 45.06mg/kg、41.77mg/kg 和 40.06mg/kg；第三个层次是潮土、潮褐土、褐土、淋溶褐土、白浆化黄褐土、潮棕壤、棕壤和棕壤性土，有效硫平均值在 31.54～38.27mg/kg 之间；平均含量最低的是黄褐土性土，为 3.23mg/kg；其余的各亚类则介于 19.54～29.92mg/kg（表 4-27）。

变异系数以湿潮土最大，为 108.72％，盐化潮土和潮土次之，分别为 88.90％和 84.20％；第三层次为灌淤潮土、碱化潮土、脱潮土、草甸风沙土、潮褐土、褐土、褐土性土和石灰性褐土，其变异系数介于 70.19％～75.45％；其余各亚类变异系数低于 70％，介于 38.99％～65.87％。

表 4-27 华北小麦玉米轮作区主要亚类耕层土壤有效硫含量

亚　类	平均值 （mg/kg）	最大值 （mg/kg）	最小值 （mg/kg）	标准差 （mg/kg）	变异系数 （％）
潮土	31.72	288.50	1.00	26.71	84.20
灌淤潮土	19.54	80.35	4.74	14.08	72.06
灰潮土	22.82	99.55	1.07	15.03	65.87
碱化潮土	23.79	144.00	1.70	17.94	75.39
湿潮土	46.13	275.77	2.50	50.16	108.72
脱潮土	29.02	197.00	1.20	21.63	74.53
盐化潮土	40.06	254.88	1.31	35.61	88.90
草甸风沙土	29.92	199.10	4.65	22.58	75.45
潮褐土	37.71	196.56	1.00	26.47	70.19
褐土	36.34	198.40	1.80	26.90	74.02
褐土性土	41.77	196.30	3.20	30.35	72.65
淋溶褐土	34.59	81.10	11.40	13.49	38.99
石灰性褐土	45.06	291.10	1.50	33.45	74.24
白浆化黄褐土	34.95	99.99	1.42	19.39	55.48
典型黄褐土	26.96	96.21	1.01	15.79	58.56
黄褐土性土	3.23	3.23	3.23	—	—
砂姜黑土	26.22	99.64	1.02	16.02	61.09
石灰性砂姜黑土	26.31	162.85	3.93	14.44	54.87
潮棕壤	31.54	85.90	5.00	16.20	51.35
棕壤	34.26	93.90	5.25	19.66	57.39
棕壤性土	38.27	82.10	10.60	22.92	59.88

（二）地貌类型与土壤有效硫含量

湖积平原土壤有效硫含量最高，为 51.56mg/kg，在 5.23～194.50mg/kg 之间变动；其次是侵蚀剥蚀山间平原、海积冲积平原、河流阶地、湖积冲积平原和黄土覆盖区山间平原，有效硫含量分别为 49.89mg/kg、45.14mg/kg、44.87mg/kg、48.46mg/kg 和 42.67mg/kg；第三个层次是冲积洪积平原、冲积平原、洪积平原、黄土覆盖区中山、侵蚀剥蚀丘陵、侵蚀剥蚀中山和侵蚀低山，其含量在 30.41～36.15mg/kg；含量较低的为黄土覆盖丘陵，为 9.40mg/kg；其余的地貌类型则介于 14.30～29.62mg/kg（表 4-28）。

变异系数以湖积平原最大，为 94.19％，河流阶地、洪积平原、湖积冲积平原和冲积平原次之，分别为 88.17％、85.80％、85.31％和 81.71％；黄土覆盖区低山、黄土覆盖区中山、黄土覆盖区山间平原和侵蚀剥蚀山间平原 4 个地貌类型的变异系数介于70.03％～76.92％；其余各地貌类型变异系数低于 70％，介于 43.80％～67.50％之间。

表 4-28 华北小麦玉米轮作区不同地貌类型耕层土壤有效硫含量

地貌类型	平均值 (mg/kg)	最大值 (mg/kg)	最小值 (mg/kg)	标准差 (mg/kg)	变异系数 (%)
冲积洪积平原	30.41	196.30	1.96	20.53	67.50
冲积湖积平原	20.28	68.00	4.93	11.66	57.48
冲积平原	31.77	288.50	1.00	25.96	81.71
海积冲积平原	45.14	96.15	27.26	19.77	43.80
河流阶地	44.87	291.10	1.42	39.56	88.17
洪积平原	36.15	255.70	3.20	31.02	85.80
湖积冲积平原	48.46	275.77	1.50	41.34	85.31
湖积平原	51.56	194.50	5.23	48.56	94.19
黄土覆盖丘陵	9.40	9.40	9.40	—	—
黄土覆盖区低山	29.62	77.00	3.20	22.24	75.06
黄土覆盖区中山	31.18	102.80	8.40	23.98	76.92
黄土覆盖区山间平原	42.67	166.60	1.50	29.88	70.03
侵蚀剥蚀低山	29.44	75.30	7.60	15.00	50.93
侵蚀剥蚀丘陵	32.91	86.80	1.90	18.37	55.80
侵蚀剥蚀山间平原	49.89	132.50	5.00	36.38	72.93
侵蚀剥蚀中山	35.76	93.00	5.00	21.49	60.10
侵蚀低山	34.93	58.90	5.30	16.69	47.78
侵蚀丘陵	28.13	61.80	5.70	14.17	50.35
侵蚀山间平原	21.97	39.42	9.40	11.06	50.31
侵蚀中山	14.30	14.30	14.30	—	—

(三) 成土母质与土壤有效硫含量

异源母质的有效硫平均值最高，为 40.52mg/kg；洪积物母质的有效硫含量位于其次，为 40.37mg/kg；平均含量最低为冰水沉积物母质，为 12.95mg/kg。变异系数最高的为黄土母质，为 83.74%；最低为人工堆垫母质，为 22.45%（表 4-29）。

表 4-29 华北小麦玉米轮作区不同母质类型耕层土壤有效硫含量

母质类型	平均值 (mg/kg)	最大值 (mg/kg)	最小值 (mg/kg)	变异系数 (%)
滨海沉积物	40.00	40.00	40.00	—
冰水沉积物	12.95	51.16	1.20	48.80
残积物	28.40	138.30	6.70	62.25
冲积物	32.33	288.50	1.00	83.30
风积物	34.63	67.20	7.17	57.99
河湖沉积物	29.01	58.00	8.00	35.30
红土母质	22.06	35.50	14.20	39.35
洪积物	40.37	210.00	3.17	73.70
湖积物	26.35	123.99	1.02	65.05
黄土母质	38.78	255.70	1.50	83.74
黄土性土	30.05	41.20	18.20	30.52
黄土状土	37.87	291.10	1.02	80.83
坡积物	33.56	96.20	10.25	51.58
人工堆垫	34.97	39.50	25.90	22.45
异源母质	40.52	58.00	11.20	34.77

（四）土壤质地与土壤有效硫含量

有效硫平均含量最高值在轻壤土上，为 32.98mg/kg；平均含量最低值砂土上，为 24.39mg/kg。在壤土质地中，轻壤土的有效硫含量最高，为 32.98mg/kg，重壤土最低，为 32.26mg/kg。黏土有效硫平均值为 31.38mg/kg。有效硫最大值和最小值均出现在轻壤上，分别为 291.1mg/kg 和 1.00mg/kg（图 4-38）。

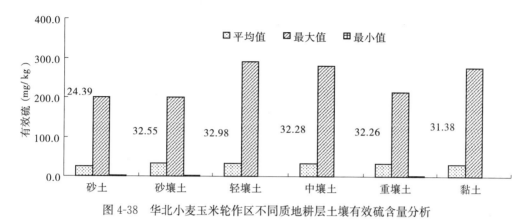

图 4-38　华北小麦玉米轮作区不同质地耕层土壤有效硫含量分析

三、土壤有效硫含量分级与变化

根据华北小麦玉米轮作区域有效硫含量状况，参照第二次土壤普查时土壤有机质及主要营养元素分级标准，将有效硫含量划分为 6 级。全区耕地土壤有效硫含量分级面积见图 4-39 和图 4-40。

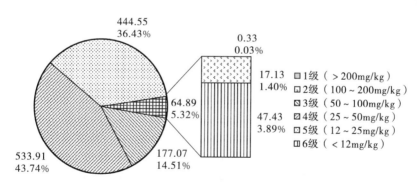

图 4-39　华北小麦玉米轮作区耕层土壤有效硫含量分级面积与比例（万 hm²）

土壤有效硫含量 1 级水平全轮作区面积共 0.33 万 hm²，占全区耕地面积的 0.03%，仅在河北轮作区有分布。2 级水平共 17.13 万 hm²，占全区耕地面积的 1.40%，其中河北轮作区面积为 2.53 万 hm²（占全区的 0.21%），河南轮作区 0.46 万 hm²（占全区的 0.04%），山东轮作区面积为 10.94 万 hm²（占全区的 0.90%），山西轮作区面积为 3.2 万 hm²（占全区的 0.26%）。3 级水平面积共 177.07 万 hm²，占全区耕地面积的 14.51%，其中河北轮作区面积 60.03 万 hm²（占全区的 4.92%），河南轮作区面积 15.32 万 hm²（占全区的 1.26%），山东轮作区面积 76.69 万 hm²（占全区的 6.28%）、山西轮作区面积为 25.03 万 hm²（占全区的 2.05%）。4 级水平面积共 533.91 万 hm²，占全区耕地面积的43.74%，其中河北轮作区面积 183.77 万 hm²（占全区的 15.06%），河南轮作区面积104.06 万 hm²（占全区的 8.53%），山东轮作区面积 206.36 万 hm²（占全区的 16.91%），山西轮作区面积 39.72 万 hm²（占全区的 3.26%）。5 级水平面积共 444.55 万 hm²，占全区耕地面积的 36.43%，其中河北轮作区面积 89.84 万 hm²（占全区的 7.36%），河南轮作区面积 254.72 万 hm²（占全区的 20.87%），山东轮作区面积 89.03 万 hm²（占全区的7.30%），山西轮作区面积 10.96 万 hm²（占全区的 0.90%）。6 级水平面积共 47.43 万hm²，占全区耕地面积的 3.89%，其中河北轮作区面积为 3.76 万 hm²（占全区的0.31%），河南轮作区面积 39.67 万 hm²（占全区的 3.25%），山东轮作区面积 3.19 万hm²（占全区的 0.26%），山西轮作区面积 0.81 万 hm²（占全区的 0.07%）。

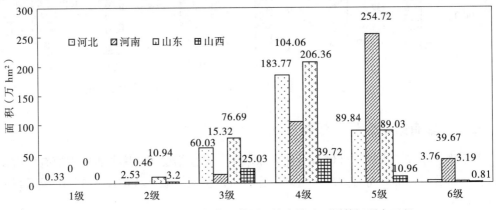

图 4-40　华北小麦玉米轮作区耕层土壤有效硫不同等级所占面积

四、土壤有效硫调控

（一）控制硫肥用量

小麦上适宜的施硫量为 60kg/hm²，水稻上为 80～190kg/hm²。如果沾秧根，则用 4～10kg 石膏。具体用量视土壤有效硫水平高低而定。就一般作物而言，土壤有效硫低于16mg/kg 时，施硫才会有增产效果，若有效硫大于 20mg/kg，除喜硫作物外，施硫一般无增产效果。在不缺硫土壤上施用硫肥不仅不会增产，甚至会导致土壤酸化和减产。十字花科、豆科作物以及葱蒜、韭菜等都是需硫较多的作物，对施肥反应敏感。而谷类作物则比较耐缺硫胁迫。硫肥用量的确定除了应考虑土壤、作物硫供需状况外，还要考虑到各元素间营养平衡问题，尤其是氮、硫的平衡。一些试验表明，只有在氮、硫比接近 7 时，氮、硫才能都得到有效利用。当然，这一比值应随不同土壤氮、硫基础含量不同而作相应调整。

（二）选择适宜的硫肥品种

硫酸铵、硫酸钾及金属微量元素硫酸盐中的硫酸根都是易于被作物吸收利用的硫形态。普钙中的石膏肥效要慢些。施用硫酸盐肥料的同时不应忽视由此带入的其他元素的平衡问题。施用硫黄虽然元素单纯，但须经微生物转化后才能有效，其肥效与土壤环境条件及肥料本身的细度有密切关系，而且其后效也比硫酸盐肥料大得多，甚至可以隔年施用。

（三）确定合理的施硫时期

硫肥的施用时间也直接影响着硫肥效果的好坏。在温带地区，硫酸盐类等可溶性硫肥春季使用效果比秋季好。在热带、亚热带地区则宜夏季施用。硫肥一般可以作基肥，于播种或移栽前耕地时施入，通过耕耙使之与土壤混合。根外喷施硫肥仅可作为补硫的辅助性措施。使用微溶或不溶于水的石膏或硫黄的悬液进行沾根处理是经济用硫的有效方法。

第七节　土壤有效铁

铁（Fe）是地壳中较丰富的元素，仅次于氧、硅、铝。铁在土壤中广泛存在，是土壤染色剂，和土壤的颜色有直接相关性。土壤中铁的含量主要与土壤 pH、氧化还原条件、土壤有机质、碳酸钙含量和成土母质等有关。容易发生缺铁的土壤一般有：盐碱土、施用大量磷肥土壤、风沙土和砂土等。由于铁的有效性差，植物出现缺铁症状，其土壤本身可能不缺铁。在酸性和淹水还原条件下，铁以亚铁形式出现，易使植物亚铁中毒。

土壤铁的有效性受到很多因素的影响，如土壤 pH、土壤 $CaCO_3$ 含量、土壤水分、基因型等。铁的有效性与 pH 呈负相关，pH 高的土壤易生成难溶的氢氧化铁，降低土壤有效性；长期处于还原条件的酸性土壤，铁被还原成溶解度大的亚铁，有效铁增加。干旱少雨地区土壤中氧化环境占优势，降低了铁的溶解度。土壤中有效铁含量与有机质成正比，碱性土壤中，铁能与碳酸根，生成难溶的碳酸盐，降低铁的有效性；而在酸性土壤上很难观察到缺铁现象。成土母质影响全铁含量。研究表明，河南省不同类型的土壤，相似母质来源的不同类型土壤，有效铁含量水平也相似。例如：潮土、褐土、风沙土和盐碱土，它们的母质来源相似，有效铁的水平非常接近。

据报道，目前缺铁土壤面积占耕地面积的 40％以上，在石灰性土壤和碱性土壤上，缺铁的现象较普遍。北方土壤缺铁程度高于南方土壤。北方和南方的土壤有效铁含量低于临界值的平均百分数分别为 36.2％和 4.5％。北方土壤中，以陕西和山西的土壤缺铁最为严重，其有效铁含量低于临界值的百分数分别为 91.2％和 83.9％，东北土壤有效铁缺乏较轻，而北方其他省份缺铁程度居中。南方土壤缺铁程度较轻，四川、重庆和安徽土壤有效铁含量低于临界值的比例分别为 24.5％、17.2％和 17.5％，其他省份缺铁百分数均在 4.3％以下或不缺。

铁作为含量相对较大的微量元素，其在植物生长过程中具有重要的生理意义，因此，明确土壤有效铁含量变化及其分布，对于合理调控土壤肥力，促进作物高产具有重要意义。

一、华北小麦玉米轮作区土壤有效铁含量空间差异

华北小麦玉米轮作区四省共测定 23862 个点位铁。土壤 0～20cm 耕层有效铁平均含量为 13.03mg/kg，变化范围 0.50～200.00mg/kg，变异系数为 114.04％，说明华北轮作区因地域的不同，土壤有效铁含量差异达到强变异程度（图 4-41 和表 4-30）。

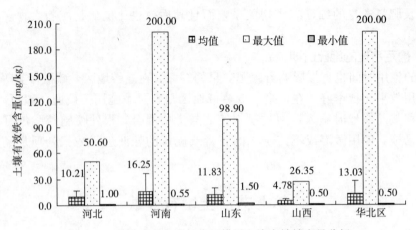

图 4-41　华北小麦玉米轮作区耕层土壤有效铁含量分析

表 4-30　华北小麦玉米轮作区地级市耕层土壤有效铁含量

轮作区	地级市	点位数（个）	平均值（mg/kg）	最大值（mg/kg）	最小值（mg/kg）	变异系数（％）
河北	保定市	819	10.43	49.60	1.00	63.93
	沧州市	873	8.84	29.40	1.70	47.95
	邯郸市	1597	13.68	50.60	1.08	51.72
	衡水市	840	8.68	26.00	2.10	46.54
	廊坊市	395	10.50	48.90	1.10	68.48
	石家庄	431	8.78	32.54	1.30	76.01
	邢台市	800	6.68	26.30	1.00	64.08
	河北	5755	10.21	50.60	1.00	62.38
河南	安阳市	898	6.34	36.50	0.80	65.85
	焦作市	432	9.05	27.94	0.84	49.33
	开封市	857	22.63	100.00	0.55	103.49
	漯河市	634	21.37	110.00	2.80	105.65
	濮阳市	1132	6.22	31.70	0.70	36.56
	商丘市	2172	14.69	69.30	0.70	56.50
	新乡市	1228	13.64	120.30	0.80	129.36
	许昌市	560	11.71	33.60	1.10	48.35
	周口市	1745	12.02	82.40	0.90	76.55
	驻马店	1202	45.01	200.00	1.92	86.10
	河南	10860	16.25	200.00	0.55	126.23
山东	滨州市	465	10.67	25.13	2.11	51.52
	德州市	948	10.77	28.10	1.50	41.00
	东营市	147	10.46	15.60	1.50	25.96
	菏泽市	1176	9.96	53.25	1.50	51.25
	济南市	521	12.07	53.00	1.50	57.35
	济宁市	703	12.52	89.40	1.50	54.83
	聊城市	1382	10.14	26.50	1.50	39.56
	泰安市	321	18.89	98.90	2.08	67.70
	枣庄市	131	19.09	51.25	1.60	44.65
	淄博市	224	22.99	98.50	3.30	79.89
	山东	6018	11.83	98.90	1.50	63.72

（续）

轮作区	地级市	点位数（个）	平均值（mg/kg）	最大值（mg/kg）	最小值（mg/kg）	变异系数（%）
山西	临汾市	316	5.08	22.61	0.77	63.64
	运城市	913	4.67	26.35	0.50	48.53
	山西	1229	4.78	26.35	0.50	53.55
华北小麦玉米轮作区		23862	13.03	200.00	0.50	114.04

（一）不同轮作区之间土壤有效铁含量差异特征

华北轮作区土壤有效铁含量以河南轮作区最高，平均为 16.25mg/kg；山东轮作区次之，平均 11.83mg/kg；河北平均 10.21mg/kg，山西含量最低，平均 4.78mg/kg。华北轮作区以河南轮作区有效铁的平均变异系数最大，为 126.23%，山东轮作区次之，为63.72%；河北与山东轮作区相近，为 62.38%，山西最低，平均 53.55%。

（二）不同轮作区土壤有效铁含量差异

在华北小麦玉米轮作区代表性地级市域内，以河南驻马店市土壤有效铁平均含量最高，为 45.01mg/kg；其次是淄博市、开封市、漯河市、枣庄市和泰安市，介于18.89mg/kg 至 22.99mg/kg 之间；山西运城市含量最低，平均 4.67mg/kg。菏泽、焦作、沧州、石家庄、衡水、邢台、安阳、濮阳和临汾市也较低，变化于 5.08mg/kg～9.96mg/kg，其余各市介于 10.14mg/kg 到 16.25mg/kg 之间。有效铁变异系数以河南新乡市最大，为 129.36%，开封市和漯河市次之，分别为 103.49% 和 105.65%；山东东营市最低，为 25.96%；其余城市从 36.56% 到 86.10% 不等。

二、华北小麦玉米轮作区耕层土壤有效铁含量及其影响因素

土壤有效铁含量的高低受多种因素影响，包括土壤类型、地貌、母质和质地等。

（一）土壤类型与土壤有效铁含量

1. 主要土类土壤有效铁含量

（1）华北小麦玉米轮作区主要土类的有效铁含量分析　每一类型的土壤都是在其特定的自然环境条件下形成的，不同类型土壤的成土条件不同，人为影响程度不同，铁的含量也不同。在华北轮作区 15 个土类中选取点位多、有代表性的主要土类 6 种（潮土、风沙土、褐土、黄褐土、砂姜黑土、棕壤）进行分析（图 4-42）。

主要土类中以黄褐土有效铁平均含量最高，为 45.49mg/kg；其次是砂姜黑土和棕壤，分别为 24.53mg/kg 和 20.84mg/kg；褐土最低为 10.43mg/kg（图 4-43）。各土类有效铁含量标准差变化于 9.32～45.70mg/kg 之间；变异系数以砂姜黑土最大，为 111.63%；风沙土次之，为 101.73%；棕壤最小，为 66.59%。数据离散程度高，属于中等变异到强变异，这可能是由于其来源母质复杂，不同区域的成土条件差异大，造成土壤中有效铁的含量差异。

（2）主要土类土壤有效铁含量的省域差异　不同轮作区各土类间土壤有效铁差别也较大（图 4-43）。土类中有效铁样点分布在单一省份的包括河南轮作区的黄褐土和山东轮作

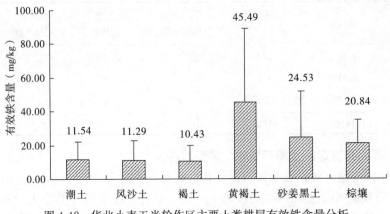

图 4-42　华北小麦玉米轮作区主要土类耕层有效铁含量分析

区的棕壤，其有效铁含量分别为 45.49mg/kg 和 20.84mg/kg。潮土和砂姜黑土以河南轮作区铁含量平均最高，为 13.10mg/kg 和 25.38mg/kg；河北轮作区风沙土有效铁含量最高，为 12.60mg/kg；山东轮作区褐土有效铁含量最高，为 14.67mg/kg；山西轮作区潮土和褐土有效铁含量最低，为 5.58mg/kg 和 4.63mg/kg。各轮作区土类之间有效铁含量的巨大差别，反映其空间变异大，因此在进行农业生产与管理过程中，要注意因地制宜，各轮作区根据本区有效铁含量变异特征，进行合理调控，防治缺铁带来的负面效应。

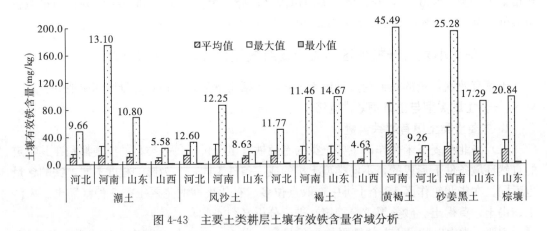

图 4-43　主要土类耕层土壤有效铁含量省域分析

2. 主要亚类土壤有效铁含量　在华北小麦玉米轮作区主要土类中，包含 21 个亚类。由表 4-31 可知，不同亚类有效铁平均含量以白浆化黄褐土的 71.40mg/kg 为最高；其次以灰潮土、典型黄褐土和砂姜黑土较高，分别为 40.48mg/kg、37.41mg/kg 和 35.91mg/kg；褐土性土亚类有效铁含量最低，仅为 4.90mg/kg；其余亚类有效铁含量介于 6.82～25.30mg/kg 之间。变异系数的变化规律与土类相近，以石灰性砂姜黑土和草甸风沙土最大，分别是 106.28％ 和 101.734％；棕壤性土亚类变异最小，为 42.09％；其余亚类从 62.43％ 到 96.53％ 不等。

表 4-31　华北小麦玉米轮作区主要亚类耕层土壤有效铁含量

亚类	轮作区	平均值 (mg/kg)	变异系数 (%)	亚类	轮作区	平均值 (mg/kg)	变异系数 (%)
潮土	河北	10.02	55.68	褐土	河北	8.75	0.97
	河南	12.28	96.59		河南	7.23	66.38
	山东	10.82	49.77		山东	14.97	86.03
	山西	5.09	58.77		山西	4.34	47.09
	汇总	11.33	82.14		汇总	11.83	96.53
灌淤潮土	河南	23.59	92.26	褐土性土	河北	33.00	10.29
灰潮土	河南	40.48	87.17		河南	3.63	55.75
碱化潮土	河北	9.16	—		山东	11.12	38.65
	河南	12.12	88.07		山西	4.55	43.34
	山东	9.85	40.05		汇总	4.90	62.81
	山西	6.71	88.53	淋溶褐土	河南	35.19	84.85
	汇总	11.75	87.77		山东	19.35	71.85
湿潮土	河北	9.17	57.57		山西	7.64	26.48
	河南	12.75	149.44		汇总	25.30	91.85
	山东	13.32	76.74	石灰性褐土	河北	14.14	63.60
	汇总	11.77	89.62		山东	13.02	78.19
脱潮土	河北	8.03	65.33		山西	4.69	51.26
	河南	9.91	74.60		汇总	7.94	91.94
	山东	10.36	39.71	白浆化黄褐土	河南	71.40	81.86
	山西	4.89	41.90	典型黄褐土	河南	37.41	91.24
	汇总	9.52	62.43	黄褐土性土	河南	6.82	—
盐化潮土	河北	9.20	62.66	砂姜黑土	河北	7.10	73.28
	河南	9.92	122.65		河南	37.63	87.70
	山东	10.93	45.11		山东	15.58	85.11
	山西	8.06	68.14		汇总	35.91	90.41
	汇总	10.18	62.85	石灰性砂姜黑土	河北	9.91	61.33
草甸风沙土	河北	12.60	59.07		河南	12.97	104.67
	河南	12.25	135.40		山东	18.74	107.51
	山东	8.63	41.50		汇总	13.42	106.28
	汇总	11.29	101.73	潮棕壤	山东	22.13	62.66
潮褐土	河北	11.32	68.21	棕壤	山东	20.08	76.35
	河南	8.85	56.18	棕壤性土	山东	18.30	42.09
	山东	14.39	68.08	华北小麦玉米轮作区		13.03	114.45
	山西	4.76	69.95				
	汇总	11.82	69.90				

　　各省轮作区土壤亚类有效铁含量差异较大。在四省轮作区均有分布的亚类有潮土、碱化潮土、脱潮土、盐化潮土、潮褐土、褐土和褐土性土 7 个，其中潮土和碱化潮土亚类均以河南轮作区有效铁含量最高、山西轮作区最低；河北轮作区褐土性土的有效铁含量最高，其余 4 个亚类均以山东轮作区含量最高；仅在单一省轮作区分布的亚类包括灌淤潮土、灰潮土、白浆化黄褐土、典型黄褐土、黄褐土性土、潮棕壤、棕壤和棕壤性土 8 个。各轮作区之间以河南轮作区湿潮土和草甸风沙土亚类的变异系数最大，分别为 149.44% 和 135.40%；以河北褐土亚类的变异最小，变异系数仅 0.97%。

（二）地貌类型与土壤有效铁含量

主要地貌类型有冲积洪积平原、河流阶地、冲积平原湖积平原、黄土覆盖丘陵、黄土覆盖区低山、侵蚀剥蚀山间平原和冲积平原等20类（表4-32）。冲积湖积平原、冲洪积平原和侵蚀丘陵地带土壤有效铁含量较高，侵蚀中山地带、黄土覆盖区和海积平原则多缺铁。不同地貌类型中以冲积湖积平原土壤有效铁平均含量最高，为40.53mg/kg；以侵蚀中山和黄土覆盖丘陵的3.24mg/kg和3.40mg/kg为最低平均含量。其他地貌类型上土壤有效铁含量变化于4.21～20.95mg/kg之间。

表4-32 华北小麦玉米轮作区不同地貌类型耕层土壤有效铁含量

地貌类型	平均值（mg/kg）	最大值（mg/kg）	最小值（mg/kg）	变异系数（%）
冲积洪积平原	19.19	197.00	1.00	132.01
冲积湖积平原	40.53	175.00	1.80	113.49
冲积平原	12.88	200.00	0.55	107.21
海积冲积平原	6.15	6.78	5.65	6.36
河流阶地	11.04	112.05	0.67	115.71
洪积平原	10.83	70.00	0.77	90.76
湖积冲积平原	11.17	50.60	1.00	67.42
湖积平原	20.95	138.60	1.00	145.48
黄土覆盖丘陵	3.40	3.40	3.40	—
黄土覆盖区低山	4.81	11.22	2.20	45.20
黄土覆盖区中山	4.53	8.83	1.52	53.88
黄土覆盖区山间平原	4.21	14.30	0.50	42.60
侵蚀剥蚀低山	11.89	33.68	1.96	65.38
侵蚀剥蚀丘陵	13.83	35.80	1.28	47.80
侵蚀剥蚀山间平原	12.38	42.20	1.60	79.63
侵蚀剥蚀中山	9.26	30.60	2.41	75.10
侵蚀低山	11.11	33.30	1.95	52.04
侵蚀丘陵	19.61	98.50	1.59	101.48
侵蚀山间平原	14.99	28.40	9.40	42.88
侵蚀中山	3.24	3.24	3.24	—

土壤有效铁变异系数以湖积平原最大，为145.48%；冲积湖积平原、河流阶地、冲积洪积平原、冲积平原和侵蚀丘陵变异系数也较大，介于101.48%～135.01%之间；海积冲积平原的变异系数最小，为6.38%。其余地貌类型变异系数从42.60%到90.76%不等。

在黄土覆盖的丘陵、低山、中山和山间平原等地貌类型上，土壤有效铁含量均较低，介于0.50～14.30mg/kg之间，均值变化于3.40～4.81mg/kg之间。各省轮作区中河南轮作区在冲积湖积平原、湖积平原和冲积洪积平原上有效铁平均含量高达80.93mg/kg、

91.19mg/kg 和 30.03mg/kg，明显高于同地貌类型的其他轮作区。

（三）成土母质与土壤有效铁含量

由表 4-33 可知，成土母质类型可归纳为 15 种。土壤有效铁平均含量以残积物和湖积物最高，达 72.15mg/kg 和 35.58mg/kg，其变异系数为 71.03％和 97.12％，数据离散度较高，属中等变异；以滨海沉积物和黄土性土这两类母质上土壤有效铁含量最低，分别为 3.42mg/kg 和 4.97mg/kg，其变异系数为"—"和 12.19％，数据离散度较低，属低等变异。

不同成土母质各轮作区间有较大差异。仅在一省轮作区分布的母质类型包括滨海沉积物、河湖沉积物、红土母质、黄土性土、人工堆垫物和异源母质 6 类，其有效铁含量变化于 3.42～13.20mg/kg，处于较低含量水平。河南轮作区在冰水沉积物、残积物、冲积物、洪积物、湖积物和黄土状土母质上有效铁含量均高于同类别其他轮作区，分别为 12.20mg/kg、96.12mg/kg、13.45mg/kg、22.90mg/kg、37.91mg/kg 和 18.20mg/kg；山东轮作区在黄土母质和坡积物上有效铁含量较高，为 10.79mg/kg 和 14.30mg/kg；河北轮作区在各类母质上含量则居于中等水平；山西轮作区在多种母质类型上有效铁含量均低于其他轮作区。

表 4-33　华北小麦玉米轮作区不同母质类型耕层土壤有效铁含量

母质类型	平均值 （mg/kg）	最大值 （mg/kg）	最小值 （mg/kg）	变异系数 （％）
滨海沉积物	3.42	3.42	3.42	—
冰水沉积物	12.17	33.60	1.10	48.26
残积物	72.15	199.19	2.15	71.03
冲积物	11.62	175.00	0.55	86.86
风积物	7.82	24.50	1.61	70.48
河湖沉积物	9.60	144.80	1.20	92.66
红土母质	6.67	11.20	2.24	45.38
洪积物	17.29	195.19	0.80	107.70
湖积物	35.58	200.00	1.50	97.12
黄土母质	6.89	24.10	0.50	59.41
黄土性土	4.97	5.70	4.20	12.19
黄土状土	13.22	169.38	0.50	165.22
坡积物	14.12	42.20	3.29	54.69
人工堆垫	13.20	13.62	12.47	4.82
异源母质	9.69	26.00	2.80	54.20

（四）耕层质地与土壤有效铁含量

由图 4-44 可知，华北小麦玉米轮作区耕层土壤质地类型多样，从砂土到黏土各质地类型均有分布。以砂壤土、轻壤土有效铁平均含量最低，为 11.09mg/kg 和 11.82mg/kg；以黏土有效铁含量均值最高，为 16.98mg/kg。说明土壤质地越黏重，有效铁含量越高，即土壤粗细颗粒级配中，黏土颗粒的比例对有效铁含量影响较大。砂土有效铁含量高于中壤及其以下质地类型，其原因有待进一步研究。

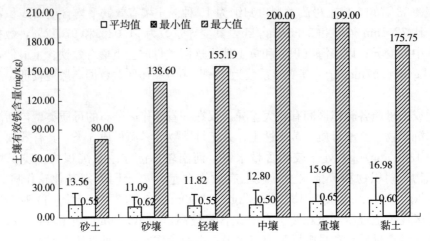

图 4-44　华北小麦玉米轮作区不同质地耕层土壤有效铁含量分析

不同轮作区之间各类质地土壤有效铁含量有较大差异（表 4-34），各质地类型均以河南轮作区土壤有效铁平均含量最高，介于 14.28～19.35mg/kg 之间；山东轮作区次之（重壤除外），介于 10.86～11.76mg/kg 之间，各轮作区之间差异较小；河北轮作区在重壤质地上有效铁含量居于第二，为 12.34mg/kg，高于山东轮作区；山西轮作区各质地类别有效铁含量均最低，变化于 4.89～6.11mg/kg 之间。土壤有效铁含量各轮作区之间数据差异明显，不同质地类型在各轮作区有效铁含量的变异系数变化于 41.35%～130.33% 之间，达到中等到强变异程度。

表 4-34　华北小麦玉米轮作区不同质地耕层土壤有效铁含量

耕层质地	轮作区	平均值 (mg/kg)	最大值 (mg/kg)	最小值 (mg/kg)	变异系数 (%)
砂土	河北	9.39	32.15	1.80	70.10
	河南	17.46	80.00	0.55	86.55
	山东	10.86	53.25	2.50	53.46
	山西	6.11	13.21	2.60	53.45
	华北小麦玉米轮作区	13.56	80.00	0.55	84.71
砂壤	河北	10.54	44.70	1.10	57.96
	河南	12.21	138.60	0.62	113.06
	山东	11.15	60.00	1.50	52.45
	山西	4.89	24.30	1.00	61.29
	华北小麦玉米轮作区	11.09	138.60	0.62	85.64
轻壤	河北	9.91	48.90	1.10	60.22
	河南	14.28	155.19	0.55	122.32
	山东	11.76	98.90	1.50	61.01
	山西	5.15	22.61	1.09	53.83
	华北小麦玉米轮作区	11.82	155.19	0.55	98.65

（续）

耕层质地	轮作区	平均值 （mg/kg）	最大值 （mg/kg）	最小值 （mg/kg）	变异系数 （%）
中壤	河北	10.26	49.60	1.00	66.51
	河南	16.21	200.00	0.61	130.33
	山东	12.60	98.50	1.50	67.49
	山西	4.52	21.50	0.50	49.92
	华北小麦玉米轮作区	12.80	200.00	0.50	117.27
重壤	河北	12.34	50.60	1.00	61.75
	河南	18.43	199.00	0.65	120.76
	山东	11.21	91.80	1.50	83.84
	山西	4.87	10.80	1.52	41.35
	华北小麦玉米轮作区	15.96	199.00	0.65	121.08
黏土	河北	9.97	46.30	1.00	58.46
	河南	19.35	175.75	0.60	128.56
	山东	11.14	35.46	1.50	55.53
	山西	6.00	26.35	2.10	95.56
	华北小麦玉米轮作区	16.98	175.75	0.60	129.71

（五）耕层土壤 pH 与土壤有效铁的变化

土壤 pH 对土壤有效铁的影响较复杂（图 4-45）。土壤呈现酸性－弱酸－中性环境（pH5.0～7.0）时，土壤有效铁含量总体呈增加趋势（9.44～38.82mg/kg），变化幅度较大；土壤呈中性—弱碱—碱性环境时（pH7.0～9.0），有效铁含量呈现由高到低减小趋势（38.66～2.10mg/kg），变化幅度很大，但除去个别点位数据偏离大外，其余各点位数据较为集中。数据分析表明，土壤有效铁在中性到弱酸环境中，含量相对较高，但数据离散程度大；在中性到弱碱性环境中，则含量降低，离散程度下降，说明酸性土壤环境铁的有效性较好。

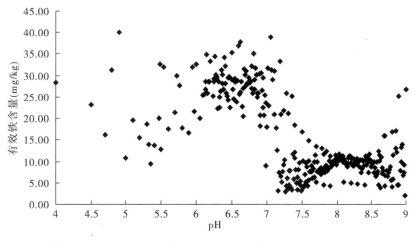

图 4-45 耕层土壤 pH 对有效铁含量的影响

三、土壤有效铁含量分级与变化

（一）土壤有效铁含量分级

根据华北小麦玉米轮作区域土壤有效铁含量状况，参照第二次土壤普查时土壤有机质及主要营养元素分级标准，将土壤有效铁含量划分为6级。全区耕地土壤有效铁含量分级及面积比例见图4-46。

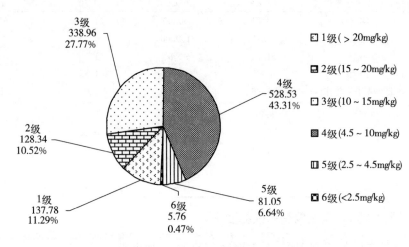

图4-46　华北小麦玉米轮作区耕层土壤有效铁含量分级面积与比例（万 hm²）

土壤有效铁含量大于20mg/kg的1级水平面积华北区共137.78万 hm²（图4-46、表4-35），占全区耕地面积的11.29%，各轮作区分布为河北轮作区0.58%、河南轮作区8.68%、山东轮作区2.03%，山西轮作区无1级耕地。2级水平面积全区共128.34万 hm²，占全区耕地面积的10.52%，各轮作区分布为河北轮作区占2.02%、河南占3.96%、山东占4.53%，山西轮作区2级耕地极小，仅400hm²。3级水平面积全区共338.96万 hm²，占全区耕地面积的27.77%，其中河北轮作区占7.62%、河南占7.47%、山东占12.56%、山西占0.12%。4级面积最大，华北共528.53万 hm²，占全区耕地面积的43.31%，其中河北轮作区占15.99%、河南占12.52%、山东占11.89%、山西占2.91%。5级面积全区共81.05万 hm²，占全区耕地面积的6.64%，其中河北轮作区占1.57%、河南占1.04%、山东占0.61%、山西占3.42%。6级耕地面积最小，全区共5.76万 hm²，占全区耕地面积的0.47%，各轮作区分布为河北轮作区占0.10%、河南占0.27%、山东占0.03%、山西占0.07%（表4-35）。

各轮作区中，河北轮作区3、4级水平耕地面积最大，两等级占全省轮作区耕地的84.68%；河南轮作区则以1级和4级占比高，分别占全省轮作区耕地的25.58%和36.88%；山东轮作区以3、4级耕地面积较大，二者占全省轮作区面积的77.28%；山西轮作区以4、5级耕地面积较大，分别占全省轮作区耕地的44.56%和52.41%，二者占比达96.97%。

表 4-35　本次评价土壤有效铁含量分级面积与比例

轮作区	等级	面积 （万 hm²）	占该轮作 区耕地（%）	占华北区 耕地（%）	轮作区	等级	面积 （万 hm²）	占该轮作 区耕地（%）	占华北区 耕地（%）
河北	1	7.09	2.08	0.58	山东	1	24.72	6.40	2.03
	2	24.71	7.26	2.02		2	55.24	14.30	4.53
	3	92.98	27.33	7.62		3	153.34	39.70	12.56
	4	195.13	57.35	15.99		4	145.12	37.58	11.89
	5	19.17	5.63	1.57		5	7.45	1.93	0.61
	6	1.19	0.35	0.10		6	0.35	0.09	0.03
河南	1	105.97	25.58	8.68	山西	1	—	—	—
	2	48.36	11.67	3.96		2	0.04	0.05	—
	3	91.15	22.00	7.47		3	1.49	1.87	0.12
	4	152.76	36.88	12.52		4	35.52	44.56	2.91
	5	12.65	3.05	1.04		5	41.78	52.41	3.42
	6	3.34	0.81	0.27		6	0.89	1.11	0.07

（二）土壤有效铁含量变化分析

本次华北小麦玉米轮作区的调查评价结果显示，与 20 世纪 80 年代第二次土壤普查时相比，土壤有效铁含量增加或减少情况均有（图 4-47）。本次评价华北小麦玉米轮作区土壤有效铁平均含量为 13.03mg/kg，属 3 级水平；其中河北轮作区比第二次土壤普查时增加了 24.55%；河南轮作区增幅为 2.21%；山东、山西轮作区均比第二次土壤普查时有效铁含量下降，降幅分别为 4.03%、33.20%。

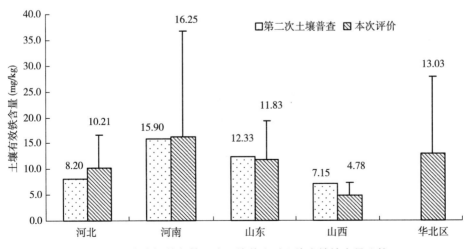

图 4-47　本次评价与第二次土壤普查时土壤有效铁含量比较

第二次土壤普查时（表 4-36），全区土壤有效铁含量以 3 级（4.5～10mg/kg）为主，占耕地总面积的 65.79%（802.95 万 hm²）；其次是 4 级（2.5～4.5mg/kg），占耕地总面积的 21.47%；2 级（10～20mg/kg）面积占全区耕地的 10.60%；1 级（>20mg/kg）面积占全区耕地的 1.54%；6 级（<2.5mg/kg）耕地面积占比最小为 0.61%。数据显示 20 世纪 80 年代时土壤有效铁含量中等偏下。

表 4-36　本次评价与第二次土壤普查时土壤有效铁分级面积比较

第二次土壤普查					本次评价				
轮作区	等级	分级标准（mg/kg）	面积（10⁴hm²）	占华北区耕地（%）	轮作区	等级	分级标准（mg/kg）	面积（10⁴hm²）	占华北区耕地（%）
河北	1	>20	0.54	0.04	河北	1	>20	7.09	0.58
	2	10～20	11.59	0.95		2	15～20	24.71	2.02
	3	4.5～10	270.06	22.13		3	10～15	92.98	7.62
	4	2.5～4.5	58.07	4.76		4	4.5～10	195.13	15.99
	5	<2.5	—	—		5	2.5～4.5	19.17	1.57
						6	<2.5	1.19	0.10
河南	1	>20	4.05	0.33	河南	1	>20	105.97	8.68
	2	10～20	13.37	1.10		2	15～20	48.36	3.96
	3	4.5～10	233.04	19.10		3	10～15	91.15	7.47
	4	2.5～4.5	158.52	12.99		4	4.5～10	152.76	12.52
	5	<2.5	5.25	0.43		5	2.5～4.5	12.65	1.04
						6	<2.5	3.34	0.27
山东	1	>20	12.40	1.02	山东	1	>20	24.72	2.03
	2	10～20	98.21	8.05		2	15～20	55.24	4.53
	3	4.5～10	257.41	21.09		3	10～15	153.34	12.56
	4	2.5～4.5	18.19	1.49		4	4.5～10	145.12	11.89
	5	<2.5	—	—		5	2.5～4.5	7.45	0.61
						6	<2.5	0.35	0.03
山西	1	>20	1.79	0.15	山西	1	>20	—	—
	2	10～20	6.15	0.50		2	15～20	0.04	—
	3	4.5～10	42.44	3.48		3	10～15	1.49	0.12
	4	2.5～4.5	27.20	2.23		4	4.5～10	35.52	2.91
	5	<2.5	2.14	0.18		5	2.5～4.5	41.78	3.42
						6	<2.5	0.89	0.07

本次华北轮作区调查评价土壤有效铁 1 级耕地面积增加到 137.78 万 hm²，占全区耕地的 11.29%；2、3 级相当于第二土壤普查时的 2 级，面积也有大幅增加，两等级耕地面积占比达到 38.28%；土壤有效铁 4、5 级（相当于第二次土壤普查时的 3、4 级）面积虽然占比仍较大，但占全区耕地比例降低为 43.31% 和 6.64%；本次评价华北轮作区 6 级耕地面积占比为 0.47%，低于第二次土壤普查时的 0.61%。

四、土壤有效铁调控

一般认为，土壤缺铁的临界含量为 4.5mg/kg，有效铁低于 4.5mg/kg 时，即表现缺铁；低于 2.5mg/kg 时，属于严重缺铁。

（一）作物缺铁状况

由于作物产量大幅提高、微肥投入不足以及北方石灰性土壤自身碱性反应及氧化作用，使铁形成难溶性化合物而降低其生物学有效性，致使植物缺铁而产生的黄化病连年发生，涉及的植物品种较为广泛。缺铁黄化病害不但影响作物的生长发育、产量及品质，更重要的是影响人体健康，如缺铁营养病、缺铁性贫血病等。而合理施用铁肥有助于提高植物性产品的铁含量，改善人类的铁营养。另外高位泥炭土、砂质土、通气性不良的土壤、富含磷或大量施用磷肥的土壤、有机质含量低的酸性土壤、过酸的土壤上也易发生缺铁。通过合理施铁肥调控改善土壤缺铁状况。

作物缺铁常出现在游离碳酸钙含量高的碱性土壤上，一些落叶果树（桃、苹果、山楂等）在高温多雨季节叶片缺铁失绿现象十分明显。对缺铁敏感的有花生、大豆、草莓、苹果、梨、桃和柑橘等。单子叶植物如玉米、小麦等很少缺铁，其原因是由于它们的根可分泌一种能螯合铁的有机物—麦根酸，活化土壤中的铁，增加对铁的吸收利用。由于铁在植物体内难移动，又是叶绿素形成的必需元素，所以缺铁常见的症状是幼叶的失绿症。开始时叶色变淡，进而叶脉间失绿黄化，叶脉仍保持绿色。缺铁严重时整个叶片变白，并出现坏死的斑点。

（二）铁肥类型及合理使用技术

1. 铁肥类型　铁肥可分为无机铁肥、有机铁肥两大类。硫酸亚铁和硫酸铁是常用的无机铁肥。有机铁肥包括络合、螯合、复合有机铁肥，如乙二胺四乙酸（EDTA）、二乙酰三胺五醋酸铁（DTPAFe）、羟乙基乙二胺三乙酸铁（HEEDTAFe）等，这类铁肥可适用的 pH、土壤类型范围广，肥效高，可混性强。但其成本昂贵、售价高，多用作叶面喷施或叶肥制剂。柠檬酸铁、葡萄糖酸铁十分有效。柠檬酸土施可提高土壤铁的溶解吸收，可促进土壤钙、磷、铁、锰、锌的释放，提高铁的有效性。

2. 铁肥施用方法及注意问题

①铁肥在土壤中易转化为无效铁、其后效弱。因此，每年都应向缺铁土壤施用铁肥，施铁肥应以无机铁肥为主，即七水硫酸亚铁，价格非常低廉，约 2 元/kg。施铁量一般为 $22.5 \sim 45 kg/hm^2$。

②根外施铁肥，以有机铁肥为主，其用量小，效果好。螯合铁肥、柠檬酸铁类有机铁肥价格较高，约 12 元/kg 以上，土壤施用成本非常高，其主要用于根外施肥，即叶面喷施或茎秆钻孔施用。果树类可采用叶片喷施，吊针输液，及树干钉铁钉或钻孔置药法。

③叶面喷施是最常用的校正植物缺铁黄化病的高效方法，也就是采用均匀喷雾的方法将含铁营养液喷到叶面上，其可与酸性农药混合喷施。叶面喷施铁肥的时间一般选在晴朗无风的下午 4 点以后，喷施后遇雨应在天晴后再补喷 1 次。无机铁肥随喷随配，肥液不宜久置，以防止氧化失效。叶面喷施铁肥的浓度一般为 $5 \sim 30 g/kg$，可与酸性农药混合喷施。单喷铁肥时，可在肥液中加入尿素或表面活性剂，以促进肥液在叶面的附着及铁素的吸收。由于叶面喷施肥料持效期短，因此，果树或长生育期作物缺铁矫正时，一般每半月左右喷施 1 次，连喷 2 ～ 3 次，可起到良好的效果。

④通过吊针输液向树皮输含铁营养液。树干钉铁钉是将铁钉直接钉入树干，其缓慢释

放供铁，效果较差。钻孔置药法是在茎秆较为粗大的果树茎秆上钻孔置入颗粒状或片状有机铁肥。

⑤土施铁肥与生理酸性肥料混合施用能起到较好的效果，如硫酸亚铁和硫酸钾造粒合施的肥效明显高于各自单独施用的肥效之和。

⑥浸种和种子包衣　对于易缺铁作物种子或缺铁土壤上播种，用铁肥浸种或包衣可矫正缺铁症。浸种溶液浓度为 1g/kg 硫酸亚铁，包衣剂铁含量为 100g/kg。

⑦肥灌铁肥　对于具有喷灌或滴灌设备的农田缺铁防治或矫正，可将铁肥加入到灌溉水中，效果良好。

第八节　土壤有效锰

锰（Mn）在地壳中是一个分布很广的元素，在大多数岩石中，特别是铁镁物质中找到微量锰的存在。土壤中全锰含量比较丰富，但变幅也较大，一般在 $100\sim5000$mg/kg 之间，平均为 850mg/kg。我国土壤中全锰含量在 $42\sim3000$mg/kg 之间，平均含量为 710mg/kg。土壤中锰的总含量因母质种类、质地、成土过程以及土壤酸碱度、有机质积累程度等而异，其中母质的影响尤为明显。锰在植株中的正常浓度一般是 $20\sim500$mg/kg。锰是一种亲硅元素，土壤中锰的供给状况是已知植物微量营养元素中受成土过程和成土条件影响最大的元素。对植物有效锰主要是二价锰和易被还原为二价锰的离子或化合物。土壤有效锰含量易受土壤酸碱反应和氧化还原等条件的影响而变化。在我国，DTPA-Mn 和易还原态锰常被作为判断土壤含锰量的丰缺指标。锰在土壤中含量较高，一般以锰的氧化物、硅酸盐等形态存在。土壤中有效锰主要包括水溶态 Mn^{2+}、交换态 Mn^{2+} 和一部分易还原态锰。一般土壤 pH 和 Eh 值愈低，锰有效性愈高，在碱性或石灰性土壤中锰形成 MnO 沉淀，有效性降低。湿润地区土壤较易缺锰。大多数中性或碱性土壤有可能缺锰。石灰性土壤，尤其是排水不良和有机质含量高的石灰性土壤易缺锰。极砂的酸性矿质土壤含锰低，而且有限的有效态锰已从根区淋出。在排水不良的矿质土壤和有机土壤经常出现的缺锰现象，往往就是可溶性的 Mn^{2+} 过分淋湿造成的。

对锰较敏感的作物有麦类、水稻、玉米、马铃薯、甘薯、甜菜、豆类、花生、烟草、油菜和果树等。作物施用锰肥对种子发芽、苗期生长及生殖器官形成，促进根、茎的发育等都有良好作用。

一、华北小麦玉米轮作区土壤有效锰含量空间差异

（一）华北各轮作区土壤有效锰含量

华北小麦玉米轮作区 $0\sim20$cm 耕层土壤平均有效锰含量为 15.45mg/kg，变化范围 $0.50\sim149.86$mg/kg（图 4-48）。河南轮作区含量最高，平均 19.39mg/kg，变动范围在 $0.50\sim149.86$mg/kg；山西轮作区有效锰平均值最低，为 9.36mg/kg。河北轮作区和山东轮作区有效锰含量平均值分别为 12.89mg/kg 和 12.44mg/kg。

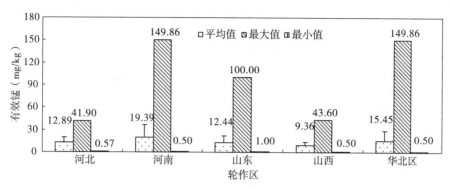

图 4-48 华北小麦玉米轮作区耕层土壤有效锰含量分析

（二）不同轮作区土壤有效锰含量

不同省份地级市的有效锰含量见表 4-37。河北轮作区的平均含量最高值在邯郸市，为 16.87mg/kg，最低值出现在衡水市，为 9.31mg/kg；变异系数以廊坊市最大，为 63.11％，邯郸市最小，为 31.97％。河南轮作区平均含量最高值在驻马店市，为 37.37mg/kg，最低值出现在濮阳市，为 10.78mg/kg；变异系数以安阳市最大为 100.25％，漯河市最小为 38.91％。山东轮作区平均含量最高值在淄博市，为 29.25mg/kg，最低值在东营市，为 9.44mg/kg；变异系数以济宁市最大，为 85.77％，枣庄市最小，为 27.14％。山西轮作区临汾市和运城市的有效锰含量平均值分别为 9.63mg/kg 和 9.27mg/kg，变异系数分别为 55.03％和 46.23％。从华北区看，河南驻马店市有效锰平均值最高，山西运城市平均值最低。

表 4-37 华北小麦玉米轮作区地级市耕层土壤有效锰含量

轮作区	地级市	点位数（个）	平均值（mg/kg）	最大值（mg/kg）	最小值（mg/kg）	标准差（mg/kg）	变异系数（％）
河北	保定市	819	13.91	39.60	0.60	6.22	44.72
	沧州市	873	9.85	21.30	2.10	3.43	34.78
	邯郸市	1597	16.87	38.00	1.90	5.39	31.97
	衡水市	840	9.31	25.21	0.57	4.07	43.74
	廊坊市	395	12.74	41.40	1.50	8.04	63.11
	石家庄	431	10.47	29.77	0.80	6.26	59.76
	邢台市	800	12.31	41.90	0.60	6.53	53.07
河南	安阳市	898	16.01	95.00	2.20	16.05	100.25
	焦作市	432	17.19	41.69	3.47	7.12	41.39
	开封市	857	30.91	90.00	0.54	26.89	86.99
	漯河市	634	36.02	124.00	2.98	14.02	38.91
	濮阳市	1132	10.78	27.90	1.60	4.55	42.17
	商丘市	2172	13.41	61.90	0.50	8.59	64.10
	新乡市	1228	20.23	114.20	0.50	18.84	93.10
	许昌市	560	18.61	71.00	1.30	11.65	62.61
	周口市	1745	13.55	71.02	0.50	8.36	61.68
	驻马店	1202	37.37	149.86	1.54	26.61	71.21

（续）

轮作区	地级市	点位数 （个）	平均值 （mg/kg）	最大值 （mg/kg）	最小值 （mg/kg）	标准差 （mg/kg）	变异系数 （%）
山东	滨州市	465	15.92	66.34	2.61	8.17	51.29
	德州市	948	9.61	25.40	1.00	3.53	36.72
	东营市	147	9.44	22.20	4.40	2.77	29.38
	菏泽市	1176	8.18	43.10	1.00	3.28	40.16
	济南市	521	10.16	47.70	1.38	6.24	61.43
	济宁市	703	15.76	100.00	1.26	13.51	85.77
	聊城市	1382	10.76	100.00	1.00	5.49	51.00
	泰安市	321	20.61	86.80	1.46	10.77	52.26
	枣庄市	131	22.44	37.47	7.63	6.09	27.14
	淄博市	224	29.25	100.00	1.00	20.32	69.48
山西	临汾市	316	9.63	43.00	1.01	5.30	55.03
	运城市	913	9.27	43.60	0.50	4.28	46.23
华北小麦玉米轮作区		23862	15.45	149.86	0.50	87.06	13.45

二、华北小麦玉米轮作区耕层土壤有效锰含量及其影响因素

（一）土壤类型与土壤有效锰含量

1. 主要土类土壤有效锰含量

（1）华北轮作区主要土类的土壤有效锰含量分析　华北小麦玉米轮作区主要土壤类型有效锰含量从大到小的顺序为：黄褐土＞砂姜黑土＞棕壤＞风沙土＞潮土＞褐土（图4-49）。黄褐土的平均含量为37.14mg/kg，含量变化在3.38～149.86mg/kg之间。褐土平均含量最低，为13.93mg/kg，在0.50～100.00mg/kg之间。风沙土的变异系数最大，为99.22%；棕壤的变异系数最小，为54.92%。

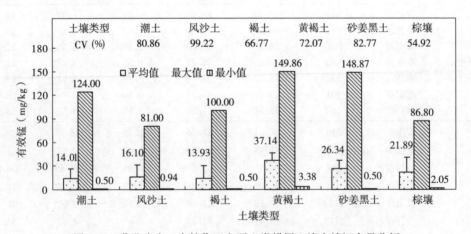

图4-49　华北小麦玉米轮作区主要土类耕层土壤有效锰含量分析

（2）主要土类土壤有效锰省域差异　潮土的有效锰平均含量以河南轮作区最高，为17.06mg/kg，山西轮作区最低，为10.12mg/kg；风沙土的平均含量以河北轮作区最

高，为 22.17mg/kg，河南轮作区最低，为 9.10mg/kg；褐土的平均含量以山西轮作区
最高，为 37.14mg/kg，山东轮作区最低，为 9.23mg/kg；黄褐土只存在于河南轮作
区，平均含量为 15.50mg/kg；砂姜黑土的平均含量以河北轮作区最高，为 27.06mg/
kg，河南轮作区最低，为 18.97mg/kg；棕壤只存在山东轮作区，为 15.43mg/kg（图
4-50）。

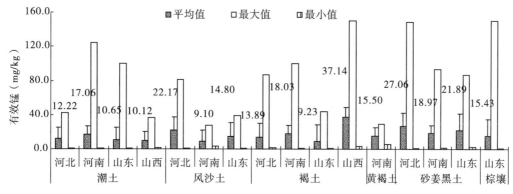

图 4-50　主要土类耕层土壤有效锰含量省域分析

2. 主要亚类土壤有效锰含量　以白浆化黄褐土有效锰含量最高，平均 48.46 mg/kg；
其次是黄褐土性土为 39.78mg/kg；第三个层次是灰潮土、典型潮褐土、砂姜黑土，有效
锰平均值在 31.06～33.54mg/kg 之间；平均含量最低的是褐土性土，为 9.31mg/kg；其
余各亚类则介于 11.60～26.92mg/kg（表 4-38）。

表 4-38　华北小麦玉米轮作区主要亚类耕层土壤有效锰含量

亚　　类	平均值 （mg/kg）	最大值 （mg/kg）	最小值 （mg/kg）	标准差 （mg/kg）	变异系数 （％）
潮土	13.92	124.00	0.50	11.21	80.51
灌淤潮土	26.92	70.00	0.50	17.84	66.26
灰潮土	31.06	104.34	1.54	21.18	68.21
碱化潮土	14.51	90.00	0.57	11.86	81.76
湿潮土	14.47	85.00	2.40	12.40	85.71
脱潮土	13.31	81.00	0.60	9.21	69.17
盐化潮土	11.91	95.00	0.64	8.73	73.29
草甸风沙土	16.10	81.00	0.94	15.97	99.22
潮褐土	15.15	85.90	0.80	7.95	52.45
褐土	15.35	100.00	2.60	14.10	91.88
褐土性土	9.31	31.90	0.50	4.20	45.15
淋溶褐土	26.37	100.00	6.03	17.61	66.76
石灰性褐土	11.60	100.00	1.00	8.08	69.66
白浆化黄褐土	48.46	133.54	9.00	29.42	60.71
典型黄褐土	33.54	149.86	3.38	24.91	74.27
黄褐土性土	39.78	39.78	39.78	—	—
砂姜黑土	32.14	148.87	1.30	25.97	80.81

（续）

亚　类	平均值 （mg/kg）	最大值 （mg/kg）	最小值 （mg/kg）	标准差 （mg/kg）	变异系数 （%）
石灰性砂姜黑土	20.67	93.60	0.50	14.71	71.14
潮棕壤	23.35	81.80	2.05	13.32	57.03
棕壤	21.15	86.80	3.79	11.19	52.89
棕壤性土	18.67	45.60	6.10	8.50	45.51

变异系数以草甸风沙土最大，为 99.22%，褐土次之，为 91.88%，第三层次为潮土、碱化潮土、湿潮土和砂姜黑土，分别为 80.51%、81.76%、85.71% 和 80.81%。其余各亚类变异系数低于 80%，介于 45.15%～74.27%。

（二）地貌类型与土壤有效锰含量

冲积湖积平原土壤有效锰含量最高，为 22.62mg/kg，在 1.54～89.80mg/kg 之间变动。其次是湖积平原、侵蚀丘陵和冲击洪积平原，分别为 21.65mg/kg、21.33mg/kg 和 20.28mg/kg。含量最低的为侵蚀中山，为 4.45mg/kg。其余的地貌类型则介于 6.48～19.70mg/kg（表 4-39）。

变异系数以湖积冲积平原最大，为 99.50%，河流阶地和冲积湖积平原次之，分别为 96.67% 和 91.17%。海积冲积平原最低为 23.18%。冲积平原、湖积平原和侵蚀丘陵的变异系数介于 84.90%～87.63%。其余各地貌类型变异系数低于 80%，介于 30.82%～79.66% 之间。

表 4-39　华北小麦玉米轮作区不同地貌类型耕层土壤有效锰含量

地貌类型	平均值 （mg/kg）	最大值 （mg/kg）	最小值 （mg/kg）	标准差 （mg/kg）	变异系数 （%）
冲积洪积平原	20.28	100.00	1.20	14.43	71.17
冲积湖积平原	22.62	89.80	1.54	20.62	91.17
冲积平原	15.26	149.86	0.50	13.38	87.63
海积冲积平原	6.48	8.94	4.70	1.50	23.18
河流阶地	15.61	105.06	0.57	15.09	96.67
洪积平原	14.05	100.00	0.90	11.19	79.66
湖积冲积平原	15.73	100.00	1.30	15.66	99.50
湖积平原	21.65	71.20	3.60	18.79	86.76
黄土覆盖丘陵	7.67	7.67	7.67	—	—
黄土覆盖区低山	9.10	18.97	4.20	4.09	44.97
黄土覆盖区中山	7.58	14.10	1.37	4.01	52.83
黄土覆盖区山间平原	8.83	31.90	0.50	3.90	44.18
侵蚀剥蚀低山	13.51	22.60	4.77	4.17	30.82
侵蚀剥蚀丘陵	19.70	90.60	4.13	10.60	53.80
侵蚀剥蚀山间平原	14.78	34.50	2.70	7.71	52.15
侵蚀剥蚀中山	12.91	42.20	3.42	8.37	64.82
侵蚀低山	11.45	27.90	3.29	5.84	51.00
侵蚀丘陵	21.33	100.00	3.20	18.11	84.90
侵蚀山间平原	17.89	28.20	10.80	6.43	35.93
侵蚀中山	4.45	4.45	4.45	—	—

（三）成土母质与土壤有效锰含量

残积物的有效锰平均值最高，为 46.23mg/kg，其次为异源母质，为 38.77mg/kg，平均含量最低为红土母质，为 8.61mg/kg。变异系数最高的为黄土状土母质，为 132.45％，最低为人工堆垫，为 18.32％（表 4-40）。

表 4-40 华北小麦玉米轮作区不同母质类型耕层土壤有效锰含量

母质类型	平均值（mg/kg）	最大值（mg/kg）	最小值（mg/kg）	变异系数（％）
滨海沉积物	14.90	14.90	14.90	——
冰水沉积物	20.31	71.00	1.60	58.59
残积物	46.23	98.40	4.99	60.72
冲积物	14.00	149.86	0.50	78.42
风积物	12.94	29.30	2.06	41.76
河湖沉积物	21.43	61.80	1.30	74.73
红土母质	8.61	15.47	5.18	41.09
洪积物	19.49	124.00	0.80	77.81
湖积物	30.98	149.81	1.10	83.54
黄土母质	9.79	31.90	1.00	42.05
黄土性土	14.88	30.90	9.70	54.13
黄土状土	15.93	127.65	0.50	132.45
坡积物	15.14	42.20	2.68	50.78
人工堆垫	22.13	24.62	17.45	18.32
异源母质	38.77	58.00	2.98	35.46

（四）耕层质地与土壤有效锰含量

黏土有效锰平均值最高，为 22.72mg/kg；砂土位于其次，平均值为 22.13mg/kg，砂壤土有效锰平均值最低，为 13.83mg/kg。在壤土质地中，有效锰平均含量由砂壤土—轻壤土—中壤土—重壤土依次升高，分别为 13.83mg/kg、14.08mg/kg、14.99mg/kg 和 16.63mg/kg。有效锰含量最高值出现在黏土上，为 149.86mg/kg，最低值为 0.50 mg/kg，出现在沙土、轻壤土和中壤土上（图 4-51）。

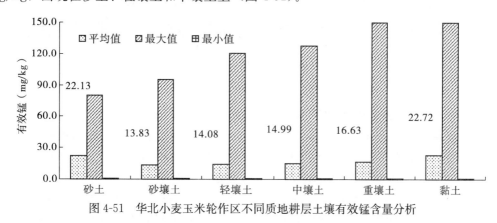

图 4-51 华北小麦玉米轮作区不同质地耕层土壤有效锰含量分析

三、土壤有效锰含量分级与变化

（一）分级

根据华北小麦玉米轮作区域有效锰含量状况，参照第二次土壤普查时土壤有机质及主要营养元素分级标准，将有效锰含量划分为 6 级。全区耕地土壤有效锰含量分级面积见图 4-52 和图 4-53。

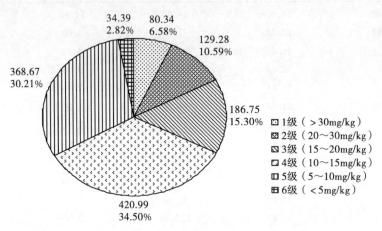

图 4-52　华北小麦玉米轮作区耕层土壤有效锰含量分级面积与比例（万 hm²）

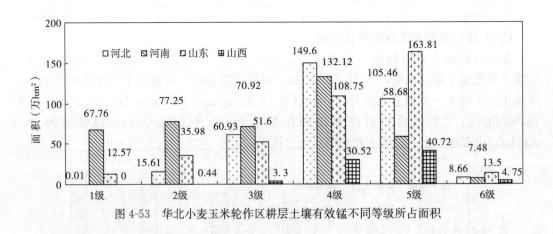

图 4-53　华北小麦玉米轮作区耕层土壤有效锰不同等级所占面积

土壤有效锰含量 1 级水平全轮作区面积共 80.34 万 hm²，占全区耕地面积的 6.58%，河南轮作区分布面积最多，为 67.76 万 hm²，河北轮作区分布面积最少，仅为 0.01 万 hm²。2 级水平共 129.28 万 hm²，占全区耕地面积的 10.59%，其中河北轮作区面积 15.61 万 hm²（占全区的 1.27%），河南轮作区面积 77.25 万 hm²（占 6.33%），山东轮作区面积为 35.98 万 hm²（占 2.95%），山西轮作区面积 0.44 万 hm²（占 0.04%）。3 级水平面积共 186.75 万 hm²，占全区耕地面积的 15.30%，河北轮作区面积 60.93 万 hm²（占全区的 4.99%）、河南轮作区面积 70.92 万 hm²（占 5.81%）、山东轮作区面积 51.6 万 hm²（占 4.23%），山西轮作区面积 3.30 万 hm²（占 0.27%）。4 级水平面积共 420.99 万 hm²，占全区耕地面积的 34.50%，其中河北轮作区面积 149.60 万 hm²（占全区的 12.26%），河南轮作区面积 132.12 万 hm²（占 10.83%），山东轮作区面积 108.75 万 hm²（占 8.91%），山西轮作区面积 30.52 万 hm²（占 2.50%）。5 级水平面积共 368.67 万 hm²，占全区耕地面积的 30.21%，其中河北轮作区面积 105.46 万 hm²（占全区的 8.64%），河南轮作区面积 58.68 万 hm²（占 4.81%），山东轮作区面积 163.81 万 hm²（占 13.42%），山西轮作区面积 40.72 万 hm²（占 3.33%）。6 级水平面积共 34.39 万 hm²，占全区耕地面积的 2.82%，其中河北轮作区面积 8.66 万 hm²（占全区的 0.71%），河南轮作区面积 7.48 万 hm²（占 0.61%），山东轮作区面积 13.50 万 hm²（占 1.11%），山西轮作区面积 4.75 万 hm²（占 0.39%）。

（二）土壤有效锰含量变化分析

本次华北小麦玉米轮作区的调查，与八十年代第二次土壤普查时相比，土壤有效锰含量明显增加（图 4-54）。经过 30 年演变，尤其是近些年对锰肥的重视，全区土壤有效锰含量平均达到 15.45mg/kg，比第二次土壤普查时增加 4.30mg/kg，增幅为 38.60%。河北轮作区、河南轮作区和山西轮作区的增加值与增幅分别为 7.09mg/kg 和 122.24%、2.35mg/kg 和 13.77%、0.79mg/kg 和 9.22%；山东轮作区比第二次土壤普查降低 0.75mg/kg，降幅 5.70%。

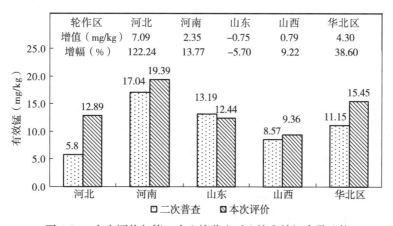

图 4-54　本次评价与第二次土壤普查时土壤有效锰含量比较

第二次土壤普查时，全区土壤有效锰含量以 3 级为主，占耕地总面积的 64.63%，其次是 4 级，占耕地总面积的 29.84%，第三位是 2 级，占耕地总面积的 5.22%，没有 6 级（表 4-41）。本次土壤有效锰的 1、2、4、5 级面积增加，其中 5 级增加显著，3 级面积显著降低，由 788.75 万 hm² 降到 186.75 万 hm²。

表 4-41　本次评价与第二次土壤普查时土壤有效锰分级面积比较

等级 (mg/kg)	轮作区	第二次 土壤普查		本次评价		等级 (mg/kg)	轮作区	第二次 土壤普查		本次评价	
		面积 (万 hm²)	占总 耕地 (%)	面积 (万 hm²)	占总 耕地 (%)			面积 (万 hm²)	占总 耕地 (%)	面积 (万 hm²)	占总 耕地 (%)
1 (>30)	河北	—	—	0.01		4 (10~15)	河北	218.62	17.91	149.60	12.26
	河南	0.84	0.07	67.76	5.55		河南	96.41	7.90	132.12	10.83
	山东	1.12	0.09	12.57	1.03		山东	39.44	3.23	108.75	8.91
	山西	—	—	—	—		山西	9.72	0.80	30.52	2.50
	华北区	1.96	0.16	80.34	6.58		华北区	364.19	29.84	420.99	34.50
2 (20~30)	河北	—	—	15.61	1.27	5 (5~10)	河北	1.84	0.15	105.46	8.64
	河南	5.68	0.47	77.25	6.33		河南			58.68	4.81
	山东	53.35	4.37	35.98	2.95		山东			163.81	13.42
	山西	4.65	0.38	0.44	0.04		山西			40.72	3.33
	华北区	63.68	5.22	129.28	10.59		华北区	1.84	0.15	368.67	30.21
3 (15~20)	河北	119.80	9.82	60.93	4.99	6 (<5)	河北			8.66	0.71
	河南	311.30	25.51	70.92	5.81		河南			7.48	0.61
	山东	292.30	23.95	51.60	4.23		山东			13.50	1.11
	山西	65.35	5.35	3.30	0.27		山西			4.75	0.39
	华北区	788.75	64.63	186.75	15.30		华北区			34.39	2.82

四、土壤有效锰调控

微量元素是动物和植物生长和生活所必需的。土壤中微量元素主要来自成土母质并能反映出成土母质的特点。土壤中微量元素的供给水平受成土母质、土壤类型、土壤理化性质、气候环境等因素的共同影响。因此，不同类型微量元素组成具有显著差异，不同地区同一类型土壤也因成土母质的不同，其微量元素组成具有很大差别。土壤中微量元素缺乏与否，通常看有效态含量高低。土壤中锰的有效性受土壤 pH 和碳酸盐含量的影响，在 pH 4~9 的范围内，随着土壤 pH 的提高，锰的有效性降低，在酸性土壤中，全锰和交换性锰（有效锰）含量都较高，土壤中有效锰的丰缺指标以小于 5.0mg/kg（很低）为临界值，含量 5.0~10.0mg/kg 为缺乏，10.0~20.0mg/kg 为中等，20.0~30.0mg/kg 为丰富，大于 30.0mg/kg 为很丰富。一般来说，有些土壤微量元素全量比较高，但其有效态含量却很低，生长在这种土壤中的农作物，依然会因缺乏微量元素而出现缺素生理症状。另外，随着作物产量增加和复种指数提高，从土壤中带走的微量元素也越来越多，而且氮磷化肥的施用量越来越大，有机肥料施用不足，致使大量的土壤缺乏微量元素，有的地块已明确表现出缺素症状，尤其是对于大部分华北地区，多为中性或碱性土壤，较易出现缺锰现象，尤其是排水不良和有机质含量高的石灰性土壤极易缺锰。针对土壤缺锰状况，一般是通过施用锰微量元素肥料（锰肥）的方式进行补充。常用的锰肥有硫酸锰、氯化锰、碳酸锰、氧化锰等。在实际施用锰肥时，应注意以下原则：

（一）根据土壤锰丰缺情况和作物种类确定施用

一般情况下，在土壤锰有效含量低时易产生缺素症，所以应采取缺什么补什么的原则，才能达到理想效果。不同的作物种类，对微肥敏感程度不同，其需要量也不一样，如对锰敏感的作物有豆科作物、小麦、马铃薯、洋葱、菠菜、苹果、草莓等，需求量大；其次是大麦、甜菜、三叶草、芹菜、萝卜、番茄等，需求量一般；对锰不敏感的作物有玉米、黑麦、牧草等，需求量则较小。

（二）注意施用量及浓度

只有在土壤严重缺乏锰元素时，才向土壤施用锰肥，因为一般作物对微量元素的需要量都很少，而且从适量到过量的范围很窄，因此要防止微肥用量过大。土壤施用时必须施得均匀，否则会引起植物中毒，污染土壤与环境。锰肥可用作基肥和种肥。在播种前结合整地施入土中，或者与氮、磷、钾等化肥混合在一起均匀施入，施用量要根据作物和微肥种类而定，一般不宜过大。土壤施用微肥有后效，一般可每隔 3～4 年施用一次。

（三）注意改善土壤环境条件

微量元素锰的缺乏，往往不是因为土壤中锰含量低，而是其有效性低，通过调节土壤条件，如土壤酸碱度、土壤质地、有机质含量、土壤含水量等，可以有效增加土壤有效锰含量。

（四）注意与大量元素肥料配合施用

注意与大量元素肥料配合施用。微量元素和氮、磷、钾等营养元素都是同等重要、不可代替的，只有在满足了植物对大量元素需要的前提下，施用微量元素肥料才能充分发挥肥效，表现出明显的增产效果。

第九节　土壤有效硼

我国土壤中全硼含量范围 0～500mg/kg，平均为 64mg/kg。土壤中的硼大部分存在于土壤矿物中，小部分存在于有机物中。受成土母质、土壤质地、土壤 pH、土壤类型、气候条件、有机质含量等因素影响，土壤全硼含量由北向南逐渐降低，盐土全硼含量通常高于其他土壤。北方干旱地区土壤中全硼含量一般在 30mg/kg 以上；南方湿润地区含量较低，有的甚至低于 10mg/kg。海水中硼含量平均 4.6mg/kg，受海水的影响，滨海地区土壤要比内陆地区的全硼含量高。

土壤中的硼通常分为酸不溶态、酸溶态和水溶态三种形式，其中水溶性硼对作物是有效的，属有效硼。土壤水溶性硼占全硼的 0.1%～10%，一般只有 0.05～5.0mg/kg。在黄河冲积平原，有效硼含量与盐渍化程度密切相关，盐化潮土和盐土有效硼含量高，越近滨海，盐渍化程度越高，有效硼含量也越高，碱土和碱化土则低。影响土壤硼有效性的因素有气候条件、土壤有机质含量、土壤质地、pH 等。降水量影响有效硼的含量，硼是一种比较容易淋失的元素，降水量大，有效硼淋失多。在降水量小的情况下，有机质的分解受到影响，硼的供应减少；同时由于土壤干旱增加硼的固定，硼的有效性降低。所以，降水过多或过少都降低硼的有效性。有效硼含量与有机质含量呈正相关，一般土壤中的硼含量随有机质含量的增加有增加的趋势。土壤有机质含量高，有效硼含量也高。这是因为土壤有机质与硼结合，防止了硼的淋失；在有机质被矿化后，其中的硼即被释放出来。由于种植结构、施肥习惯的不同，各地土壤硼含量差异很大。我国主要农业土壤含硼量是偏低的，硼的缺乏通常发生在湿润地区或在质地较砂、pH 较高土壤上；硼中毒一般在干旱、半干旱地区较为常见。滨海地区盐碱地容易发生硼中毒的现象。

一、华北小麦玉米轮作区土壤有效硼含量空间差异

（一）华北小麦玉米轮作区差异

华北小麦玉米轮作区共测定 23862 个 0～20cm 耕层土壤样品的有效硼，平均硼含量为 0.78mg/kg，变异系数 258.78%。说明华北区因地域不同，硼含量差异很大。不同省区土壤有效硼含量以河南、河北较高，约为 0.8mg/kg，山东、山西较低，约为 0.7mg/kg（表 4-42）。土壤硼含量变异系数以河南省最大，为 243.40%；山西、河北和山东较小，在 60% 左右（图 4-55）。

表 4-42　华北小麦玉米轮作区地级市耕层土壤有效硼含量

轮作区	地级市	点位数（个）	平均值（mg/kg）	最大值（mg/kg）	最小值（mg/kg）	标准差（mg/kg）	变异系数（%）
河北	保定市	819	0.88	5.03	0.09	0.76	86.10
	沧州市	873	0.86	2.51	0.11	0.37	42.78
	邯郸市	1597	0.85	2.40	0.15	0.34	39.74
	衡水市	840	0.61	1.91	0.09	0.30	48.80
	廊坊市	395	1.11	4.05	0.12	0.77	69.79
	石家庄	431	0.66	1.86	0.12	0.35	53.26
	邢台市	800	0.66	2.52	0.10	0.32	48.34
河南	安阳市	898	0.70	1.63	0.15	0.26	37.34
	焦作市	432	0.55	1.43	0.12	0.21	38.38
	开封市	857	5.45	29.60	0.05	8.57	157.14
	漯河市	634	1.05	7.80	0.10	0.83	79.21
	濮阳市	1132	1.06	3.40	0.10	0.91	86.26
	商丘市	2172	0.54	3.17	0.06	0.26	47.62
	新乡市	1228	0.42	2.22	0.05	0.31	75.76
	许昌市	560	0.71	2.58	0.12	0.42	59.05
	周口市	1745	0.44	5.00	0.07	0.30	68.72
	驻马店	1202	0.58	4.22	0.07	0.37	63.79
山东	滨州市	465	0.82	2.58	0.11	0.34	41.71
	德州市	948	0.77	2.10	0.10	0.35	46.11
	东营市	147	0.98	1.50	0.24	0.37	37.80
	菏泽市	1176	0.61	1.78	0.10	0.22	35.96
	济南市	521	0.73	4.00	0.10	0.39	53.58
	济宁市	703	0.54	1.58	0.10	0.25	45.84
	聊城市	1382	0.93	2.97	0.10	0.43	46.32
	泰安市	321	0.40	1.57	0.10	0.20	49.97
	枣庄市	131	0.49	0.91	0.13	0.14	28.93
	淄博市	224	1.02	4.91	0.23	0.67	65.80
山西	临汾市	316	0.69	4.69	0.05	0.45	65.72
	运城市	913	0.71	3.46	0.09	0.47	65.99

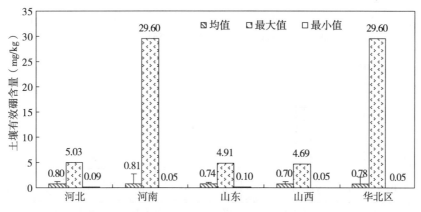

图 4-55　华北小麦玉米轮作区耕层土壤有效硼含量分析

（二）各轮作区城域差异

在不同省份地级市中，河南开封市土壤硼平均含量最高，为 5.45mg/kg；漯河市、濮阳市、廊坊市、淄博市含量较高，平均在 1.0mg/kg 左右；山东省泰安市含量最低，平均 0.40mg/kg，新乡市、周口市、枣庄市也较低，在 0.45mg/kg 左右，其余各市从 0.54mg/kg 到 0.98mg/kg 不等。土壤硼含量变异系数以河南开封市最大，为 157.14％；山东省枣庄市最低，为 28.93％；其余城市从 35.96％到 86.26％不等。

二、华北小麦玉米轮作区耕层土壤有效硼含量及其影响因素

（一）土壤类型与土壤有效硼含量

1. 主要土类土壤有效硼含量

（1）华北小麦玉米轮作区土壤有效硼含量　每一类型土壤都是在其特定自然环境条件和人为因素影响下形成的，不同类型土壤成土条件不同，人为影响程度不同，硼含量也不同。

主要土类中以潮土硼含量最高，为 0.82mg/kg，棕壤含量最低，为 0.37mg/kg。其余在 0.57~0.80mg/kg 之间（图 4-56）。主要土类土壤硼含量水平由低到高顺序为：棕壤、黄褐土、砂姜黑土、褐土、风沙土、潮土。硼含量变异系数以潮土最大，为 186.87％；棕壤最小，为 36.00％；其余土类从 69.48％到 179.06％不等。

（2）华北各轮作区土壤有效硼含量　潮土有效硼平均含量以山西最高，为 0.96mg/kg，山东最低，为 0.78mg/kg。褐土的平均含量以河北最高，为 0.81mg/kg，山东最低，为 0.61mg/kg，砂姜黑土的平均含量以山东最高，为 0.65mg/kg，河北最低，为 0.56mg/kg（图 4-57）。

2. 主要亚类土壤有效硼含量　主要土壤亚类中灌淤潮土、碱化潮土硼含量较高，分别为 2.18mg/kg、1.25mg/kg；棕壤最低，为 0.34mg/kg；其余各亚类硼含量在 0.36~0.98mg/kg 之间（表 4-43）。土壤硼含量变异系数以碱化潮土、灌淤潮土较大，分别为 284.31％、265.12％，潮土、湿潮土、盐化潮土、草甸风沙土、淋溶褐土变异系数也很

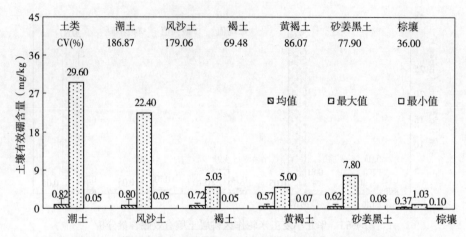

图 4-56　华北小麦玉米轮作区主要土类耕层土壤有效硼含量分析

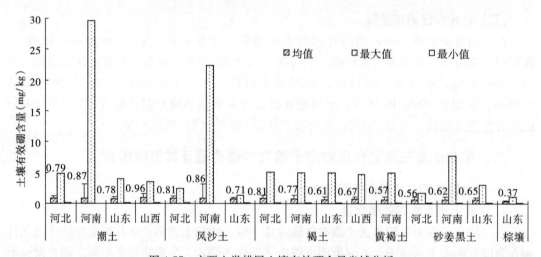

图 4-57　主要土类耕层土壤有效硼含量省域分析

大，在 100%～200% 之间，潮棕壤变异系数最小，为 30.99%；其余亚类土壤硼含量变异系数从 34.42% 到 88.08% 不等。

表 4-43　华北小麦玉米轮作区主要亚类耕层土壤有效硼含量

亚　　类	点位数 （个）	均值 （mg/kg）	最大值 （mg/kg）	最小值 （mg/kg）	标准差 （mg/kg）	变异系数 （%）
潮土	12598	0.82	29.60	0.05	1.61	196.00
灌淤潮土	83	2.18	24.60	0.14	5.77	265.12
灰潮土	296	0.62	5.00	0.10	0.50	79.68
碱化潮土	302	1.25	27.50	0.06	3.56	284.31
湿潮土	138	0.87	15.29	0.19	1.55	177.62
脱潮土	2295	0.80	18.93	0.05	0.68	85.18
盐化潮土	1662	0.80	27.90	0.09	0.83	103.21

（续）

亚　类	点位数 （个）	均值 （mg/kg）	最大值 （mg/kg）	最小值 （mg/kg）	标准差 （mg/kg）	变异系数 （%）
草甸风沙土	264	0.80	22.40	0.05	1.43	179.06
潮褐土	1807	0.72	4.83	0.09	0.47	64.70
褐土	373	0.69	4.91	0.10	0.51	73.84
褐土性土	459	0.62	4.69	0.06	0.42	68.02
淋溶褐土	87	0.84	5.00	0.21	0.92	109.64
石灰性褐土	773	0.76	5.03	0.05	0.53	70.10
白浆化黄褐土	98	0.42	0.97	0.07	0.21	49.43
典型黄褐土	314	0.62	5.00	0.09	0.54	88.08
黄褐土性土	1	0.98	0.98	0.98	—	—
砂姜黑土	867	0.56	7.80	0.08	0.45	80.63
石灰性砂姜黑土	894	0.68	5.00	0.11	0.50	74.54
潮棕壤	76	0.39	0.77	0.16	0.12	30.99
棕壤	63	0.34	0.75	0.11	0.12	34.42
棕壤性土	21	0.36	1.03	0.10	0.20	54.23

（二）地貌类型与土壤有效硼含量

表 4-44　华北小麦玉米轮作区不同地貌类型耕层土壤有效硼含量

地貌类型	平均值 （mg/kg）	最大值 （mg/kg）	最小值 （mg/kg）	标准差 （mg/kg）	变异系数 （%）
冲积洪积平原	0.69	5.03	0.07	0.58	84.32
冲积湖积平原	0.76	2.78	0.14	0.49	64.37
冲积平原	0.80	29.60	0.05	1.39	174.35
海积冲积平原	0.71	0.81	0.60	0.07	9.83
河流阶地	1.08	27.00	0.05	2.89	268.36
洪积平原	0.76	4.82	0.08	0.64	83.98
湖积冲积平原	0.68	3.37	0.10	0.41	59.27
湖积平原	0.84	3.85	0.12	0.62	73.69
黄土覆盖丘陵	0.35	0.35	0.35	—	—
黄土覆盖区低山	0.49	1.69	0.18	0.40	81.76
黄土覆盖区中山	0.53	2.47	0.24	0.52	97.13
黄土覆盖区山间平原	0.63	4.69	0.06	0.44	69.42
侵蚀剥蚀低山	0.38	0.92	0.10	0.22	56.33
侵蚀剥蚀丘陵	0.43	2.24	0.10	0.29	68.42
侵蚀剥蚀山间平原	0.52	1.17	0.10	0.24	46.95
侵蚀剥蚀中山	0.55	2.05	0.18	0.37	67.73
侵蚀低山	0.44	1.21	0.10	0.27	60.09
侵蚀丘陵	0.46	1.26	0.10	0.25	54.61
侵蚀山间平原	0.59	1.16	0.25	0.30	51.21
侵蚀中山	0.46	0.46	0.46	—	—
总计	0.78	29.60	0.05	1.36	172.89

华北地区的主要地貌类型有冲积洪积平原、冲积湖积平原、冲积平原、海积冲积平原、河流阶地、洪积平原、湖积冲积平原、湖积平原、黄土覆盖丘陵、黄土覆盖区低山、黄土覆盖区中山、黄土覆盖区山间平原、侵蚀剥蚀低山、侵蚀剥蚀丘陵、侵蚀剥蚀山间平原、侵蚀剥蚀中山、侵蚀低山、侵蚀丘陵、侵蚀山间平原、侵蚀中山，不同地貌类型上的土壤硼含量不同（表 4-44）。以河流阶地平均硼含量最高，分别为 1.08mg/kg；其余在 0.35～0.84mg/kg 之间。硼含量变异系数以河流阶地最大，为 268.36%；其次是冲积平原，为 174.35%；其余地貌类型从 9.83% 到 97.13% 不等。

（三）成土母质与土壤有效硼含量

表 4-45　华北小麦玉米轮作区不同母质类型耕层土壤有效硼含量

母质类型	平均值 （mg/kg）	最大值 （mg/kg）	最小值 （mg/kg）	标准差 （mg/kg）	变异系数 （%）
滨海沉积物	0.70	0.70	0.70	—	—
冰水沉积物	0.71	2.27	0.12	0.41	0.57
残积物	0.56	2.76	0.13	0.29	0.52
冲积物	0.83	29.6	0.05	1.54	1.86
风积物	0.77	3.00	0.29	0.61	0.80
红土母质	0.44	0.78	0.31	0.14	0.31
洪积物	0.74	7.80	0.07	0.68	0.91
湖积物	0.74	7.80	0.07	0.68	0.91
黄土母质	0.63	4.69	0.05	0.4	0.64
黄土状土	0.61	2.67	0.06	0.42	0.69
黄土性土	0.55	1.30	0.11	0.47	0.86
坡积物	0.52	1.57	0.1	0.27	0.51
人工堆垫	0.47	0.49	0.45	0.02	0.04
异源母质	0.87	1.47	0.39	0.20	0.24
河湖沉积物	0.57	2.39	0.16	0.33	0.58

母质是影响土壤硼含量的重要因素，决定有效硼的基础含量，不同母质上发育的土壤硼含量不同（表 4-45）。冲积物母质发育的土壤硼的平均含量较高，为 0.83mg/kg；其次是风积物为 0.77mg/kg；滨海沉积物、冰水沉积物、洪积物和湖积物居于第三位，在 0.70～0.74mg/kg 之间；洪冲积物母质的土壤，为 0.74mg/kg；红土母质和人工堆垫母质发育的土壤硼平均含量较低，分别为 0.44mg/kg 和 0.47mg/kg。

（四）土壤质地与土壤有效硼含量

不同质地土壤有效硼平均含量表现为砂土最高，在 0.92～1.00mg/kg 之间；壤土在 0.72～0.80mg/kg 之间，四种质地土壤平均含量变化范围较小；黏土变化范围较大，在 0.56～0.92mg/kg 之间；从轻黏土到重黏土到中黏土，有效硼平均含量呈现上升趋势（图 4-58）。

（五）土壤 pH 与土壤有效硼含量

土壤 pH 是影响硼有效性的重要因素之一。硼的有效性与 pH 关系较为复杂，在强酸性土壤和石灰性土壤中有效性均较低，在 pH6.0～7.0 土壤中有效性较高。有研究发现：土壤 pH 在 4～6.7 之间，硼的有效性最高，水溶性硼含量与 pH 呈正相关；pH 在 7.1～

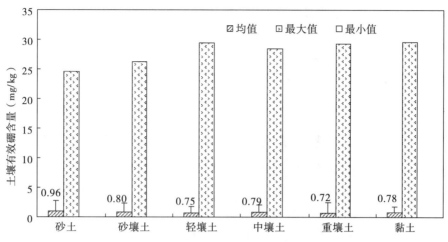

图 4-58　华北小麦玉米轮作区不同质地耕层土壤有效硼含量分析

8.1 之间，水溶性硼含量与 pH 呈负相关。其原因是当 pH＞7.1 时，富含游离碳酸钙，硼的吸附固定增加，有效性降低。所以，在褐土、砂姜黑土、潮土中，随着石灰含量增加，硼的有效性降低。在棕壤中，虽然酸碱度有利于增强硼的有效性，但由于降水较多，质地较粗，有效硼容易淋失；另外，土壤中的铁、铝氧化物的吸附和固定也在一定程度上降低了硼的有效性。

对土壤有效硼含量与 pH 之间的关系进行统计分析，结果表明：当土壤 pH 在 4.0～7.42 之间时，水溶性硼含量与 pH 呈极显著的直线正相关关系（图 4-59），相关方程 $y＝0.1597x－0.4611$，n＝150，r＝0.4481**（$r_{0.01}＝0.254$）；pH 在 7.43～7.93 之间时，水溶性硼含量与 pH 呈显著的负相关关系，相关方程 $y＝－0.2793x＋2.8102$，n＝51，r＝0.3228*（$r_{0.05}＝0.288$）。

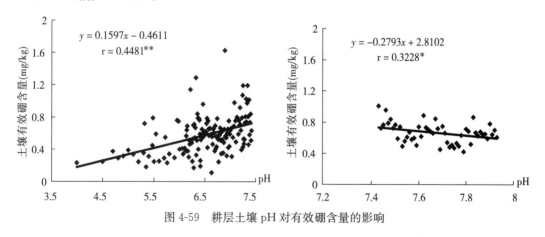

图 4-59　耕层土壤 pH 对有效硼含量的影响

三、土壤有效硼含量分级与变化

（一）分级

根据华北小麦玉米轮作区土壤有效硼含量状况，按养分分级标准将土壤有效硼划分为

6 级。全区耕地土壤有效硼含量分级面积见图 4-60。

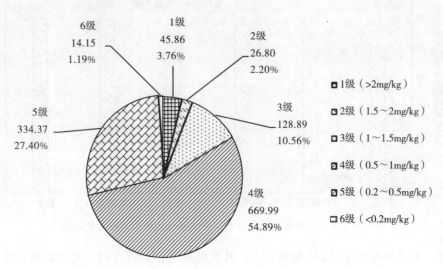

图 4-60 华北小麦玉米轮作区土壤有效硼含量分级面积与比例分析（万 hm²）

土壤有效硼 1 级水平全区共计 45.86 万 hm²，占全区耕地面积的 3.76％，主要分布在河南轮作区（图 4-61）。2 级水平全区共 26.80 万 hm²，占全区耕地面积的 2.20％，主要分布在河南、河北各轮作区。3 级水平全区共 128.89 万 hm²，占全区耕地面积的 10.56％，主要分布在山东、河北及河南轮作区。4 级水平面积全区共 669.99 万 hm²，占全区耕地面积的 54.89％，主要分布在山东、河北及河南轮作区，山西面积较小。5 级水平面积全区共 334.37 万 hm²，占全区耕地面积的 27.40％，主要分布在河南、山东轮作区。6 级水平面积全区仅 14.51 万 hm²，占全区耕地面积的 1.19％，主要分布在河南轮作区。

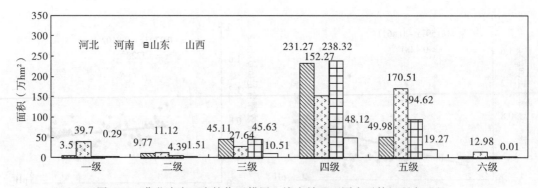

图 4-61 华北小麦玉米轮作区耕层土壤有效硼不同水平等级所占面积

（二）土壤有效硼含量变化分析

与第二次全国土壤普查时相比，本次华北小麦玉米轮作区硼含量除山西轮作区外，均有所提高（图 4-62）。山东轮作区平均硼含量增加 0.47mg/kg，增幅 174.07％。河北轮作区增加 0.30mg/kg，增幅 60.00％。河南轮作区增加 0.42mg/kg。山西轮作区降低 0.03mg/kg，降幅 3.70％。

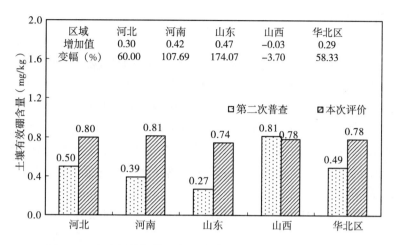

图 4-62　本次评价与第二次土壤普查时土壤有效硼含量比较

表 4-46　本次评价与第二次土壤普查时土壤有效硼分级面积比较

等级 (mg/kg)	轮作区	第二次土壤普查 面积 ($10^4 hm^2$)	第二次土壤普查 占总耕地 (%)	本次调查 面积 ($10^4 hm^2$)	本次调查 占总耕地 (%)	等级 (mg/kg)	轮作区	第二次土壤普查 面积 ($10^4 hm^2$)	第二次土壤普查 占总耕地 (%)	本次评价 面积 ($10^4 hm^2$)	本次评价 占总耕地 (%)
1 (>2)	山东	—	—	3.51	1.03	4 (0.5~1)	山东	178.68	52.51	49.98	14.69
	河北	0.29	0.07	39.70	9.58		河北	282.05	68.09	170.51	41.16
	河南	—	—	2.36	0.61		河南	229.15	59.33	94.62	24.50
	山西	0.66	0.83	0.29	0.37		山西	13.58	17.04	19.27	24.17
	华北区	0.95	0.08	45.86	3.76		华北区	703.46	57.64	334.38	27.40
2 (1.5~2)	山东	9.09	2.67	54.88	16.13	5 (0.2~0.5)	山东	32.47	9.54	0.63	0.18
	河北	4.23	1.02	38.76	9.35		河北	42.78	10.33	12.98	3.13
	河南	1.86	0.48	50.02	12.96		河南	22.10	5.72	0.89	0.23
	山西	13.11	16.45	12.01	15.09		山西	2.26	2.82	0.01	0.01
	华北区	28.29	2.32	155.68	12.76		华北区	99.61	8.16	14.51	1.19
3 (1~1.5)	山东	120.02	35.27	231.27	67.97						
	河北	84.88	20.49	152.27	36.76						
	河南	133.10	34.46	238.32	61.71						
	山西	50.11	62.86	48.12	60.36						
	华北区	388.11	31.80	669.98	54.90						

　　第二次土壤普查时将有效硼含量从高到低划分为 5 级，以 4 级为主，占总耕地面积的 57.64%，其次是 3 级，占 31.8%。本次调查，有效硼含量划分为 6 级，其中的 2、3 级范围相当于原来的 2 级；为了便于进行对比分析，将 2、3 级合并，按 5 级进行比较。全区耕地土壤硼含量分级结果表明，华北小麦玉米轮作区土壤有效硼提升，土壤硼含量以 3 级为主，占全区耕地面积的 54.90%；其次是 4 级（27.40%）、2 级（12.76%）；1 级（3.76%）、五级（1.19%）面积较少（表 4-46）。

四、土壤有效硼调控

一般认为，土壤缺硼的临界含量为 0.5mg/kg。水溶性硼低于 0.5mg/kg 时，属于缺硼，低于 0.25mg/kg 时，属于严重缺硼。针对土壤缺硼的情况，一般通过施用硼肥进行调控。在硼含量较高地区，可以采取适当施用石灰的方法，防止硼的毒害。硼肥在棉花、苹果、花生、蔬菜等作物上已经得到大面积推广应用。山东省 1990 年施用硼肥 327.42 万亩，取得了很好的效果。在水溶性硼低于 0.5mg/kg 时，花生、大豆、甘薯增产效果明显，分别增产 11%～14.5%、18.7%、20.7%。在小麦、棉花上施用分别增产 11.4%、13.0%。对于防止苹果、梨、山楂、桃等果树的落花落果和花而不实效果显著，还能增加产量，改善果品品质。

1. 针对土壤硼供应和作物对硼的反应施用硼肥 硼肥的施用，首先要考虑土壤有效硼含量等土壤条件及作物种类。土壤缺硼时，作物可能出现缺硼症状，施硼肥能明显增产。不过，土壤性质和作物种类不同，临界指标也有所差别（表 4-47）。不同植物的需硼量不同，一般来说，双子叶植物需硼量比单子叶植物高，多年生植物需硼量比一年生植物高，谷类作物一般需硼较少。作物对硼缺乏敏感性不同，需硼量大的作物一般对缺硼比较敏感，甜菜是敏感性最强的作物之一；各种十字花科作物，如萝卜、油菜、甘蓝、花椰菜等需硼量高，对缺硼敏感；果树中的苹果对缺硼也特别敏感。作物体内硼的浓度一般在 2～100mg/kg 之间，<10mg/kg 作物就可能缺硼；如果>200mg/kg，则有可能出现中毒现象。因此硼肥的施用要因土壤、因作物而异，根据土壤硼含量和作物种类确定是否施用硼肥以及施用量。

表 4-47 不同土壤类型硼供应和作物反应情况（mg/kg）

土壤硼素供应水平	土壤类型			
	砂质土	轻壤土	壤土	黏土
充足	>0.3	>0.5	>0.6	>0.8
适度	0.15～0.3	0.25～0.5	0.3～0.6	0.4～0.8
不足	<0.15	<0.25	<0.3	<0.4
作物缺硼临界值	作物种类			
>0.5	需硼较多：油菜、萝卜、甜菜、花椰菜、结球甘蓝、芹菜、向日葵、豆科植物、苹果、葡萄			
0.1～0.5	需硼中等：棉花、烟草、番茄、甘薯、花生、马铃薯、胡萝卜、桃、梨、樱桃、茶树			
<0.1	需硼较少：水稻、小麦、大麦、黑麦、燕麦、荞麦、玉米、高粱、柑橘、草类、甘蔗			

2. 因硼肥种类选择适宜的施肥方式 硼肥主要有硼酸（含硼 17%）、硼砂（含硼 11%）、硼泥（碱性，含硼量较低，是硼砂、硼酸工业的废渣），其中硼酸易溶于水，硼砂易溶于热水，而硼泥则部分溶于水。因此，硼酸适宜根外追肥；硼砂可以作为根外追肥，也可以作为基肥；硼泥适宜作基肥。

3. 因土壤酸碱性施用硼肥 硼在石灰性土壤上有效性较低，在酸性土壤中有效性较高，但易淋失。因此，为了提高肥料的有效性，在石灰性土壤上，硼肥适宜作为根外追肥进行沾根、喷施（不适宜拌种）；而酸性土壤上，则可以作为基肥直接施入土壤中，同时注意尽量避免淋溶损失。

4. 控制用量，均匀施用　总体来说，作物对硼需求总量还是相对较少的；硼的供应过多，可能会对作物产生毒害，因此在硼肥的施用上，要严格控制用量，避免过量。由于硼肥用量较少，作为基肥施用时，要力求达到施匀施用，可与氮肥和磷肥混合施用，也可单独施用；单独施用时必须均匀，最好与干土混匀后施入土壤。

在土壤缺硼的情况下，每亩施用 0.13～0.2kg 硼。一般基肥每亩用硼砂 0.5kg 左右，基肥有一定的后效，施用一次一般可持续 3～5 年。根外追肥也要浓度适宜，不可随意增加用量或浓度，避免局部浓度过高。叶面喷施浓度为 0.1%～0.25% 之间，常用浓度为0.05%～0.2% 的硼砂或硼酸，每亩用量为 75kg 左右。

由于作物需硼适宜量和过多之间的差异较小，因此对硼肥的用量和施用技术应特别注意，以免施用过量造成中毒。在缓冲性较小的沙质土壤上，用量宜适当减小。如果土壤有效硼含量过高或由于硼肥施用技术不当，引起作物毒害，可适当施用石灰以减轻毒害。

5. 合理使用不同硼含量等级的灌溉水　灌溉水的硼含量，会影响土壤的硼含量，也会影响作物的生长发育。例如，柠檬以含硼 1mg/L 的水灌溉时，产生不良影响；但苜蓿在含硼 1～2mg/L 时生长最旺盛。因此对于不同的作物，在灌溉时要考虑灌溉水中的硼含量对作物生长发育的影响。灌溉水硼含量等级见表 4-48。

表 4-48　灌溉水硼含量等级

灌溉水含硼等级	硼敏感的作物（mg/kg）	半敏感作物（mg/kg）	耐硼作物（mg/kg）
1	<0.33	<0.67	<1.00
2	0.33～0.67	0.67～1.33	1.00～2.00
3	0.67～1.00	1.33～2.00	2.00～3.00
4	1.00～1.25	2.00～2.50	3.00～3.75
5	>1.25	>2.50	>3.75

第十节　土壤有效铜

地壳中铜（Cu）的平均含量约为 70mg/kg；全球土壤中铜的含量范围一般为 2～100mg/kg，平均含量为 20mg/kg；我国土壤中铜的含量为 3～300mg/kg，平均含量为22mg/kg。土壤铜含量常常与其母质来源和抗风化能力有关，因此也与土壤质地间接相关。土壤中的铜大部分来自含铜矿物—孔雀石、黄铜矿及含铜砂岩等。一般情况下，基性岩发育的土壤，其含铜量多于酸性岩发育的土壤，沉积岩中以砂岩含铜最低。我国土壤表层或耕层中铜含量的背景值范围为 7.3～55.1mg/kg。

一、华北小麦玉米轮作区土壤有效铜含量空间差异

（一）华北轮作区土壤有效铜含量

华北小麦玉米轮作区四个省轮作区共测定 23862 个土样。0～20cm 耕层有效铜平均含量为 1.61mg/kg，变化范围 0.05～26.33mg/kg，变异系数 88.31%，属中等变异。说明

因地域不同，各省轮作区之间有效铜含量差异较大（图 4-63 和表 4-49）。

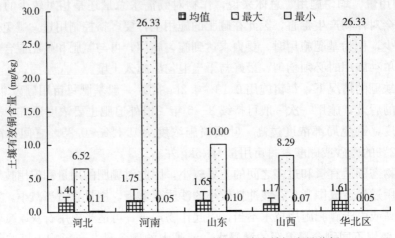

图 4-63　华北小麦玉米轮作区耕层土壤有效铜含量分析

不同轮作区土壤有效铜以河南轮作区含量最高，平均 1.75mg/kg，变化于 0.05～26.33mg/kg 之间；山东次之，平均 1.65mg/kg，变化于 0.10～10.00mg/kg 之间；河北轮作区平均 1.41mg/kg，山西轮作区平均含量最低，为 1.17mg/kg（图 4-54、表 4-49）。土壤有效铜变异系数以河南轮作区最大，为 90.16％，河北轮作区最低，平均 57.57％。河南轮作区土壤有效铜含量极大值为 26.33mg/kg，其余 3 轮作区有效铜极大值则在 10mg/kg 以下。

（二）不同轮作区土壤有效铜含量

不同市域以山东轮作区淄博市有效铜含量最高，为 3.89mg/kg。河南驻马店、许昌市、新乡市和漯河市含量较高，分别为 2.01mg/kg、2.02mg/kg、2.26mg/kg 和 3.28mg/kg。山东枣庄市和河北衡水市含量最低，均为 1.08mg/kg（表 4-49）。其余各市从 1.09mg/kg 到 1.97mg/kg 不等。市域间有效铜变异系数以河南开封市最大，为 162.16％，新乡市、德州市次之，为 106.25％ 和 100.19％。河北沧州市有效铜变异系数最低，为 39.40％，其余城市变异系数从 44.26％ 到 96.53％ 不等。

表 4-49　华北小麦玉米轮作区地级市耕层土壤有效铜含量

轮作区	地级市	点位数 （个）	平均值 （mg/kg）	最大值 （mg/kg）	最小值 （mg/kg）	变异系数 （％）
河北	保定市	819	1.66	6.52	0.11	61.66
	沧州市	873	1.56	4.01	0.23	39.40
	邯郸市	1597	1.33	6.28	0.15	61.45
	衡水市	840	1.08	3.57	0.15	44.26
	廊坊市	395	1.75	6.09	0.23	50.11
	石家庄	431	1.29	6.50	0.22	71.28
	邢台市	800	1.37	4.65	0.19	53.41
	河北	5755	1.40	6.52	0.11	57.57

（续）

轮作区	地级市	点位数 （个）	平均值 （mg/kg）	最大值 （mg/kg）	最小值 （mg/kg）	变异系数 （%）
河南	安阳市	898	1.10	9.78	0.08	61.77
	焦作市	432	1.40	6.56	0.38	48.48
	开封市	857	1.36	21.56	0.10	162.16
	漯河市	634	3.28	23.30	0.90	96.53
	濮阳市	1132	1.09	8.41	0.07	62.75
	商丘市	2172	1.51	9.38	0.11	58.69
	新乡市	1228	2.26	13.93	0.07	106.25
	许昌市	560	2.02	17.50	0.22	77.85
	周口市	1745	1.84	26.33	0.19	62.95
	驻马店	1202	2.01	15.46	0.05	50.52
	河南	10860	1.75	26.33	0.05	90.16
山东	滨州市	465	1.78	6.22	0.27	57.61
	德州市	948	1.97	10.00	0.36	100.19
	东营市	147	1.51	10.00	0.70	50.60
	菏泽市	1176	1.22	9.63	0.13	56.02
	济南市	521	1.69	7.05	0.30	53.92
	济宁市	703	1.96	9.12	0.10	76.49
	聊城市	1382	1.38	7.80	0.10	53.31
	泰安市	321	1.30	7.80	0.24	64.46
	枣庄市	131	1.08	2.68	0.13	45.95
	淄博市	224	3.89	10.00	0.90	67.30
	山东	6018	1.65	10.00	0.10	82.03
山西	临汾市	316	1.18	3.98	0.31	45.92
	运城市	913	1.16	8.29	0.07	70.19
	山西	1229	1.17	8.29	0.07	64.66
华北小麦玉米轮作区		23862	1.61	26.33	0.05	83.31

二、华北小麦玉米轮作区耕层土壤有效铜含量及其影响因素

有效铜含量受土壤类型、地貌、母质、质地等的影响，呈现不同的变化特征。

（一）土壤类型与有效铜含量

1. 主要土类有效铜含量分析

（1）华北轮作区主要土类土壤有效铜含量分析　每一类型的土壤都有其特定成土条件，加上人为因素的影响，其有效铜含量有较大变化。华北小麦玉米轮作区共涉及 15 个土类，选择其中 6 个主要土类进行比较（图 4-64）。

主要土类中以砂姜黑土和黄褐土有效铜平均含量最高，分别为 2.13mg/kg 和 1.90mg/kg，变化于 0.05～23.30mg/kg 和 0.12～12.40mg/kg 之间，变异系数分别为 88.57% 和 56.48%，均属中等变异程度；棕壤有效铜平均含量最低，为 1.34mg/kg，介于 0.29～4.26mg/kg 之间，变异系数 46.62%，属中等变异程度；风沙土、褐土和潮土的有效铜平均含量分别为 1.29mg/kg、1.43mg/kg 和 1.58mg/kg；有效铜变异系数分别为 85.44%、84.62% 和 80.98%，均为中等变异程度；以潮土变幅最大，为 0.07～

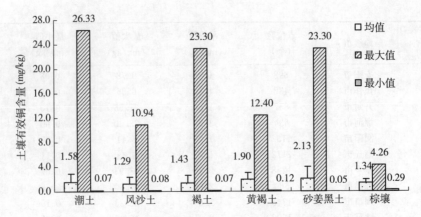

图 4-64　华北小麦玉米轮作区主要土类耕层土壤有效铜含量分析

26.33mg/kg。

（2）主要土类土壤有效铜含量的省域差异　不同土类在各省轮作区分布不一，有效铜含量也有较大差异（图 4-65）。仅在单一省轮作区分布的土类有河南轮作区的黄褐土和山东轮作区的棕壤，有效铜含量分别为 1.90mg/kg 和 1.34mg/kg，其变化幅度在 0.12～12.40mg/kg 和 0.29～4.26mg/kg 之间。潮土和褐土在 4 省轮作区均有分布，山西轮作区有效铜含量均低于其他省域，分别为 1.32mg/kg、1.14mg/kg，变异系数为 60.47% 和62.93%，属中等变异强度。山西轮作区土壤有效铜在砂姜黑土和风沙土上无分布，其他三省轮作区砂姜黑土上有效铜含量差异较小，均值在 2.01～2.14mg/kg 之间；在风沙土上差异较大，均值在 1.10～1.42mg/kg 之间，明显低于砂姜黑土。因此发展小麦玉米的高产区应避免在风沙土、棕壤土类上安排大面积种植，如必须种植，则应该通过使用有机肥、配施无机化肥和微量元素肥料，补充和保持地力，以培育高产粮田。

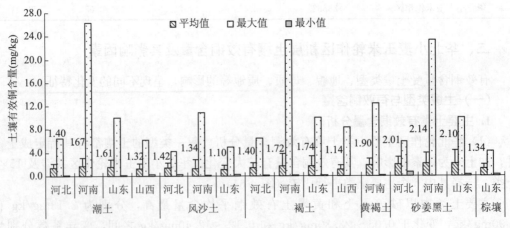

图 4-65　主要土类耕层土壤有效铜含量省域分析

2. 主要亚类土壤有效铜含量

本次评价华北轮作区主要亚类（对应 6 个主要土类）共 21 个。其中以灌淤潮土有效铜含量最高，为 3.03mg/kg；褐土性土最低，为 1.11mg/kg；其余亚类在 1.23mg/kg 到

2.50mg/kg 之间变化（表 4-50）。

表 4-50　华北小麦玉米轮作区主要亚类耕层土壤有效铜含量

主要亚类	平均值 （mg/kg）	最大值 （mg/kg）	最小值 （mg/kg）	标准差 （mg/kg）	变异系数 （%）
潮土	1.57	26.33	0.07	1.27	80.90
灌淤潮土	3.03	10.70	0.28	3.01	99.51
灰潮土	2.17	12.50	0.16	1.35	62.11
碱化潮土	1.37	5.48	0.20	0.74	54.02
湿潮土	2.10	15.29	0.10	2.06	98.34
脱潮土	1.46	18.93	0.10	1.22	83.36
盐化潮土	1.66	11.75	0.11	1.23	73.65
草甸风沙土	1.29	10.94	0.08	1.10	85.44
潮褐土	1.47	10.15	0.08	1.12	76.32
褐土	1.63	10.00	0.08	1.52	93.61
褐土性土	1.11	6.24	0.07	0.69	61.74
淋溶褐土	2.50	23.30	0.44	3.38	135.46
石灰性褐土	1.31	9.63	0.08	0.92	70.27
白浆化黄褐土	1.85	4.74	0.18	1.01	54.59
典型黄褐土	1.92	12.40	0.12	1.10	57.16
黄褐土性土	1.80	1.80	1.80	—	—
砂姜黑土	1.92	23.30	0.05	1.32	68.41
石灰性砂姜黑土	2.33	23.30	0.22	2.30	98.41
潮棕壤	1.45	4.26	0.49	0.67	45.94
棕壤	1.24	2.64	0.33	0.53	42.96
棕壤性土	1.23	3.46	0.29	0.68	55.30

土壤有效铜变异系数以淋溶褐土最大，为 135.46%；变异系数最小的为 42.96%，其余亚类从 45.94% 到 99.51% 不等（表 4-51）。有效铜含量极大值为潮土亚类的 26.33mg/kg，其次为砂姜黑土、石灰性砂姜黑土和淋溶褐土亚类，均为 23.30mg/kg，黄褐土性土极大值最小，为 1.80mg/kg。

（二）地貌类型与土壤有效铜含量

华北轮作区主要地貌类型包括冲积洪积平原、冲积湖积平原、冲积平原、河流阶地、黄土覆盖区低山、侵蚀丘陵、侵蚀山间平原、侵蚀中山等共 20 种（表 4-51）。

不同地貌类型中以湖积平原土壤有效铜平均含量最高，为 2.85mg/kg，侵蚀中山的含量最低，为 0.78mg/kg。其余在 0.83～2.24mg/kg 之间变化。变异系数以侵蚀丘陵最大，为 106.12%，黄土覆盖区中山有效铜变异系数最小为 23.42%。其余地貌类型有效铜变异系数在 35.49%～94.18% 之间变化（表 4-51）。

表 4-51　华北小麦玉米轮作区不同地貌类型耕层土壤有效铜含量

地貌类型	平均值 （mg/kg）	最大值 （mg/kg）	最小值 （mg/kg）	变异系数 （%）
冲积洪积平原	1.72	23.30	0.11	94.18
冲积湖积平原	2.24	12.50	0.48	82.07
冲积平原	1.62	26.33	0.05	82.38

（续）

地貌类型	平均值 （mg/kg）	最大值 （mg/kg）	最小值 （mg/kg）	变异系数 （%）
海积冲积平原	1.59	3.03	1.09	35.49
河流阶地	1.29	6.73	0.11	60.35
洪积平原	1.65	9.37	0.09	74.43
湖积冲积平原	1.91	9.05	0.16	81.05
湖积平原	2.85	9.12	0.90	72.09
黄土覆盖丘陵	0.87	0.87	0.87	—
黄土覆盖区低山	0.92	3.94	0.35	86.55
黄土覆盖区中山	0.83	1.07	0.31	23.42
黄土覆盖区山间平原	1.07	7.57	0.07	66.84
侵蚀剥蚀低山	1.21	4.75	0.29	60.12
侵蚀剥蚀丘陵	1.23	4.83	0.41	46.89
侵蚀剥蚀山间平原	1.22	3.55	0.12	53.06
侵蚀剥蚀中山	1.16	3.46	0.35	61.85
侵蚀低山	1.33	4.14	0.28	55.12
侵蚀丘陵	2.06	9.63	0.43	106.12
侵蚀山间平原	2.15	4.20	0.61	67.10
侵蚀中山	0.78	0.78	0.78	—

（三）成土母质与土壤有效铜含量

由表 4-52 可知，土壤有效铜平均含量以异源母质最高，为 3.34mg/kg，变异系数 68.76%，变幅为 0.94～7.92mg/kg；以黄土母质和黄土状土母质最低，为 1.27mg/kg 和 1.28mg/kg。有效铜变异系数以红土母质最大，达 155.88%；人工堆垫物变异系数最小，为 5.30%。其余母质类型变异系数在 38.07%～118.25% 之间。

不同成土母质有效铜含量省域间有较大差异（表 4-52）。分布在单一省域的母质类型包括滨海沉积物、河湖沉积物、红土母质、黄土性土、人工堆垫和异源母质 6 类，有效铜含量在 1.36～3.34mg/kg 之间。除山东轮作区在洪积物母质上有效铜含量较高为 2.44mg/kg 外，其他母质类型中（在四省域轮作区都有分布）均以河南轮作区土壤有效铜含量高于其他轮作区，变化于 1.30～2.96mg/kg 之间。山西轮作区在坡积物母质上有效铜含量较高，为 1.52mg/kg。

表 4-52　华北小麦玉米轮作区不同母质类型耕层土壤有效铜含量

母质类型	平均值 （mg/kg）	最大值 （mg/kg）	最小值 （mg/kg）	变异系数 （%）
滨海沉积物	1.63	1.63	1.63	—
冰水沉积物	2.10	17.50	0.22	78.16
残积物	2.08	5.38	0.35	38.07
冲积物	1.56	26.33	0.05	78.57
风积物	1.69	4.80	0.40	78.98
河湖沉积物	2.22	7.92	0.57	64.99
红土母质	1.40	7.57	0.46	155.88

（续）

母质类型	平均值（mg/kg）	最大值（mg/kg）	最小值（mg/kg）	变异系数（%）
洪积物	1.90	23.30	0.08	118.25
湖积物	1.90	15.46	0.13	50.14
黄土母质	1.27	11.05	0.08	66.41
黄土性土	2.32	6.17	1.25	82.23
黄土状土	1.28	10.15	0.07	73.46
坡积物	1.38	3.50	0.40	48.16
人工堆垫	1.36	1.42	1.28	5.30
异源母质	3.34	7.92	0.94	68.76

（四）耕层质地与土壤有效铜含量

由图 4-66 可知，华北轮作区耕层土壤质地多样，从砂土到黏土的各质地土壤均有分布。以砂土和砂壤土有效铜含量最低，平均为 1.41mg/kg 和 1.39mg/kg，变幅分别为 0.10～8.92mg/kg 和 0.07～9.78mg/kg，变异系数 71.27% 和 74.88%，属中等变异强度；以黏土有效铜含量最高，为 2.05mg/kg，变化于 0.08～26.33mg/kg，变异系数 94.70%，属中等变异程度。由此可知，土壤质地越黏重，有效铜含量越高。

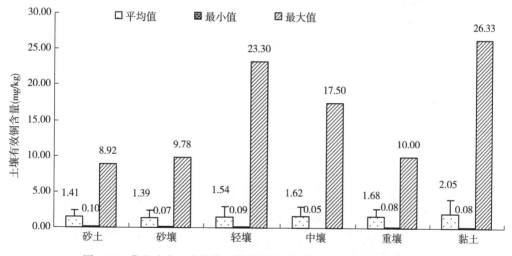

图 4-66　华北小麦玉米轮作区耕层不同质地耕层土壤有效铜含量分析

（五）耕层土壤 pH 与土壤有效铜含量

土壤 pH 对土壤有效铜的影响变化复杂（图 4-67）。土壤呈现强酸—弱酸—中性—弱碱—碱性环境（pH4～9）时，土壤有效铜含量大小变化幅度较大，总体呈现先升高后降低的趋势。pH 酸性到中性环境时，有效铜含量呈现由低到高的增加趋势，有效铜含量介于 0.37～3.33mg/kg 之间，变化幅度大；pH7～7.5 时，有效铜含量由高到低（2.97～0.65mg/kg）。在弱碱性—碱性环境下（pH7.5～9），土壤有效铜含量变化幅度有所减小。综上数据表明，土壤有效铜在中性到弱酸环境中，含量相对较高，但数据离散程度偏大；在中性到弱碱性环境中，则含量略有降低，离散程度也降低。说明在中性环境下（pH

6.5～7.5)，土壤有效铜含量处于较高水平，利于作物的吸收利用。

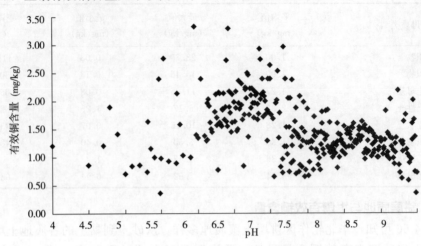

图 4-67　耕层土壤 pH 对有效铜含量的影响

三、土壤有效铜含量分级与变化

（一）土壤有效铜含量分级

根据本次华北小麦玉米轮作区调查的有效铜含量状况，参照第二次土壤普查时分级标准，将土壤有效铜含量划分为 6 级。本次评价全区耕地土壤有效铜含量分级及面积比例见图 4-68。

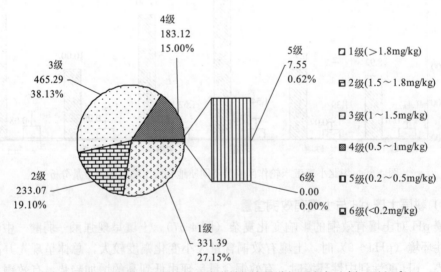

图 4-68　华北小麦玉米轮作区土壤有效铜含量分级面积与比例（万 hm²）

本次评价有效铜含量大于 1.8mg/kg 的 1 级耕地面积华北区共 331.39 万 hm²（图 4-68、表 4-53），占全区耕地面积的 27.15%；其中河北轮作区占 4.59%、河南轮作区占 14.36%、山东轮作区占 7.69%、山西轮作区占 0.52%。2 级水平面积全区共 233.07 万

hm²，占全区耕地面积的 19.10％，各轮作区以河北轮作区占 6.21％、河南占 6.58％、山东占 5.81％、山西轮作区占 0.50％。3 级水平（1～1.5mg/kg）耕地面积最大，共 465.29 万 hm²，占全区耕地的 38.13％；其中河北轮作区占 12.65％、河南占 9.00％、山东占 13.60％、山西占 2.88％。4 级水平面积共 183.12 万 hm²，占全区耕地面积的 15.00％，各轮作区分布为河北轮作区占 4.31％、河南占 3.77％、山东占 4.30％、山西占 2.63％。5 级水平面积全区共 7.55 万 hm²，占全区耕地面积的 0.62％，其中河北轮作区占 0.13％、河南占 0.23％、山东占 0.25％、山西占 0.01％。华北轮作区无 6 级水平耕地面积分布。

表 4-53　本次评价土壤有效铜含量分级面积与比例

轮作区	等级	面积（万 hm²）	占该轮作区耕地（％）	占华北区耕地（％）	轮作区	等级	面积（万 hm²）	占该轮作区耕地（％）	占华北区耕地（％）
河北	1	55.97	16.45	4.59	山东	1	93.83	24.3	7.69
	2	75.77	22.27	6.21		2	70.86	18.35	5.81
	3	154.35	45.36	12.65		3	166.03	42.99	13.60
	4	52.57	15.45	4.31		4	52.45	13.58	4.30
	5	1.60	0.47	0.13		5	3.04	0.79	0.25
	6	—	—	—		6	—	—	—
河南	1	175.26	42.31	14.36	山西	1	6.33	7.95	0.52
	2	80.33	19.39	6.58		2	6.11	7.67	0.50
	3	109.79	26.51	9.00		3	35.12	44.06	2.88
	4	46.06	11.12	3.77		4	32.04	40.19	2.63
	5	2.80	0.68	0.23		5	0.11	0.14	0.01
	6	—	—	—		6	—	—	—

各轮作区中，河北轮作区 3 级水平耕地面积最大（表 4-53），占全省轮作区耕地的 45.36％，其次为 2 级；河南轮作区以 1 级和 3 级面积占比高，分别占全省轮作区耕地的 42.31％和 26.51％；山东轮作区以 3 级耕地面积最大，占全省轮作区面积的 42.99％；山西轮作区以 3、4 级耕地面积较大，分别占全省轮作区耕地的 44.06％和 40.19％，二者占比达 84.25％。

（二）土壤有效铜含量变化分析

本次华北小麦玉米轮作区的调查结果显示，与 20 世纪八十年代第二次土壤普查时相比，土壤有效铜含量均呈增加趋势（图 4-69）。本次评价华北轮作区土壤有效钼平均含量为 1.61mg/kg，属 2 级水平；其中河北轮作区比第二次土壤普查时增加了 19.97％；河南轮作区增幅为 44.69％；山西轮作区比第二次土壤普查时有效铁含量增加了 44.13％。

第二次土壤普查时（表 4-54），各省之间分级标准不统一，河北、山东两省划分为 4 级，河南分为 5 级、山西分为 3 级。华北 4 省土壤有效铜 1 级水平（＞1.8mg/kg）总面积 53.58 万 hm²，占华北区耕地的 4.39％；2 级（1～1.8mg/kg）水平耕地 570.32 万 hm²，占全区耕地的 46.73％；归并含量为 0.2～1mg/kg 的等级总面积 587.21 万 hm²，占全区耕地的 48.12％；其他＜0.2mg/kg 等级耕地 9.31 万 hm²，占比为 0.76％，其中河北、山西两省＜0.2mg/kg 的耕地面积为 0。

本次华北轮作区评价与第二次土壤普查相比，土壤有效铁含量 1 级水平面积增至

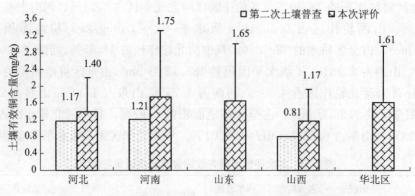

图 4-69　本次评价与第二次土壤普查时土壤有效铜含量比较

331.79 万 hm²，占全区耕地的 27.16%，其中以河南轮作区占比最高（14.36%），2、3 级（1～1.8mg/kg，相当于第二次土壤普查时的 2 级）水平面积占全区耕地的 57.23%（其中 2 级 19.10%、3 级 38.13%，以山东轮作区面积占比最高），土壤有效铜 4、5 级（相当于第二次土壤普查时的 3 级或 3、4 级）面积大幅降低，但占全区耕地比例为 15.01% 和 0.62%。本次评价华北轮作区无 6 级水平（<0.2mg/kg）耕地分布。综上数据表明，从第二次土壤普查以来 30 多年的时间，土壤有效铜含量有较大提高，各省轮作区均有增加。因此，在进行小麦、玉米种植时，要注意各轮作区有效铜含量分级分布区域，合理进行调控。

表 4-54　本次评价与第二次土壤普查时土壤有效铜分级面积比较

第二次土壤普查					本次评价				
轮作区	等级	分级标准 (mg/kg)	面积 (10⁴hm²)	占华北区 耕地（%）	轮作区	等级	分级标准 (mg/kg)	面积 (10⁴hm²)	占华北区 耕地（%）
河北	1	>2	16.47	1.35	河北	1	>1.8	55.97	4.59
						2	1.5～1.8	75.77	6.21
	2	1～2	173.87	14.25		3	1～1.5	154.35	12.65
	3	0.5～1	143.18	11.73		4	0.5～1	52.57	4.31
						5	0.2～0.5	1.6	0.13
	4	0.2～0.5	6.74	0.55		6	<0.2	—	—
河南	1	>1.8	13.79	1.13	河南	1	>1.8	175.26	14.36
	2	1～1.8	152.73	12.51		2	1.5～1.8	80.33	6.58
	3	0.2～1	239.59	19.63		3	1～1.5	109.79	9
	4	0.1～0.2	7.75	0.64		4	0.5～1	46.06	3.77
	5	<0.1	0.37	0.03		5	0.2～0.5	2.8	0.23
						6	<0.2	—	—
山东	1	>1.8	21.62	1.77	山东	1	>1.8	93.83	7.69
	2	1～1.8	223.21	18.29		2	1.5～1.8	70.86	5.81
	3	0.2～1	140.19	11.49		3	1～1.5	166.03	13.6
						4	0.5～1	52.45	4.3
	4	0.1～0.2	1.19	0.10		5	0.2～0.5	3.04	0.25
						6	<0.2	—	—

（续）

第二次土壤普查					本次评价				
轮作区	等级	分级标准 （mg/kg）	面积 （$10^4 hm^2$）	占华北区 耕地（%）	轮作区	等级	分级标准 （mg/kg）	面积 （$10^4 hm^2$）	占华北区 耕地（%）
山西	1	>1.8	1.7	0.14	山西	1	>1.8	6.33	0.52
						2	1.5～1.8	6.11	0.5
	2	1～1.8	20.51	1.68		3	1～1.5	35.12	2.88
						4	0.5～1	32.04	2.63
	3	0.2～1	57.51	4.71		5	0.2～0.5	0.11	0.01
						6	<0.2	—	—

四、土壤有效铜调控

一般认为，土壤缺铜的临界含量为 0.5mg/kg，土壤有效铜低于 0.5mg/kg 时，属于缺铜，低于 0.2mg/kg 时，属于严重缺铜。针对土壤缺铜的情况，一般通过施用铜肥进行调控。

（一）铜的生理作用

铜参与植物的光合作用，以 Cu^{2+} 和 Cu^+ 的形式被植物吸收，它可以催化植物的氧化还原反应，从而促进碳水化合物和蛋白质的代谢与合成，增强植物抗寒、抗旱能力。铜还参与植物的呼吸作用，影响到作物对铁的利用，叶绿体中含有较多的铜，因此铜与叶绿素形成有关。铜具有提高叶绿素稳定性的能力，避免叶绿素过早遭受破坏，这有利于叶片更好地进行光合作用。缺铜时，叶绿素减少，叶片出现失绿现象，幼叶的叶尖因缺绿而黄化并干枯，最后叶片脱落，还会使繁殖器官的发育受到破坏。植物需铜量很少，一般不会缺铜。

（二）土壤铜的变化特性

不同作物种植区土壤铜含量变化不一，土壤中铜的形态包括水溶态铜、有机态铜、离子态铜，其与土壤全铜有极显著正相关关系。水溶态铜在土壤全铜中所占比例较低，pH6.0 时土壤中水溶性铜占全铜的比例仅为 1.2%～2.8%，DOCCu（与可溶有机物结合铜）占全铜与水溶态铜的比例分别为 0.11%～0.28% 和 8%～10%，离子态铜占全铜及水溶态铜的比例分别为 0.0003%～0.018% 和 0.01%～1.4%。0～5cm 土层中舒曼法提取的有机结合态、氧化物结合态及无定型铁氧化物结合态三种形态的含量较高，可为其他组分含量的 5 倍以上，与其他组分的差异也达显著水平，而其他形态的含量则相对较少，其中交换态的含量最少。使用有机肥会降低活性态铜含量，增加有机结合态铜含量，在铜缺乏土壤上应避免过量使用有机肥。

（三）铜肥类型及合理施用技术

铜肥的主要品种有硫酸铜、氧化铜、氧化亚铜、碱式硫酸铜和铜矿渣等。

1. 硫酸铜 分子式为 $CuSO_4 \cdot 5H_2O$，含铜量为 25.5%，或失水成为 $CuSO_4 \cdot H_2O$，含铜量为 35%，能溶于水、醇、甘油及氨液，水溶液呈酸性。适用于各种施肥方法，但要注意在磷肥施用量较大的土壤上，最好采用种子处理或叶面喷施，以防止磷与铜结合成难溶的盐，降低铜的有效性。基施和拌种可促进玉米对铜的吸收，增产 6%～15%。

2. 氧化铜 分子式为 CuO，含铜量 78.3%，不溶于水和醇，但可在氨溶液中缓慢溶解。只能用作基肥，一般施入酸性土壤为好，每亩施用量为 0.4～0.6kg，每隔 3～5 年施用 1 次。

3. 氧化亚铜 分子式为 Cu_2O，含铜量为 84.4%。不溶于水、醇；溶于盐酸、浓氨水、浓碱。在干燥空气中稳定，在湿润空气中逐渐氧化成黑色氧化铜。由于难溶于水，只能作基肥，每亩施 0.3～0.5kg，每隔 3～5 年施 1 次。

4. 碱式硫酸铜 分子式为 $CuSO_4 \cdot 3Cu(OH)_2 \cdot NH_2O$，含铜量为 13%～53%。只溶于无机酸，不溶于水，只适用于基肥，用于酸性土壤，每亩施 0.5～1kg。

5. 铜矿渣 内含铜（Cu）、铁（Fe）、氧化硅（SiO_2）、氧化镁（MgO）等，含铜量为 0.3%～1.0%，该产品为矿山生产副产品，难溶于水，也可作铜肥使用，亩施 30～40kg，于秋耕或春耕时施入。对改良泥炭土和腐殖质湿土效果显著。但若含有大量镉、铅、汞等元素，应先加工处理，去掉镉、铅、汞有害物质后再进行施用。

第十一节　土壤有效锌

锌（Zn）是一种浅灰色的过渡金属，是第四"常见"的金属，仅次于铁、铝及铜。我国土壤锌含量为 3～790mg/kg，平均含量为 100mg/kg。土壤锌含量因土壤类型的不同而异，并受成土母质的影响。锌是一些酶的重要组成成分，这些酶在缺锌的情况下活性大大降低。绿色植物的光合作用，必须要有含锌的碳酸酐酶参与，它主要存在于叶绿体中，催化二氧化碳的水合作用，提高光合强度，促进碳水化合物转化。锌能促进氮素代谢。缺锌植株体内的氮素代谢发生紊乱，造成氨的大量累积，抑制了蛋白质合成。植株的失绿现象，在很大程度上与蛋白质合成受阻有关。施锌促进植株生长发育效应显著，并能增强抗病、抗寒能力，可防治水稻赤枯 II 型病（即缺锌坐兜症）、玉米花叶白苗病、柑橘小叶病、减轻小麦条锈病、大麦和冬黑麦坚黑穗病、冬黑麦秆黑粉病、向日葵白腐和灰腐病，能增强玉米植株耐寒性。

锌作为作物生长必需的微量元素，其在土壤中的含量及变化状况直接影响作物产量和产品品质，影响农业高产高效生产，因此进行微量元素锌调查分析具有重要意义。

一、华北小麦玉米轮作区土壤有效锌含量空间差异

（一）华北轮作区土壤有效锌含量

华北小麦玉米轮作区四省共采集土样 23862 个。0～20cm 耕层土壤有效锌平均含量为 1.56mg/kg，变化范围 0.10～28.10mg/kg。华北轮作区因地域不同，不同轮作区之间土壤有效锌含量差异比较大。

不同轮作区以河南土壤有效锌含量最高，平均 1.62mg/kg，变动范围 0.10～28.10mg/kg；山东、河北轮作区次之，为 1.57mg/kg、1.50mg/kg，分别在 0.12～10.00mg/kg 和 0.10～6.70mg/kg 之间变动；山西轮作区最低，平均 1.34mg/kg，变动范围 0.10～28.10mg/kg（表 4-55，图 4-70）。

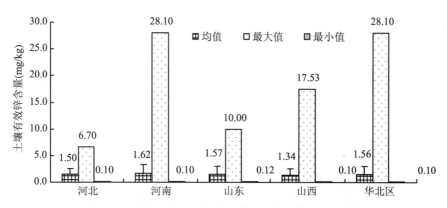

图 4-70　华北小麦玉米轮作区耕层土壤有效锌含量分析

表 4-55　华北小麦玉米轮作区地级市耕层土壤有效锌含量

轮作区	地级市	点位数 （个）	平均值 （mg/kg）	最大值 （mg/kg）	最小值 （mg/kg）	变异系数 （%）
河北	保定市	819	1.71	6.34	0.10	61.19
	沧州市	873	1.33	5.85	0.17	69.18
	邯郸市	1597	1.36	6.70	0.10	76.10
	衡水市	840	1.18	4.72	0.10	62.32
	廊坊市	395	1.65	6.66	0.10	75.02
	石家庄	431	1.80	5.70	0.12	66.61
	邢台市	800	1.87	5.46	0.11	54.96
	河北	5755	1.50	6.70	0.10	69.08
河南	安阳市	898	0.99	6.56	0.11	65.43
	焦作市	432	1.38	16.39	0.11	143.90
	开封市	857	4.51	28.10	0.10	113.42
	漯河市	634	1.58	3.27	0.20	52.65
	濮阳市	1132	1.61	10.55	0.10	86.92
	商丘市	2172	1.74	11.38	0.12	72.31
	新乡市	1228	1.92	17.84	0.11	89.97
	许昌市	560	1.68	16.55	0.15	72.38
	周口市	1745	1.32	11.38	0.13	84.43
	驻马店	1202	1.15	23.69	0.10	84.79
	河南	10860	1.62	28.10	0.10	106.05
山东	滨州市	465	1.33	5.83	0.20	48.66
	德州市	948	2.05	10.00	0.20	112.56
	东营市	147	1.54	7.96	0.32	120.62
	菏泽市	1176	1.08	8.93	0.20	73.77
	济南市	521	1.75	7.00	0.12	71.98
	济宁市	703	1.33	7.68	0.20	71.27
	聊城市	1382	1.59	9.17	0.20	63.11
	泰安市	321	1.46	7.25	0.20	84.34
	枣庄市	131	0.44	1.35	0.20	42.85
	淄博市	224	3.78	10.00	0.20	64.70
	山东	6018	1.57	10.00	0.12	93.38

（续）

轮作区	地级市	点位数 （个）	平均值 （mg/kg）	最大值 （mg/kg）	最小值 （mg/kg）	变异系数 （%）
山西	临汾市	316	1.68	17.53	0.10	89.11
	运城市	913	1.22	16.78	0.10	95.90
	山西	1229	1.34	17.53	0.10	95.45
华北小麦玉米轮作区		23862	1.56	28.10	0.10	95.25

（二）不同轮作区土壤有效锌含量

不同市域以河南轮作区开封市土壤有效锌含量最高，平均 4.51mg/kg（表 4-55），变化范围 0.10～28.10mg/kg；山东淄博市次之，为 3.78mg/kg，变幅为 0.20～10.00mg/kg；山东枣庄市有效锌含量最低，平均 0.44mg/kg，变幅较小为 0.20～1.35mg/kg；其余各市有效锌含量从 0.99mg/kg 到 2.05mg/kg。

土壤有效锌含量极大值出现在河南开封市，为 28.10mg/kg，其次为驻马店市 23.69mg/kg；濮阳市、商丘市、许昌市、临汾市、新乡市极大值介于 10.55mg/kg 和 17.84mg/kg 之间，其余城市均在 10.00mg/kg 以下。

二、华北小麦玉米轮作区耕层土壤有效锌含量及其影响因素

（一）土壤类型与土壤有效锌含量

1. 主要土类土壤有效锌含量　土壤有效锌含量因土壤类型的不同而异，并受成土母质、地貌类型、土壤质地和酸碱性等影响。每一类型土壤成土条件不同、人为影响程度不同，其有效锌含量也不同。在华北区 15 个土类中选取点位多、有代表性的主要土类 6 种（潮土、风沙土、褐土、黄褐土、砂姜黑土、棕壤）进行分析。

华北区主要土壤类型有效锌含量（图 4-71）以褐土、潮土有效锌含量最高，分别为 1.61mg/kg 和 1.60mg/kg，分别在 0.10～15.54mg/kg 和 0.10～28.10mg/kg 之间变动，变异系数为 82.15% 和 97.72%；以棕壤和砂姜黑土有效锌含量最低，分别为 1.24mg/kg 和 1.23mg/kg，变化于 0.20～7.25mg/kg 和 0.10～23.69mg/kg 之间，变异系数为 76.50% 和 99.34%。

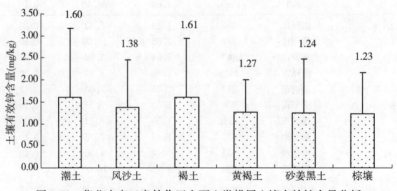

图 4-71　华北小麦玉米轮作区主要土类耕层土壤有效锌含量分析

2. 主要土类有效锌含量的省域差异特征 各主要土类有效锌含量的省域差别较大（图 4-72）。河南、山西轮作区的潮土有效锌平均含量较高，分别为 1.74mg/kg 和 1.72mg/kg，其变异系数为 106.77％、125.25％，以河南轮作区潮土有效锌含量极大值 28.10mg/kg 为最大。

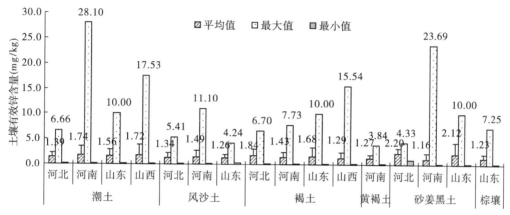

图 4-72 主要土类耕层土壤有效锌含量省域分析

河北、河南和山东轮作区的风沙土有效锌含量相近，变异系数居于 53.56％ 至 89.71％之间（图 4-72）。在褐土区，河北轮作区有效锌含量较高（1.84mg/kg），山东轮作区有效锌变异系数最大为 101.59％。在砂姜黑土区，河北、山东轮作区的有效锌含量为华北区最高均值，分别为 2.20mg/kg、2.12mg/kg，河南轮作区砂姜黑土为华北区最低值（1.16mg/kg），变异系数变化于 45.65％～105.45％。仅在单一省轮作区分布的土类有：河南的黄褐土和山东的棕壤。山西轮作区土壤有效锌仅在潮土和褐土上分布，且褐土有效锌含量较低（1.29mg/kg）。

（二）主要亚类土壤有效锌含量

由表 4-56 可知，主要亚类中以灌淤潮土有效锌含量最高，为 3.86mg/kg，变幅为 0.45～22.80mg/kg，变异系数 110.99％；褐土、湿潮土、潮土、石灰性褐土、潮褐土、碱化潮土有效锌含量也高于华北轮作区有效锌含量均值，变化于 1.61～1.93mg/kg 之间。其余亚类有效锌含量均低于 1.55mg/kg，以棕壤性土最低，为 1.00mg/kg。

土壤有效锌变异系数以碱化潮土最大，为 123.29％；砂姜黑土、褐土、灌淤潮土和湿潮土次之，在 101.38％～112.82％之间，均属强变异程度；以白浆化黄褐土有效锌变异系数最小，为 55.08％。

土壤有效锌含量极大值为潮土的 28.10mg/kg 最高，棕壤性土极大值 2.74mg/kg 最低。

表 4-56　华北小麦玉米轮作区主要亚类耕层土壤有效锌含量

亚类	平均值 (mg/kg)	最大值 (mg/kg)	最小值 (mg/kg)	变异系数 (%)
潮土	1.62	28.10	0.10	98.08
灌淤潮土	3.86	22.80	0.45	110.99
灰潮土	1.18	4.77	0.10	62.09
碱化潮土	1.93	22.50	0.20	123.29
湿潮土	1.61	15.29	0.10	112.82
脱潮土	1.49	18.93	0.12	83.96
盐化潮土	1.55	20.50	0.10	89.16
草甸风沙土	1.38	11.10	0.15	78.04
潮褐土	1.70	10.00	0.12	75.69
褐土	1.61	10.00	0.10	103.82
褐土性土	1.23	8.20	0.11	81.81
淋溶褐土	1.49	6.86	0.20	76.48
石灰性褐土	1.65	15.54	0.10	83.46
白浆化黄褐土	1.32	3.18	0.39	55.08
典型黄褐土	1.26	3.84	0.10	59.23
黄褐土性土	1.16	1.16	1.16	—
砂姜黑土	1.08	23.69	0.10	101.38
石灰性砂姜黑土	1.40	16.55	0.13	95.48
潮棕壤	1.42	7.25	0.20	83.58
棕壤	1.08	3.35	0.20	57.35
棕壤性土	1.00	2.74	0.20	56.36

（三）地貌类型与土壤有效锌含量

表 4-57　华北小麦玉米轮作区不同地貌类型耕层土壤有效锌含量

地貌类型	平均值 (mg/kg)	最大值 (mg/kg)	最小值 (mg/kg)	变异系数 (%)
冲积洪积平原	1.76	11.88	0.10	85.36
冲积湖积平原	1.91	5.72	0.58	62.44
冲积平原	1.55	27.90	0.10	94.44
海积冲积平原	1.17	1.78	0.62	31.48
河流阶地	1.84	28.10	0.10	148.81
洪积平原	1.91	10.00	0.12	76.23
湖积冲积平原	1.54	6.05	0.16	69.77
湖积平原	1.50	5.67	0.14	68.74
黄土覆盖丘陵	0.55	0.55	0.55	—
黄土覆盖区低山	0.89	1.89	0.31	55.01
黄土覆盖区中山	0.81	1.44	0.21	48.44
黄土覆盖区山间平原	1.08	7.65	0.10	69.52
侵蚀剥蚀低山	1.30	7.27	0.30	87.75
侵蚀剥蚀丘陵	1.31	7.00	0.20	86.29
侵蚀剥蚀山间平原	0.88	3.11	0.16	71.50
侵蚀剥蚀中山	1.30	4.31	0.32	65.03
侵蚀低山	1.17	3.84	0.12	64.45
侵蚀丘陵	1.91	7.00	0.20	99.53
侵蚀山间平原	1.65	3.90	0.50	91.70
侵蚀中山	0.85	0.85	0.85	—

华北轮作区主要地貌类型共有 20 种，以洪积平原、冲积湖积平原、侵蚀丘陵有效锌平均含量最高，均为 1.91mg/kg；以黄土覆盖丘陵有效锌平均含量最低，为 0.55mg/kg；其余地貌类型有效锌含量在 0.81mg/kg 到 1.31mg/kg 之间（表 4-57）。

土壤有效锌变异系数以河流阶地的 148.81% 为最大，有效锌含量变幅为 0.10～28.10mg/kg；其次是侵蚀丘陵、冲积平原和侵蚀山间平原，分别为 91.70%、94.44%、99.53%，其余地貌类型有效锌变异系数介于 31.48%～87.75% 之间，均属中等到强变异程度。

（四）成土母质与土壤有效锌含量

由表 4-58 可知，华北小麦玉米轮作区成土母质类型归纳为 15 种。土壤有效锌含量以黄土性土、洪积物、冰水沉积物和冲积物最高，分别达 1.71mg/kg、1.69mg/kg、1.67mg/kg 和 1.62mg/kg，其变异系数为 55.57%、93.58%、73.09% 和 96.65%，数据离散度较高，属中等变异；以红土母质有效锌含量最低（0.64mg/kg），变异系数为49.32%。其余母质有效锌含量介于 0.95～1.41mg/kg 之间。

不同成土母质有效锌含量省域间有较大差异。分布在单一省域的母质类型包括山东轮作区的滨海沉积物、人工堆垫物，河南的河湖沉积物、异源母质和山西轮作区的红土母质、黄土性土 6 类，土壤有效锌含量在 0.64～1.37mg/kg 之间。河北轮作区在风积物和洪积物母质上有效锌含量高于其他轮作区，分别为 1.77mg/kg、2.16mg/kg；河南轮作区在冲积物和黄土母质上有效锌含量高于其他轮作区，为 1.79mg/kg、1.97mg/kg；山西轮作区在残积物、湖积物和黄土状土等母质类型上有效锌含量分别为 1.58mg/kg、4.02mg/kg、1.41mg/kg，高于同类母质其他轮作区；山东轮作区在坡积物母质上有效锌含量较高，为 1.42mg/kg。

表 4-58 华北小麦玉米轮作区不同母质类型耕层土壤有效锌含量

母质类型	平均值 （mg/kg）	最大值 （mg/kg）	最小值 （mg/kg）	变异系数 （%）
滨海沉积物	1.20	1.20	1.20	—
冰水沉积物	1.67	16.55	0.15	73.09
残积物	0.98	2.82	0.20	52.44
冲积物	1.62	28.10	0.10	96.65
风积物	1.34	3.61	0.15	61.46
河湖沉积物	1.04	3.27	0.13	68.53
红土母质	0.64	1.06	0.31	49.32
洪积物	1.69	23.69	0.10	93.58
湖积物	1.04	5.82	0.10	65.96
黄土母质	1.40	15.54	0.10	86.55
黄土性土	1.71	2.83	0.35	55.57
黄土状土	1.35	7.73	0.16	71.95
坡积物	1.41	5.35	0.20	71.55
人工堆垫	1.37	1.47	1.31	6.19
异源母质	0.95	1.80	0.36	39.26

（五）耕层质地与土壤有效锌含量

耕层土壤质地影响作物的扎根以及养分转化。由图 4-73 可知，华北小麦玉米区不同质地类型以砂土有效锌平均含量最高，为 1.76mg/kg，变化于 0.10～28.10mg/kg 之间，变异系数为 111.49％；以重壤有效锌含量平均最低，为 1.33mg/kg，变异系数 106.91％；砂壤、轻壤和黏土有效锌含量中等。总体呈现土壤质地越轻，有效锌含量越高趋势，与有效铁、有效铜等表现不同。

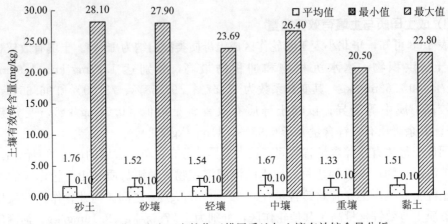

图 4-73　华北小麦玉米轮作区耕层质地与土壤有效锌含量分析

各质地类型有效锌变异系数在 84.28％～111.49％之间，属中等到强变异程度，说明在不同区域质地类型虽相同，但由于颗粒组成及母质来源差异，导致土壤有效锌含量不一，数据离散度高。

不同轮作区各类质地上土壤有效锌含量有较大差异（表 4-59）。河南轮作区在砂土、砂壤、轻壤质地类别上有效锌含量（1.67～2.13mg/kg）均高于同质地其他轮作区，在中壤上与山东轮作区有效锌含量相等，为 1.77mg/kg，均高于河北、山西轮作区；河北轮作区在重壤质地上有效锌含量（1.57mg/kg）高于其他轮作区；山东轮作区在黏土质地上有效锌含量（1.63mg/kg）高于其他轮作区。山西省各质地类型有效锌含量均较低，均值变化于 0.98～1.83mg/kg 之间。各省轮作区不同质地类型上有效锌变异系数以河南轮作区的砂土最大，为 122.05％；山西轮作区砂土次之，为 119.54％；以山西轮作区砂壤土有效锌变异系数 49.15％最低。

表 4-59　不同轮作区耕层质地土壤有效锌含量

耕层质地	轮作区	平均值（mg/kg）	最大值（mg/kg）	最小值（mg/kg）	变异系数（％）
	河北	1.39	5.01	0.16	64.41
	河南	2.13	28.10	0.10	122.05
砂土	山东	1.48	10.00	0.20	81.89
	山西	1.83	8.20	0.18	119.54
	华北区	1.76	28.10	0.10	111.79

（续）

耕层质地	轮作区	平均值 （mg/kg）	最大值 （mg/kg）	最小值 （mg/kg）	变异系数 （%）
砂壤	河北	1.46	6.66	0.10	68.27
	河南	1.77	27.90	0.11	115.91
	山东	1.37	10.00	0.20	80.27
	山西	0.98	3.00	0.24	49.15
	华北区	1.52	27.90	0.10	97.18
轻壤	河北	1.41	6.03	0.10	66.80
	河南	1.67	23.69	0.11	102.36
	山东	1.54	10.00	0.12	88.53
	山西	1.40	6.26	0.19	62.46
	华北区	1.54	23.69	0.10	89.56
中壤	河北	1.59	6.50	0.10	68.85
	河南	1.73	26.40	0.10	102.79
	山东	1.73	10.00	0.20	101.29
	山西	1.37	17.53	0.10	111.46
	华北区	1.67	26.40	0.10	96.43
重壤	河北	1.57	6.70	0.17	72.75
	河南	1.25	20.50	0.10	115.70
	山东	1.53	10.00	0.20	102.04
	山西	1.28	3.81	0.13	59.18
	华北区	1.33	20.50	0.10	106.91
黏土	河北	1.55	6.50	0.10	75.75
	河南	1.49	22.80	0.10	87.60
	山东	1.63	6.45	0.22	69.58
	山西	1.34	5.82	0.32	96.68
	华北区	1.51	22.80	0.10	84.28

（六）土壤 pH 与土壤有效锌含量

土壤酸碱性对土壤有效锌含量影响较大（图 4-74）。华北轮作区土壤呈现酸性—弱酸—中性—弱碱—碱性的酸碱环境，类型全面。土壤从酸性到碱性环境变化时（pH

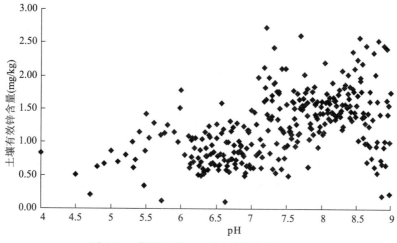

图 4-74　耕层土壤 pH 对有效锌含量的影响

4.5～8.5），土壤有效锌含量呈逐渐升高趋势，变化于0.21～2.37mg/kg之间；强碱性（pH8.5～9.0）环境时，有效锌含量出现较剧烈变化，在0.19～2.58mg/kg之间，数据离散度增大。数据表明，土壤有效锌在中性到弱碱性环境中，含量较高，呈增加趋势。

三、土壤有效锌含量分级与变化

（一）土壤有效锌含量分级

根据本次评价华北小麦—玉米轮作区土壤有效锌含量状况，参照第二次土壤普查时分级标准，将有效锌含量划分为6级。全区耕地土壤有效锌含量分级及面积见图4-75。

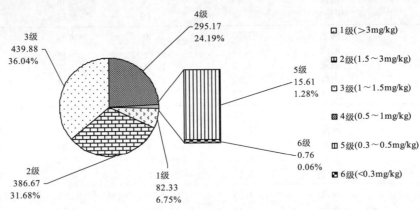

图4-75　华北小麦玉米轮作区耕地土壤有效锌含量分级面积与比例分析（万 hm²）

表4-60　本次评价土壤有效锌含量分级面积及比例

轮作区	等级	面积（万 hm²）	占该轮作区耕地（%）	占华北区耕地（%）	轮作区	等级	面积（万 hm²）	占该轮作区耕地（%）	占华北区耕地（%）
河北	1	10.57	3.11	0.87	山东	1	26.11	6.76	2.14
	2	128.35	37.72	10.52		2	110.09	28.51	9.02
	3	131.38	38.61	10.76		3	147.97	38.31	12.12
	4	68.79	20.22	5.64		4	92.17	23.86	7.55
	5	1.15	0.34	0.09		5	9.37	2.43	0.77
	6	0.02	0.01	0.002		6	0.51	0.13	0.04
河南	1	42.43	10.24	3.48	山西	1	3.22	4.03	0.26
	2	125.58	30.32	10.29		2	22.64	28.4	1.86
	3	132.61	32.01	10.87		3	27.93	35.03	2.29
	4	110.63	26.71	9.06		4	23.58	29.58	1.93
	5	2.82	0.68	0.23		5	2.27	2.85	0.19
	6	0.16	0.04	0.01		6	0.08	0.10	0.007

土壤有效锌含量大于3mg/kg的1级水平面积全区共82.33万 hm²（表4-60），占全区耕地面积的6.75%，其中河南轮作区占3.48%、山东轮作区占2.14%、河北轮作区占0.87%、山西轮作区占0.26%。2级水平面积全区共386.7万 hm²，占全区耕地面积的31.68%，各轮作区分布为河北占10.52%、河南占10.29%、山东占9.02%、山西占

1.86%。3 级水平（1～1.5mg/kg）面积最大，全区共 439.88 万 hm²，占全区耕地面积的 36.04%，其中山东轮作区占 12.12%、河南轮作区占 10.87%、河北轮作区占 10.76%、山西轮作区占 2.29%。4 级水平面积全区共 295.17 万 hm²，占全区耕地面积的 24.19%，各轮作区分布为河南占 9.06%、山东占 7.55%、河北占 5.64%、山西占 1.93%。5 级水平面积全区共 15.6 万 hm²，占全区耕地面积的 1.28%，其中山东轮作区占 0.77%、河南轮作区占 0.23%、山西轮作区占 0.19% 和河北轮作区占 0.09%。6 级水平面积全区共 0.8 万 hm²，占全区耕地面积的 0.06%，各轮作区分布为山东占 0.04%、河南占 0.01%、山西占 0.007% 和河北占 0.002%。5、6 级水平耕地面积很小，说明土壤有效锌含量属中高水平，有效锌基本不缺乏。

（二）土壤有效锌含量变化分析

与 20 世纪 80 年代第二次土壤普查时相比，土壤有效锌含量明显增加（图 4-76）。由于 30 年来化肥的大量施用，以及秸秆还田等对土壤培育措施的实施，全区土壤有效锌含量平均达到 1.56mg/kg，达 2 级水平，比第二次土壤普查时增加 0.97mg/kg，增幅为 164.41%。山东轮作区有效锌含量比第二次土壤普查时增幅最大为 266.21%，山西轮作区有效锌增幅最低，但也达到了 85.87%。河北和河南轮作区分别增加了 182.71% 和 145.50%。

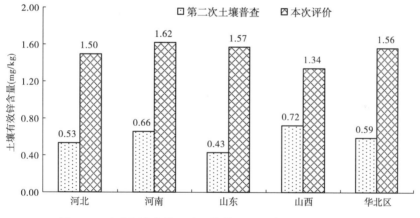

图 4-76　本次评价与第二次土壤普查时土壤有效锌含量比较

第二次土壤普查时土壤有效锌含量分为 5 级（表 4-61）。全区土壤有效锌含量以 4 级（0.3～0.5mg/kg）为主，占耕地总面积的 46.54%（568.00 万 hm²）；其次是 3 级（0.5～1mg/kg），占耕地总面积的 31.49%（384.27 万 hm²）；5 级（＜0.3mg/kg）面积占全区耕地的 13.91%（169.72 万 hm²）；2 级（1～3mg/kg）面积占全区耕地的 7.97%（97.32 万 hm²）；1 级（＞3mg/kg）耕地面积占比最小为 0.09%。数据表明 20 世纪 80 年代时土壤有效锌含量中等偏下。

华北轮作区本次评价与第二次土壤普查时相比（表 4-61）土壤有效锌含量 1 级耕地面积增加到 82.33 万 hm²，占全区耕地的 6.75%；2、3 级（相当于第二次土壤普查时的 2 级）水平面积也有大幅增加，两等级耕地面积占比达到 38.28%；土壤有效锌 4 级（相当于第二次土壤普查时的 3 级）耕地面积比例降低为 24.18%；5 级（相当于第二次土壤普查时的 4 级）耕地面积锐减，仅占全区耕地面积的 1.28％；2011 年华北轮作区 6 级（相当于第二次土壤普查的 5 级）耕地面积占比为 0.07％，远低于第二次土壤普查时的 13.91％。

表 4-61　本次评价与第二次土壤普查时土壤有效锌分级面积比较

第二次土壤普查					本次评价				
轮作区	等级	分级标准 (mg/kg)	面积 (万 hm²)	占华北区耕地（％）	轮作区	等级	分级标准 (mg/kg)	面积 (万 hm²)	占华北区耕地（％）
	1	>3	—	—		1	>3	10.57	0.87
	2	1～3	2.55	0.21		2	1.5～3	128.35	10.52
河北	3	0.5～1	48.49	3.97	河北	3	1～1.5	131.38	10.76
	4	0.3～0.5	214.23	17.55		4	0.5～1	68.79	5.64
	5	<0.3	74.99	6.14		5	0.3～0.5	1.15	0.09
						6	<0.3	0.02	0.007
	1	>3	0.5	0.04		1	>3	42.43	3.48
	2	1～3	69.5	5.69		2	1.5～3	125.58	10.29
河南	3	0.5～1	160.89	13.18	河南	3	1～1.5	132.61	10.87
	4	0.3～0.5	138.73	11.37		4	0.5～1	110.63	9.06
	5	<0.3	44.61	3.66		5	0.3～0.5	2.82	0.23
						6	<0.3	0.16	0.01
	1	>3	—	—		1	>3	26.11	2.14
	2	1～3	17.23	1.41		2	1.5～3	110.09	9.02
山东	3	0.5～1	126.68	10.38	山东	3	1～1.5	147.97	12.12
	4	0.3～0.5	195.73	16.04		4	0.5～1	92.17	7.55
	5	<0.3	46.57	3.82		5	0.3～0.5	9.37	0.77
						6	<0.3	0.51	0.04
	1	>3	0.61	0.05		1	>3	3.22	0.26
	2	1～3	8.04	0.66		2	1.5～3	22.64	1.86
山西	3	0.5～1	48.21	3.95	山西	3	1～1.5	27.93	2.29
	4	0.3～0.5	19.31	1.58		4	0.5～1	23.58	1.93
	5	<0.3	3.55	0.29		5	0.3～0.5	2.27	0.19
						6	<0.3	0.08	0.01

四、土壤有效锌调控

一般认为，土壤缺锌的临界含量为 0.5mg/kg，有效锌含量低于 0.5mg/kg 时，属于缺锌；低于 0.3mg/kg 时，属于严重缺锌。土壤缺锌，一般通过施用锌肥进行调控。

1. 锌肥类型 常见锌肥包括硫酸锌、氯化锌、氧化锌等。硫酸锌（$ZnSO_4 \cdot 7H_2O$）含 $Zn23\% \sim 24\%$，白色或橘红色结晶，易溶于水。氯化锌（$ZnCl_2$）含 $Zn40\% \sim 48\%$，白色结晶，易溶于水。氧化锌（ZnO）含 $Zn70\% \sim 80\%$，白色粉末，难溶于水。

2. 施用方法 锌肥可以基施、追施、浸种、拌种、喷施，一般以叶面喷施效果最好。

3. 锌肥施用注意事项

（1）锌肥施用在对锌过敏感作物上 像玉米、水稻、花生、大豆、甜菜、菜豆、果树、番茄等施用锌肥效果较好。

（2）施在缺锌土壤上 在缺锌土壤上施用锌肥较好。如果植株早期表现出缺锌症状，可能是早春气温低，微生物活动弱，肥没有完全溶解，秧苗根系活动弱，吸收能力差；磷—锌的拮抗作用，土壤环境影响导致缺锌。但到后期气温升高，此症状就消失了。

（3）做基肥隔年施用 锌肥做基肥每公顷用硫酸锌 $20 \sim 25kg$，要均匀施用，同时隔年施用，因为锌肥在土壤中残效期较长，不必每年施用。

（4）不要与农药一起拌种 每千克种子用硫酸锌 $2g$ 左右，以少量水溶解，喷于种子上或浸种，待种子干后，再进行农药处理，否则影响效果。

（5）不要与磷肥混用 因为锌—磷有拮抗作用，锌肥要与干细土或酸性肥料混合施用，撒于地表，随耕地翻入土中，否则影响锌肥效果。

（6）不要表施要埋入土中 追施硫酸锌时每公顷施硫酸锌 $15kg$ 左右，开沟施用后覆土，表施效果较差。

（7）浸秧根不要时间过长，浓度不宜过大 以 1% 的浓度为宜，浸半分钟即可，时间过长会发生药害。

（8）叶面喷施效果好 用浓度为 $0.1\% \sim 0.2\%$ 硫酸锌、锌宝溶液进行叶面喷雾，每隔 $6 \sim 7$ 天喷 1 次，喷 $2 \sim 3$ 次，但注意不要把溶液灌进心叶，以免灼伤植株。

第十二节 土壤有效钼

土壤中钼（Mo）的含量主要与成土母质、土壤质地、土壤类型、气候条件及有机质含量等有关。钼主要存在地壳中，自然界中钼的主要来源是含钼矿藏。钼对动植物的营养及代谢具有重要作用，于 1953 年被公认为生物体必需的微量元素。土壤中的钼来自含钼矿物（主要含钼矿物是辉钼矿）。含钼矿物经过风化后，以钼酸离子（MoO_4^{2-} 或 $HMoO_4^-$）形态进入溶液。

土壤中的钼可分四部分：①水溶态钼，包括可溶态的钼酸盐；②代换态钼，MoO_4^{2-} 离子被黏土矿物或铁锰的氧化物所吸附；以上两部分称为有效态钼是植物能够吸收的。③难溶态钼，包括原生矿物、次生矿物、铁锰结核中所包被的钼；④有机结合态的钼。

我国缺钼土壤主要有两大区域：一为北方黄土和黄河冲积物发育的各种土壤，缺钼的原因是母质含钼量低；另一区域为南方的砖红壤、赤红壤和红壤地区，土壤全钼含量高，但因土壤酸性，有效钼含量也很低。因此需注意探明土壤有效钼含量高低，为合理施肥、促进作物高产奠定基础。同时，也要防止钼过量带来的危害。

一、华北小麦玉米轮作区土壤有效钼含量空间差异

(一) 华北轮作区土壤有效钼含量

华北小麦玉米轮作区四省共测定 23 862 个土壤有效钼样本。土壤 0～20cm 耕层平均有效钼含量为 0.35mg/kg，变化范围 0.01～9.98mg/kg，变异系数 252.16%。说明华北区因地域的不同，省域间有效钼含量差异很大（图 4-77）。

不同省域以河南轮作区有效钼含量最高，为 0.60mg/kg，变幅为 0.01～9.98mg/kg，变异系数达 215.54%（表 4-62）；山东轮作区、山西轮作区、河北轮作区含量都较低，分别为 0.18mg/kg、0.17mg/kg、0.13mg/kg，变化于 0.01～1.01mg/kg 之间，变异系数分别为河北轮作区 87.51%、山西轮作区 78.84%、山东轮作区 67.44%，均属中等变异程度。

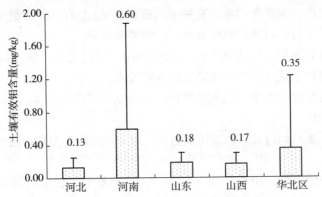

图 4-77　华北小麦玉米轮作区耕层土壤有效钼含量省域分析

(二) 不同轮作区土壤有效钼含量

河南轮作区漯河市、开封市土壤有效钼含量最高，平均为 2.35mg/kg、2.11mg/kg，明显高于其他市域；河北轮作区沧州市含量最低，平均 0.07mg/kg（表 4-62），河南焦作市、安阳市和河北邯郸市也较低，均为 0.09mg/kg，其余各市从 0.10mg/kg 到 0.82mg/kg。

表 4-62　华北小麦玉米轮作区地级市耕层土壤有效钼含量

轮作区	地级市	平均值 （mg/kg）	最大值 （mg/kg）	最小值 （mg/kg）	标准差 （mg/kg）	变异系数 （%）
	保定市	0.17	1.01	0.01	0.19	116.19
	沧州市	0.07	0.31	0.01	0.04	51.19
	邯郸市	0.09	0.29	0.01	0.05	54.48
	衡水市	0.13	0.69	0.01	0.07	54.76
河北	廊坊市	0.15	0.53	0.02	0.14	92.54
	石家庄	0.23	0.55	0.02	0.13	58.46
	邢台市	0.19	0.98	0.02	0.09	48.74
	河北	0.13	1.01	0.01	0.11	87.51

（续）

轮作区	地级市	平均值 (mg/kg)	最大值 (mg/kg)	最小值 (mg/kg)	标准差 (mg/kg)	变异系数 （%）
河南	安阳市	0.09	1.02	0.01	0.07	80.98
	焦作市	0.09	0.25	0.01	0.06	60.27
	开封市	2.11	9.98	0.01	2.99	141.53
	漯河市	2.35	5.70	0.09	1.70	72.55
	濮阳市	0.28	1.83	0.02	0.25	88.99
	商丘市	0.77	7.50	0.01	1.85	241.54
	新乡市	0.82	3.21	0.02	0.60	73.20
	许昌市	0.10	1.04	0.02	0.08	80.23
	周口市	0.38	3.02	0.02	0.30	79.24
	驻马店	0.12	4.90	0.01	0.21	178.77
	河南	0.60	9.98	0.01	1.29	215.54
山东	滨州市	0.13	0.27	0.03	0.05	37.00
	德州市	0.18	0.98	0.02	0.15	84.75
	东营市	0.31	0.90	0.16	0.09	29.16
	菏泽市	0.18	1.00	0.01	0.12	66.24
	济南市	0.19	0.93	0.02	0.11	56.38
	济宁市	0.16	0.51	0.01	0.08	49.22
	聊城市	0.18	0.99	0.01	0.13	73.85
	泰安市	0.19	0.80	0.01	0.08	42.26
	枣庄市	0.29	0.73	0.04	0.16	55.49
	淄博市	0.18	0.99	0.05	0.11	64.32
	山东	0.18	1.00	0.01	0.12	67.44
山西	临汾市	0.10	0.25	0.02	0.05	50.45
	运城市	0.19	0.70	0.01	0.14	75.47
	山西	0.17	0.70	0.01	0.13	78.84
华北小麦玉米轮作区		0.35	9.98	0.01	0.89	252.16

二、华北小麦玉米轮作区耕层土壤有效钼含量及其影响因素

（一）土壤类型与土壤有效钼含量

1. 主要土类土壤有效钼含量

（1）主要土类的有效钼含量分析　选择 6 个主要土类（潮土、风沙土、褐土、黄褐土、砂姜黑土和棕壤）进行分析。主要土类中以砂姜黑土有效钼平均含量最高，为 0.58mg/kg，变幅为 0.01～5.70mg/kg；褐土平均含量最低，仅为 0.19mg/kg，变幅为 0.01～5.50mg/kg；其余土类有效钼含量在 0.20～0.49mg/kg 之间（图 4-78）。

主要土类中有效钼变异系数以风沙土的 296.30% 最大，黄褐土的 288.19% 次之；棕壤土壤有效钼变异系数最小，为 46.99%；其余土类的变异系数在 167.22%～257.29% 之间。说明各土类之间数据离散度高，有效钼含量差异巨大。

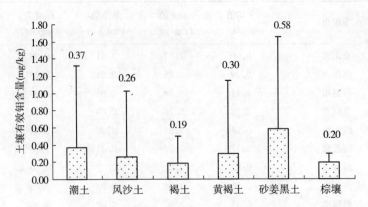

图 4-78　华北小麦玉米轮作区主要土类耕层土壤有效钼含量分析

　　(2) 主要土类有效钼含量的省域差异特征　各主要土类有效钼含量省域差别较大（图 4-79）。河南轮作区的潮土和砂姜黑土有效钼平均含量均为 0.62mg/kg，明显高于同土类及其他轮作区，其变异系数分别为 217.85％、179.95％。河北轮作区的潮土、风沙土和褐土上有效钼含量均低于同土类其他轮作区，分别为 0.13mg/kg、0.11mg/kg、0.15mg/kg。山东和山西轮作区有效钼在各类土壤上均表现为较低水平。

　　各省域间主要土类有效钼变异系数介于 46.99％～288.19％之间，数据离散度极大，说明土壤类型间性质的差异导致有效钼含量的巨大变化（图 4-79）。

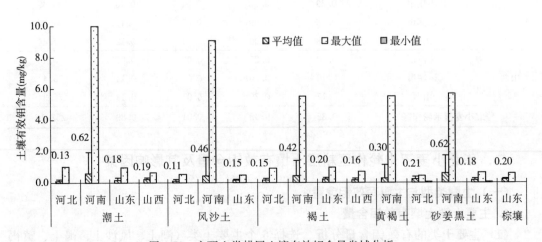

图 4-79　主要土类耕层土壤有效钼含量省域分析

　　2. 主要亚类土壤有效钼含量　由表 4-63 可知，主要亚类中淋溶褐土和石灰性砂姜黑土有效钼含量明显高于其他亚类，分别为 1.19mg/kg 和 0.91mg/kg，变幅为 0.02～5.70mg/kg 和 0.03～5.50mg/kg，变异系数分别为 130.73％和 145.89％，达到强变异程度。黄褐土性土和白浆化黄褐土有效钼含量最低，分别为 0.07mg/kg、0.09mg/kg；其余亚类土壤有效钼含量在 0.16mg/kg 到 0.43mg/kg 之间。

表 4-63 华北小麦玉米轮作区主要亚类耕层土壤有效钼含量

亚 类	平均值 (mg/kg)	最大值 (mg/kg)	最小值 (mg/kg)	变异系数 (%)
潮土	0.40	9.98	0.01	257.17
灌淤潮土	0.43	1.77	0.02	115.15
灰潮土	0.39	5.30	0.03	225.13
碱化潮土	0.37	9.70	0.01	326.51
湿潮土	0.31	9.71	0.03	375.20
脱潮土	0.28	9.78	0.01	246.67
盐化潮土	0.24	2.23	0.01	134.24
草甸风沙土	0.26	9.08	0.01	296.30
潮褐土	0.16	1.33	0.01	80.65
褐土	0.19	0.73	0.01	65.66
褐土性土	0.16	0.88	0.01	79.83
淋溶褐土	1.19	5.50	0.03	130.73
石灰性褐土	0.16	0.93	0.01	79.43
白浆化黄褐土	0.09	0.54	0.02	100.54
典型黄褐土	0.36	5.50	0.02	267.83
黄褐土性土	0.07	0.07	0.07	—
砂姜黑土	0.24	5.50	0.01	218.41
石灰性砂姜黑土	0.91	5.70	0.02	145.89
潮棕壤	0.21	0.51	0.09	43.82
棕壤	0.19	0.62	0.02	52.30
棕壤性土	0.17	0.34	0.04	37.15

有效钼变异系数以湿潮土和碱化潮土最高，分别为 375.20% 和 326.51%；棕壤性土变异系数最低，为 37.15%；其余亚类变异系数从 43.82% 到 296.30% 不等，数据离散度均较大。

（二）地貌类型与土壤有效钼含量

由表 4-64 可知，华北轮作区 20 种地貌类型中，以河流阶地和冲积平原有效钼平均含量最高，分别为 0.34mg/kg 和 0.38mg/kg；海积冲积平原和黄土覆盖区低山平均含量最低，均为 0.08mg/kg；其余地貌类型有效钼含量在 0.10mg/kg 到 0.24mg/kg 之间。

土壤有效钼变异系数以冲积平原和河流阶地最大，分别为 246.82% 和 301.94%；其次是冲积洪积平原 219.48%，其余地貌类型有效钼变异系数介于 42.66%～111.26% 之间。土壤有效钼含量极大值地貌类型是冲积平原 9.98mg/kg，河流阶地次之，为 8.20mg/kg，其余介于 0.10～5.50mg/kg 之间。

表 4-64 华北小麦玉米轮作区不同地貌类型耕层土壤有效钼含量

地貌类型	平均值 (mg/kg)	最大值 (mg/kg)	最小值 (mg/kg)	标准差 (mg/kg)	变异系数 (%)
冲积洪积平原	0.19	5.50	0.01	0.42	219.48
冲积湖积平原	0.21	1.01	0.04	0.22	104.21
冲积平原	0.38	9.98	0.01	0.95	246.82
海积冲积平原	0.08	0.21	0.01	0.06	81.51

（续）

地貌类型	平均值 （mg/kg）	最大值 （mg/kg）	最小值 （mg/kg）	标准差 （mg/kg）	变异系数 （％）
河流阶地	0.34	8.20	0.01	1.03	301.94
洪积平原	0.16	0.88	0.01	0.14	89.61
湖积冲积平原	0.13	0.65	0.01	0.08	62.51
湖积平原	0.19	0.83	0.02	0.16	84.37
黄土覆盖丘陵	0.10	0.10	0.10	—	—
黄土覆盖区低山	0.08	0.33	0.01	0.09	111.26
黄土覆盖区中山	0.13	0.32	0.04	0.07	51.15
黄土覆盖区山间平原	0.16	0.65	0.01	0.13	83.20
侵蚀剥蚀低山	0.15	0.63	0.01	0.12	75.70
侵蚀剥蚀丘陵	0.18	0.47	0.01	0.08	42.66
侵蚀剥蚀山间平原	0.22	0.73	0.01	0.16	72.07
侵蚀剥蚀中山	0.12	0.35	0.01	0.09	70.17
侵蚀低山	0.24	0.67	0.02	0.15	60.00
侵蚀丘陵	0.21	0.93	0.06	0.14	67.42
侵蚀山间平原	0.21	0.45	0.07	0.13	62.03
侵蚀中山	0.11	0.11	0.11	—	—

（三）成土母质与土壤有效钼含量

由表 4-65 可知，华北小麦玉米轮作区成土母质中以异源母质土壤有效钼平均含量最高，达 3.33mg/kg，其变幅为 1.10～5.70mg/kg，变异系数为 40.24％，数据离散度较高；以滨海沉积物有效钼含量最低，为 0.08mg/kg；冰水沉积物含量也很低，为 0.10mg/kg，其变异系数 81.76％。

不同成土母质有效钼含量各省域间有较大差异。河南轮作区在冲积物、风积物、洪积物、湖积物和黄土母质上有效钼含量明显高于同类别其他轮作区，分别为 0.63mg/kg、1.53mg/kg、0.88mg/kg、0.23mg/kg 和 0.40mg/kg；河北轮作区残积物、冲积物、风积物、洪积物、湖积物上有效钼含量均低于同类别其他轮作区；山西轮作区黄土状土母质上有效钼含量较高（0.15mg/kg）。在单一省轮作区出现的母质包括滨海沉积物、河湖沉积物、红土母质、黄土性土、人工堆垫和异源母质 6 类，其中以异源母质有效钼含量最高，为 3.33mg/kg。

表 4-65　华北小麦玉米轮作区不同母质类型耕层土壤有效钼含量

母质类型	平均值 （mg/kg）	最大值 （mg/kg）	最小值 （mg/kg）	标准差 （mg/kg）	变异系数 （％）
滨海沉积物	0.08	0.08	0.08	—	—
冰水沉积物	0.10	1.04	0.02	0.09	81.76
残积物	0.13	0.93	0.02	0.14	104.18
冲积物	0.34	9.98	0.01	0.91	263.34
风积物	0.52	8.81	0.01	1.77	339.52
河湖沉积物	0.99	5.50	0.05	1.40	141.41
红土母质	0.13	0.63	0.01	0.18	144.96
洪积物	0.39	5.50	0.01	0.89	230.01

（续）

母质类型	平均值 （mg/kg）	最大值 （mg/kg）	最小值 （mg/kg）	标准差 （mg/kg）	变异系数 （%）
湖积物	0.23	4.90	0.01	0.46	202.07
黄土母质	0.24	1.83	0.01	0.22	92.40
黄土性土	0.21	0.35	0.12	0.08	40.21
黄土状土	0.14	3.02	0.01	0.16	118.64
坡积物	0.19	0.73	0.03	0.11	60.60
人工堆垫	0.17	0.20	0.15	0.03	15.56
异源母质	3.33	5.70	1.10	1.34	40.24

（四）耕层质地与土壤有效钼含量

由图 4-80 可知，不同质地类型下土壤有效钼平均含量的差异低于铜、铁等元素，以轻壤土和重壤土有效钼含量最低，均为 0.28mg/kg，分别变化于 0.01～9.98mg/kg 和 0.01～8.81mg/kg 之间，数据离散度高，均达极强变异程度。以黏土有效钼含量平均最高，分别为 0.78mg/kg。虽然各质地土壤有效钼均值差异较小，但变异系数均在 170% 以上（170.56%～299.46%），说明在不同区域质地类型虽相同，但由于母质来源的差异，颗粒组成不同，导致有效钼含量数据离散程度增大。质地类型对有效钼含量的影响较复杂，因此在进行农业生产时要注意土壤有效钼含量的变化。

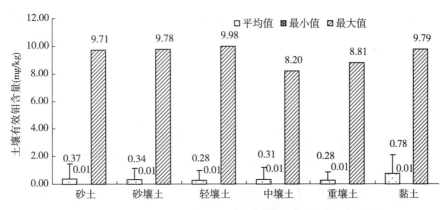

图 4-80　华北小麦玉米轮作区不同质地耕层土壤有效钼含量分析

（五）耕层土壤 pH 与土壤有效钼变化

土壤酸碱性对有效钼含量的影响较大（图 4-81）。本次轮作区土壤 pH 处于 4.0～9.0 之间，呈现酸性—弱酸—中性—弱碱-碱性的酸碱环境，类型全面。土壤呈现强酸到中性环境（pH5.0～7.0）时，土壤有效钼总体呈现含量减低趋势，酸性下有效钼含量略高于中性；在弱碱性环境下（pH7.5～8.5），土壤有效钼含量在 0.11～0.58mg/kg 之间，略高于中性环境下含量（0.07～0.10mg/kg）。在碱性环境中（pH8.5～9.0），土壤有效钼含量比中性和弱酸环境时增大，数据离散程度增大。综上数据表明，在中性到弱酸环境中，土壤有效钼含量相对较低，在弱碱到碱性环境中，则含量增加，即随 pH 增大，有效钼含量有所提高。

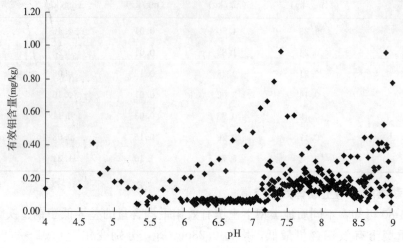

图 4-81　耕层土壤 pH 对有效钼含量的影响

三、土壤有效钼含量分级与变化

（一）土壤有效钼含量分级

根据华北小麦玉米轮作区本次评价土壤有效钼含量状况，参照第二次土壤普查时分级标准，将土壤有效钼含量划分为 6 级。全区耕地土壤有效钼含量分级及面积比例见图 4-82。

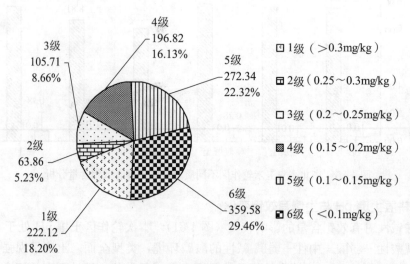

图 4-82　华北小麦玉米轮作区耕层土壤有效钼含量分级面积与比例分析（万 hm²）

土壤有效钼含量大于 0.3mg/kg 的 1 级水平面积华北区共 222.12 万 hm²（图 4-82、表 4-66），占全区耕地面积的 18.20%，各轮作区分布为河北轮作区 2.27%、河南轮作区 13.14%、山东轮作区 2.23% 和山西轮作区 0.56%。2 级水平面积全区共 63.86 万 hm²，占全区耕地面积的 5.23%，各轮作区分布为河北轮作区占 1.29%、河南占 1.04%、山东占 2.21% 和山西轮作区占 0.68%。3 级水平面积全区共 105.71 万 hm²，占全区耕地面积的 8.66%，其中河北轮作区占 1.77%、河南占 1.69%、山东占 4.51%、山西占 0.69%。4 级面积华北区共 196.82 万 hm²，占全区耕地面积的 16.13%，其中河北轮作区占 2.87%、河南占 3.25%、山东占 9.14%、山西占 0.86%。5 级面积（0.1～0.15mg/kg）全区共 272.34 万 hm²，占全区耕地面积的 22.32%，其中河北轮作区占 6.62%、河南占 4.42%、山东占 9.66%、山西占 1.62%。6 级水平（<0.1mg/kg）耕地面积最大，全区共 359.58 万 hm²，占全区耕地面积的 29.46%，各轮作区分布为河北轮作区占 13.05%、河南占 10.40%、山东占 3.89%、山西占 2.12%。华北轮作区 5、6 级水平耕地占比达 51.78%，超过一半比例，说明区域有效钼较缺乏。

各轮作区中，河北轮作区 5 级和 6 级水平耕地占比高，二者占全省轮作区耕地的 70.56%；河南轮作区则以 1 级和 6 级占比高，分别占全省轮作区耕地的 38.71% 和 30.64%；山东轮作区以 4、5 级耕地面积较大，二者占全省轮作区面积的 59.40%；山西轮作区以 5、6 级耕地面积较大，分别占全省轮作区耕地的 38.71% 和 30.64%（表 4-66）。

表 4-66　本次评价土壤有效钼含量分级面积及比例

轮作区	等级	面积（万 hm²）	占该轮作区耕地（%）	占华北区耕地（%）	轮作区	等级	面积（万 hm²）	占该轮作区耕地（%）	占华北区耕地（%）
河北	1	27.69	8.14	2.27	山东	1	27.24	7.05	2.23
	2	15.79	4.64	1.29		2	27.03	7	2.21
	3	21.62	6.35	1.77		3	55.04	14.25	4.51
	4	35.07	10.31	2.87		4	111.55	28.88	9.14
	5	80.79	23.74	6.62		5	117.87	30.52	9.66
	6	159.3	46.82	13.05		6	47.49	12.3	3.89
河南	1	160.36	38.71	13.14	山西	1	6.83	8.57	0.56
	2	12.74	3.08	1.04		2	8.32	10.43	0.68
	3	20.61	4.98	1.69		3	8.42	10.57	0.69
	4	39.69	9.58	3.25		4	10.51	13.18	0.86
	5	53.9	13.01	4.42		5	19.78	24.82	1.62
	6	126.93	30.64	10.40		6	25.86	32.43	2.12

（二）土壤有效钼含量变化分析

本次华北小麦玉米轮作区评价结果显示，与 20 世纪 80 年代第二次土壤普查时相比，土壤有效钼含量不同程度增加（河北除外，图 4-83）。由于 30 年来化肥的大量施用，以及秸秆还田等土壤培育措施，华北区土壤有效钼含量平均达到 0.35mg/kg，平均值已达 1 级水平；其中河南轮作区比第二次土壤普查时增幅最大，达到 664.90%；山西轮作区增幅为 81.82%；山东轮作区增幅为 81.37%；河北轮作区则出现 31.01% 的降幅。

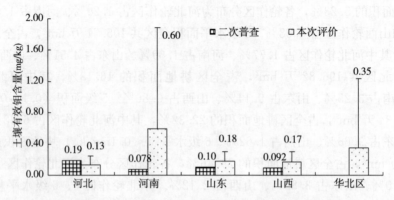

图 4-83　本次评价与第二次土壤普查时土壤有效钼含量比较

表 4-67　本次评价与第二次土壤普查时耕层土壤有效钼分级面积比较

第二次土壤普查					本次评价				
轮作区	等级	分级标准 （mg/kg）	面积 （$10^4 hm^2$）	占华北区 耕地（%）	轮作区	等级	分级标准 （mg/kg）	面积 （$10^4 hm^2$）	占华北区 耕地（%）
河北	1	>0.3	44.91	3.68	河北	1	>0.3	27.69	2.27
	2	0.2~0.3	53.93	4.42		2	0.25~0.3	15.79	1.29
	3	0.15~0.2	37.06	3.04		3	0.2~0.25	21.62	1.77
	4	0.11~0.15	55.29	4.53		4	0.15~0.2	35.07	2.87
	5	<0.1	149.07	12.21		5	0.1~0.15	80.79	6.62
						6	<0.1	159.3	13.05
河南	1	>0.3	0.26	0.02	河南	1	>0.3	160.36	13.14
	2	0.2~0.3	1.58	0.13		2	0.25~0.3	12.74	1.04
	3	0.15~0.2	3.61	0.30		3	0.2~0.25	20.61	1.69
	4	0.1~0.15	21.63	1.77		4	0.15~0.2	39.69	3.25
	5	<0.1	387.15	31.72		5	0.1~0.15	53.9	4.42
						6	<0.1	126.93	10.40
山东	1	>0.3	0	0.00	山东	1	>0.3	27.24	2.23
	2	0.2~0.3	0	0.00		2	0.25~0.3	27.03	2.21
	3	0.15~0.2	17.22	1.41		3	0.2~0.25	55.04	4.51
	4	0.1~0.15	240.36	19.69		4	0.15~0.2	111.55	9.14
	5	<0.1	128.63	10.54		5	0.1~0.15	117.87	9.66
						6	<0.1	47.49	3.89
山西	1	>0.3	0.85	0.07	山西	1	>0.3	6.83	0.56
	2	0.2~0.3	2.98	0.24		2	0.25~0.3	8.32	0.68
	3	0.15~0.2	17.84	1.46		3	0.2~0.25	8.42	0.69
	4	0.1~0.15	20.25	1.66		4	0.15~0.2	10.51	0.86
	5	<0.1	37.8	3.10		5	0.1~0.15	19.78	1.62
						6	<0.1	25.86	2.12

　　第二次土壤普查时（表 4-67），全区土壤有效钼含量以 5 级（<0.1mg/kg）为主，占耕地总面积的 57.57%；其次是 4 级（0.11~0.15mg/kg），占耕地总面积的 27.66%；3 级（0.15~0.2mg/kg）面积占全区耕地的 6.21%；2 级（0.2~0.3mg/kg）面积占全区

耕地的 4.79%；1 级（＞0.3mg/kg）耕地面积占比最小为 3.77%。本次华北轮作区调查时土壤有效钼 1 级面积明显增加，达到 18.20%；2、3 级相当于第二次土壤普查时的 2 级，面积占比为 13.88%；土壤有效钼第 5、6 级（相当于第二次土壤普查时的 4、5 级）面积虽然占比仍较大，但占全区耕地比例降低为 22.32% 和 29.46%。综上数据说明，本次评价华北轮作区有效钼含量高于第二次土壤普查时，但有效钼 5、6 级水平耕地面积占比仍很大（51.78%），急需在农业生产中合理补充钼元素，防治缺钼症状的发生。

四、土壤有效钼调控

我国缺钼土壤面积较大，缺钼与作物种类密切有关，以豆科作物为敏感，如紫云英、苕子、苜蓿、大豆、花生等。高含量钼对植物有不良影响。针对土壤缺钼的不同类型，通过合理施用钼肥进行调控。

（一）根据作物种类

各种作物需钼情况不一样，对钼肥也有不同的反应。在各种作物中，豆科和十字花科作物对钼肥的反应最好。由于钼与固氮作用有密切关系，豆科作物对钼肥有特殊的需要，所以钼肥应当首先集中施用应当首先集中施用在豆科作物上。

1. 大豆　大豆使用钼肥促进苗壮早发，根系发达，根瘤多而大，色泽鲜艳，株高、叶宽、总节数、分枝数、荚数、三粒荚数、蛋白质含量等都增加，因而能提高产量。中国农业科学院油料作物研究所在江苏省铜山县大豆施钼肥试验表明，砂土增产 11.6%～29.7%，淤土增产 5%～33%，盐土增产 5%。

2. 花生　施用钼肥能使花生的单株荚果数、百果重和百仁重提高，空秕率降低，产量提高。中国农业科学院土壤肥料研究所在山东棕壤上 9 个花生钼肥拌种试验，平均每 667m² 增产 20.5kg，增产 14%。

3. 玉米　山西省雁北地区 10 个玉米施用钼肥拌种实验，平均增产 8.7%。山东省农业局在棕壤上所进行的 6 个玉米施钼肥实验，平均每 667m² 增产 9.6kg，增产 2.3%。

4. 小麦　山东省土肥站在褐潮土上 2 个小麦施用钼肥实验表明，钼肥增产 38.2～53.3kg，增产 13%～16%。

5. 谷子　山西省 31 个谷子施用钼肥实验，施钼肥的增产概率为 64%，增幅 4.5%～18%。

（二）根据施肥方式

钼肥主要有钼酸铵、钼酸钠、三氧化钼和含钼矿渣，可作基肥、种肥和追肥施用。

1. 基肥　含钼矿渣难溶解，以作基肥施用为好。钼肥可以单独施用，也可和其他常用化肥或有机肥混合施用，如单独施用，肥料用量少，不易施匀，可拌干细土 5kg，搅拌均匀后施用。施用时可以撒施后犁入土中或耙入耕层内。钼肥的价格高，为节约用肥可开沟、开穴、施后覆土。基施工业含钼废渣，每公顷 3.75kg 左右，钼酸铵、钼酸钠每公顷用 0.75～1.5kg。

2. 种肥　种肥是一种常用的施肥方法，既省工，又省肥，操作方便，效果很好。①浸种　可用 0.05%～0.1% 的钼酸铵溶液浸种 12 小时左右，肥液用量要淹没种子。用浸种方法，要考虑当时的土壤墒情，如果墒情不好，浸种处理过的种子中的水分反被土壤吸走，造成芽干而不能出苗。②拌种　每千克种子用钼酸铵 2 克，先用少量的热水溶解，再兑水配成 2%～3%的溶液，用喷雾器在种子上薄薄地喷一层肥液，边喷边搅拌，溶液不要过量，以免种皮起皱，造成烂种。拌好后，将种子阴干即可播种。如果种子还要进行农药处理，一定要等种子阴干后进行。浸过的种子，人畜不能食用，以免引起钼中毒。

3. 追肥　多采用根外追肥的办法。叶面喷施要求肥液溶解彻底，不可有残渣。钼酸铵要先用热水溶解完全，再用凉水兑至所需的浓度。一般喷雾用 0.02%～0.05%的钼酸铵溶液，每次每公顷用溶液 750～1125kg。一般要连续喷施 2 次，大豆需钼量多，拌种时可用 3%的钼酸铵溶液，均匀地喷在豆种上，阴干即可播种。浸种用的浓度需严格控制，用 0.05%～0.1%的肥液。大豆开花结荚是需钼的临界期，此时叶面喷钼会取得很好的效果。可在开花始期喷第一次，以后每隔 7～10d 喷 1 次，连续 2～3 次，每次每公顷用 0.02%～0.05%的肥液 900～1125kg。

钼与磷有相互促进的作用，磷能增强钼肥的效果。可将钼肥与磷肥配合施用，也可再配合氮肥。每公顷磷酸钙加水 1125L，搅拌溶解放置过夜，第二天将沉淀的渣滓滤去，加入钼肥及尿素即可进行喷雾。另外，硫能抑制作物对钼的吸收，含硫多的土壤或施用硫肥过量会降低钼肥作用。

总体来说，作物对钼的需求总量还是相对较少的。有效钼的供应过多，可能会对作物产生毒害，因此在钼肥的施用上，要严格控制用量，避免过量。由于钼肥用量较少，作为基肥施用时，要力求达到均匀施用，可与土或其他肥料充分混合后施用；根外追肥也要浓度适宜，不可随意增加用量或浓度，避免局部浓度过高。

(三) 使用钼肥应注意的问题

①拌种或浸种及配制药液时，不能使用铁、铝等金属容器。

②应选择无风天气进行叶面喷施，以增强喷施效果。

③钼肥与磷酸二氢钾混喷效果极佳。

④钼酸铵一定的毒性。经钼酸铵处理的种子人畜不能食用，最好用多少拌多少，以免造成浪费。

第五章　其他耕地指标

第一节　土壤 pH

土壤 pH 指土壤酸碱度，又称"土壤反应"。土壤 pH 主要取决于土壤溶液中氢离子的浓度，以 pH 表示。pH 小于 7，为酸性反应；pH 大于 7 为碱性反应。

一、土壤 pH 分布情况

（一）不同轮作区土壤 pH

山西轮作区土壤 pH 的均值最大，为 8.3；其次是河南轮作区，均值为 7.8；山东轮作区 pH 均值为 7.7；河北轮作区 pH 均值为 8.1。各轮作区土壤 pH 分级频率分布情况见表 5-1、图 5-1。

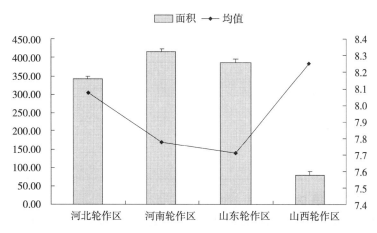

图 5-1　华北小麦玉米轮作区土壤 pH 分布直方图（万 hm²）

表 5-1　华北小麦玉米轮作区不同 pH 级别下的耕地面积

轮作区	pH 范围	pH 均值	面积（万 hm²）	比例（%）
	＞8.5	8.7	12.22	3.59
	7.5～8.5	8.1	313.77	92.21
河北轮作区	6.5～7.5	7.4	14.27	4.19
	5.5～6.5	—	—	—
	4.5～5.5	—	—	—
	＜4.5	—	—	—
汇总		8.1	340.26	100.00

（续）

轮作区	pH 范围	pH 均值	面积（万 hm²）	比例（%）
河南轮作区	>8.5	8.7	9.39	2.27
	7.5～8.5	8.1	285.82	69.00
	6.5～7.5	7.1	91.09	21.99
	5.5～6.5	6.2	27.68	6.68
	4.5～5.5	5.4	0.25	0.06
	<4.5	—	—	—
汇总		7.8	414.23	100.00
山东轮作区	>8.5	8.6	0.14	0.04
	7.5～8.5	8	292.92	75.84
	6.5～7.5	7.1	70.89	18.36
	5.5～6.5	6.2	21.59	5.59
	4.5～5.5	5.4	0.66	0.17
	<4.5	—	—	—
汇总		7.7	386.21	100.00
山西轮作区	>8.5	8.6	7.02	8.81
	7.5～8.5	8.2	72.56	91.02
	6.5～7.5	7.5	0.14	0.18
	5.5～6.5	—	—	—
	4.5～5.5	—	—	—
	<4.5	—	—	—
汇总		8.3	79.72	100.00
华北小麦玉米轮作区	>8.5	8.7	28.77	2.36
	7.5～8.5	8.1	965.06	79.08
	6.5～7.5	7.3	176.39	14.45
	5.5～6.5	6.2	49.28	4.04
	4.5～5.5	5.3	0.92	0.08
	<4.5	—	—	—
汇总		7.9	1220.42	100.00

（二）不同市区土壤 pH

河北轮作区内 pH 最高的市区是廊坊市，pH 为 8.4；廊坊市 pH 在 7.5～8.5 等级上的耕地面积最大，为 24.17 万 hm²；排在第二位的是 pH 大于 8.5 等级，其面积为 8.27 万 hm²；总体来说廊坊市的 pH 都在 7.5 以上。衡水市、保定市和邢台市，其 pH 均值均为 8.1，衡水市 pH 在 7.5～8.5 等级耕地面积最大，其面积为 57.61 万 hm²；排在第二位的是 pH 在 6.5～7.5 等级，其面积为 4.84 万 hm²；保定市 pH 在 7.5～8.5 等级耕地面积最大，其面积为 52.75 万 hm²；排在第二位的是 pH 在 6.5～7.5 等级，其面积为 1.24 万 hm²；邢台市 pH 在 7.5～8.5 等级的耕地面积最大，其面积为 43.79 万 hm²，排在第二位的是 pH 在 >8.5 等级，其面积为 3.34 万 hm²；河北轮作区 pH 最小的是沧州市和邯郸市，其 pH 均值均为 7.9（表 5-2）。

河南轮作区内 pH 最高的市区是开封市，其 pH 为 8.4；开封市 pH 在 7.5～8.5 等级的耕地面积最大，其面积为 41.13 万 hm²；排在第二位的是 pH 在 >8.5 等级，其面积为 9.27 万 hm²；开封市大部分耕地 pH 在 7.5 以上。其次是濮阳市，其 pH 为 8.2；濮阳市

表 5-2 华北小麦玉米轮米作区地级市土壤 pH 分布（万 hm²、%）

轮作区	地级市	pH均值	>8.5	比例	7.5~8.5	比例	6.5~7.5	比例	5.5~6.5	比例	4.5~5.5	比例	<4.5	比例
河北轮作区	保定市	8.1	0.59	4.83	52.75	16.81	1.24	8.69	—	—	—	—	—	—
	沧州市	7.9	—	—	60.43	19.26	0.59	4.13	—	—	—	—	—	—
	邯郸市	7.9	—	—	41.73	13.30	5.13	35.95	—	—	—	—	—	—
	衡水市	8.1	0.02	0.16	57.61	18.36	4.84	33.92	—	—	—	—	—	—
	廊坊市	8.4	8.27	67.68	24.17	7.70	—	—	—	—	—	—	—	—
	石家庄市	8.0	—	—	33.3	10.61	0.02	0.14	—	—	—	—	—	—
	邢台市	8.1	3.34	27.33	43.79	13.96	2.45	17.17	—	—	—	—	—	—
汇总				100.00	313.78	100.00	14.27	100.00	—	—	—	—	—	—
河南轮作区	安阳市	8.0	—	—	22.91	8.02	2.02	2.22	—	—	—	—	—	—
	焦作市	8.0	9.27	98.72	7.39	2.59	0.96	1.05	0.16	0.58	0.08	30.77	—	—
	开封市	8.4	—	—	41.13	14.39	0.36	0.40	—	—	—	—	—	—
	漯河市	7.2	—	—	0.3	0.10	12.59	13.82	0.04	0.14	—	—	—	—
	濮阳市	8.2	0.06	0.64	28.81	10.08	—	—	—	—	—	—	—	—
	商丘市	8.0	—	—	71.51	25.02	—	—	—	—	—	—	—	—
	新乡市	8.1	0.06	0.64	36.32	12.71	0.86	0.94	—	—	—	—	—	—
	许昌市	7.8	—	—	12.62	4.42	6.13	6.73	—	—	—	—	—	—
	周口市	7.7	—	—	64.8	22.67	27.02	29.66	4.31	15.57	0.18	69.23	—	—
	驻马店市	6.6	—	—	0.02	0.01	41.15	45.18	23.17	83.71	—	—	—	—
汇总				100.00	285.81	100.00	91.09	100.00	27.68	100.00	0.26	100.00	—	—
山东轮作区	滨州市	7.9	—	—	32.15	10.98	1.45	2.05	—	—	—	—	—	—
	德州市	7.9	—	—	44.89	15.33	14.66	20.68	—	—	—	—	—	—
	东营市	7.9	—	—	6.98	2.38	0.06	0.08	—	—	—	—	—	—
	菏泽市	8.1	0.03	21.43	77.71	26.53	0.4	0.56	—	—	—	—	—	—
	济南市	7.9	—	—	34.78	11.87	4.16	5.87	0.17	0.79	0.03	4.55	—	—
	济宁市	7.4	—	—	21.31	7.28	31.26	44.09	1.67	7.74	—	—	—	—
	聊城市	8.1	0.05	35.71	57.68	19.69	3.03	4.27	—	—	—	—	—	—
	泰安市	6.7	0.06	42.86	3.93	1.34	11.88	16.76	12.84	59.47	0.47	71.21	—	—
	枣庄市	6.2	—	—	—	—	2.17	3.06	6.91	32.01	0.16	24.24	—	—
	淄博市	7.9	—	—	13.48	4.60	1.83	2.58	—	—	—	—	—	—
汇总				100.00	292.91	100.00	70.9	100.00	21.59	100.00	0.66	100.00	—	—
山西轮作区	临汾市	8.0	—	—	26.36	36.32	0.14	100.00	—	—	—	—	—	—
	运城市	8.4	7.02	100.00	46.21	63.68	—	—	—	—	—	—	—	—
汇总				100.00	72.57	100.00	0.14	100.00	—	—	—	—	—	—

pH 在 7.5～8.5 等级的耕地面积最大，其面积为 28.81 万 hm^2；排在第二位的是 pH>8.5 等级，其面积为 0.06 万 hm^2；濮阳市的 pH 均在 7.5 以上；新乡市 pH 为 8.1，新乡市内 pH 在 7.5～8.5 等级的耕地所占面积最大，其面积为 36.32 万 hm^2；排在第二位的是 6.5～7.5 等级，其面积为 0.86 万 hm^2。河南轮作区 pH 最小的是驻马店市，其 pH 为 6.6。

山东轮作区 pH 最高的是菏泽市和聊城市，其 pH 均为 8.1；菏泽市内 pH 在 7.5～8.5 等级耕地面积最大，其面积为 77.71 万 hm^2；排在第二位的是 pH 在 6.5～7.5 等级，其面积为 0.40 万 hm^2；聊城市内 pH 在 7.5～8.5 等级的耕地面积最大，为 57.68 万 hm^2；排在第二位的是 pH 在 6.5～7.5 等级，其面积为 3.03 万 hm^2。山东轮作区 pH 最低的是枣庄市，其 pH 为 6.2，枣庄市 pH 均在 7.5 以下。

山西轮作区南部的运城市和临汾市 pH 均值分别为 8.4 和 8.0，其耕地的 pH 绝大多数在 7.5 以上。

（三）不同土壤类型土壤 pH

土壤都是在其特定的自然环境条件下形成的，不同类型的土壤成土条件不同，人为影响的程度不同，土壤 pH 具有差异。华北小麦玉米轮作区共涉及 15 个土类、39 个亚类、159 个土属。

1. 不同土类土壤 pH　华北小麦玉米轮作区主要土壤类型为潮土、褐土、砂姜黑土、黄褐土、棕壤、风沙土。

从全区来看，潮土的 pH 为 7.1，其中 pH 在 7.5～8.5 等级的面积最大，其面积为 758.39 万 hm^2，其 pH 的均值为 8.1；其次是 pH 在 6.5～7.5 等级，其面积为 68.41 万 hm^2，其均值为 7.2；第三是大于 8.5 等级，其面积为 22.40 万 hm^2，均值为 8.7；第四是 5.5～6.5 等级，其面积为 4.78 万 hm^2，其均值为 6.2；面积最小的是 4.5～5.5 等级，其面积为 0.28 万 hm^2，其均值为 5.4，具体见表 5-3。

褐土的 pH 均值为 7.1，其中，pH 在 7.5～8.5 等级的面积最大，为 156.50 万 hm^2，其 pH 均值为 8.1；其次是 pH 在 6.5～7.5 等级，其面积为 30.13 万 hm^2，其均值为 7.1；第三是 5.5～6.5 等级，其面积为 7.76 万 hm^2，其均值为 6.2；第四是大于 8.5 等级，其面积为 5.82 万 hm^2，其均值为 8.6；面积最小的是 4.5～5.5 等级，其面积为 0.27 万 hm^2，其均值为 5.4。

砂姜黑土的 pH 均值为 7.1，其 pH 在 6.5～7.5 等级的面积最大，为 46.24 万 hm^2，其 pH 均值为 7.0；其次是 pH 在 7.5～8.5 等级，其面积为 18.57 万 hm^2，其均值为 8.0；第三是 5.5～6.5 等级，其面积为 13.95 万 hm^2，其 pH 均值为 6.2；第四是 4.5～5.5 等级，其面积为 0.06 万 hm^2，其 pH 均值为 5.5；面积最小的是大于 8.5 等级，其面积为 0.05 万 hm^2，其 pH 均值为 8.6。

黄褐土的 pH 均值为 6.1，其 pH 在 6.5～7.5 等级的面积最大，13.63 万 hm^2，其 pH 均值为 6.9；其次是 pH 在 5.5～6.5 等级，其面积为 11.81 万 hm^2，其 pH 均值为 6.2。

棕壤的 pH 均值为 6.6，其 pH 在 6.5～7.5 等级的面积最大，为 8.56 万 hm^2，其 pH 均值为 6.8；其次是 pH 在 5.5～6.5 等级，其面积为 8.47 万 hm^2，其 pH 均值为 6.2；第

三是 7.5～8.5 等级，其面积为 0.11 万 hm²，其 pH 均值为 7.9；第四是 4.5～5.5 的等级，其面积为 0.2 万 hm²，其 pH 均值为 5.5；其余等级面积分布极少。

风沙土的 pH 均值为 8.1，其 pH 在 7.5～8.5 等级上的面积最大，为 10.09 万 hm²，其 pH 的均值为 8.1；其次是 pH 在 6.5～7.5 等级，其面积为 0.24 万 hm²，其 pH 均值为 7.4；第三是大于 8.5 等级，其面积为 0.22 万 hm²，其 pH 均值为 8.7；其余等级面积分布极少（表 5-3）。

表 5-3　华北小麦玉米轮作区不同土壤类型各 pH 等级所占面积（万 hm²）

土壤类型	pH 范围	pH 均值	面积（万 hm²）	比例（%）
潮土	>8.5	8.7	22.4	2.62
	7.5～8.5	8.1	758.39	88.78
	6.5～7.5	7.2	68.41	8.01
	5.5～6.5	6.2	4.78	0.56
	4.5～5.5	5.4	0.28	0.03
	<4.5	—	—	—
汇总		7.1	854.26	100.00
褐土	>8.5	8.6	5.82	2.90
	7.5～8.5	8.1	156.5	78.06
	6.5～7.5	7.1	30.13	15.03
	5.5～6.5	6.2	7.76	3.87
	4.5～5.5	5.4	0.27	0.13
	<4.5	—	—	—
汇总		7.1	200.48	100.00
砂姜黑土	>8.5	8.6	0.05	0.06
	7.5～8.5	8.0	18.57	23.55
	6.5～7.5	7.0	46.24	58.63
	5.5～6.5	6.2	13.95	17.69
	4.5～5.5	5.5	0.06	0.08
	<4.5	—	—	—
汇总		7.1	78.87	100.00
黄褐土	>8.5	—	—	—
	7.5～8.5	—	—	—
	6.5～7.5	6.9	13.63	53.43
	5.5～6.5	6.2	11.81	46.30
	4.5～5.5	5.5	0.07	0.27
	<4.5	—	—	—
汇总		6.2	25.51	100.00
棕壤	>8.5	—	—	—
	7.5～8.5	7.9	0.11	0.63
	6.5～7.5	6.8	8.56	49.37
	5.5～6.5	6.2	8.47	48.85
	4.5～5.5	5.5	0.2	1.15
	<4.5	—	—	—
汇总		6.6	17.34	100.00

（续）

土壤类型	pH 范围	pH 均值	面积（万 hm²）	比例（%）
	＞8.5	8.7	0.22	2.09
	7.5～8.5	8.1	10.09	95.64
风沙土	6.5～7.5	7.4	0.24	2.27
	5.5～6.5	—	—	—
	4.5～5.5	—	—	—
	＜4.5	—	—	—
汇总		8.1	10.55	100.00

从各轮作区来看（表 5-4），河北轮作区的黄褐土和棕壤的面积分布极少；潮土的面积最大，其面积为 259.63 万 hm²，其 pH 的均值为 8.1；其次是褐土，其面积为 72.63 万 hm²，其 pH 均值为 8.0；第三是风沙土，其面积为 3.69 万 hm²，其 pH 均值为 8.0；第四是砂姜黑土，其面积为 0.94 万 hm²，其 pH 均值为 7.9。

河南轮作区的棕壤面积分布极少；面积最大的是潮土，其面积为 306.09 万 hm²，其 pH 均值为 8.0；其次是砂姜黑土，其面积为 68.71 万 hm²，其 pH 均值为 7.0；第三是黄褐土，其面积为 25.52 万 hm²，其 pH 均值为 6.6；第四是褐土，其面积为 7.42 万 hm²，其 pH 均值为 7.6；第四是风沙土，其面积为 3.28 万 hm²，其 pH 均值为 8.2。

山东轮作区的黄褐土面积分布极少；面积最大的是潮土，其面积为 279.26 万 hm²，其 pH 均值为 7.9；其次是褐土，其面积为 52.90 万 hm²，其 pH 均值为 7.3；第三是棕壤，其面积为 17.32 万 hm²，其 pH 均值为 6.5；第四是砂姜黑土，其面积为 9.22 万 hm²，其 pH 均值为 7.1；第五是风沙土，其面积为 3.56 万 hm²，其 pH 均值为 8.1。

山西轮作区的黄褐土和砂姜黑土面积分布极少；褐土的面积最大，其面积为 67.53 万 hm²，其 pH 均值为 8.3；其次是潮土，其面积为 9.28 万 hm²，其 pH 均值为 8.3；第三是风沙土，其面积为 0.03 万 hm²，其 pH 均值为 8.4；第四是棕壤，其面积为 0.02 万 hm²，其 pH 均值为 8.0（表 5-4）。

表 5-4　各轮作区不同 pH 均值在不同土壤类型下的面积

轮作区	土类	pH 均值	面积（万 hm²）	比例（%）
	潮土	8.1	259.63	76.30
	粗骨土	7.6	0.28	0.08
	风沙土	8.0	3.69	1.08
	褐土	8.0	72.63	21.35
河北轮作区	砂姜黑土	7.9	0.94	0.28
	水稻土	8.0	0.25	0.07
	新积土	8.0	1.39	0.41
	盐土	8.1	0.97	0.29
	沼泽土	8.4	0.48	0.14
汇总		8.0	340.26	100.00

（续）

轮作区	土类	pH 均值	面积（万 hm²）	比例（%）
	潮土	8.0	306.09	73.89
	粗骨土	6.8	0.04	0.01
	风沙土	8.2	3.28	0.79
	褐土	7.6	7.42	1.79
	黄褐土	6.6	25.52	6.16
河南轮作区	碱土	8.1	0.68	0.16
	砂姜黑土	7.0	68.71	16.59
	石质土	7.6	0.10	0.02
	水稻土	6.5	1.01	0.24
	新积土	7.8	1.20	0.29
	盐土	8.0	0.18	0.04
汇总		7.5	414.23	100.00
	滨海盐土	8.0	0.55	0.14
	潮土	7.9	279.26	72.31
	粗骨土	7.2	7.89	2.04
	风沙土	8.1	3.56	0.92
	褐土	7.3	52.9	13.70
	红黏土	7.1	0.18	0.05
山东轮作区	碱土	8.3	0.14	0.04
	砂姜黑土	7.1	9.22	2.39
	石质土	6.6	1.40	0.36
	水稻土	7.3	3.92	1.01
	新积土	8.0	5.51	1.43
	盐土	8.0	4.36	1.13
	棕壤	6.5	17.32	4.48
汇总		7.5	386.21	100.00
	潮土	8.3	9.28	11.64
	粗骨土	8.2	1.06	1.33
	风沙土	8.4	0.03	0.04
	褐土	8.3	67.53	84.69
	红黏土	8.4	0.18	0.23
山西轮作区	石质土	8.2	0.76	0.95
	水稻土	8.1	0.10	0.13
	新积土	8.3	0.49	0.61
	盐土	8.2	0.21	0.26
	沼泽土	8.2	0.08	0.10
	棕壤	8.0	0.02	0.03
汇总		8.2	79.74	100.00

2. 不同亚类土壤 pH　从全区来看，华北小麦玉米轮作区土壤亚类主要为潮土、脱潮土、盐化潮土、潮褐土、石灰性褐土、砂姜黑土（表 5-5）。其中面积最大的亚类是潮土，其面积为 621.52 万 hm²，pH 的均值为 8.0；其次是脱潮土，其面积为 98.30 万 hm²，其 pH 的均值为 8.0；第三是盐化潮土，其面积为 97.40 万 hm²，pH 的均值为 8.0；第四是潮褐土，其面积为 95.19 万 hm²，pH 的均值为 7.5；第五是石灰性褐土，其面积为 48.61

万 hm²，pH 的均值为 8.2；第六是砂姜黑土，其面积为 47.28 万 hm²，pH 的均值为 6.7。

表 5-5　华北小麦玉米轮作区不同 pH 均值在不同土壤亚类下的面积

国标亚类	pH 均值	面积（万 hm²）	比例（%）
白浆化黄褐土	6.5	6.48	0.53
滨海盐土	8.0	0.55	0.05
草甸风沙土	8.1	10.55	0.86
草甸碱土	8.1	0.81	0.07
草甸盐土	8.0	5.52	0.45
草甸沼泽土	8.3	0.28	0.02
潮褐土	7.5	95.19	7.80
潮土	8.0	621.52	50.93
潮棕壤	6.5	6.65	0.54
冲积土	8.0	8.58	0.70
典型黄褐土	6.6	18.82	1.54
钙质粗骨土	7.6	4.79	0.39
钙质石质土	8.0	0.21	0.02
灌淤潮土	8.1	3.28	0.27
褐土	7.7	19.95	1.63
褐土性土	8.2	32.77	2.69
红黏土	7.8	0.36	0.03
黄褐土性土	6.8	0.21	0.02
灰潮土	6.8	13.17	1.08
碱化潮土	8.2	11.29	0.93
碱化盐土	8.1	0.20	0.02
淋溶褐土	7.0	3.97	0.33
漂洗水稻土	6.0	0.51	0.04
砂姜黑土	6.7	47.28	3.87
湿潮土	7.8	9.30	0.76
石灰性褐土	8.2	48.61	3.98
石灰性砂姜黑土	7.6	31.60	2.59
酸性粗骨土	6.7	3.41	0.28
酸性石质土	6.5	1.37	0.11
脱潮土	8.0	98.30	8.05
淹育水稻土	7.3	4.21	0.34
盐化潮土	8.0	97.40	7.98
盐化沼泽土	8.4	0.03	0.00
盐渍型水稻土	8.1	0.07	0.01
沼泽土	8.3	0.26	0.02
中性粗骨土	8.0	1.06	0.09
中性石质土	8.1	0.69	0.06
潜育（潜育型）水稻土	7.4	0.29	0.02
潴育水稻土	6.8	0.20	0.02
棕壤	6.5	7.81	0.64
棕壤性土	6.5	2.87	0.24
汇总	7.5	1220.42	100.00

从各轮作区来看（表 5-6），河北轮作区面积最大的土壤亚类是潮土，其面积为

192.87 万 hm², pH 的均值为 8.1；其次是潮褐土，其面积为 60.86 万 hm², pH 的均值为 8.0；第三是盐化潮土，其面积为 36.41 万 hm²，pH 的均值为 8.1；第四是脱潮土，其面积为 26.64 万 hm²，其 pH 的均值为 8.1；第五是石灰性褐土，其面积为 11.63 万 hm²，pH 的均值为 7.9；第六是砂姜黑土，其面积为 0.26 万 hm²，pH 的均值为 8.1。

河南轮作区面积最大的土壤亚类是潮土，其面积为 245.72 万 hm²，pH 的均值为 8.0；其次是砂姜黑土，其面积为 43.13 万 hm²，pH 的均值为 6.7；第三是脱潮土，其面积为 27.96 万 hm²，其 pH 的均值为 8.0；第四是盐化潮土，其面积为 5.71 万 hm²，pH 的均值为 8.1；第五是潮褐土，其面积为 4.45 万 hm²，pH 的均值为 7.6；第六是石灰性褐土，其面积为 0.03 万 hm²，pH 的均值为 7.3。

山东轮作区面积最大的土壤亚类是潮土，其面积为 179.74 万 hm²，pH 的均值为 7.9；其次是盐化潮土，其面积为 54.15 万 hm²，pH 的均值为 8.0；第三是脱潮土，其面积为 39.56 万 hm²，其 pH 的均值为 7.9；第四是潮褐土，其面积为 28.67 万 hm²，pH 的均值为 7.1；第五是石灰性褐土，其面积为 4.46 万 hm²，pH 的均值为 7.8；第六是砂姜黑土，其面积为 3.89 万 hm²，pH 的均值为 6.7。

山西轮作区砂姜黑土的面积分布极少；面积最大的土壤亚类为石灰性褐土，其面积为 32.49 万 hm²，pH 的均值为 8.3；第二是脱潮土，其面积为 4.13 万 hm²，其 pH 的均值为 8.3；第三是潮土，其面积为 3.19 万 hm²，pH 的均值为 8.2；第四是潮褐土，其面积为 1.21 万 hm²，pH 的均值为 8.4；第五是盐化潮土，其面积为 1.13 万 hm²，pH 的均值为 8.2。

表 5-6　各轮作区不同 pH 均值在不同土壤亚类下的面积

轮作区	国标亚类	pH 均值	面积（万 hm²）	比例（%）
	草甸风沙土	8.0	3.69	1.08
	草甸盐土	8.1	0.83	0.24
	草甸沼泽土	8.4	0.26	0.08
	潮褐土	8.0	60.86	17.89
	潮土	8.1	192.87	56.68
	冲积土	8.0	1.39	0.41
	钙质粗骨土	7.7	0.17	0.05
	褐土	7.5	0.04	0.01
	褐土性土	8.0	0.10	0.03
河北轮作区	碱化潮土	7.7	0.02	0.01
	碱化盐土	8.2	0.14	0.04
	砂姜黑土	8.1	0.26	0.08
	湿潮土	8.4	3.69	1.08
	石灰性褐土	7.9	11.63	3.42
	石灰性砂姜黑土	7.9	0.69	0.20
	酸性粗骨土	7.5	0.09	0.03
	脱潮土	8.1	26.64	7.83
	淹育水稻土	8.0	0.15	0.04
	盐化潮土	8.1	36.41	10.70
	沼泽土	8.3	0.22	0.06

（续）

轮作区	国标亚类	pH 均值	面积（万 hm²）	比例（%）
河北轮作区	中性粗骨土	7.7	0.02	0.01
	潴育水稻土	7.8	0.10	0.03
汇总		8.0	340.27	100.00
河南轮作区	白浆化黄褐土	6.5	6.48	1.56
	草甸风沙土	8.2	3.28	0.79
	草甸碱土	8.1	0.68	0.16
	草甸盐土	8.0	0.18	0.04
	潮褐土	7.6	4.45	1.07
	潮土	8.0	245.72	59.32
	冲积土	7.8	1.20	0.29
	典型黄褐土	6.6	18.82	4.54
	钙质石质土	7.5	0.06	0.01
	灌淤潮土	8.1	3.28	0.79
	褐土	7.6	2.34	0.56
	褐土性土	7.7	0.16	0.04
	黄褐土性土	6.8	0.21	0.05
	灰潮土	6.8	13.17	3.18
	碱化潮土	8.2	9.52	2.30
	淋溶褐土	7.2	0.44	0.11
	漂洗水稻土	6.0	0.51	0.12
	砂姜黑土	6.7	43.13	10.41
	湿潮土	8.2	0.74	0.18
	石灰性褐土	7.3	0.03	0.01
	石灰性砂姜黑土	7.6	25.58	6.18
	脱潮土	8.0	27.96	6.75
	淹育水稻土	7.0	0.16	0.04
	盐化潮土	8.1	5.71	1.38
	中性粗骨土	6.8	0.04	0.01
	中性石质土	7.6	0.04	0.01
	潴育（潜育型）水稻土	7.0	0.25	0.06
	潴育水稻土	6.1	0.09	0.02
汇总		7.4	414.23	100.00
山东轮作区	滨海盐土	8.0	0.55	0.14
	草甸风沙土	8.1	3.56	0.92
	草甸碱土	8.3	0.14	0.04
	草甸盐土	8.0	4.30	1.11
	潮褐土	7.1	28.67	7.42
	潮土	7.9	179.74	46.54
	潮棕壤	6.5	6.65	1.72
	冲积土	8.0	5.51	1.43
	钙质粗骨土	7.5	4.22	1.09
	钙质石质土	8.2	0.01	—
	褐土	7.5	14.64	3.79
	褐土性土	7.4	1.86	0.48
	红黏土	7.1	0.18	0.05
	碱化潮土	8.2	1.06	0.27

（续）

轮作区	国标亚类	pH 均值	面积（万 hm²）	比例（%）
	碱化盐土	7.9	0.06	0.02
	淋溶褐土	6.8	3.27	0.85
	砂姜黑土	6.7	3.89	1.01
	湿潮土	7.6	4.74	1.23
	石灰性褐土	7.8	4.46	1.15
	石灰性砂姜黑土	7.5	5.33	1.38
	酸性粗骨土	6.7	3.32	0.86
	酸性石质土	6.5	1.37	0.35
山东轮作区	脱潮土	7.9	39.56	10.24
	淹育水稻土	7.3	3.91	1.01
	盐化潮土	8.0	54.15	14.02
	中性粗骨土	7.7	0.34	0.09
	中性石质土	7.7	0.02	0.01
	潴育（潜育型）水稻土	7.8	0.01	—
	棕壤	6.5	7.80	2.02
	棕壤性土	6.5	2.87	0.74
汇总		7.5	386.19	100.00
	草甸风沙土	8.4	0.03	0.04
	草甸盐土	8.2	0.21	0.26
	草甸沼泽土	7.8	0.02	0.03
	潮褐土	8.4	1.21	1.52
	潮土	8.2	3.19	4.00
	冲积土	8.3	0.49	0.61
	钙质粗骨土	8.2	0.40	0.50
	钙质石质土	8.2	0.14	0.18
	褐土	8.3	2.93	3.67
	褐土性土	8.3	30.65	38.44
	红黏土	8.4	0.18	0.23
	碱化潮土	8.3	0.69	0.87
山西轮作区	淋溶褐土	8.0	0.25	0.31
	湿潮土	7.9	0.14	0.18
	石灰性褐土	8.3	32.49	40.74
	脱潮土	8.3	4.13	5.18
	盐化潮土	8.2	1.13	1.42
	盐化沼泽土	8.4	0.03	0.04
	盐渍型水稻土	8.1	0.07	0.09
	沼泽土	8.3	0.03	0.04
	中性粗骨土	8.3	0.66	0.83
	中性石质土	8.2	0.62	0.78
	潴育（潜育型）水稻土	8.0	0.03	0.04
	棕壤	8.0	0.02	0.03
汇总		8.2	79.74	100.00

3. 不同土属土壤 pH　不同土属中（表 5-7）石灰性潮壤土的面积最大，其面积为 143.03 万 hm²，其 pH 的均值为 8.0；其次是壤性潮土，其面积为 141.76 万 hm²，其 pH 的均值为 8.1；第三是壤质潮土，其面积为 111.92 万 hm²，其 pH 的均值为 8.0；第四是

石灰性潮黏土，其面积为 65.05 万 hm²，其均值为 8.0；第五是壤性洪冲积潮褐土，其面积为 52.26 万 hm²，其 pH 的均值为 8.0；第六是石灰性潮砂土，其面积为 40.47 万 hm²，其 pH 的均值为 8.2。

表 5-7　华北小麦玉米轮作区不同 pH 均值在不同土属下的面积

国标土属	pH 均值	面积（万 hm²）	比例（%）
暗泥棕壤	6.6	0.09	0.01
白浆化黄褐土	6.5	6.48	0.53
半固定草甸风沙土	8.0	1.58	0.13
半固定草甸风砂土	8.4	0.03	—
草甸半固定风沙土	8.3	0.96	0.08
草甸固定风沙土	8.2	2.27	0.19
草甸碱土	8.1	0.81	0.07
草甸流动风沙土	8.3	0.05	—
草甸盐土	8.0	0.02	—
潮褐土	7.6	0.12	0.01
潮土型淹育水稻土	8.1	0.02	—
潮黏土	8.0	0.35	0.03
冲积草甸沼泽土	7.8	0.02	—
冲积潮褐土	7.1	13.59	1.11
冲积潮棕壤	6.7	1.80	0.15
冲积非灰性潮褐土	6.8	5.39	0.44
冲积固定草甸风沙土	8.1	2.39	0.20
冲积流动草甸风沙土	8.0	1.16	0.10
冲积潜育型水稻土	8.0	0.03	—
冲积壤土	7.7	1.05	0.09
冲积土	8.1	1.87	0.15
冲积沼泽土	8.3	0.03	—
粗散状褐土性土	8.2	0.05	—
淡红土（红黄土性红黏土）	8.2	0.04	—
堆垫潮褐土	8.0	0.14	0.01
覆盖砂姜黑土	6.9	0.52	0.04
覆盖石灰性砂姜黑土	7.5	3.60	0.29
覆泥黑姜土	6.8	23.99	1.97
钙质粗骨土	7.7	0.17	0.01
钙质石质土	8.2	0.01	—
固定草甸风沙土	8.0	1.76	0.14
硅铝质淋溶褐土	8.0	0.05	—
硅泥褐土	7.5	0.32	0.03
硅泥褐土性土	7.4	0.31	0.03
硅泥淋溶褐土	7.2	0.16	0.01
硅质钙质粗骨土	8.2	0.40	0.03
硅质褐土性土	7.5	0.02	—
硅质中性粗骨土	8.2	0.61	0.05
硅质中性石质土	7.6	0.04	—
黑姜土	6.7	4.86	0.40
红土（灰岩蚀余红黏土）	6.6	0.14	0.01
红黏土	8.4	0.18	0.01

（续）

国标土属	pH均值	面积（万 hm²）	比例（%）
洪冲积潮褐土	7.4	7.63	0.63
洪冲积潮棕壤	6.5	4.85	0.40
洪冲积非灰性潮褐土	6.5	1.92	0.16
洪冲积淋溶褐土	6.6	1.85	0.15
洪冲积盐渍型水稻土	8.1	0.07	0.01
洪积褐土	7.5	5.62	0.46
洪积石灰性褐土	7.6	0.43	0.04
湖积草甸沼泽土	8.4	0.26	0.02
湖积沼泽土	8.3	0.22	0.02
黄河滩冲积土	8.0	5.51	0.45
黄土质潮褐土	8.4	1.21	0.10
黄土质褐土	7.9	7.95	0.65
黄土质褐土性土	8.3	24.24	1.99
黄土质黄褐土	6.6	4.47	0.37
黄土质黄褐土性土	6.7	0.07	0.01
黄土质淋溶褐土	7.4	0.39	0.03
黄土质石灰性褐土	8.2	30.19	2.47
黄土质棕壤	8.0	0.02	—
黄土状褐土	7.5	0.04	—
黄土状石灰性褐土	7.7	2.85	0.23
灰潮壤土	6.8	11.15	0.91
灰潮砂土	6.3	0.37	0.03
灰潮黏土	6.8	1.65	0.14
灰覆黑姜土	7.6	17.94	1.47
灰黑姜土	7.6	3.89	0.32
灰泥质钙质石质土	8.0	0.20	0.02
灰泥质褐土性土	8.5	0.15	0.01
灰泥质淋溶褐土	8.2	0.01	—
灰青黑土	7.7	3.75	0.31
灰质褐土	7.5	5.65	0.46
灰质褐土性土	7.4	1.56	0.13
灰质淋溶褐土	7.0	0.88	0.07
灰质石灰性褐土	7.8	1.16	0.10
基性岩类中性粗骨土	7.8	0.26	0.02
碱潮壤土	8.2	9.52	0.78
碱化潮土	8.2	1.06	0.09
碱化砂土	8.3	0.69	0.06
流动草甸风沙土	8.0	0.36	0.03
硫酸盐草甸盐土	8.3	0.26	0.02
硫酸盐潮土	8.2	1.13	0.09
硫酸盐化沼泽土	8.4	0.03	—
硫酸盐—氯化物草甸盐土	8.0	0.80	0.07
硫酸盐盐化潮土	8.1	20.18	1.65
氯化物草甸盐土	8.0	2.66	0.22
氯化物潮土	8.1	5.71	0.47
氯化物碱化盐土	8.1	0.20	0.02

（续）

国标土属	pH 均值	面积（万 hm²）	比例（%）
氯化物—硫酸盐草甸盐土	8	1.72	0.14
氯化物盐化潮土	8.1	15.77	1.29
麻砂质中性石质土	8.3	0.27	0.02
麻砂棕壤	6.5	7.71	0.63
麻砂棕壤性土	6.5	2.87	0.24
马肝泥田	6.1	0.09	0.01
泥砂质潮褐土	7.6	4.45	0.36
泥砂质褐土	8.0	0.37	0.03
泥砂质褐土性土	7.7	0.16	0.01
泥砂质黄褐土	6.6	14.35	1.18
泥砂质黄褐土性土	6.8	0.14	0.01
泥砂质淋溶褐土	7.5	0.48	0.04
泥砂质石灰性褐土	7.3	0.03	—
泥质粗骨土	7.7	0.02	—
漂白砂姜黑土	6.5	4.95	0.41
漂姜黑土田	5.9	0.20	0.02
漂马肝土	6.1	0.30	0.02
浅湖泥田	7.4	0.11	0.01
浅马肝泥田	6.1	0.05	—
青潮泥田	7.0	0.25	0.02
青黑土	6.7	9.34	0.77
壤性潮土	8.1	141.76	11.62
壤性洪冲积潮褐土	8.0	52.26	4.28
壤性洪冲积石灰性	7.9	8.39	0.69
壤性砂姜黑土	8.1	0.26	0.02
壤性湿潮土	8.4	1.36	0.11
壤性石灰性砂姜黑土	7.9	0.69	0.06
壤性脱潮土	8.1	21.54	1.76
壤质滨海盐化潮土	8.1	2.29	0.19
壤质滨海盐土	8.0	0.53	0.04
壤质潮土	8.0	111.92	9.17
壤质非灰性河潮土	6.8	1.16	0.10
壤质河潮土	7.0	2.43	0.20
壤质硫酸盐盐化潮土	8.0	28.09	2.30
壤质氯化物盐化潮土	8.0	10.56	0.87
壤质湿潮土	7.5	1.01	0.08
壤质脱潮土	7.9	27.54	2.26
砂姜黑土	6.7	2.18	0.18
砂姜黑土型淹育水稻土	7.3	0.50	0.04
砂泥质褐土性土	8.2	6.25	0.51
砂泥质淋溶褐土	7.9	0.08	0.01
砂泥质石灰性褐土	8.3	5.16	0.42
砂泥质中性粗骨土	8.1	0.08	0.01
砂泥质中性石质土	8.1	0.35	0.03
砂性潮土	8.2	35.31	2.89
砂性洪冲积潮褐土	8.0	7.13	0.58

（续）

国标土属	pH 均值	面积（万 hm²）	比例（%）
砂性洪冲积褐土性土	8.1	0.03	—
砂性洪冲积石灰性土	8.2	0.38	0.03
砂性脱潮土	8.1	4.94	0.40
砂页岩类中性粗骨土	7.6	0.08	0.01
砂质滨海盐化潮土	8.1	0.27	0.02
砂质潮土	8.1	40.14	3.29
砂质非灰性河潮土	6.7	1.31	0.11
砂质河潮土	6.9	2.13	0.17
砂质硫酸盐盐化潮土	7.9	5.35	0.44
砂质氯化物盐化潮土	8.1	6.25	0.51
砂质湿潮土	7.9	0.17	0.01
砂质脱潮土	8.0	11.15	0.91
深砂姜层砂姜黑土	6.6	1.20	0.10
深砂姜层石灰性砂姜黑土	7.6	0.07	0.01
湿潮壤土	8.2	0.74	0.06
湿潮砂土	7.9	0.14	0.01
湿潮土型淹育水稻土	7.2	3.39	0.28
石灰性潮壤土	8.0	143.03	11.72
石灰性潮砂土	8.2	40.47	3.32
石灰性潮黏土	8.0	65.05	5.33
石灰性冲积壤土	8.4	0.15	0.01
石灰性砂姜黑土	7.5	1.66	0.14
石灰岩钙质粗骨土	7.5	4.22	0.35
苏打碱化潮土	7.7	0.02	—
苏打硫酸盐草甸盐土	8.3	0.06	—
苏打盐化潮土	8.0	0.46	0.04
酸性粗骨土	6.7	3.41	0.28
酸性石质土	6.5	1.37	0.11
脱潮壤土	8.0	20.15	1.65
脱潮砂土	8.1	11.27	0.92
脱潮黏土	8.0	0.68	0.06
淹育水稻土	8.0	0.15	0.01
盐化湿潮土	8.3	0.05	—
淤潮黏土	8.1	3.28	0.27
黏性潮土	8.1	15.81	1.30
黏性洪冲积潮褐土	8.1	1.36	0.11
黏性湿潮土	8.4	2.28	0.19
黏性脱潮土	8.2	0.17	0.01
黏质滨海盐化潮土	8.0	0.95	0.08
黏质滨海盐土	7.9	0.02	—
黏质潮土	8.0	20.66	1.69
黏质氯化物盐化潮土	7.9	0.39	0.03
黏质湿潮土	7.6	3.56	0.29
黏质脱潮土	8.2	0.87	0.07
黏质中层灰质淋溶潮土	5.6	0.04	—
中性石质土	7.7	0.02	—
潴育水稻土	7.8	0.12	0.01
汇总	7.7	1220.42	100.00

二、土壤 pH 分级与变化

(一) 分级情况

根据华北小麦玉米轮作区 pH 状况，参照第二次土壤普查时分级标准，将 pH 划分为 6 级（图 5-2）。

pH 大于 8.5 的面积全区共 28.78 万 hm²，占华北小麦玉米轮作区耕地面积的 2.36%（表 5-8）。其中，河北轮作区 12.23 万 hm²，占该轮作区耕地面积的 3.59%，占华北小麦玉米轮作区该等级面积的 42.49%；河南轮作区 9.39 万 hm²，占该轮作区耕地面积 2.30%，占华北小麦玉米轮作区该等级面积的 32.63%；山东轮作区 0.14 万 hm²，占华北小麦玉米轮作区该等级面积的 0.49%；山西轮作区 7.02 万 hm²，占该轮作区耕地面积的 8.80%，占华北小麦玉米轮作区该等级面积的 24.39%。

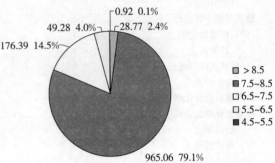

图 5-2　华北小麦玉米轮作区不同 pH 级别下的
面积分布分析（万 hm²）

pH7.5 到 8.5 的面积全区共 965.07 万 hm²，占华北小麦玉米轮作区面积的 79.08%。其中，河北轮作区 313.77 万 hm²，占该轮作区耕地面积的 92.21%，占华北小麦玉米轮作区该等级面积的 32.51%；河南轮作区 285.82 万 hm²，占该轮作区耕地面积 69%，占华北小麦玉米轮作区该等级面积的 29.62%；山东轮作区 292.92 万 hm²，占该轮作区耕地面积的 75.80%，占华北小麦玉米轮作区该等级面积的 30.35%；山西轮作区 72.56 万 hm²，占该轮作区耕地面积的 91.00%，占华北小麦玉米轮作区该等级面积的 7.52%。

表 5-8　华北小麦玉米轮作区不同 pH 级别下的面积（万 hm²、%）

	pH	>8.5	7.5~8.5	6.5~7.5	5.5~6.5	4.5~5.5	<4.5
河北轮作区	耕地面积	12.23	313.77	14.27	—	—	—
	占该轮作区耕地	3.59	92.21	4.19	—	—	—
	占全区该级耕地	42.49	32.51	8.09	—	—	—
河南轮作区	耕地面积	9.39	285.82	91.09	27.68	0.25	
	占该轮作区耕地	2.30	69.00	22.00	6.70	0.10	
	占全区该级耕地	32.63	29.62	51.64	56.18	27.47	
山东轮作区	耕地面积	0.14	292.92	70.89	21.59	0.66	
	占该轮作区耕地	—	75.80	18.40	5.60	0.20	
	占全区该级耕地	0.49	30.35	40.19	43.82	72.53	
山西轮作区	耕地面积	7.02	72.56	0.14			
	占该轮作区耕地	8.80	91.00	0.20			
	占全区该级耕地	24.39	7.52	0.08			
华北小麦玉米轮作区	耕地面积	28.78	965.07	176.39	49.27	0.91	
	占全区耕地	2.36	79.08	14.45	4.04	0.07	—

pH6.5 到 7.5 的面积全区共 176.39 万 hm²，占华北小麦玉米轮作区面积的 14.45%。其中，河北轮作区 14.27 万 hm²，占该轮作区耕地面积的 4.19%，占华北小麦玉米轮作

区该等级的面积的 8.09%；河南轮作区 91.09 万 hm²，占该轮作区耕地面积 22%，占华北小麦玉米轮作区该等级面积的 51.64%；山东轮作区 70.89 万 hm²，占该轮作区耕地面积的 18.40%，占华北小麦玉米轮作区该等级面积的 40.19%；山西轮作区 0.14 万 hm²，占该轮作区耕地面积的 0.20%，占华北小麦玉米轮作区该等级面积的 0.08%。

pH5.5 到 6.5 的面积全区共 49.27 万 hm²，占华北小麦玉米轮作区面积的 4.04%。其中，河南轮作区 27.68 万 hm²，占该轮作区耕地面积 6.70%，占华北小麦玉米轮作区该等级面积 56.18%；山东轮作区 21.59 万 hm²，占该轮作区耕地面积 5.60%，占华北小麦玉米轮作区该等级面积 43.82%。

pH4.5 到 5.5 的面积全区共 0.91 万 hm²，占华北小麦玉米轮作区面积的 0.07%。河南轮作区 0.25 万 hm²，占本轮作区耕地面积 0.10%，占华北小麦玉米轮作区该等级面积的 27.47%；

山东轮作区 0.66 万 hm²，占本轮作区耕地面积的 0.20%，占华北小麦玉米轮作区该等级面积的 72.53%。

（二）变化情况

土壤 pH 大于 8.5 等级，其第二次土壤普查调查的面积为 171.06 万 hm²，占第二次土壤普查调查华北小麦玉米轮作区的面积比例是 14.02%，而本次评价面积为 28.77 万 hm²，占本次华北小麦玉米轮作区的面积比例是 2.36%，相对于第二次土壤普查调查减少了 83.18%（表 5-9）；土壤 pH 在 7.5 到 8.5 等级，其第二次土壤普查调查的面积为 730.40 万 hm²，占第二次土壤普查调查华北小麦玉米轮作区的面积比例是 59.85%，而本次评价面积为 965.06 万 hm²，占本次华北小麦玉米轮作区的面积比例是 79.08%，相对于第二次土壤普查调查增加了 32.13%；土壤 pH 在 6.5 到 7.5 等级，其第二次土壤普查调查面积为 233.66 万 hm²，占第二次土壤普查华北小麦玉米轮作区的面积比例是 19.15%，而本次评价面积为 176.39 万 hm²，占本次华北小麦玉米轮作区的面积比例是 14.45%，相对于第二次土壤普查调查减少了 24.51%；土壤 pH 在 5.5 到 6.5 时，其第二次土壤普查调查面积为 49.02 万 hm²，占第二次土壤普查华北小麦玉米轮作区的面积比例是 4.02%，而本次评价面积为 49.28 万 hm²，占本次华北小麦玉米轮作区的面积比例是 4.04%，相对于第二次土壤普查调查增加了 0.53%；土壤 pH 在 4.5 到 5.5 时，其第二次土壤普查调查面积为 36.29 万 hm²，占第二次土壤普查华北小麦玉米轮作区的面积是 2.97%，而本次评价面积为 0.92 万 hm²，占本次华北小麦玉米轮作区的面积是 0.08%，相对于第二次土壤普查调查减少了 97.46%。

表 5-9　本次评价与第二次土壤普查土壤 pH 分级频率变化

pH	本次评价		第二次土壤普查调查	
	面积（万 hm²）	比例（%）	面积（万 hm²）	比例（%）
>8.5	28.77	2.36	171.06	14.02
7.5~8.5	965.06	79.08	730.40	59.85
6.5~7.5	176.39	14.45	233.66	19.15
5.5~6.5	49.28	4.04	49.02	4.02
4.5~5.5	0.92	0.08	36.29	2.97
<4.5	—	—		

三、土壤 pH 与土壤有机质及耕地地力等级

（一）土壤 pH 与土壤有机质

土壤有机质含量与土壤 pH 密切相关。pH＞8.5 等级的耕地有机质含量大都在 15～20 g/kg 之间；pH 在 7.5～8.5 等级之间的耕地有机质含量大多数在 10～15g/kg 之间，大约 1/4 的耕地有机质含量在 15～20g/kg 之间，只有很少的耕地有机质含量＞20g/kg；pH 在 6.5～7.5 等级之间的耕地有机质含量绝大多数在 10～20 g/kg 之间，有机质含量＞20g/kg 的耕地面积仅为 0.51 万 hm²；pH 在 5.5～6.5 等级之间的耕地有机质含量大部分集中在 10～20 g/kg 之间；pH 在 4.5～5.5 等级之间的耕地有机质含量大部分也集中在 10～20 g/kg之间；pH＜4.5 等级的耕地有机质含量也多集中在 10～20 g/kg 之间。有机质含量＞30g/kg 的耕地 pH 绝大多数在 6.5～7.5 之间，有机质含量 20～30g/kg 的耕地 pH 多在 6.5～7.5 之间，有机质含量 15～20g/kg 的耕地 pH 大多在 5.5～7.5 之间。

由表 5-10 可以看出，pH 在 6.5～7.5 之间的耕地，有机质含量也相对较高。

表 5-10 华北小麦玉米轮作区不同 pH 及不同有机质下的耕地面积（万 hm²）

| pH | 有机质 | | | | | |
	一级 >30g/kg	二级 20～30g/kg	三级 15～20g/kg	四级 10～15g/kg	五级 6～10g/kg	六级 <6g/kg
＞8.5	—	—	0.02	—	—	—
7.5～8.5	—	0.34	7.77	18.61	2.03	—
6.5～7.5	0.51	32.01	284.27	591.97	25.64	0.12
5.5～6.5	—	5.19	74	101.63	4.83	—
4.5～5.5	—	0.88	34.48	33.25	0.69	—
＜4.5	—	0.06	1.26	0.86	0.03	—
总计	0.51	38.48	401.8	746.30	33.21	0.12

（二）土壤 pH 与耕地地力等级

华北小麦玉米轮作区地力共分为六个等级，其中 pH 在 7.5～8.5 区间，各地力等级面积均最高，分别为 97.02 万 hm²、175.71 万 hm²、256.80 万 hm²、207.40 万 hm²、128.12 万 hm² 和 69.46 万 hm²（表 5-11）。

表 5-11 华北小麦玉米轮作区不同 pH 及不同地力等级下的耕地面积（万 hm²）

| pH | 地力等级 | | | | | |
	1	2	3	4	5	6
＞8.5	1.73	2.32	7.67	6.99	4.27	5.79
7.5～8.5	97.02	175.71	256.80	207.40	128.12	69.46

（续）

| pH | 地力等级 | | | | | |
	1	2	3	4	5	6
6.5～7.5	31.46	39.42	53.70	35.84	11.22	14.01
5.5～6.5	6.94	17.14	24.06	12.79	2.68	5.70
4.5～5.5	0.60	0.97	0.20	0.17	—	0.26

四、盐碱土改良

盐碱土形成的根本原因在于水分状况不良，所以在改良初期，重点应放在改善土壤的水分状况上面。一般分几步进行，首先排盐、洗盐，降低土壤盐分含量；再种植耐盐碱植物，培肥土壤；最后种植作物。盐碱地改良应达到排灌结合、井渠结合、工程措施与农业措施结合、改良和利用结合，因地制宜地采取农业、林业、水利等各项措施进行综合治理。具体改良措施如下：

（1）排水　许多盐碱土地下水位高，应采取各种措施降低地下水位，传统上采用修建明渠，目前有些地区采用竖井排水、暗管排水等技术。

（2）灌溉洗盐　盐分一般都积累在表层土壤，通过灌溉将盐分淋洗到底层土壤，再从排水沟排出。

（3）放淤改良　黄河水含泥沙较多，通过放淤既可以形成新的淡土层，又冲洗了表层土壤中的盐分。

（4）种植水稻　在黄灌区等水源充足的地区，可采用先泡田洗碱，再种植水稻，并适时换水，淋洗盐分。

（5）培肥改良　土壤含盐量降到一定程度时，应种植耐盐植物，培肥地力。

（6）平整土地　地面不平是形成盐斑的重要原因。平整土地有利于消灭盐碱斑，还有利于提高灌溉的质量，提高洗盐的效果。

（7）化学改良　一般通过施用氯化钙、石膏和石灰石等含钙的物质，一来代换胶体上吸附的钠离子，二来使土壤颗粒团聚起来，改善土壤结构。也可施用硫磺、硫酸亚铁、硫酸铝、石灰硫碘、腐殖酸、糠醛碴等酸性物质，起到中和土壤的作用。

第二节　灌溉能力

灌溉能力涉及灌溉设施、灌溉技术和灌溉方式等。灌溉能力直接影响农作物的长势和产量，尤其对干旱地区的耕地影响更大。在降雨量极少的干旱、半干旱地区，有些农业需要完全依靠灌溉才能存在。华北小麦玉米轮作区降雨量大部分分布在 400—800mm 区间，灌溉能力对区域农业生产影响很大。

（一）不同轮作区灌溉能力分布情况

从全区来看，灌溉能力充分满足的耕地面积有 160.69 万 hm²，满足的耕地面积有

251.35 万 hm²，基本满足的耕地面积有 548 万 hm²，一般满足的耕地面积有 234.97 万 hm²，不满足的耕地面积有 25.41 万 hm²。灌溉能力最高等级即充分满足的最大面积分布在河南轮作区，其面积为 83.31 万 hm²，最低等级即不满足的最大面积分布在山西轮作区，其面积为 16.54 万 hm²，华北小麦玉米轮作区不同轮作区灌溉能力差异较大（图 5-3、表 5-12）。

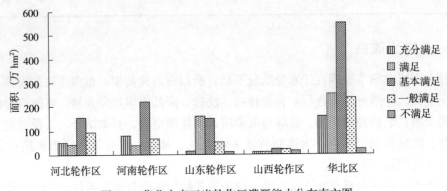

图 5-3　华北小麦玉米轮作区灌溉能力分布直方图

表 5-12　华北小麦玉米轮作区灌溉能力统计（万 hm²、%）

轮作区	灌溉能力及所占比例									
	充分满足	比例	满足	比例	基本满足	比例	一般满足	比例	不满足	比例
河北轮作区	52.34	32.57	41.86	16.65	152.83	27.89	92.17	39.23	1.05	4.13
河南轮作区	83.31	51.85	39.41	15.68	223.67	40.82	67.54	28.74	0.30	1.18
山东轮作区	15.41	9.59	160.70	63.93	150.69	27.50	51.89	22.08	7.52	29.59
山西轮作区	9.62	5.99	9.38	3.73	20.80	3.80	23.37	9.95	16.54	65.09
华北小麦玉米轮作区	160.69	100.00	251.35	100.00	548.00	100.00	234.97	100.00	25.41	100.00

　　从各轮作区来看，河北轮作区灌溉能力充分满足的面积为 52.34 万 hm²，占全区该等级的 32.57%；灌溉能力满足的面积为 41.86 万 hm²，占全区该等级的 16.65%；灌溉能力基本满足的面积为 152.83 万 hm²，占全区该等级的 27.89%；灌溉能力一般满足的面积为 92.17 万 hm²，占全区该等级的 39.23%；灌溉能力不满足的面积为 1.05 万 hm²，占全区该等级的 4.13%；综上来看，河北轮作区灌溉能力面积最大的为基本满足。

　　河南轮作区灌溉能力充分满足的面积为 83.31 万 hm²，占全区该等级的 51.85%；灌溉能力满足的面积为 39.41 万 hm²，占全区该等级的 15.68%；灌溉能力基本满足的面积为 223.67 万 hm²，占全区该等级的 40.82%；灌溉能力一般满足的面积为 67.54 万 hm²，占全区该等级的 28.74%；灌溉能力不满足的面积为 0.30 万 hm²，占全区该等级的 1.18%；综上来看，河南轮作区灌溉能力面积最大的为基本满足。

　　山东轮作区灌溉能力充分满足的面积为 15.41 万 hm²，占全区该等级的 9.59%；灌溉能力满足的面积为 160.70 万 hm²，占全区该等级的 63.93%；灌溉能力基本满足的面积为 150.69 万 hm²，占全区该等级的 27.50%；灌溉能力一般满足的面积为 51.89 万 hm²，占全区该等级的 22.08%；灌溉能力不满足的面积为 7.52 万 hm²，占全区该等级的 29.59%；综上来看，山东轮作区灌溉能力面积最大的为满足。

山西轮作区灌溉能力充分满足的面积为 9.62 万 hm²，占全区该等级的 5.99%；灌溉能力满足的面积为 9.38 万 hm²，占全区该等级的 3.73%；灌溉能力基本满足的面积为 20.80 万 hm²，占全区该等级的 3.80%；灌溉能力一般满足的面积为 23.37 万 hm²，占全区该等级的 9.95；灌溉能力不满足的面积为 16.54 万 hm²，占全区该等级的 65.09%；综上来看，山西轮作区灌溉能力面积最大的为一般满足。

（二）不同地级市区灌溉能力分布情况

在灌溉能力充分满足的等级上，河南轮作区的周口市、安阳市、新乡市、濮阳市和河北轮作区的衡水市、沧州市面积最大，其面积均大于 10 万 hm²；其次是河北轮作区的保定市、石家庄市、邯郸市、邢台市、廊坊市，山东轮作区的济宁市、德州市、泰安市、淄博市，河南轮作区的焦作市、许昌市，其面积均在 1 万～10 万 hm² 之间；山东轮作区的聊城市、滨州市、济南市，河南轮作区的商丘市、开封市，山西轮作区的临汾市，其面积均在 0.1 万～1 万 hm² 之间；最后是河南轮作区的濮阳市、驻马店市和山东轮作区的东营市、枣庄市，这 4 个市灌溉充分满足的耕地分布极少（表 5-13）。

在灌溉能力满足的等级上，各市的面积均很大，其中山东轮作区除泰安市、东营市、枣庄市和淄博市之外，其他各市面积均大于 10 万 hm²；河南轮作区的驻马店市、安阳市和漯河市在灌溉能力满足的等级上面积最小，其面积分别为 0.17 万 hm²、0.09 万 hm² 和 0.07 万 hm²。

在灌溉能力基本满足的等级上，各地级市的面积也很大，其中面积最大的是河南轮作区的周口市和驻马店市，其面积分别为 63.27 万 hm² 和 61.11 万 hm²；河南轮作区安阳市在该等级上的面积最小。

在灌溉能力一般满足的等级上，各地级市面积也很大，其中面积最大的是河南轮作区的商丘市和开封市，其面积分别为 34.81 万 hm² 和 21.99 万 hm²；面积最小的是河南轮作区的新乡市、焦作市和安阳市（表 5-13）。

表 5-13 华北小麦玉米轮作区地级市灌溉能力分布情况（万 hm²、%）

轮作区	地级市	灌溉能力及所占比例									
		充分满足	比例	满足	比例	基本满足	比例	一般满足	比例	不满足	比例
河北轮作区	保定市	9.23	17.64	6.11	14.60	22.76	14.89	16.48	17.88	—	—
	沧州市	10.03	19.17	7.26	17.34	31.59	20.67	11.38	12.35	0.76	72.38
	邯郸市	5.43	10.38	5.51	13.16	20.05	13.12	15.83	17.17	0.03	2.86
	衡水市	12.39	23.68	5.65	13.50	31.37	20.53	13.02	14.13	0.03	2.86
	廊坊市	2.12	4.05	3.38	8.07	15.76	10.31	11.02	11.96	0.15	14.29
	石家庄市	8.66	16.55	6.90	16.48	9.05	5.92	8.70	9.44	—	—
	邢台市	4.47	8.54	7.05	16.84	22.24	14.55	15.74	17.08	0.08	7.62
汇总		52.33	100.00	41.86	100.00	152.82	100.00	92.17	100.00	1.05	100.00

（续）

轮作区	地级市	灌溉能力及所占比例									
		充分满足	比例	满足	比例	基本满足	比例	一般满足	比例	不满足	比例
河南轮作区	安阳市	24.85	29.83	0.09	0.23	—	—	—	—	—	—
	焦作市	4.58	5.50	1.94	4.92	2.07	0.93	—	—	—	—
	开封市	0.10	0.12	6.07	15.41	22.59	10.10	21.99	32.56	—	—
	漯河市	—	—	0.07	0.18	9.15	4.09	3.71	5.49	—	—
	濮阳市	10.71	12.86	11.86	30.10	3.12	1.39	3.18	4.71	—	—
	商丘市	0.34	0.41	3.47	8.81	32.89	14.70	34.81	51.55	—	—
	新乡市	13.68	16.42	5.95	15.10	17.60	7.87	—	—	—	—
	许昌市	3.33	4.00	2.78	7.06	11.87	5.31	0.78	1.16	—	—
	周口市	25.72	30.87	7.00	17.77	63.27	28.29	0.12	0.18	—	—
	驻马店市	—	—	0.17	0.43	61.11	27.32	2.94	4.35	0.30	100.00
汇总		83.31	100.00	39.40	100.00	223.67	100.00	67.53	100.00	0.30	100.00
山东轮作区	滨州市	0.73	4.74	15.51	9.65	15.37	10.20	1.94	3.74	0.05	0.66
	德州市	4.13	26.80	28.96	18.02	25.69	17.05	0.76	1.46	—	—
	东营市	—	—	2.42	1.51	3.82	2.53	0.81	1.56	—	—
	菏泽市	0.02	0.13	28.02	17.44	33.61	22.30	16.50	31.79	—	—
	济南市	0.36	2.34	14.65	9.12	11.53	7.65	8.77	16.90	3.80	50.53
	济宁市	5.06	32.84	22.70	14.13	15.39	10.21	8.78	16.92	2.35	31.25
	聊城市	0.74	4.80	31.69	19.72	27.45	18.21	0.88	1.70	—	—
	泰安市	3.00	19.47	6.75	4.20	8.61	5.71	10.14	19.54	0.68	9.04
	枣庄市	—	—	5.07	3.15	1.85	1.23	2.33	4.49	—	—
	淄博市	1.37	8.89	4.93	3.07	7.38	4.90	0.99	1.91	0.64	8.51
汇总		15.41	100.00	160.70	100.00	150.70	100.00	51.90	100.00	7.52	100.00
山西轮作区	临汾市	0.25	2.60	4.62	49.20	7.96	38.27	5.98	25.59	7.69	46.47
	运城市	9.37	97.40	4.77	50.80	12.84	61.73	17.39	74.41	8.86	53.53
汇总		9.62	100.00	9.39	100.00	20.80	100.00	23.37	100.00	16.55	100.00

在灌溉能力不满足的等级上，以山西轮作区的临汾市、运城市和山东轮作区的济南市、济宁市面积最大，其面积均大于 1 万 hm²；其次是河北轮作区的沧州市、廊坊市和山东轮作区的泰安市、淄博市，其面积在 0.1 万～1 万 hm² 之间；河北轮作区的邢台市、衡水市、邯郸市和山东轮作区的滨州市，其面积均在 0.01 万～0.1 万 hm² 之间；除此之外，其他各市灌溉能力不满足的面积几乎没有。

（三）不同地貌类型灌溉能力分布情况

1. 华北小麦玉米轮作区不同地貌类型灌溉能力分布情况　不同地貌类型中，以冲积平原和冲积洪积平原的灌溉能力最高，其灌溉能力充分满足的面积分别为 137 万 hm² 和 10.23 万 hm²；其次是侵蚀山间平原、河流阶地、湖积冲积平原，其灌溉能力充分满足的面积分别为 3.69 万 hm²、3.62 万 hm²、3.51 万 hm²；洪积平原、湖积平原、侵蚀剥蚀山间平原、侵蚀剥蚀丘陵，其灌溉能力充分满足的面积分别为 1.48 万 hm²、1.02 万 hm²、0.13 万 hm²、0.02 万 hm²；其他地貌类型中灌溉能力充分满足的耕地面积很小（表 5-14）。

表 5-14　华北小麦玉米轮作区不同地貌类型灌溉能力统计（万 hm²）

地貌类型	灌溉能力				
	充分满足	满足	基本满足	一般满足	不满足
冲积海积平原	—	—	0.16	0.07	—
冲积洪积平原	10.23	15.46	29.42	17.83	0.82
冲积湖积平原	—	0.01	0.85	0.02	—
冲积平原	137.00	219.65	472.23	166.62	2.37
海积冲积平原	—	—	0.46	0.18	—
河流阶地	3.62	2.87	16.20	6.84	2.17
洪积平原	1.48	2.70	5.65	7.39	3.45
湖积冲积平原	3.51	6.21	12.84	7.20	0.15
湖积平原	1.02	1.01	2.29	0.20	—
黄山覆盖区低山	—	—	0.06	0.04	1.21
黄山覆盖区中山	—	—	0.09	0.27	0.90
侵蚀剥蚀低山	—	—	0.20	2.12	0.87
侵蚀剥蚀平原	—	0.73	0.39	3.29	—
侵蚀剥蚀丘陵	0.02	0.08	0.78	3.69	1.76
侵蚀剥蚀山间平原	0.13	—	0.01	—	—
侵蚀剥蚀中山	—	—	0.34	2.37	2.81
侵蚀低山	—	0.09	0.62	3.35	1.75
侵蚀丘陵	—	0.33	0.42	1.55	0.23
侵蚀山间平原	3.69	2.22	4.99	11.80	5.78
侵蚀中山	—	—	—	0.13	1.12
总计	160.69	251.35	548.00	234.97	25.41

2. 不同轮作区各地貌类型灌溉能力分布情况　河北轮作区涉及的地貌类型包括冲积洪积平原、冲积湖积平原、冲积平原、海积冲积平原、洪积平原、湖积冲积平原、湖积平原、侵蚀剥蚀低山、侵蚀剥蚀丘陵和侵蚀低山等 10 个。其中以冲积平原的灌溉能力水平最高，其灌溉能力充分满足的面积为 45.66 万 hm²；其次为冲积洪积平原，其灌溉能力充分满足的面积为 3.63 万 hm²；第三是洪积平原，其灌溉能力充分满足的面积为 1.22 万 hm²。河北轮作区灌溉能力基本满足的面积在五个级别中最大，其面积为 152.83 万 hm²。河北轮作区灌溉能力不满足的级别只分布在冲积平原和湖积冲积平原，其灌溉能力不满足

的面积分别为 0.9 万 hm² 和 0.15 万 hm²，其余地貌类型的灌溉能力不满足的面积很小（表 5-15）。

表 5-15 各轮作区不同地貌类型灌溉能力统计（万 hm²）

轮作区	地貌类型	灌溉能力				
		充分满足	满足	基本满足	一般满足	不满足
河北轮作区	冲积洪积平原	3.63	2.57	12.20	7.03	—
	冲积湖积平原	—	0.01	—	—	—
	冲积平原	45.66	36.63	128.37	77.17	0.90
	海积冲积平原	—	—	0.46	—	—
	洪积平原	1.22	0.91	1.17	1.21	—
	湖积冲积平原	0.87	1.09	9.15	6.71	0.15
	湖积平原	0.96	0.62	1.43	0.06	—
	侵蚀剥蚀低山	—	—	0.02	—	—
	侵蚀剥蚀丘陵	—	0.03	—	—	—
	侵蚀低山	—	—	0.02	—	—
河南轮作区	冲积洪积平原	3.08	0.43	9.75	1.16	0.27
	冲积湖积平原	—	—	0.11	—	—
	冲积平原	80.07	38.93	203.18	62.62	0.03
	河流阶地	0.03	0.05	9.71	3.74	—
	洪积平原	—	—	—	—	—
	湖积平原	—	—	—	—	—
	侵蚀剥蚀低山	—	—	—	0.02	—
	侵蚀剥蚀丘陵	—	—	—	—	—
	侵蚀剥蚀山间平原	0.13	—	—	—	—
山东轮作区	冲积海积平原	—	—	0.16	0.07	—
	冲积洪积平原	1.74	11.74	6.52	9.52	0.56
	冲积湖积平原	—	—	0.74	0.02	—
	冲积平原	11.00	141.45	136.06	23.84	0.14
	海积冲积平原	—	—	—	0.18	—
	河流阶地	—	—	0.17	0.67	1.09
	洪积平原	0.02	0.92	0.94	2.95	1.57
	湖积冲积平原	2.64	5.12	3.69	0.50	—
	湖积平原	—	0.27	0.19	0.14	—
	侵蚀剥蚀低山	—	—	0.08	2.01	0.35
	侵蚀剥蚀平原	—	0.73	0.39	3.29	—
	侵蚀剥蚀丘陵	—	0.05	0.72	3.69	1.76
	侵蚀剥蚀山间平原	—	—	0.01	—	—
	侵蚀剥蚀中山	—	—	—	0.10	0.08
	侵蚀低山	—	0.09	0.60	3.35	1.75
	侵蚀丘陵	—	0.33	0.42	1.55	0.23

（续）

轮作区	地貌类型	灌溉能力				
		充分满足	满足	基本满足	一般满足	不满足
山西轮作区	冲积洪积平原	1.79	0.95	0.71	0.12	—
	冲积平原	0.26	4.62	2.65	2.99	1.30
	河流阶地	3.59	6.32	2.82	2.43	1.09
	洪积平原	0.24	3.15	0.86	3.24	1.88
	湖积平原	0.06	0.26	0.13	—	—
	黄山覆盖区低山	—	0.06	—	0.04	1.21
	黄山覆盖区中山	—	0.09	—	0.27	0.90
	侵蚀剥蚀低山	—	0.03	—	0.08	0.52
	侵蚀剥蚀中山	—	0.34	—	2.27	2.73
	侵蚀山间平原	3.69	4.99	2.22	11.80	5.78
	侵蚀中山	—	—	—	0.13	1.12
总计		160.69	548.00	251.35	234.97	25.41

河南轮作区地貌类型包括冲积平原、冲积洪积平原、湖积平原、河流阶地、洪积平原、冲积湖积平原、侵蚀剥蚀低山、侵蚀剥蚀丘陵和侵蚀剥蚀山间平原等9个。其中，冲积平原灌溉能力充分满足的面积最高，为80.07万 hm^2；第二是冲积洪积平原，其灌溉能力充分满足的面积为3.08万 hm^2；河流阶地和侵蚀剥蚀山间平原地貌类型灌溉能力充分满足的面积分别为0.03万 hm^2 和0.13万 hm^2；其余地貌类型的灌溉能力充分满足的面积很小。

山东轮作区涉及的地貌类型包括冲积洪积平原、冲积湖积平原、冲积平原、河流阶地、洪积平原、湖积冲积平原、湖积平原、侵蚀剥蚀山间平原、侵蚀剥蚀中山、侵蚀丘陵、侵蚀山间平原、侵蚀剥蚀丘陵、侵蚀低山、侵蚀剥蚀平原、侵蚀剥蚀低山、海积冲积平原等16个。其中灌溉能力充分满足的面积在冲积平原最大，其面积为11万 hm^2；湖积冲积平原灌溉能力充分满足的面积为2.64万 hm^2，居第二；冲积洪积平原和洪积平原灌溉能力充分满足的面积分别为1.74万 hm^2 和0.02万 hm^2；其余地貌类型灌溉能力充分满足的耕地面积很小。山东轮作区的灌溉能力不满足的面积最小，为7.52万 hm^2。

山西轮作区包括冲积洪积平原、冲积平原、河流阶地、洪积平原、湖积平原、黄土覆盖区山间平原、黄山覆盖区中山、侵蚀剥蚀低山、侵蚀剥蚀中山、侵蚀山间平原和侵蚀中山等11个类型。其中，侵蚀山间平原的灌溉能力充分满足的面积最高为3.69万 hm^2；河流阶地灌溉能力充分满足的面积为3.59万 hm^2；冲积洪积平原灌溉能力充分满足的面积为1.79万 hm^2；冲积平原、洪积平原和湖积平原，其灌溉能力充分满足的面积分别为0.26万 hm^2、0.24万 hm^2 和0.06万 hm^2。山西轮作区的灌溉能力一般满足的面积最大为23.37万 hm^2。

（四）不同降水量区间灌溉能力分布情况

华北小麦玉米轮作区降水量从400～1200mm不等。其中，降水量在400～600mm等级，其灌溉能力充分满足的面积为 122.53 万 hm²，占该降雨量等级的 17.21%；灌溉能力满足的面积为 163.03 万 hm²，占该降雨量等级的 22.90%；灌溉能力基本满足的面积为 287.18 万 hm²，占该降雨量等级的 40.33%；灌溉能力一般满足的面积为 123.29 万 hm²，占该降雨量等级的 17.32%；灌溉能力不满足的面积为 16.00 万 hm² 占该降雨量等级的 2.25%。

降水量 600～800mm 等级中，其灌溉能力充分满足的面积为 32.24 万 hm²，占该降雨量等级的 7.95%；灌溉能力满足的面积为 86.58 万 hm²，占该降雨量等级的 21.36%；灌溉能力基本满足的面积为 170.66 万 hm²，占该降雨量等级的 42.11%；灌溉能力一般满足的面积为 106.99 万 hm²，占该降雨量等级的 26.40%；灌溉能力不满足的面积为 8.84 万 hm² 占该降雨量等级的 2.18%。

降水量 800～1000mm 等级中，其灌溉能力充分满足的面积为 5.90 万 hm²，占该降雨量等级的 5.94%；灌溉能力满足的面积为 1.75 万 hm²，占该降雨量等级的 1.76%；灌溉能力基本满足的面积为 86.41 万 hm²，占该降雨量等级的 86.99%；灌溉能力一般满足的面积为 4.69 万 hm²，占该降雨量等级的 4.72%；灌溉能力不满足的面积为 0.58 万 hm² 占该降雨量等级的 0.58%。

降水量 1000～1200mm 等级，全部分布在灌溉能力基本满足的水平上，其面积为 3.75 万 hm²（图 5-4、表 5-16）。

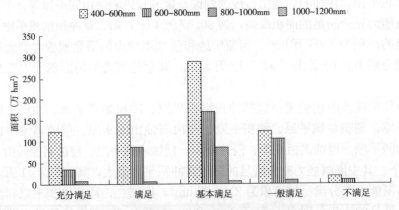

图 5-4　华北小麦玉米轮作区不同灌溉能力下的降水量分布

表 5-16　华北小麦玉米轮作区不同降水量区间灌溉能力分布情况（万 hm²、%）

灌溉能力	降水量及所占比例							
	400～600 mm	比例	600～800 mm	比例	800～1000 mm	比例	1000～1200 mm	比例
充分满足	122.53	17.21	32.24	7.95	5.90	5.94	—	—
满足	163.03	22.90	86.58	21.36	1.75	1.76	—	—
基本满足	287.18	40.33	170.66	42.11	86.41	86.99	3.75	100.00
一般满足	123.29	17.32	106.99	26.40	4.69	4.72	—	—
不满足	16.00	2.25	8.84	2.18	0.58	0.58	—	—
总计	712.03	100.00	405.31	100.00	99.33	100.00	3.75	100.00

从各轮作区来看，河北轮作区在降水量为 400～600mm，灌溉能力充分满足的面积
为 52.34 万 hm²，占该轮作区 400～600mm 降雨量等级的 15.38%；灌溉能力基本满足
的面积为 41.86 万 hm²，占该轮作区 400～600mm 降雨量等级的 12.30%；灌溉能力基
本满足的面积为 152.83 万 hm²，占该轮作区 400～600mm 降雨量等级的 44.92%；灌
溉能力一般满足的面积为 92.17 万 hm²，占该轮作区 400～600mm 降雨量等级的
27.09%；灌溉能力不满足的面积为 1.05 万 hm²，占该轮作区 400～600mm 降雨量等
级的 0.31%；总上分析，河北轮作区在降雨量为 400～600mm 等级上，灌溉能力基本
满足的面积最大表（5-17）。

表 5-17　华北小麦玉米轮作区不同降水量区间灌溉能力分布情况（万 hm²、%）

轮作区	灌溉能力	降水量及所占比例							
		400～600mm	比例	600～800mm	比例	800～1000mm	比例	1000～1200mm	比例
河北轮作区	充分满足	52.34	15.38	—	—	—	—	—	—
	满足	41.86	12.30	—	—	—	—	—	—
	基本满足	152.83	44.92	—	—	—	—	—	—
	一般满足	92.17	27.09	—	—	—	—	—	—
	不满足	1.05	0.31	—	—	—	—	—	—
汇总		340.25	100.00						
河南轮作区	充分满足	53.45	54.53	23.96	11.22	5.90	5.96	—	—
	满足	19.72	20.12	17.95	8.41	1.75	1.77	—	—
	基本满足	21.67	22.11	111.84	52.39	86.41	87.29	3.75	100.00
	一般满足	3.18	3.24	59.72	27.98	4.63	4.68	—	—
	不满足	—	—	—	—	0.30	0.30	—	—
汇总		98.02	100.00	213.47	100.00	98.99	100.00	3.75	100.00
山东轮作区	充分满足	7.13	3.63	8.28	4.37	—	—		
	满足	92.07	46.84	68.63	36.25	—	—		
	基本满足	92.00	46.80	58.69	31.00	—	—		
	一般满足	5.33	2.71	46.51	24.57	0.06	17.65		
	不满足	0.04	0.02	7.21	3.81	0.28	82.35		
汇总		196.57	100.00	189.32	100.00	0.34	100.00		
山西轮作区	充分满足	9.62	12.46	—	—	—	—		
	满足	9.38	12.15	—	—	—	—		
	基本满足	20.67	26.78	0.13	5.16	—	—		
	一般满足	22.61	29.29	0.76	30.16	—	—		
	不满足	14.91	19.32	1.63	64.68	—	—		
汇总		77.19	100.00	2.52	100.00	—	—		

河南轮作区在降雨量为 400～600mm 等级上，灌溉能力充分满足的面积最大，其面
积为 53.45 万 hm²，占该轮作区 400～600mm 降雨量等级的 54.53%，灌溉能力不满足的
面积最小；在降雨量为 600～800mm 等级，灌溉能力基本满足面积最大，其面积为

111.84 万 hm²，占该轮作区 600～800mm 降雨量等级的 52.39%，灌溉能力不满足面积最小；在降雨量 800～1000mm 等级，灌溉能力基本满足面积最大，其面积为 86.41 万 hm²，占该轮作区 400～600mm 降雨量等级的 87.29%，灌溉能力不满足面积最小，其面积为 0.30 万 hm²，占该轮作区 400～600mm 降雨量等级的 0.3%；在降雨量为 1000～12000 等级，灌溉能力基本满足面积最大，其面积为 3.75 万 hm²。总上分析，河南轮作区灌溉能力基本满足面积在各降雨量等级均最大。

山东轮作区在降雨量 400～600mm 等级，灌溉能力满足面积最大，其面积为 92.07 万 hm²，占该轮作区 400～600mm 降雨量等级的 46.84%，灌溉能力不满足面积最小为 0.04 万 hm²，占该轮作区 400～600mm 降雨量等级的 0.02%；在降雨量为 600～800mm 等级，灌溉能力满足面积最大，其面积为 68.63 万 hm²，占该轮作区 600～800mm 降雨量等级的 36.25%，灌溉能力不满足面积最小，其面积为 7.21 万 hm²，占该轮作区 600～800mm 降雨量等级的 3.87%。综上分析，山东轮作区在各降雨量等级，灌溉能力满足的面积均最大。

山西轮作区在降雨量 400～600mm 等级，灌溉能力一般满足面积最大，其面积为 22.61 万 hm²，占该轮作区 400～600mm 降雨量等级的 29.29%，灌溉能力满足面积最小，其面积为 9.38 万 hm²，占该轮作区 400～600mm 降雨量等级的 12.15%；在降雨量为 600～800mm 等级，灌溉能力不满足面积最大，其面积为 1.63 万 hm²，占该轮作区 600～800mm 降雨量等级的 64.68%。

第三节　不同土壤类型属性分析

一、不同地貌类型下的土壤类型

华北小麦玉米轮作区的主要地貌类型有冲积平原、冲击洪积平原、河流阶地、湖积冲积平原、侵蚀山间平原等。其中，冲积平原的耕地面积为 997.87 万 hm²，占华北小麦玉米轮作区面积的 81.8%；冲击洪积平原的耕地面积为 73.76 万 hm²，占华北小麦玉米轮作区面积的 6.0%；河流阶地的耕地面积为 31.70 万 hm²，占华北小麦玉米轮作区面积的 2.6%；湖积冲积平原的耕地面积为 29.91 万 hm²，占华北小麦玉米轮作区面积的 2.5%；侵蚀山间平原的耕地面积为 28.47 万 hm²，占华北小麦玉米轮作区面积的 2.3%。

冲积平原的土壤类型主要有潮土（793.34 万 hm²）、褐土（90.47 万 hm²）、砂姜黑土（68.29 万 hm²）、风沙土（10.07 万 hm²）。冲击洪积平原上的土壤类型主要有褐土（35.30 万 hm²）、潮土（15.65 万 hm²）、砂姜黑土（8.05 万 hm²）、黄褐土（6.74 万 hm²）、棕壤（6.45 万 hm²）。河流阶地上的土壤类型主要有潮土（13.78 万 hm²）、褐土（12.28 万 hm²）、黄褐土（1.26 万 hm²）、棕壤（0.84 万 hm²）。湖积冲积平原上的土壤类型主要有潮土（22.79 万 hm²）、褐土（2.34 万 hm²）、砂姜黑土（0.97 万 hm²）。侵蚀山间平原上的土壤类型主要有褐土（27.40 万 hm²）、潮土（0.63 万 hm²）（表 5-18）。

表5-18　华北小麦玉米轮作区不同地貌类型土壤类型分布（万hm²）

地貌类型	滨海盐土	潮土	粗骨土	风沙土	褐土	红黏土	黄褐土	碱土	砂姜黑土	石质土	水稻土	新积土	盐土	沼泽土	棕壤	总计
							土壤类型									
冲积海积平原	0.18	0.05	—	—	—	—	—	—	—	—	—	—	—	—	—	0.23
冲积洪积平原	—	15.65	0.58	0.14	35.30	0.09	6.74	—	8.05	0.39	0.26	0.10	—	0.01	6.45	73.76
冲积湖积平原	—	0.70	0.05	0.01	0.01	—	0.10	—	0.01	—	—	—	—	—	—	0.88
冲积平原	0.19	793.34	0.27	10.07	90.47	—	16.80	0.71	68.29	0.23	0.60	8.08	5.47	0.20	3.13	997.87
海积冲积平原	0.18	0.46	—	—	—	—	—	—	—	—	—	—	—	—	—	0.64
河流阶地	—	13.78	0.53	0.17	12.28	—	1.26	0.11	1.39	0.14	0.85	0.24	0.03	0.08	0.84	31.70
洪积平原	—	2.68	1.49	—	15.09	0.02	0.18	—	0.06	0.36	0.01	0.05	0.02	0.01	0.70	20.66
湖积冲积平原	—	22.79	—	0.15	2.34	—	—	—	0.97	—	3.41	—	0.16	0.07	0.02	29.91
湖积平原	—	3.67	—	—	0.10	—	0.33	—	0.07	—	0.15	—	—	0.19	—	4.51
黄山覆盖区低山	—	—	—	—	1.22	0.10	—	—	—	—	—	—	—	—	—	1.32
黄山覆盖区中山	—	—	0.05	—	1.16	—	—	—	—	0.05	—	—	—	—	—	1.26
侵蚀剥蚀低山	—	—	0.65	—	1.16	0.05	0.06	—	—	0.05	—	—	—	—	1.21	3.19
侵蚀剥蚀平原	—	0.21	0.64	—	2.02	0.05	—	—	0.04	0.10	—	—	—	—	1.34	4.41
侵蚀剥蚀丘陵	—	0.16	1.52	—	0.80	—	0.05	—	—	0.51	—	—	—	—	3.28	6.33
侵蚀剥蚀山间平原	—	—	0.01	—	0.13	—	—	—	—	—	—	—	—	—	—	0.14
侵蚀剥蚀中山	—	—	0.52	—	4.70	0.03	—	—	—	0.23	—	—	—	—	0.04	5.52
侵蚀低山	—	0.08	1.88	—	3.71	—	—	—	—	—	—	—	—	—	0.15	5.81
侵蚀丘陵	—	0.06	0.84	—	1.45	0.02	—	—	—	—	—	—	—	—	0.18	2.54
侵蚀山间平原	—	0.63	0.09	—	27.40	—	—	—	—	0.19	—	0.11	0.04	—	—	28.47
侵蚀中山	—	0.14	—	—	1.12	—	—	—	—	—	—	—	—	—	—	1.26

二、不同轮作区各地貌类型下的土壤类型

河北轮作区地貌类型主要包括冲积洪积平原、湖积冲积平原、冲积平原、洪积平原和湖积平原等。其中冲积平原的土壤类型主要有潮土（230.82万 hm²）、褐土（51.89万 hm²）、风沙土（3.40万 hm²）；冲积洪积平原的土壤类型主要有褐土（16.26万 hm²）、潮土（8.16万 hm²）、砂姜黑土（0.67万 hm²）、风沙土（0.14万 hm²）；湖积冲积平原的土壤类型主要有潮土（15.74万 hm²）、褐土（1.84万 hm²）、风沙土（0.15万 hm²）；洪积平原的土壤类型主要有褐土（2.59万 hm²）、潮土（1.57万 hm²）；湖积平原的土壤类型主要有潮土（2.88万 hm²）（表5-19）。

河南轮作区地貌类型包括冲积洪积平原、冲积平原、河流阶地、洪积平原、湖积平原等。其中冲击洪积平原的土壤类型主要有黄褐土（6.74万 hm²）、潮土（3.90万 hm²）、砂姜黑土（3.65万 hm²）；冲积平原的土壤类型主要有潮土（292.57万 hm²）、砂姜黑土（63.59万 hm²）、褐土（6.93万 hm²）；河流阶地的土壤类型主要有潮土（9.59万 hm²）、砂姜黑土（1.39万 hm²）、黄褐土（1.26万 hm²）；洪积平原的土壤类型主要有黄褐土（0.18万 hm²）、褐土（0.16万 hm²）；湖积平原的土壤类型主要有黄褐土（0.33万 hm²）和砂姜黑土（0.07万 hm²）。

山东轮作区的地貌类型包括冲积洪积平原、冲积平原、洪积平原、湖积冲积平原、侵蚀剥蚀丘陵等。冲积洪积平原的土壤类型主要有褐土（16.45万 hm²）、砂姜黑土（3.73万 hm²）、潮土（2.42万 hm²）；冲积平原的土壤类型主要有潮土（267.78万 hm²）、褐土（22.52万 hm²）；洪积平原的土壤类型主要有褐土（4.25万 hm²）、棕壤（0.70万 hm²）；湖积冲积平原的土壤类型主要有潮土（7.05万 hm²）、砂姜黑土（0.97万 hm²）；侵蚀剥蚀丘陵的土壤类型主要有棕壤（3.28万 hm²）、褐土（0.76万 hm²）。

山西轮作区地貌类型包括冲积平原、河流阶地、洪积平原、侵蚀剥蚀中山、侵蚀山间平原等。其中冲积平原的土壤类型主要有褐土（9.13万 hm²）、潮土（2.17万 hm²）；河流阶地的土壤类型主要有褐土（11.75万 hm²）、潮土（4.03万 hm²）；洪积平原的土壤类型主要有褐土（8.09万 hm²）、潮土（0.84万 hm²）；侵蚀剥蚀中山的土壤类型主要有褐土（4.70万 hm²）；侵蚀山间平原的土壤类型主要有褐土（27.40万 hm²）、潮土（0.63万 hm²）。

三、不同地貌类型下的土壤亚类

（一）华北小麦玉米轮作区不同地貌类型下的土壤亚类

冲积平原上的土壤亚类主要有潮土（581.86万 hm²）、脱潮土（92.99万 hm²）、盐化潮土（89.20万 hm²）、潮褐土（68.08万 hm²）、砂姜黑土（40.71万 hm²）。冲积洪积平原上的土壤亚类主要有潮褐土（21.70万 hm²）、潮土（10.34万 hm²）、褐土（5.78万 hm²）、典型黄褐土（4.60万 hm²）、砂姜黑土（4.59万 hm²）。河流阶地上的土壤亚类主要有潮土（9.76万 hm²）、石灰性褐土（8.20万 hm²）、褐土性土（2.58万 hm²）、脱潮土（1.84万 hm²）、砂姜黑土（1.39万 hm²）。湖积冲积平原上的土壤亚类主要有潮土（15.77万 hm²）、湿潮土（3.79万 hm²）、盐化潮土（2.63万 hm²）、潮褐土（2.34万 hm²）。

表 5-19　各轮作区不同地貌类型的土壤类型分布（万 hm²）

轮作区	地貌类型	滨海盐土	潮土	粗骨土	风沙土	褐土	红黏土	黄褐土	碱土	砂姜黑土	石质土	水稻土	新积土	盐土	沼泽土	棕壤	总计
河北轮作区	冲积洪积平原	—	8.16	—	0.14	16.26	—	—	—	0.67	—	0.09	0.10	—	0.01	—	25.43
	冲积湖积平原	—	0.01	—	—	—	—	—	—	—	—	—	—	—	—	—	0.01
	冲积平原	—	230.82	—	3.40	51.89	—	—	—	0.22	—	0.15	1.24	0.81	0.20	—	288.72
	海积冲积平原	—	0.46	—	—	—	—	—	—	—	—	—	—	—	—	—	0.46
	洪积平原	—	1.57	0.23	—	2.59	—	—	—	0.06	—	—	0.05	—	0.01	—	4.52
	湖积冲积平原	—	15.74	—	0.15	1.84	—	—	—	—	—	—	—	0.16	0.07	—	17.96
	湖积剥蚀低山	—	2.88	—	—	—	—	—	—	—	—	—	—	—	0.19	—	3.06
	侵蚀剥蚀低山	—	—	0.02	—	—	—	—	—	—	—	—	—	—	—	—	0.02
	侵蚀剥蚀丘陵	—	—	—	—	0.04	—	—	—	—	—	—	—	—	—	—	0.04
	侵蚀低山	—	—	0.02	—	—	—	—	—	—	—	—	—	—	—	—	0.02
	汇总	—	259.63	0.28	3.69	72.63	—	—	—	0.94	—	0.25	1.39	0.97	0.48	—	340.26
河南轮作区	冲积洪积平原	—	3.90	—	—	0.20	—	6.74	—	3.65	0.04	0.15	—	—	—	—	14.68
	冲积湖积平原	—	—	—	—	—	—	0.10	—	0.01	—	—	—	—	—	—	0.11
	冲积平原	—	292.57	—	3.10	6.93	—	16.80	0.57	63.59	0.01	0.06	1.00	0.18	—	—	384.83
	河流阶地	—	9.59	—	0.17	—	—	1.26	0.11	1.39	0.01	0.80	0.20	—	—	—	13.53
	洪积平原	—	0.03	—	—	0.16	—	0.18	—	—	0.02	—	—	—	—	—	0.39
	湖积平原	—	—	—	—	—	—	0.33	—	0.07	—	—	—	—	—	—	0.40
	侵蚀剥蚀低山	—	—	0.04	—	—	—	0.06	—	—	—	—	—	—	—	—	0.10
	侵蚀剥蚀丘陵	—	—	—	—	—	—	0.05	—	—	0.01	—	—	—	—	—	0.06
	侵蚀剥蚀山间平原	—	—	—	—	0.13	—	—	—	—	—	—	—	—	—	—	0.13
	汇总	—	306.09	0.04	3.28	7.42	—	25.52	0.68	68.71	0.10	1.01	1.20	0.18	—	—	414.23

（续）

轮作区	地貌类型	土壤类型															
		滨海盐土	潮土	粗骨土	风沙土	褐土	红黏土	黄褐土	碱土	砂姜黑土	石质土	水稻土	新积土	盐土	沼泽土	棕壤	总计
山东轮作区	冲积海积平原	0.18	0.05	—	—	—	—	—	—	—	—	—	—	—	—	—	0.23
	冲积洪积平原	—	2.42	0.58	—	16.45	0.09	—	—	3.73	0.34	0.01	—	—	—	6.45	30.08
	冲积湖积平原	—	0.68	0.05	0.01	0.01	—	—	—	—	—	—	—	—	—	—	0.76
	冲积平原	0.19	267.78	0.27	3.55	22.52	—	—	0.14	4.48	0.22	0.35	5.51	4.36	—	3.13	312.49
	海积冲积平原	0.18	—	—	—	—	—	—	—	—	—	—	—	—	—	—	0.18
	河流阶地	—	0.16	0.40	—	0.53	—	—	—	—	—	—	—	—	—	0.84	1.93
	洪积平原	—	0.24	0.97	—	4.25	—	—	—	—	0.21	—	—	—	—	0.70	6.39
	湖积冲积平原	—	7.05	—	—	0.50	0.02	—	—	0.97	—	3.41	—	—	—	0.02	11.95
	湖积平原	—	0.36	—	—	0.08	—	—	—	—	—	0.15	—	—	—	—	0.60
	侵蚀剥蚀低山	—	—	0.59	—	0.61	—	—	—	—	0.02	—	—	—	—	1.21	2.44
	侵蚀剥蚀平原	—	0.21	0.64	—	2.02	—	—	—	—	0.10	—	—	—	—	1.34	4.41
	侵蚀剥蚀丘陵	—	0.16	1.52	—	0.76	0.05	—	—	0.04	0.50	—	—	—	—	3.28	6.22
	侵蚀剥蚀山间中山	—	—	0.01	—	—	—	—	—	—	—	—	—	—	—	—	0.01
	侵蚀低山	—	—	0.16	—	—	—	—	—	—	—	—	—	—	—	0.03	0.18
	侵蚀丘陵	—	0.08	1.85	—	3.71	0.02	—	—	—	—	—	—	—	—	0.15	5.79
	侵蚀山间中山	—	0.06	0.84	—	1.45	—	—	—	—	—	—	—	—	—	0.18	2.54
	汇总	0.55	279.26	7.89	3.56	52.90	0.18	—	0.14	9.22	1.40	3.92	5.51	4.36	—	17.32	386.21
山西轮作区	冲积洪积平原	—	1.17	—	—	2.39	—	—	—	—	—	—	—	—	—	—	3.57
	冲积平原	—	2.17	—	0.03	9.13	—	—	—	—	—	0.05	0.33	0.12	—	—	11.82
	河流阶地	—	4.03	0.13	—	11.75	—	—	—	—	0.14	0.06	0.04	0.03	0.08	—	16.24
	洪积平原	—	0.84	0.29	—	8.09	—	—	—	—	0.13	—	—	0.02	—	—	9.37
	湖积平原	—	0.43	—	—	0.01	—	—	—	—	—	—	—	—	—	—	0.45
	黄山覆盖区低山	—	—	—	—	1.22	0.10	—	—	—	—	—	—	—	—	—	1.32
	黄山覆盖区中山	—	—	—	—	1.16	0.05	—	—	—	0.05	—	—	—	—	—	1.26
	侵蚀剥蚀低山	—	—	0.05	—	0.55	—	—	—	—	0.03	—	—	—	—	—	0.64
	侵蚀剥蚀中山	—	—	0.37	—	4.70	0.03	—	—	—	0.23	—	—	—	—	—	5.33
	侵蚀山间平原	—	0.63	0.09	—	27.40	—	—	—	—	0.19	—	0.11	0.04	—	0.02	28.47
	侵蚀中山	—	—	0.14	—	1.12	—	—	—	—	—	—	—	—	—	—	1.26
	汇总	—	9.28	1.06	0.03	67.53	0.18	—	—	—	0.76	0.10	0.49	0.21	0.08	0.02	79.72

侵蚀山间平原上的土壤亚类主要有褐土性土（12.88 万 hm²）、石灰性褐土（12.54 万 hm²）、褐土（1.77 万 hm²）、潮土（0.28 万 hm²）、潮褐土（0.22 万 hm²）（表5-20）。

表5-20 华北小麦玉米轮作区不同地貌类型的土壤亚类分布（万 hm²）

土壤亚类	地貌类型面积						
	冲积洪积平原	冲积平原	河流阶地	洪积平原	湖积冲积平原	侵蚀山间平原	其他地貌类型
白浆化黄褐土	2.03	3.83	0.43	—	—	—	0.20
滨海盐土	—	0.19	—	—	—	—	0.36
草甸风沙土	0.14	10.07	0.17	—	0.15	—	0.01
草甸碱土	—	0.71	0.11	—	—	—	—
草甸盐土	—	5.28	0.03	0.02	0.16	0.04	—
草甸沼泽土	—	0.20	0.02	—	0.06	—	—
潮褐土	21.70	68.08	0.88	0.80	2.34	0.22	1.18
潮土	10.34	581.86	9.76	1.22	15.77	0.28	2.28
潮棕壤	3.43	2.26	0.07	0.24	0.02	—	0.63
冲积土	0.10	8.08	0.24	0.05	—	0.11	—
典型黄褐土	4.60	12.98	0.83	0.14	—	—	0.28
钙质粗骨土	0.23	0.26	0.02	0.82	—	0.07	3.40
钙质石质土	0.05	—	0.05	0.03	—	0.02	0.05
灌淤潮土	—	3.04	0.24	—	—	—	—
褐土	5.78	5.37	0.55	2.70	—	1.77	3.79
褐土性土	1.79	3.05	2.58	4.17	—	12.88	8.29
红黏土	0.09	—	—	0.02	—	—	0.25
黄褐土性土	0.11	—	—	0.04	—	—	0.06
灰潮土	0.86	12.05	0.23	0.03	—	—	—
碱化潮土	—	9.98	1.01	0.17	—	0.08	0.05
碱化盐土	—	0.20	—	—	—	—	—
淋溶褐土	2.03	0.76	0.07	0.32	—	—	0.80
漂洗水稻土	—	—	0.51	—	—	—	—
砂姜黑土	4.59	40.71	1.39	—	0.47	—	0.13
湿潮土	0.74	4.22	0.14	—	3.79	—	0.41
石灰性褐土	4.00	13.23	8.20	7.11	—	12.54	3.53
石灰性砂姜黑土	3.46	27.58	—	0.06	0.50	—	—
酸性粗骨土	0.30	0.01	0.38	0.15	—	—	2.57
酸性石质土	0.33	0.22	—	0.21	—	—	0.61
脱潮土	2.01	92.99	1.84	0.58	0.59	0.17	0.11
淹育水稻土	0.13	0.48	0.05	—	3.41	—	0.15
盐化潮土	1.69	89.20	0.57	0.67	2.63	0.10	2.53
盐化沼泽土	—	—	0.03	—	—	—	—
盐渍型水稻土	—	0.02	0.06	—	—	—	—
沼泽土	0.01	—	0.03	0.01	0.01	—	0.19
中性粗骨土	0.05	—	0.13	0.53	—	0.03	0.33
中性石质土	—	0.01	0.09	0.13	—	0.16	0.29
潴育（潜育型）水稻土	0.06	0.03	0.21	—	—	—	—
潴育水稻土	0.07	0.08	0.03	0.01	—	—	—
棕壤	2.69	0.66	0.45	0.26	—	—	3.76
棕壤性土	0.33	0.21	0.32	0.20	—	—	1.82

（二）不同轮作区各地貌类型下的土壤亚类

河北轮作区涉及的地貌类型主要包括冲积洪积平原、湖积冲积平原、冲积平原、洪积平原、湖积平原及其他地貌类型。其中冲积洪积平原的土壤亚类主要有潮褐土（13.44万hm²）、潮土（6.41万hm²）、石灰性褐土（2.81万hm²）、盐化潮土（1.65万hm²）；湖积冲积平原的土壤亚类主要有潮褐土（1.84万hm²）、潮土（10.44万hm²）、湿潮土（2.60万hm²）、盐化潮土（2.25万hm²）；冲积平原的土壤亚类主要有潮土（173.97万hm²）、潮褐土（45.01万hm²）、脱潮土（26.11万hm²）、盐化潮土（29.70万hm²）；洪积平原的土壤亚类主要有潮褐土（0.57万hm²）、潮土（0.92万hm²）、石灰性褐土（1.98万hm²）、盐化潮土（0.65万hm²）；湖积平原的土壤亚类主要有盐化潮土（1.94万hm²）、潮土（0.88万hm²）和沼泽土（0.19万hm²）（表5-21）。

表5-21　河北轮作区不同地貌类型的土壤亚类分布（万 hm²）

土壤亚类	地貌类型面积					
	冲积洪积平原	冲积平原	洪积平原	湖积冲积平原	湖积平原	其他地貌类型
草甸风沙土	0.14	3.40	—	0.15	—	—
草甸盐土	—	0.67	—	0.16	—	—
草甸沼泽土	—	0.20	—	0.06	—	—
潮褐土	13.44	45.01	0.57	1.84	—	—
潮土	6.41	173.97	0.92	10.44	0.88	0.26
冲积土	0.10	1.24	0.05	—	—	—
钙质粗骨土	—	—	—	0.14	—	0.02
褐土	—	—	—	0.04	—	—
褐土性土	0.01	0.07	—	—	—	0.02
碱化潮土	—	0.02	—	—	—	—
碱化盐土	—	0.14	—	—	—	—
砂姜黑土	0.05	0.20	—	—	—	—
湿潮土	—	1.03	—	2.60	0.06	—
石灰性褐土	2.81	6.81	1.98	—	—	0.03
石灰性砂姜黑土	0.61	0.02	0.06	—	—	—
酸性粗骨土	—	—	—	0.09	—	—
脱潮土	0.09	26.11	—	0.45	—	—
淹育水稻土	0.02	0.13	—	—	—	—
盐化潮土	1.65	29.70	0.65	2.25	1.94	0.22
沼泽土	0.01	—	0.01	0.01	0.19	—
中性粗骨土	—	—	—	—	—	0.02
潴育水稻土	0.07	0.02	0.01	—	—	—
汇总	25.43	288.72	4.52	17.96	3.06	0.57

河南轮作区地貌类型包括冲积洪积平原、冲积平原、河流阶地、洪积平原、湖积平原等。其中冲积洪积平原的土壤类型主要有潮土（2.10万hm²）、砂姜黑土（3.05万hm²）；冲积平原的土壤类型主要有潮土（235.34万hm²）、砂姜黑土（38.61万hm²）、褐土（2.11万hm²）；河流阶地的土壤类型主要有潮土（8.28万hm²）、砂姜黑土（1.39万hm²）；洪积平原的土壤类型主要有典型黄褐土（0.14万hm²）、褐土（0.13万hm²）；湖

积平原的土壤类型主要有白浆化黄褐土(0.20 万 hm²)、砂姜黑土(0.07 万 hm²)(表 5-22)。

表 5-22　河南轮作区不同地貌类型的土壤亚类分布　(万 hm²)

土壤亚类	地貌类型面积						
	冲积洪积平原	冲积平原	河流阶地	洪积平原	湖积平原	侵蚀剥蚀山间平原	其他地貌类型
白浆化黄褐土	2.03	3.83	0.43	—	0.20	—	—
草甸风沙土	—	3.10	0.17	—	—	—	—
草甸碱土	—	0.57	0.11	—	—	—	—
草甸盐土	—	0.18	—	—	—	—	—
潮褐土	—	4.39	—	0.03	—	0.03	—
潮土	2.10	235.34	8.28	—	—	—	—
冲积土	—	1.00	0.20	—	—	—	—
典型黄褐土	4.60	12.98	0.83	0.14	0.13	—	0.15
钙质石质土	0.04	—	0.01	—	—	—	—
灌淤潮土	—	3.04	0.24	—	—	—	—
褐土	—	2.11	—	0.13	—	0.10	—
褐土性土	0.05	0.10	—	—	—	—	—
黄褐土性土	0.11	—	—	0.04	—	—	0.06
灰潮土	0.86	12.05	0.23	0.03	—	—	—
碱化潮土	—	8.71	0.81	—	—	—	—
淋溶褐土	0.11	0.33	—	—	—	—	—
漂洗水稻土	—	—	0.51	—	—	—	—
砂姜黑土	3.05	38.61	1.39	—	0.07	—	0.01
湿潮土	—	0.74	—	—	—	—	—
石灰性褐土	0.03	—	—	—	—	—	—
石灰性砂姜黑土	0.60	24.98	—	—	—	—	—
脱潮土	0.94	27.02	—	—	—	—	—
淹育水稻土	0.11	—	0.05	—	—	—	—
盐化潮土	—	5.67	0.04	—	—	—	—
中性粗骨土	—	—	—	—	—	—	0.04
中性石质土	—	0.01	—	0.02	—	—	0.01
潴育(潜育型)水稻土	0.04	—	0.21	—	—	—	—
潴育水稻土	—	0.06	0.03	—	—	—	—
汇总	14.68	384.83	13.53	0.39	0.40	0.13	0.27

山东轮作区涉及的地貌类型包括冲积洪积平原、冲积平原、洪积平原、湖积冲积平原、侵蚀剥蚀丘陵等。冲积洪积平原的土壤亚类主要有潮褐土(8.26 万 hm²)、潮棕壤(3.43 万 hm²)、褐土(5.67 万 hm²);冲积平原的土壤亚类主要有潮土(171.26 万 hm²)、脱潮土(39.36 万 hm²)、盐化潮土(53.64 万 hm²);洪积平原的土壤亚类主要有褐土(2.28 万 hm²)、石灰性褐土(1.37 万 hm²);湖积冲积平原的土壤亚类主要有潮土(5.33 万 hm²)、淹育水稻土(3.41 万 hm²)、湿潮土(1.19 万 hm²);侵蚀剥蚀丘陵的土壤类型主要有棕壤(1.73 万 hm²)、棕壤性土(1.22 万 hm²)(表 5-23)。

表 5-23　山东轮作区不同地貌类型的土壤亚类分布（万 hm²）

土壤亚类	地貌类型面积						
	冲积洪积平原	冲积平原	洪积平原	湖积冲积平原	侵蚀剥蚀平原	侵蚀剥蚀丘陵	其他地貌类型
滨海盐土	—	0.19	—	—	—	—	0.36
草甸风沙土	—	3.55	—	—	—	—	0.01
草甸碱土	—	0.14	—	—	—	—	—
草甸盐土	—	4.30	—	—	—	—	—
潮褐土	8.26	18.64	0.13	0.50	0.93	—	0.22
潮土	1.63	171.26	0.24	5.33	0.21	0.16	0.92
潮棕壤	3.43	2.26	0.24	0.02	0.30	0.33	0.07
冲积土	—	5.51	—	—	—	—	—
钙质粗骨土	0.23	0.26	0.63	—	0.27	0.09	2.74
钙质石质土	0.01	—	—	—	—	—	—
褐土	5.67	2.93	2.28	—	1.06	0.10	2.59
褐土性土	0.40	0.16	0.16	—	—	0.17	0.97
红黏土	0.09	—	0.02	—	0.05	—	0.02
碱化潮土	—	1.06	—	—	—	—	—
碱化盐土	—	0.06	—	—	—	—	—
淋溶褐土	1.92	0.43	0.32	—	0.04	0.38	0.19
砂姜黑土	1.48	1.90	—	0.47	0.04	—	—
湿潮土	0.74	2.45	—	1.19	—	—	0.35
石灰性褐土	0.20	0.36	1.37	—	—	0.10	2.42
石灰性砂姜黑土	2.25	2.58	—	0.50	—	—	—
酸性粗骨土	0.30	0.01	0.06	—	0.37	1.42	1.16
酸性石质土	0.33	0.22	0.21	—	0.10	0.50	—
脱潮土	0.02	39.36	—	0.14	—	—	0.04
淹育水稻土	—	0.35	—	3.41	—	—	0.15
盐化潮土	0.03	53.64	—	0.39	—	—	0.09
中性粗骨土	0.05	—	0.28	—	—	0.01	—
中性石质土	—	—	—	—	—	—	0.02
潴育(潜育型)水稻土	0.01	—	—	—	—	—	—
棕壤	2.69	0.66	0.26	—	0.93	1.73	1.54
棕壤性土	0.33	0.21	0.20	—	0.12	1.22	0.79
汇总	30.08	312.49	6.39	11.95	4.41	6.22	14.66

　　山西轮作区的地貌类型包括冲积平原、河流阶地、洪积平原、侵蚀剥蚀中山、侵蚀山间平原等。其中冲积平原的土壤亚类主要有褐土性土（2.71 万 hm²）、石灰性褐土（6.05万 hm²）；河流阶地的土壤亚类主要有石灰性褐土（7.96 万 hm²）、潮土（1.32 万 hm²）、褐土性土（2.54 万 hm²）、脱潮土（1.84 万 hm²）；洪积平原的土壤亚类主要有褐土性土（4.01 万 hm²）、石灰性褐土（3.75 万 hm²）；侵蚀剥蚀中山的土壤亚类主要有褐土性土（3.90 万 hm²）、石灰性褐土（0.57 万 hm²）；侵蚀山间平原的土壤亚类主要有褐土（1.77万 hm²）、褐土性土（12.88 万 hm²）、石灰性褐土（12.54 万 hm²）（表 5-24）。

表 5-24 山西轮作区不同地貌类型的土壤亚类分布（万 hm²）

土壤亚类	地貌类型面积						
	冲积洪积平原	冲积平原	河流阶地	洪积平原	侵蚀剥蚀中山	侵蚀山间平原	其他地貌类型
草甸盐土	—	0.12	0.03	0.02	—	0.04	—
草甸沼泽土	—	—	0.02	—	—	—	—
潮褐土	—	0.03	0.88	0.07	—	0.22	—
潮土	0.20	1.30	1.32	0.07	—	0.28	0.23
冲积土	—	0.33	0.04	—	—	0.11	—
钙质粗骨土	—	—	—	0.04	0.15	0.07	0.15
钙质石质土	—	—	0.04	0.03	0.03	0.02	0.02
褐土	0.10	0.33	0.35	0.24	—	1.77	0.24
褐土性土	1.32	2.71	2.54	4.01	3.90	12.88	4.60
红黏土	—	—	—	—	0.03	—	0.15
碱化潮土	—	0.19	0.20	0.17	—	0.08	0.05
淋溶褐土	—	—	0.02	—	0.22	—	0.01
湿潮土	—	—	0.14	—	—	—	—
石灰性褐土	0.96	6.05	7.96	3.75	0.57	12.54	1.62
脱潮土	0.97	0.50	1.84	0.58	—	0.17	1.04
盐化潮土	—	0.19	0.54	0.02	—	0.10	0.28
盐化沼泽土	—	—	0.03	—	—	—	—
盐渍型水稻土	—	0.02	0.06	—	—	—	—
沼泽土	—	—	0.03	—	—	—	—
中性粗骨土	—	—	0.13	0.25	0.22	0.03	0.04
中性石质土	—	—	0.09	0.11	0.20	0.16	0.06
潴育（潜育型）水稻土	—	0.03	—	—	—	—	—
棕壤	—	—	—	—	0.02	—	—
汇总	3.57	11.82	16.24	9.37	5.33	28.47	8.49

第四节 耕层厚度

耕层是经耕种熟化的表土层，一般厚 15～20cm，养分含量比较丰富，作物根系最为密集，呈粒状、团粒状或碎块状结构。耕作层常受农事活动干扰和外界自然因素的影响，其水分物理性质和速效养分含量的季节性变化较大。要获得作物高产，必须注重保护与培肥耕作层。

一、耕层厚度分布情况

华北小麦玉米轮作区平均耕层厚度为 19.9cm，耕层最厚达到 37cm，最薄仅 8cm。

不同轮作区以山西轮作区耕层较厚，平均 20.7cm，变动范围 15～26cm；山东轮作区、河南轮作区次之，分别为 20.2cm、19.8cm，在 8～37cm 和 11～37cm 之间变动；河北轮作区最低，平均 18.5cm，变动范围 10～30cm（图 5-5、表 5-25）。

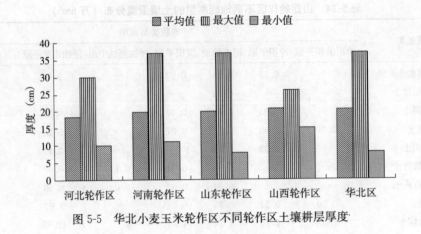

图 5-5　华北小麦玉米轮作区不同轮作区土壤耕层厚度

表 5-25　各轮作区土壤耕层厚度

轮作区	耕层厚度分级	平均值（cm）	最大值（cm）	最小值（cm）	面积（万 hm²）	比例（%）
	5～10cm	—	—	—	—	—
	10～15cm	13.0	14	10	20.69	6.08
河北轮作区	15～20cm	16.6	19	15	182.37	53.6
	20～25cm	20.7	24	20	124.6	36.62
	＞25cm	25.6	30	25	12.6	3.7
汇总		18.5	30	10	340.26	100
	5～10cm	—	—	—	—	—
	10～15cm	13.2	14	11	10.78	2.6
河南轮作区	15～20cm	17.8	19	15	92.77	22.4
	20～25cm	20.2	24	20	293.56	70.87
	＞25cm	25.4	37	25	17.12	4.13
汇总		19.8	37	11	414.23	100
	5～10cm	8.4	9	8	1.92	0.5
	10～15cm	11.8	14	10	0.74	0.19
山东轮作区	15～20cm	17.3	19	15	79.92	20.69
	20～25cm	20.3	24	20	273.14	70.72
	＞25cm	26.0	37	25	30.5	7.9
汇总		20.2	37	8	386.21	100
	5～10cm	—	—	—	—	—
	10～15cm	—	—	—	—	—
山西轮作区	15～20cm	18.1	19	15	21.23	26.63
	20～25cm	21.3	24	20	53.03	66.52
	＞25cm	25.1	26	25	5.46	6.85
汇总		20.7	26	15	79.72	100
总计		19.9	37	8	1220.42	

二、耕层厚度分级

根据华北小麦玉米轮作区域耕层厚度状况，将耕层厚度分为 5 级。全区耕地耕层厚度分级面积见表 5-26。

表 5-26 华北小麦玉米轮作区土壤耕层厚度分级与面积（万 hm²、%）

轮作区	比例	耕层厚度分级				
		5～10cm	10～15cm	15～20cm	20～25cm	＞25cm
河北轮作区	耕地面积	—	20.69	182.37	124.60	12.60
	占该轮作区耕地	—	6.08	53.60	36.62	3.70
	占全区该级耕地	—	64.24	48.47	16.74	19.18
河南轮作区	耕地面积	—	10.78	92.77	293.56	17.12
	占该轮作区耕地	—	2.60	22.40	70.87	4.13
	占全区该级耕地	—	33.47	24.65	39.44	26.07
山东轮作区	耕地面积	1.92	0.74	79.92	273.14	30.50
	占该轮作区耕地	0.50	0.19	20.69	70.72	7.90
	占全区该级耕地	100	2.29	21.24	36.70	46.44
山西轮作区	耕地面积	—	—	21.23	53.03	5.46
	占该轮作区耕地	—	—	26.63	66.52	6.85
	占全区该级耕地	—	—	5.64	7.12	8.32
华北小麦玉米轮作区		1.92	32.21	376.29	744.32	65.67

耕层厚度为 5～10cm 的面积全区共 1.92 万 hm²，全部分布在山东轮作区。

耕层厚度为 10～15cm 的面积全区共 32.21 万 hm²，主要分布在河北轮作区（64.24%）、河南轮作区（33.47%）、山东轮作区（2.29%）。河北轮作区耕层厚度为10～15cm 的面积 20.69 万 hm²，占该地区耕地的 6.08%；河南轮作区耕层厚度为 10～15cm 的面积 10.78 万 hm²，占该地区耕地 2.60%；山东轮作区耕层厚度为 10～15cm 的面积 0.74 万 hm²，占该地区耕地 0.19%。

耕层厚度为 15～20cm 的面积全区共 376.29 万 hm²，河南轮作区占 24.65%、山东轮作区占 21.24%、河北轮作区占 48.47%、山西轮作区占 5.64%。河南轮作区耕层厚度为15～20cm 的面积 92.77 万 hm²，占该地区耕地 22.40%；山东轮作区耕层厚度为 15～20cm 的面积 79.92 万 hm²，占该地区耕地 20.69%；河北轮作区耕层厚度为 15～20cm 的面积 182.37 万 hm²，占该地区耕地 53.60%；山西轮作区耕层厚度为 15～20cm 的面积 21.23 万 hm²，占该地区耕地 26.63%。

耕层厚度为 20～25cm 的面积全区共 744.32 万 hm²，山东轮作区占 36.70％、河北轮作区占 16.74％、河南轮作区占 39.44％、山西轮作区占 7.12％。山东轮作区耕层厚度为 20～25cm 的面积 273.14 万 hm²，占该地区耕地 70.72％；河北轮作区耕层厚度为 20～25cm 的面积 124.60 万 hm²，占该地区耕地 36.62％；河南轮作区耕层厚度为 20～25cm 的面积 293.56 万 hm²，占该地区耕地 70.87％；山西轮作区耕层厚度为 20～25cm 的面积 53.03 万 hm²，占该地区耕地 66.52％。

耕层厚度为 >25cm 的面积全区共 65.67 万 hm²，山西轮作区占 8.32％、山东轮作区占 46.44％、河南轮作区占 26.07％、河北轮作区占 19.18％。山西轮作区耕层厚度为 >25cm 的面积 5.46 万 hm²，占该地区耕地 6.85％；山东轮作区耕层厚度为 >25cm 的面积 30.50 万 hm²，占该地区耕地 7.90％；河南轮作区耕层厚度为 >25cm 的面积 17.12 万 hm²，占该地区耕地 4.13％；河北轮作区耕层厚度为 >25cm 的面积 12.60 万 hm²，占该地区耕地 3.70％。

三、不同土壤类型耕层厚度

（一）不同土类土壤耕层厚度

1. 华北小麦玉米轮作区不同土类土壤耕层厚度

从表 5-27 可以看出，不同土类以棕壤土壤耕层厚度最高，耕层厚度均值为 22.3cm；其次是褐土，其耕层厚度均值为 20.7cm；排在第三位的是砂姜黑土，其耕层厚度为 20.4cm；潮土、风沙土和黄褐土的耕层厚度最低，均为 19.5cm。

表 5-27　华北小麦玉米轮作区不同土类耕层厚度

土壤类型	耕层厚度分级	平均值（cm）	面积（万 hm²）	比例（％）
	5～10cm	8.5	0.05	0.01
	10～15cm	13.0	24.67	2.89
潮土	15～20cm	17.2	285.94	33.47
	20～25cm	20.3	509.08	59.59
	>25cm	25.4	34.52	4.04
汇总		19.5	854.26	100.00
	5～10cm	—	—	—
	10～15cm	14.0	0.16	1.53
风沙土	15～20cm	17.2	2.66	25.20
	20～25cm	20.3	7.32	69.34
	>25cm	25.9	0.42	3.93
汇总		19.5	10.55	100.00

（续）

土壤类型	耕层厚度分级	平均值（cm）	面积（万 hm²）	比例（%）
褐土	5～10cm	—	—	—
	10～15cm	13.5	4.70	2.34
	15～20cm	17.7	61.84	30.85
	20～25cm	20.9	113.66	56.70
	＞25cm	25.7	20.28	10.11
汇总		20.7	200.48	100.00
黄褐土	5～10cm	—	—	—
	10～15cm	—	—	—
	15～20cm	17.7	5.51	21.59
	20～25cm	20.1	19.96	78.23
	＞25cm	26.5	0.05	0.18
汇总		19.5	25.52	100.00
砂姜黑土	5～10cm	—	—	—
	10～15cm	13.1	1.57	1.99
	15～20cm	7.9	13.41	17.00
	20～25cm	20.2	60.07	76.16
	＞25cm	26.0	3.83	4.85
汇总		20.4	78.88	100.00
棕壤	5～10cm	—	—	—
	10～15cm	—	—	—
	15～20cm	18.8	0.15	0.88
	20～25cm	20.7	13.09	75.47
	＞25cm	27.6	4.10	23.65
汇总		22.3	17.34	100.00

2. 各轮作区不同土类土壤耕层厚度　在河北轮作区内，耕层厚度最大的土壤类型是粗骨土，其耕层厚度为21.3cm；其次是沼泽土（20.5cm）、砂姜黑土（20.2cm）。在河南轮作区内，耕层厚度最大土壤类型是褐土，其耕层厚度为24.2cm；其次是石质土（22.5cm）。在山东轮作区内，耕层厚度最大土壤类型是红黏土，其耕层厚度为25.0cm；其次是棕壤（22.3cm）。在山西轮作区内，耕层厚度最大的土壤类型是风沙土，其耕层厚度为24.0cm；其次是沼泽土（21.3cm）潮土（21.0cm）（表5-28）。

表 5-28　各轮作区不同土类耕层厚度（cm）

土壤类型	华北小麦玉米轮作区			
	河北轮作区	河南轮作区	山东轮作区	山西轮作区
潮土	18.5	19.6	19.7	21.0
粗骨土	21.3	17.5	21.0	19.7
风沙土	18.8	20.2	19.5	24.0
褐土	18.6	24.2	21.4	20.7

（续）

土壤类型	华北小麦玉米轮作区			
	河北轮作区	河南轮作区	山东轮作区	山西轮作区
红黏土	—	—	25.0	20.1
黄褐土	—	19.5	—	
碱土	—	20.4	20.0	—
砂姜黑土	20.2	19.8	22.0	
石质土	—	22.5	22.2	20.4
水稻土	19.3	20.8	15.7	19.4
新积土	16.4	20.5	19.4	20.4
盐土	17.2	19.0	19.8	19.4
沼泽土	20.5	—	—	21.3
棕壤			22.3	19.0
总计	18.5	19.8	20.2	20.7

（二）不同亚类土壤耕层厚度

1. 华北小麦玉米轮作区不同亚类土壤耕层厚度　不同土壤亚类以潮棕壤、红黏土、酸性质土、棕壤性土耕层厚度最高，耕层厚度均值为 22.4cm；其次是棕壤，其耕层厚度均值为 22.2cm；钙质石质土、褐土、淋溶褐土、酸性粗骨土耕层厚度分别为 21.6cm、21.1cm、22cm、22cm（表 5-29）。

表 5-29　华北小麦玉米轮作区不同亚类土壤耕层厚度

土壤亚类	平均值（cm）	最大值（cm）	最小值（cm）	面积（万 hm²）	比例（%）
白浆化黄褐土	19.7	24	15	6.48	0.53
滨海盐土	20	20	20	0.55	0.05
草甸风沙土	19.5	29	14	10.55	0.86
草甸碱土	20.3	37	15	0.81	0.07
草甸盐土	19.5	25	11	5.52	0.45
草甸沼泽土	19.9	20	19	0.28	0.02
潮褐土	20.7	34	11	95.19	7.80
潮土	19.5	30	8	621.52	50.93
潮棕壤	22.4	30	20	6.65	0.54
冲积土	18.9	25	12	8.58	0.70
典型黄褐土	19.5	27	15	18.82	1.54
钙质粗骨土	20.3	30	16	4.79	0.39
钙质石质土	21.6	25	18	0.21	0.02
灌淤潮土	18.5	20	13	3.28	0.27
褐土	21.1	30	17	19.95	1.63

（续）

土壤亚类	平均值（cm）	最大值（cm）	最小值（cm）	面积（万 hm²）	比例（%）
褐土性土	20.7	31	16	32.77	2.69
红黏土	22.4	30	20	0.36	0.03
黄褐土性土	17.7	18	16	0.21	0.02
灰潮土	19.7	28	15	13.17	1.08
碱化潮土	19.2	26	12	11.29	0.93
碱化盐土	16.5	20	13	0.2	0.02
淋溶褐土	22	30	17	3.97	0.33
漂洗水稻土	20.8	22	20	0.51	0.04
砂姜黑土	20.5	37	15	47.28	3.87
湿潮土	20.7	27	15	9.3	0.76
石灰性褐土	20.5	26	12	48.61	3.98
石灰性砂姜黑土	20.3	28	11	31.6	2.59
酸性粗骨土	22	30	20	3.41	0.28
酸性石质土	22.4	25	20	1.37	0.11
脱潮土	19.9	30	12	98.3	8.05
淹育水稻土	16.2	25	8	4.21	0.34
盐化潮土	19	29	10	97.4	7.98
盐化沼泽土	22	22	22	0.03	——
盐渍型水稻土	19	20	18	0.07	0.01
沼泽土	20.9	23	15	0.26	0.02
中性粗骨土	20.1	24	15	1.06	0.09
中性石质土	20.3	26	16	0.69	0.06
潴育（潜育型）水稻土	21	24	20	0.3	0.02
潴育水稻土	20.6	24	20	0.2	0.02
棕壤	22.2	30	19	7.81	0.64
棕壤性土	22.4	30	18	2.87	0.24
总计	19.9	37	8	1220.42	100.00

2. 各轮作区不同亚类土壤耕层厚度　在河北轮作区内，耕层厚度最大土壤亚类是酸性粗骨土，其耕层厚度为 25.0cm；在河南轮作区内，耕层厚度最大土壤亚类是石灰性褐土，其耕层厚度为 25.0cm；在山东轮作区内，耕层厚度最大土壤亚类是红黏土，其耕层厚度为 25.0cm；在山西轮作区内，耕层厚度最大土壤亚类是草甸风沙土，其耕层厚度为 24.0cm（表 5-30）。

表 5-30 各轮作区不同亚类土壤耕层厚度

轮作区	土壤亚类	平均值（cm）	面积（万 hm²）	比例（%）
河北轮作区	草甸风沙土	18.8	3.69	1.09
	草甸盐土	17.5	0.83	0.24
	草甸沼泽土	20.0	0.26	0.08
	潮褐土	18.7	60.86	17.89
	潮土	18.7	192.87	56.68
	冲积土	16.4	1.39	0.41
	钙质粗骨土 G253	20.0	0.17	0.05
	褐土	20.0	0.04	0.01
	褐土性土	19.6	0.10	0.03
	碱化潮土	20.0	0.02	0.01
	碱化盐土	15.7	0.14	0.04
	砂姜黑土	18.3	0.26	0.08
	湿潮土	18.7	3.69	1.08
	石灰性褐土	18.5	11.63	3.42
	石灰性砂姜黑土	20.8	0.69	0.20
	酸性粗骨土	25.0	0.09	0.03
	脱潮土	18.9	26.64	7.83
	淹育水稻土	18.8	0.15	0.04
	盐化潮土	17.6	36.41	10.70
	沼泽土	20.7	0.22	0.07
	中性粗骨土	21.0	0.02	0.01
	潴育水稻土	20.0	0.10	0.03
汇总		18.5	340.26	100.00
河南轮作区	白浆化黄褐土	19.7	6.48	1.56
	草甸风沙土	20.2	3.28	0.79
	草甸碱土	20.4	0.68	0.16
	草甸盐土	19.0	0.18	0.04
	潮褐土	24.3	4.45	1.07
	潮土	19.6	245.72	59.32
	冲积土	20.5	1.20	0.29
	典型黄褐土	19.5	18.82	4.54
	钙质石质土	24.7	0.06	0.01
	灌淤潮土	18.5	3.28	0.79
	褐土	24.8	2.34	0.57
	褐土性土	22.5	0.16	0.04
	黄褐土性土	17.7	0.21	0.05
	灰潮土	19.7	13.17	3.18
	碱化潮土	19.0	9.52	2.30
	淋溶褐土	20.0	0.44	0.11
	漂洗水稻土	20.8	0.51	0.12
	砂姜黑土	19.8	43.13	10.41
	湿潮土	21.3	0.74	0.18
	石灰性褐土	25.0	0.03	0.01
	石灰性砂姜黑土	19.9	25.58	6.17
	脱潮土	20.6	27.96	6.75

（续）

轮作区	土壤亚类	平均值（cm）	面积（万 hm²）	比例（%）
河南轮作区	淹育水稻土	20.0	0.16	0.04
	盐化潮土	19.4	5.71	1.38
	中性粗骨土	17.5	0.04	0.01
	中性石质土	20.3	0.04	0.01
	潴育（潜育型）水稻土	21.6	0.25	0.06
	潴育水稻土	21.0	0.09	0.02
汇总		19.8	414.23	100.00
山东轮作区	滨海盐土	20.0	0.55	0.14
	草甸风沙土	19.5	3.56	0.92
	草甸碱土	20.0	0.14	0.04
	草甸盐土	19.9	4.30	1.11
	潮褐土	22.0	28.67	7.42
	潮土	19.6	179.74	46.54
	潮棕壤	22.4	6.65	1.72
	冲积土	19.4	5.51	1.43
	钙质粗骨土	20.5	4.22	1.09
	钙质石质土	20.0	0.01	—
	褐土	20.9	14.64	3.79
	褐土性土	20.9	1.86	0.48
	红黏土	25.0	0.18	0.05
	碱化潮土	19.2	1.06	0.27
	碱化盐土	17.8	0.06	0.02
	淋溶褐土	22.6	3.27	0.85
	砂姜黑土	23.1	3.89	1.01
	湿潮土	21.4	4.74	1.23
	石灰性褐土	20.2	4.46	1.15
	石灰性砂姜黑土	21.1	5.33	1.38
	酸性粗骨土	22.0	3.32	0.86
	酸性石质土	22.4	1.37	0.35
	脱潮土	19.7	39.56	10.24
	淹育水稻土	15.6	3.91	1.01
	盐化潮土	19.5	54.15	14.02
	中性粗骨土	20.2	0.34	0.09
	中性石质土	20.0	0.02	0.01
	潴育（潜育型）水稻土	20.0	0.01	—
	棕壤	22.2	7.80	2.02
	棕壤性土	22.4	2.87	0.74
汇总		20.2	386.21	100.00

（续）

轮作区	土壤亚类	平均值（cm）	面积（万 hm²）	比例（%）
	草甸风沙土	24.0	0.03	0.03
	草甸盐土	19.4	0.21	0.26
	草甸沼泽土	19.0	0.02	0.03
	潮褐土	20.7	1.21	1.51
	潮土	20.7	3.19	4.00
	冲积土	20.4	0.49	0.61
	钙质粗骨土	19.2	0.40	0.50
	钙质石质土	20.3	0.14	0.17
	褐土	21.1	2.93	3.68
	褐土性土	20.6	30.65	38.45
	红黏土	20.1	0.18	0.22
山西轮作区	碱化潮土	21.1	0.69	0.86
	淋溶褐土	19.3	0.25	0.32
	湿潮土	22.0	0.14	0.17
	石灰性褐土	20.8	32.49	40.75
	脱潮土	21.5	4.13	5.18
	盐化潮土	20.5	1.13	1.42
	盐化沼泽土	22.0	0.03	0.03
	盐渍型水稻土	19.0	0.07	0.09
	沼泽土	23.0	0.03	0.04
	中性粗骨土	20.2	0.66	0.82
	中性石质土	20.4	0.62	0.78
	潴育（潜育型）水稻土	20.0	0.03	0.04
	棕壤	19.0	0.02	0.02
汇总		20.7	79.72	100.00

四、地貌类型与耕层厚度

（一）华北小麦玉米轮作区不同地貌类型与耕层厚度

华北小麦玉米轮作区地貌类型面积最大的是冲积平原（997.87 万 hm²），其耕层厚度为 19.5cm；其次是冲积洪积平原（73.76 万 hm²），其耕层厚度为 21.3cm；第三是河流阶地（31.7 万 hm²），其土壤耕层厚度为 20.8cm；第四是湖积冲积平原（29.91 万 hm²），其土壤耕层厚度为 19.9cm；第五是侵蚀山间平原（28.47 万 hm²），其土壤耕层厚度为 20.9cm；第六是洪积平原（31.7 万 hm²），其土壤耕层厚度为 20.5cm（表 5-31）。

表 5-31 华北小麦玉米轮作区不同地貌类型土壤耕层厚度

地貌类型	平均值（cm）	最大值（cm）	最小值（cm）	面积（万 hm²）	比例（%）
冲积海积平原	20.0	20	20	0.23	0.02
冲积洪积平原	21.3	37	12	73.76	6.04
冲积湖积平原	18.6	20	15	0.88	0.07
冲积平原	19.5	35	9	997.87	81.76
海积冲积平原	16.6	20	15	0.64	0.05

（续）

地貌类型	平均值（cm）	最大值（cm）	最小值（cm）	面积（万 hm²）	比例（%）
河流阶地	20.8	37	12	31.7	2.6
洪积平原	20.5	28	12	20.66	1.69
湖积冲积平原	19.9	27	8	29.91	2.45
湖积平原	20.4	25	10	4.51	0.37
黄山覆盖区低山	20.4	24	17	1.32	0.11
黄山覆盖区中山	19.5	24	16	1.26	0.1
侵蚀剥蚀低山	20.3	25	16	3.19	0.26
侵蚀剥蚀平原	22.8	25	19	4.41	0.36
侵蚀剥蚀丘陵	23.4	30	18	6.33	0.52
侵蚀剥蚀山间平原	23.0	26	20	0.14	0.01
侵蚀剥蚀中山	19.6	24	16	5.52	0.45
侵蚀低山	19.8	25	16	5.81	0.48
侵蚀丘陵	20.7	30	18	2.54	0.21
侵蚀山间平原	20.9	26	16	28.47	2.33
侵蚀中山	19.4	23	15	1.26	0.1
总计	19.9	37	8	1220.42	100

（二）不同轮作区各地貌类型土壤耕层厚度

河北轮作区涉及的地貌类型包括冲积洪积平原、冲积湖积平原、冲积平原、海积冲积平原、洪积平原、湖积冲积平原、湖积平原、侵蚀剥蚀低山、侵蚀剥蚀丘陵和侵蚀低山等10个。其中以侵蚀剥蚀低山土壤耕层厚度最高，为21.0cm；其次为侵蚀剥蚀丘陵，为20.5cm；湖积平原的耕层厚度为20.4cm，位于第三（表5-32）。

河南轮作区地貌类型包括冲积洪积平原、冲积湖积平原、冲积平原、河流阶地、洪积平原、湖积平原、侵蚀剥蚀低山、侵蚀剥蚀丘陵和侵蚀剥蚀山间平原等9个。侵蚀剥蚀山间平原的耕层厚度最高为24.5cm，其次是洪积平原，为22.5cm，侵蚀剥蚀低山的耕层厚度最低，为17.4cm。

山东轮作区涉及的地貌类型，包括冲积海积平原、冲积洪积平原、冲积湖积平原、冲积平原、海积冲积平原、河流阶地、洪积平原、湖积冲积平原、湖积平原、侵蚀剥蚀低山、侵蚀剥蚀平原、侵蚀剥蚀丘陵、侵蚀剥蚀山间平原、侵蚀剥蚀中山、侵蚀低山和侵蚀丘陵等16个，侵蚀剥蚀丘陵的耕层厚度最高为23.5cm，侵蚀剥蚀平原为22.8cm，居第二，冲积洪积平原位于第三，为22.3cm。

山西轮作区包括冲积洪积平原、冲积平原、河流阶地、洪积平原、湖积平原、黄山覆盖区低山、黄山覆盖区中山、侵蚀剥蚀低山、侵蚀剥蚀中山、侵蚀山间平原和侵蚀中山等11个类型，冲积洪积平原的土壤耕层厚度最高为22.0cm，侵蚀山间平原为和湖积平原为20.9cm，耕层厚度最低的是侵蚀中山，为19.4cm。

表 5-32　各轮作区不同地貌类型土壤耕层厚度

轮作区	地貌类型	平均值（cm）	面积（万 hm²）	比例（%）
河北轮作区	冲积洪积平原	18.4	25.43	7.47
	冲积湖积平原	15.0	0.01	—
	冲积平原	18.5	288.72	84.85
	海积冲积平原	15.8	0.46	0.14
	洪积平原	17.5	4.52	1.33
	湖积冲积平原	19.0	17.96	5.28
	湖积平原	20.4	3.06	0.90
	侵蚀剥蚀低山	21.0	0.02	0.01
	侵蚀剥蚀丘陵	20.5	0.04	0.01
	侵蚀低山	20.0	0.02	0.01
汇总		18.5	340.26	100
河南轮作区	冲积洪积平原	20.3	14.68	3.55
	冲积湖积平原	20.0	0.11	0.03
	冲积平原	19.7	384.83	92.90
	河流阶地	19.8	13.53	3.27
	洪积平原	22.5	0.39	0.09
	湖积平原	20.0	0.40	0.10
	侵蚀剥蚀低山	17.4	0.10	0.02
	侵蚀剥蚀丘陵	22.0	0.06	0.02
	侵蚀剥蚀山间平原	24.5	0.13	0.03
汇总		19.8	414.23	100
山东轮作区	冲积海积平原	20.0	0.23	0.06
	冲积洪积平原	22.3	30.08	7.79
	冲积湖积平原	18.7	0.76	0.20
	冲积平原	19.7	312.49	80.91
	海积冲积平原	20.0	0.18	0.05
	河流阶地	20.5	1.93	0.50
	洪积平原	21.0	6.39	1.66
	湖积冲积平原	20.6	11.95	3.09
	湖积平原	20.2	0.60	0.15
	侵蚀剥蚀低山	20.4	2.44	0.63
	侵蚀剥蚀平原	22.8	4.41	1.14
	侵蚀剥蚀丘陵	23.5	6.22	1.61
	侵蚀剥蚀山间平原	20.0	0.01	—
	侵蚀剥蚀中山	20.6	0.18	0.05
	侵蚀低山	19.8	5.79	1.50
	侵蚀丘陵	20.7	2.54	0.66
汇总		20.2	386.21	100

（续）

轮作区	地貌类型	平均值（cm）	面积（万 hm²）	比例（%）
山西轮作区	冲积洪积平原	22.0	3.57	4.47
	冲积平原	20.2	11.82	14.83
	河流阶地	21.1	16.24	20.37
	洪积平原	20.8	9.37	11.75
	湖积平原	20.9	0.45	0.56
	黄山覆盖区低山	20.4	1.32	1.65
	黄山覆盖区中山	19.5	1.26	1.58
	侵蚀剥蚀低山	20.5	0.64	0.80
	侵蚀剥蚀中山	19.6	5.33	6.69
	侵蚀山间平原	20.9	28.47	35.71
	侵蚀中山	19.4	1.26	1.58
汇总		20.7	79.72	100

第五节　耕层质地

　　耕层质地是指耕层中不同大小直径的矿物颗粒的组合状况。耕层质地与土壤通气、保肥、保水状况及耕作的难易有密切关系；耕层质地状况是拟定土壤利用、管理和改良措施的重要依据。肥沃的土壤不仅要求耕层的质地良好，还要求有良好的质地剖面。虽然耕层质地主要决定于成土母质类型，有相对的稳定性，但耕作层的质地仍可通过耕作、施肥等活动进行调节。

一、耕层质地分布情况

（一）不同轮作区耕层质地分布情况

　　华北小麦玉米轮作区采集土壤样品主要有砂土、砂壤、轻壤、中壤、重壤和黏土这六种质地的土壤。其中轻壤的面积最大，为 529.78 万 hm²，其次是中壤、重壤和砂壤，分别为 243.25 万 hm²、268.51 万 hm² 和 122.24 万 hm²，最后是砂土和黏土，分别为 1.69 万 hm² 和 54.95 万 hm²。

　　不同轮作区，耕层质地也不同。其中，河北轮作区中，轻壤面积最大，为 177.70 万 hm²，最少的是砂土，为 0.02 万 hm²；河南轮作区轻壤和重壤面积较大，分别为 140.27 万 hm² 和 120.77 万 hm²，面积最少的是砂土，为 0.75 万 hm²；山东轮作区的轻壤面积最大，为 178.74 万 hm²，最少的为砂土，为 0.92 万 hm²；山西轮作区面积最多的是中壤，为 35.4 万 hm²（图 5-6、表 5-33）。

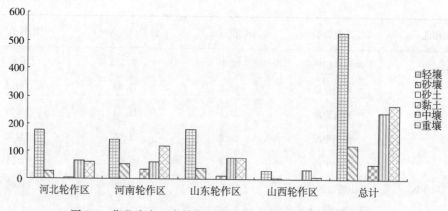

图 5-6　华北小麦玉米轮作区耕层质地分布直方图（万 hm²）

表 5-33　华北小麦玉米轮作区耕层质地面积统计（万 hm²、%）

轮作区	耕层质地											
	砂土	比例	砂壤	比例	轻壤	比例	中壤	比例	重壤	比例	黏土	比例
河北	0.02	1.18	28.73	23.50	177.70	33.54	64.86	26.66	62.36	23.22	6.59	11.99
河南	0.75	44.38	53.51	43.77	140.27	26.48	63.52	26.11	120.77	44.98	35.41	64.44
山东	0.92	54.44	36.97	30.24	178.74	33.74	79.47	32.67	77.46	28.85	12.65	23.02
山西	—	—	3.03	2.48	33.07	6.24	35.40	14.55	7.92	2.95	0.30	0.55
总计	1.69	100.00	122.24	100.00	529.78	100.00	243.25	100.00	268.51	100.00	54.95	100.00

（二）不同市区耕层质地分布情况

华北小麦玉米轮作区中，河北轮作区涉及保定市等 7 个地级市，河南轮作区涉及安阳市等 10 个地级市，山东轮作区涉及滨州市等 10 个地级市，山西轮作区涉及临汾市和运城市 2 个地级市。耕层质地包括砂土、砂壤、轻壤、中壤、重壤和黏土。

其中轻壤的面积在河北的衡水市最大，面积为 45.26 万 hm²，其次为山东轮作区的德州市，面积为 36.06 万 hm²，轻壤面积最小的是河南轮作区的漯河市，其面积仅 0.8 万 hm²，除河南轮作区的漯河市，轻壤面积在其他省均大于 1 万 hm²。

山东轮作区的菏泽市、聊城市和河南轮作区的开封市、周口市的砂壤面积较大，其面积均大于 10 万 hm²，山东轮作区的淄博市、东营市和河南轮作区的焦作市砂壤的面积都比较小，其面积均小于 0.1 万 hm²，河北轮作区的石家庄市砂壤面积极少。

除山东轮作区的聊城市、济南市、菏泽市、滨州市，河北轮作区的廊坊市和河南轮作区的商丘市、开封市外，其余各市的砂土面积几乎为零，从各市来看，砂土面积普遍不高，最高面积仅 0.58 万 hm²，位于山东轮作区的聊城市。

河南轮作区的商丘市黏土面积最大，为 12.71 万 hm²，其他各市面积均不超过 10 万 hm²，黏土面积较少的市有河南轮作区的濮阳市、山东轮作区的德州市和山西轮作区的临汾市，其面积均不大于0.1万hm²。

　　山西轮作区运城市、临汾市，河南轮作区的驻马店市、濮阳市，河北轮作区的保定市、沧州市和山东轮作区的德州市、滨州市中壤面积都较大，均大于10万hm²，除以上各市（大于10万hm²）和河南安阳市（0.03万hm²）和漯河市（0.03万hm²）两市外，其余各市面积均在1万～9万hm²之间。

　　重壤面积的最大和最小两市均在河南，最大为河南轮作区的周口市，其面积为50.13万hm²，最小为河南轮作区的焦作市，其面积为0.03万hm²（表5-34）。

表5-34　华北小麦玉米轮作区地级市耕层质地分布（万hm²、%）

轮作区	地级市	耕层质地												总计
		砂土	比例	砂壤	比例	轻壤	比例	中壤	比例	重壤	比例	黏土	比例	
河北轮作区	保定市	—	—	4.19	14.59	22.24	12.51	18.53	28.57	9.63	15.45	—	—	54.58
	沧州市	—	—	5.27	18.35	28.14	15.83	15.30	23.59	11.62	18.64	0.68	10.32	61.02
	邯郸市	—	—	4.28	14.90	23.38	13.16	5.81	8.96	13.39	21.48	—	—	46.85
	衡水市	—	—	0.42	1.46	45.26	25.47	7.37	11.36	9.41	15.09	—	—	62.46
	廊坊市	0.03	100.00	7.88	27.44	13.26	7.46	4.75	7.32	3.17	5.08	3.34	50.68	32.44
	石家庄市	—	—	—	—	25.42	14.30	7.16	11.04	0.74	1.19	—	—	33.32
	邢台市	—	—	6.68	23.26	20.01	11.26	5.94	9.16	14.39	23.08	2.57	39.00	49.58
	汇总	0.03	100.00	28.72	100.00	177.71	100.00	64.86	100.00	62.35	100.00	6.59	100.00	340.25
河南轮作区	安阳市	—	—	1.20	2.24	6.95	4.95	0.03	0.05	12.22	10.12	4.53	12.79	24.94
	焦作市	—	—	0.02	0.04	4.34	3.09	4.21	6.63	0.03	0.02	—	—	8.59
	开封市	0.30	40.00	12.41	23.20	16.34	11.65	5.94	9.35	11.18	9.26	4.59	12.96	50.76
	漯河市	—	—	3.47	6.49	0.80	0.57	0.03	0.05	2.90	2.40	5.74	16.21	12.93
	濮阳市	—	—	1.58	2.95	11.09	7.91	12.09	19.03	4.03	3.34	0.08	0.23	28.87
	商丘市	0.45	60.00	9.16	17.12	22.14	15.78	5.86	9.23	21.19	17.55	12.71	35.89	71.51
	新乡市	—	—	9.18	17.16	18.04	12.86	2.75	4.33	7.01	5.80	0.26	0.73	37.23
	许昌市	—	—	0.28	0.52	10.00	7.13	7.08	11.15	1.39	1.15	—	—	18.76
	周口市	—	—	10.02	18.73	32.01	22.82	3.05	4.80	50.13	41.51	0.91	2.57	96.12
	驻马店市	—	—	6.18	11.55	18.57	13.24	22.48	35.39	10.69	8.85	6.59	18.61	64.52
	汇总	0.75	100.00	53.50	100.00	140.28	100.00	63.52	100.00	120.77	100.00	35.41	100.00	414.23
山东轮作区	滨州市	0.04	4.35	0.50	1.35	16.02	8.96	14.26	17.94	2.03	2.62	0.76	6.01	33.60
	德州市	—	—	0.85	2.30	36.06	20.17	14.27	17.96	8.33	10.75	0.04	0.32	59.54
	东营市	—	—	0.05	0.14	1.43	0.80	5.21	6.56	0.34	0.44	0.01	0.08	7.04
	菏泽市	0.13	14.13	14.05	37.99	30.66	17.15	5.76	7.25	23.38	30.18	4.16	32.91	78.14
	济南市	0.17	18.48	2.70	7.30	19.49	10.90	8.46	10.65	6.40	8.26	1.91	15.11	39.11
	济宁市	—	—	4.21	11.38	30.00	16.78	7.80	9.82	12.13	15.66	0.13	1.03	54.28
	聊城市	0.58	63.04	12.33	33.34	18.43	10.31	7.78	9.79	16.55	21.37	5.09	40.27	60.76
	泰安市	—	—	2.04	5.52	16.85	9.43	4.25	5.35	5.61	7.24	0.44	3.48	29.19
	枣庄市	—	—	0.23	0.62	4.17	2.33	4.13	5.20	0.61	0.79	0.10	0.79	9.24
	淄博市	—	—	0.02	0.05	5.65	3.16	7.55	9.50	2.08	2.69	—	—	15.31
	汇总	0.92	100.00	36.98	100.00	178.76	100.00	79.47	100.00	77.46	100.00	12.64	100.00	386.21
山西轮作区	临汾市	—	—	0.35	11.55	14.47	43.76	10.43	29.47	1.22	15.40	0.02	6.45	26.50
	运城市	—	—	2.68	88.45	18.60	56.24	24.96	70.53	6.70	84.60	0.29	93.55	53.22
	汇总	—	—	3.03	100.00	33.07	100.00	35.39	100.00	7.92	100.00	0.31	100.00	79.72
总计		1.69	—	122.24	—	330.56 529.78	—	243.25	—	268.51	—	54.95	—	1220.42

（三）不同土壤类型耕层质地分布情况

1. 不同土类耕层质地分布情况

（1）华北小麦玉米轮作区不同土类的耕层质地水平分布情况。不同地区人为影响和自然影响的不同导致土壤类型和耕层质地不同。从下表可以看出，华北小麦玉米轮作区六种主要土壤类型的面积顺序为：潮土＞褐土＞砂姜黑土＞黄褐土＞棕壤＞风沙土。

从耕层质地方面来看，轻壤主要分布在潮土和褐土中，面积分别为 374.88 万 hm² 和 98.99 万 hm²；砂壤主要分布在潮土和砂姜黑土中，分别为 98.65 万 hm² 和 9.96 万 hm²；砂土主要分布在潮土中，面积为 1.45 万 hm²；黏土主要分布在潮土和砂姜黑土中，分别为 36.59 万 hm² 和 10.33 万 hm²；中壤主要分布在潮土和褐土中，分别为 130.91 万 hm² 和 77.79 万 hm²；重壤主要分布在潮土和砂姜黑土中，分别为 211.79 万 hm² 和 24.48 万 hm²（表 5-35）。

表 5-35　华北小麦玉米轮作区不同土类耕层质地面积统计（万 hm²）

土类	耕层质地						总计
	砂土	砂壤	轻壤	中壤	重壤	黏土	
滨海盐土	—	—	0.07	0.45	0.01	0.02	0.55
潮土	1.45	98.65	374.88	130.91	211.79	36.59	854.27
粗骨土	0.01	0.92	3.78	2.7	1.54	0.31	9.26
风沙土	0.04	3.24	2.71	0.43	3.15	0.98	10.55
褐土	0.1	4.42	98.99	77.79	15.21	3.98	200.49
红黏土		—	0.18	0.16	0.02	—	0.36
黄褐土		1.93	6.77	11.17	3.84	1.82	25.52
碱土	—	0.08	0.33	0.1	0.23	0.07	0.81
砂姜黑土		9.96	20.08	14.04	24.48	10.33	78.88
石质土		0.06	1.48	0.27	0.38	0.07	2.26
水稻土		0.77	1.34	2.07	1.07	0.03	5.28
新积土		0.65		0.83	1.75		8.58
盐土	0.03	0.22	3.03	1.05	1.2	0.17	5.71
沼泽土	—	0.04	0.24	0.08	0.03	0.17	0.56
棕壤	0.06	1.3	10.58	1.2	3.81	0.38	17.33
总计	1.69	122.24	529.78	243.25	268.51	54.95	1220.42

（2）各轮作区不同土类耕层质地分布情况　各轮作区耕层质地和土壤类型的分布情况不同，由下表中可以看出，耕层质地为轻壤的以河北的潮土最多，面积为 129.57 万 hm²；在潮土中，耕层质地为砂壤的以河南轮作区的 40.33 万 hm²；耕层质地为砂土的以山东轮作区的潮土最多，为 0.72 万 hm²；耕层质地为黏土的以河南轮作区的潮土最多，面积为 19.89 万 hm²；耕层质地为中壤的以山东轮作区的潮土最多，为 46.06 万 hm²；耕层质地为重壤的以河南轮作区的潮土最多，为 91.75 万 hm²（表 5-36）。

表 5-36 各轮作区不同土类耕层质地面积统计（万 hm²）

轮作区	土类	耕层质地						总计
		砂土	砂壤	轻壤	中壤	重壤	黏土	
河北轮作区	潮土	0.03	26.72	129.57	42.25	54.74	6.32	259.63
	粗骨土	—	—	0.02	0.17	0.09		0.28
	风沙土	—	1.2	1.06	0.4	1	0.03	3.69
	褐土	—	0.65	44.74	21.08	6.16	—	72.63
	砂姜黑土	—	—	0.39	0.56	—	—	0.94
	水稻土	—	—	0.16	—	0.09	—	0.25
	新积土	—	0.03	1.06	0.2	0.09	—	1.39
	盐土	—	0.08	0.5	0.16	0.15	0.07	0.97
	沼泽土	—	0.04	0.2	0.05	0.03	0.17	0.48
河南轮作区	潮土	0.7	40.33	113.17	40.25	91.75	19.89	306.09
	粗骨土	—	—	0.03	0.01	—	—	0.04
	风沙土	0.05	0.65	0.79	0.03	1.15	0.61	3.28
	褐土	—	0.36	3.65	0.67	0.11	2.63	7.42
	黄褐土	—	1.93	6.77	11.17	3.84	1.82	25.52
	碱土	—	0.05	0.33	0.1	0.13	0.07	0.68
	砂姜黑土	—	9.93	15.07	9.92	23.46	10.33	68.71
	石质土	—	—	0.01	0.02	—	0.07	0.1
	水稻土	—	—	0.03	0.89	0.09	—	1.01
	新积土	—	0.27	0.35	0.43	0.15	—	1.2
	盐土	—	—	0.07	0.03	0.08	—	0.18
山东轮作区	滨海盐土	—	—	0.07	0.45	0.01	0.01	0.55
	潮土	0.72	31.11	127.4	46.06	63.64	10.33	279.26
	粗骨土	0.01	0.75	3.13	2.39	1.29	0.31	7.89
	风沙土	—	1.39	0.83	—	1	0.34	3.56
	褐土	0.1	1.05	23.98	23.54	3.14	1.1	52.9
	红黏土	—	—	0.09	0.07	0.02	—	0.18
	碱土	—	0.03	—	—	0.1	—	0.14
	砂姜黑土	—	0.03	4.62	3.56	1.01	—	9.22
	石质土	—	0.05	1.04	0.13	0.18	—	1.4
	水稻土	—	0.77	1.06	1.17	0.89	0.03	3.92
	新积土	—	0.35	3.58	0.08	1.47	0.03	5.51
	盐土	0.03	0.14	2.37	0.82	0.89	0.11	4.36
	棕壤	0.06	1.29	10.57	1.2	3.81	0.38	17.32
山西轮作区	潮土	—	0.49	4.73	2.36	1.66	0.05	9.28
	粗骨土	—	0.17	0.6	0.12	0.16	—	1.06
	风沙土	—	—	0.03	—	—	—	0.03
	褐土	—	2.36	26.62	32.5	5.79	0.25	67.53
	红黏土	—	—	0.09	0.09	—	—	0.18
	石质土	—	0.01	0.43	0.12	0.19	—	0.76
	水稻土	—	—	0.09	0.02	0	—	0.1
	新积土	—	—	0.33	0.12	0.04	—	0.49
	盐土	—	—	0.09	0.04	0.08	—	0.21
	沼泽土	—	—	0.05	0.03	—	—	0.08
	棕壤	—	—	0.02	—	—	—	0.02
总计		1.69	122.24	529.78	243.25	268.51	54.95	1220.42

2. 不同亚类耕层质地分布情况 亚类是土类的续分，反映主导土壤形成过程以外，还有其他附加的成土过程。一个土类中有代表它典型特性的典型亚类，即它是在定义土类的特定成土条件和主导成土过程作用下产生的；也有表示一个土类向另一个土类过渡的亚类，它是根据主导成土过程之外的附加成土过程来划分的。

（1）华北小麦玉米轮作区不同亚类的耕层质地分布情况 由表 5-37 可知，华北小麦玉米轮作区面积大的前六种亚类的顺序是潮土＞脱潮土＞盐化潮土＞潮褐土＞石灰性褐土＞砂姜黑土，面积分别为 621.52 万 hm²、98.30 万 hm²、97.40 万 hm²、95.19 万 hm²、48.61 万 hm² 和 47.28 万 hm²。

六种耕层质地中，均是潮土的面积最大，轻壤中有 268.29 万 hm²，砂壤中有 73.55 万 hm²，砂土中有 0.72 万 hm²，黏土中有 27.90 万 hm²，中壤中有 91.27 万 hm²，重壤中有 159.79 万 hm²（图 5-7）。

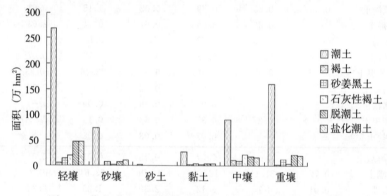

图 5-7 华北小麦玉米轮作区部分亚类耕层质地分布直方图

表 5-37 华北小麦玉米轮作区不同亚类耕层质地面积统计（万 hm²）

亚 类	耕层质地					
	砂土	砂壤	轻壤	中壤	重壤	黏土
白浆化黄褐土	—	0.25	2.09	3.55	0.1	0.48
滨海盐土	—	—	0.07	0.45	0.01	0.01
草甸风沙土	0.05	3.24	2.71	0.42	3.15	0.98
草甸碱土	—	0.08	0.33	0.1	0.23	0.07
草甸盐土	0.03	0.18	2.98	1.05	1.1	0.17
草甸沼泽土	—	0.04	0.07	—	—	0.17
潮褐土		0.83	58.33	28.9	5.9	1.23
潮土	0.72	73.55	268.29	91.27	159.79	27.9
潮棕壤		0.05	5.39	0.37	0.84	—
冲积土	—	0.65	5.32	0.83	1.75	0.03
典型黄褐土	—	1.67	4.67	7.41	3.73	1.34
钙质粗骨土	—	0.24	1.97	2.09	0.42	0.08
钙质石质土	—	0.01	0.08	0.03	0.03	0.06
灌淤潮土	0.04	0.96	0.81	0.77	0.48	0.21

（续）

亚 类	耕层质地					
	砂土	砂壤	轻壤	中壤	重壤	黏土
褐土	0.05	0.65	6.02	10.51	1.03	1.69
褐土性土	—	1.35	14.08	14.24	2.79	0.31
红黏土	—	—	0.18	0.16	0.02	
黄褐土性土	—	—	—	0.21	—	—
灰潮土	—	1.53	2.5	2.05	5.84	1.25
碱化潮土	0.11	2.01	5.04	0.86	2.39	0.88
碱化盐土	—	0.05	0.05	—	0.1	—
淋溶褐土	—	0.34	1.49	1.41	0.74	—
漂洗水稻土	—	—	—	0.51	—	—
砂姜黑土	—	7.16	14.38	9.53	12.23	3.98
湿潮土	0.03	1.92	3.33	1.44	2.06	0.53
石灰性褐土	0.04	1.26	19.07	22.73	4.75	0.75
石灰性砂姜黑土	—	2.8	5.7	4.51	12.25	6.35
酸性粗骨土	0.01	0.57	1.36	0.19	1.04	0.24
酸性石质土	—	0.04	1.04	0.1	0.18	—
脱潮土	0.27	7.58	47.92	17.77	21.68	3.09
淹育水稻土	—	0.77	1.15	1.23	1.03	0.03
盐化潮土	0.28	11.1	46.99	16.75	19.54	2.74
盐化沼泽土	—	—	0.03	—	—	—
盐渍型水稻土	—	—	0.06	0.02	—	—
沼泽土	—	—	0.15	0.08	0.03	—
中性粗骨土	—	0.11	0.45	0.41	0.09	—
中性石质土	—	0.01	0.37	0.13	0.17	0.01
潴育（潜育型）水稻土	—	—	0.03	0.22	0.04	—
潴育水稻土	—	—	0.1	0.09	—	—
棕壤	0.02	0.66	4.18	0.6	2.07	0.29
棕壤性土	0.04	0.58	1.01	0.23	0.91	0.1
总计	1.69	122.24	529.78	243.25	268.51	54.95

（2）各轮作区不同亚类耕层质地水平分布情况　不同轮作区土壤亚类的耕层质地也有很大差异，如下表所示，潮土是所占全区耕地面积最多的亚类，其中河北轮作区、河南轮作区和山东轮作区的潮土面积明显多于山西轮作区，面积分别为192.87万hm²、245.72万hm²和179.74万hm²。河北轮作区中，轻壤主要分布在潮土（94.86万hm²）和潮褐土（39.10万hm²）土类中；砂壤主要分布在潮土中，其面积为20.10万hm²；河北轮作区砂土面积极少，只有0.03万hm²，分布在潮土土类中；河北轮作区的中壤主要分布在潮褐土和潮土中，其面积分别为16.52万hm²和32.21万hm²；重壤主要分布在潮土中，其面积为40.95万hm²。

河南轮作区中，轻壤主要分布在潮土中，其面积为89.74万hm²；砂壤主要分布在潮土中，其面积为32.62万hm²；砂土分布极少；黏土、中壤和重壤也都主要分布在潮土中，其面积分别为16.26万hm²、29.8万hm²和76.93万hm²。

山东轮作区的各类耕层质地也都分布在潮土中。山西轮作区轻壤主要分布在褐土性土中，其面积为 13.22 万 hm²；砂壤也主要分布在褐土性土土类中，其面积为 1.31 万 hm²；砂土在山西轮作区分布极少；中壤和重壤也主要分布在褐土性土类中（表 5-38）。

表 5-38　各轮作区不同亚类耕层质地面积统计（万 hm²）

轮作区	亚类	耕层质地					
		砂土	砂壤	轻壤	中壤	重壤	黏土
河北轮作区	草甸风沙土	—	1.20	1.06	0.40	1.00	0.03
	草甸盐土	—	0.05	0.45	0.16	0.11	0.07
	草甸沼泽土	—	0.04	0.05	—	—	0.17
	潮褐土	—	0.60	39.10	16.52	4.64	
	潮土	0.03	20.1	94.86	32.21	40.95	4.71
	冲积土	—	0.03	1.06	0.20	0.09	
	钙质粗骨土	—	—	—	0.17		
	褐土	—	—	—	0.04		
	褐土性土	—	—	0.08	0.01		
	碱化潮土	—	—	0.02	—		
	碱化盐土	—	0.04	0.05	—	0.05	
	砂姜黑土	—	—	0.23	0.02	—	
	湿潮土	—	1.49	0.76	0.42	0.73	0.29
	石灰性褐土	—	0.05	5.56	4.50	1.52	
	石灰性砂姜黑土	—	—	0.15	0.53	—	
	酸性粗骨土	—	—	—	—	0.09	
	脱潮土	—	1.09	15.24	4.11	5.88	0.33
	淹育水稻土	—	—	0.06	—	0.09	
	盐化潮土	—	4.03	18.7	5.52	7.18	0.99
	沼泽土	—	—	0.15	0.05	0.03	
	中性粗骨土	—	—	0.02	—		
	潴育水稻土	—	—	0.10	—		
河南轮作区	白浆化黄褐土	—	0.25	2.09	3.55	0.10	0.48
	草甸风沙土	0.05	0.65	0.79	0.03	1.15	0.61
	草甸碱土	—	0.05	0.33	0.10	0.13	0.07
	草甸盐土	—	—	0.07	0.03	0.08	—
	潮褐土	—	—	2.69	0.55	—	1.20
	潮土	0.35	32.62	89.74	29.8	76.93	16.26
	冲积土	—	0.27	0.35	0.43	0.15	—
	典型黄褐土	—	1.67	4.67	7.41	3.73	1.34
	钙质石质土	—	—	—	—	—	0.06
	灌淤潮土	0.04	0.96	0.81	0.77	0.48	0.21
	褐土	—	0.03	0.93	0.12	—	1.26
	褐土性土	—	0.03	—	—	—	0.13
	黄褐土性土	—	—	—	0.21	—	—
	灰潮土	—	1.53	2.50	2.05	5.84	1.25
	碱化潮土	0.07	1.63	4.43	0.64	2.00	0.75
	淋溶褐土	—	0.30	0.03	—	0.11	—
	漂洗水稻土	—	—	—	0.51	—	—
	砂姜黑土	—	7.13	11.51	8.61	11.91	3.98
	湿潮土	0.03	0.17	0.30	0.01	0.13	0.10
	石灰性褐土	—	—	—	—	—	0.03
	石灰性砂姜黑土	—	2.80	3.57	1.32	11.55	6.35
	脱潮土	0.21	1.95	13.19	6.34	5.11	1.17
	淹育水稻土	—	—	0.03	0.08	0.05	—
	盐化潮土	—	1.47	2.20	0.64	1.26	0.14
	中性粗骨土	—	—	0.03	0.01	—	—
	中性石质土	—	—	0.01	0.02	—	0.01
	潴育（潜育型）水稻土	—	—	—	0.21	0.04	—
	潴育水稻土	—	—	0.09	—	—	—

（续）

轮作区	亚类	耕层质地					
		砂土	砂壤	轻壤	中壤	重壤	黏土
	滨海盐土	—	—	0.07	0.45	0.01	0.01
	草甸风沙土	—	1.39	0.83	—	1.00	0.34
	草甸碱土	—	0.03	—	—	0.10	—
	草甸盐土	0.03	0.13	2.37	0.82	0.84	0.11
	潮褐土	—	0.23	15.68	11.61	1.12	0.03
	潮土	0.34	20.79	81.9	28.37	41.48	6.87
	潮棕壤	—	0.05	5.39	0.37	0.84	—
	冲积土	—	0.35	3.58	0.08	1.47	0.03
	钙质粗骨土	—	0.18	1.73	1.89	0.34	0.08
	钙质石质土	—	0.01	—	—	—	—
	褐土	0.05	0.56	4.64	8.09	0.88	0.41
	褐土性土	—	0.01	0.77	0.95	0.07	0.05
	红黏土	—	—	0.09	0.07	0.02	—
	碱化潮土	0.04	0.30	0.34	0.05	0.20	0.13
山东轮作区	碱化盐土	—	0.01	—	—	0.05	—
	淋溶褐土	—	0.03	1.33	1.33	0.58	—
	砂姜黑土	—	0.03	2.64	0.90	0.32	—
	湿潮土	—	0.26	2.13	1.01	1.20	0.13
	石灰性褐土	0.04	0.22	1.55	1.54	0.49	0.62
	石灰性砂姜黑土	—	—	1.98	2.66	0.69	—
	酸性粗骨土	0.01	0.57	1.36	0.19	0.95	0.24
	酸性石质土	—	0.04	1.04	0.10	0.18	—
	脱潮土	0.06	4.25	17.36	6.31	9.99	1.59
	淹育水稻土	—	0.77	1.06	1.15	0.89	0.03
	盐化潮土	0.28	5.51	25.66	10.32	10.76	1.60
	中性粗骨土	—	—	0.04	0.31	—	—
	中性石质土	—	—	—	0.02	—	—
	潴育（潜育型）水稻土	—	—	—	0.01	—	—
	棕壤	0.02	0.66	4.17	0.6	2.07	0.29
	棕壤性土	0.04	0.58	1.01	0.23	0.91	0.10

（续）

轮作区	亚类	耕层质地					
		砂土	砂壤	轻壤	中壤	重壤	黏土
山西轮作区	草甸风沙土	—	—	0.03	—	—	—
	草甸盐土	—	—	0.09	0.04	0.08	—
	草甸沼泽土	—	—	0.02	—	—	—
	潮褐	—	—	0.85	0.22	0.14	—
	潮土	—	0.04	1.78	0.89	0.43	0.05
	冲积土	—	—	0.33	0.12	0.04	—
	钙质粗骨土	—	0.06	0.24	0.03	0.07	—
	钙质石质土	—	—	0.08	0.03	0.03	—
	褐土	—	0.06	0.45	2.25	0.15	0.02
	褐土性土	—	1.31	13.22	13.27	2.72	0.13
	红黏土	—	—	0.09	0.09	—	—
	碱化潮土	—	0.08	0.24	0.17	0.19	—
	淋溶褐土	—	—	0.13	0.08	0.05	—
	湿潮土	—	—	0.14	—	—	—
	石灰性褐土	—	0.99	11.97	16.68	2.74	0.10
	脱潮土	—	0.28	2.13	1.02	0.70	—
	盐化潮土	—	0.08	0.44	0.27	0.34	—
	盐化沼泽土	—	—	0.03	—	—	—
	盐渍型水稻土	—	—	0.06	0.02	—	—
	沼泽土	—	—	—	0.03	—	—
	中性粗骨土	—	0.11	0.37	0.09	0.09	—
	中性石质土	—	0.01	0.35	0.09	0.17	—
	潴育（潜育型）水稻土	—	—	0.03	—	—	—
	棕壤	—	—	0.02	—	—	—
	总计	1.69	122.24	529.78	243.25	268.51	54.95

（四）不同地貌类型耕层质地分布情况

1. 不同地貌类型的耕层质地　华北小麦玉米轮作区耕地主要涉及 20 种地貌，面积大的前六种地貌是冲积平原、冲积洪积平原、河流阶地、湖积冲积平原、侵蚀山间平原和洪积平原，面积分别为 997.87 万 hm²、73.76 万 hm²、31.7 万 hm²、29.91 万 hm²、28.47万 hm² 和 20.66 万 hm²。面积最小的是侵蚀剥蚀山间平原，为 0.14 万 hm²（图 5-8）。每种耕层质地都主要分布在冲积平原和冲击洪积平原地貌区（表 5-39）。

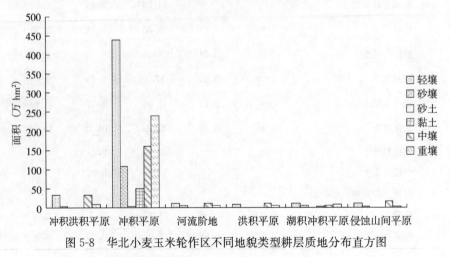

图 5-8　华北小麦玉米轮作区不同地貌类型耕层质地分布直方图

表 5-39 华北小麦玉米轮作区不同地貌类型耕层质地面积统计（万 hm²）

地貌类型	耕层质地					
	砂土	砂壤	轻壤	中壤	重壤	黏土
冲积海积平原	—	—	—	0.23	—	—
冲积洪积平原	—	1.24	32.56	32.48	7.02	0.46
冲积湖积平原	—	0.37	0.12	—	0.01	0.38
冲积平原	1.56	107.55	439.57	160.76	238.49	49.93
海积冲积平原	—	—	—	0.64	—	
河流阶地	—	3.44	11.73	9.93	5.73	0.88
洪积平原	—	0.59	8.27	8.6	3.14	0.06
湖积冲积平原	—	5.53	11.31	4.73	6.52	1.83
湖积平原	—	0.64	1.52	1.19	1.17	—
黄山覆盖区低山	—	—	0.94	0.33	0.05	
黄山覆盖区中山	—	0.12	0.6	0.39	0.15	
侵蚀剥蚀低山	0.08	0.53	1.22	0.22	0.6	0.54
侵蚀剥蚀平原	—	0.11	2.32	1.81	0.17	
侵蚀剥蚀丘陵	—	0.52	3.07	0.45	2.27	0.01
侵蚀剥蚀山间平原	—	—	0.01	—	—	0.13
侵蚀剥蚀中山	—	0.12	2.1	2.99	0.3	0.02
侵蚀低山	0.05	0.27	2.77	1.79	0.4	0.53
侵蚀丘陵	—	0.12	1.42	0.6	0.41	—
侵蚀山间平原	—	0.96	9.33	16.12	1.87	0.18
侵蚀中山	—	0.13	0.94	—	0.2	—
总计	1.69	122.24	529.78	243.25	268.51	54.95

2. 不同地貌类型耕层质地区域差异 由表 5-40 得出结论，河北轮作区的冲积平原和冲积洪积平原最多，面积分别为 288.72 万 hm² 和 25.43 万 hm²，其中冲积平原中，轻壤又是最多的，为 154 万 hm²；冲积洪积平原中，也是轻壤最多，面积为 12.89 万 hm²。河南轮作区的冲积平原和冲积洪积平原最多，分别为 384.83 万 hm² 和 14.68 万 hm²，其中冲积平原中，轻壤和重壤最多，分别为 132.54 万 hm² 和 115.62 万 hm²；冲积洪积平原中，中壤最多，面积为 8.43 万 hm²。山东轮作区最多的也是冲积平原和冲积洪积平原，分别为 312.49 万 hm² 和 30.08 万 hm²，其中冲积平原中，面积最大的是轻壤，为 147.48 万 hm²；冲积洪积平原中，中壤最多，面积为 12.52 万 hm²。山西轮作区的侵蚀山间平原和河流阶地面积最大，分别为 28.47 万 hm² 和 16.24 万 hm²，其中侵蚀山间平原中，中壤的面积最大，为 16.12 万 hm²；河流阶地中，轻壤面积最大，为 7.49 万 hm²。

表 5-40　各轮作区不同地貌类型耕层质地面积统计（万 hm²）

轮作区	地貌类型	耕层质地					
		砂土	砂壤	轻壤	中壤	重壤	黏土
河北轮作区	冲积平原	0.03	23.9	154.00	49.67	56.33	4.80
	冲积洪积平原	—	0.40	12.89	10.17	1.87	0.09
	湖积冲积平原	—	3.89	7.23	2.55	2.60	1.70
	洪积平原	—	—	2.50	1.37	0.64	—
	湖积平原	—	0.53	1.01	0.62	0.91	—
	海积冲积平原	—	—	—	0.46	—	—
	侵蚀剥蚀丘陵	—	—	0.04	—	—	—
	侵蚀低山	—	—	—	0.02	—	—
	侵蚀剥蚀低山	—	—	0.02	—	—	—
	冲积湖积平原	—	—	0.01	—	—	—
河南轮作区	侵蚀剥蚀丘陵	—	0.05	0.01	—	—	—
	侵蚀剥蚀低山	—	—	0.03	0.07	—	—
	冲积湖积平原	—	—	0.11	—	—	—
	侵蚀剥蚀山间平原	—	—	—	—	—	0.13
	洪积平原	—	0.03	0.23	0.08	0.05	—
	湖积平原	—	—	—	0.40	—	—
	河流阶地	—	2.19	3.67	3.93	3.20	0.54
	冲积洪积平原	—	0.29	3.69	8.43	1.90	0.37
	冲积平原	0.75	50.95	132.54	50.60	115.62	34.37
山东轮作区	冲积平原	0.78	32.37	147.48	55.36	65.81	10.69
	冲积洪积平原	—	0.37	14.51	12.52	2.67	—
	湖积冲积平原	—	1.63	4.08	2.19	3.92	0.13
	洪积平原	—	0.23	1.39	4.18	0.54	0.06
	侵蚀剥蚀丘陵	—	0.47	3.01	0.45	2.27	0.01
	侵蚀低山	0.05	0.27	2.77	1.76	0.40	0.53
	侵蚀剥蚀平原	—	0.11	2.32	1.81	0.17	—
	侵蚀丘陵	—	0.12	1.42	0.60	0.41	—
	侵蚀剥蚀低山	0.08	0.53	0.77	0.03	0.48	0.54
	河流阶地	—	0.43	0.56	0.01	0.63	0.30
	冲积湖积平原	—	0.37	—	—	0.01	0.38
	湖积平原	—	0.07	0.32	0.17	0.04	—
	冲积海积平原	—	—	—	0.23	—	—
	侵蚀剥蚀中山	—	0.01	0.09	—	0.08	—
	海积冲积平原	—	—	—	0.18	—	—
	侵蚀剥蚀山间平原	—	—	0.01	—	—	—
山西轮作区	侵蚀山间平原	—	0.96	9.33	16.12	1.87	0.18
	河流阶地	—	0.83	7.49	5.99	1.90	0.03
	冲积平原	—	0.34	5.55	5.14	0.73	0.07
	洪积平原	—	0.34	4.15	2.97	1.91	—
	侵蚀剥蚀中山	—	0.10	2.01	2.99	0.22	0.02
	冲积洪积平原	—	0.17	1.47	1.36	0.57	—
	黄山覆盖区低山	—	—	0.94	0.33	0.05	—
	黄山覆盖区中山	—	0.12	0.6	0.39	0.15	—
	侵蚀中山	—	0.13	0.94	—	0.2	—
	侵蚀剥蚀低山	—	—	0.41	0.11	0.11	—
	湖积平原	—	0.04	0.19	—	0.22	—
总计		1.69	122.24	529.78	243.25	268.51	54.95

二、耕层质地分级

根据华北小麦玉米轮作区域耕层质地分类标准，参照第二次土壤普查时分类标准，将耕层质地等级划分为6类。全区耕层质地分类面积见图5-9。

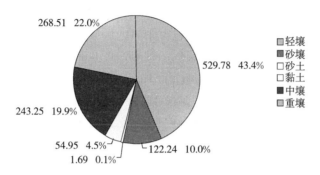

图5-9　华北小麦玉米轮作区土壤耕层质地分类面积统计分析（hm²）

耕层质地为砂土的面积全区共1.69万hm²，占华北小麦玉米轮作区面积的0.14%。其中河北轮作区0.03万hm²，占本轮作区耕地面积的0.01%，占华北小麦玉米轮作区砂土面积的1.78%；河南轮作区0.75万hm²，占本轮作区耕地面积0.18%，占华北小麦玉米轮作区该砂土面积的44.38%；山东轮作区0.91万hm²，占本轮作区耕地面积的0.24%，占华北小麦玉米轮作区该砂土面积的53.85%。

耕层质地为砂壤的面积全区共122.24万hm²，占华北小麦玉米轮作区面积的10.02%。其中河北轮作区28.73万hm²，占本轮作区耕地面积的8.44%，占华北小麦玉米轮作区砂壤面积的23.50%；河南轮作区53.51万hm²，占本轮作区耕地面积12.92%，占华北小麦玉米轮作区砂壤面积的43.77%；山东轮作区36.97万hm²，占本轮作区耕地面积的9.57%，占华北小麦玉米轮作区砂壤面积的30.24%；山西轮作区3.03万hm²，占本轮作区耕地面积的3.80%，占华北小麦玉米轮作区砂壤面积的2.48%。

耕层质地为轻壤的面积全区共529.78万hm²，占华北小麦玉米轮作区面积的43.41%。其中河北轮作区177.69万hm²，占本轮作区耕地面积的52.22%，占华北小麦玉米轮作区轻壤面积的33.54%；河南轮作区140.27万hm²，占本轮作区耕地面积33.86%，占华北小麦玉米轮作区轻壤面积的26.48%；山东轮作区178.75万hm²，占本轮作区耕地面积的46.28%，占华北小麦玉米轮作区轻壤面积的33.74%；山西轮作区33.07万hm²，占本轮作区耕地面积的41.48%，占华北小麦玉米轮作区轻壤面积的6.24%。

耕层质地为中壤的面积全区共243.25万hm²，占华北小麦玉米轮作区面积的19.93%。其中河北轮作区64.86万hm²，占本轮作区耕地面积的19.06%，占华北小麦玉米轮作区中壤面积的26.66%；河南轮作区63.52万hm²，占本轮作区耕地面积15.33%，占华北小麦玉米轮作区中壤面积的26.11%；山东轮作区79.47万hm²，占本轮作区耕地面积的20.58%，占华北小麦玉米轮作区中壤面积的32.67%；山西轮作区

35.40 万 hm^2，占本轮作区耕地面积的 44.41%，占华北小麦玉米轮作区中壤面积的 14.55%（表 5-41）。

表 5-41　华北小麦玉米轮作区土壤耕层质地分级面积统计（万 hm^2、%）

轮作区	比例	砂土	砂壤	轻壤	中壤	重壤	黏土
河北轮作区	耕地面积	0.03	28.73	177.69	64.86	62.36	6.59
	占该轮作区耕地	0.01	8.44	52.22	19.06	18.33	1.94
	占全区该质地类型耕地	1.78	23.50	33.54	26.66	23.22	11.99
河南轮作区	耕地面积	0.75	53.51	140.27	63.52	120.77	35.41
	占该轮作区耕地	0.18	12.92	33.86	15.33	29.16	8.55
	占全区该质地类型耕地	44.38	43.77	26.48	26.11	44.98	64.44
山东轮作区	耕地面积	0.91	36.97	178.75	79.47	77.46	12.65
	占该轮作区耕地	0.24	9.57	46.28	20.58	20.06	3.28
	占全区该质地类型耕地	53.85	30.24	33.74	32.67	28.85	23.02
山西轮作区	耕地面积	—	3.03	33.07	35.40	7.92	0.30
	占该轮作区耕地	—	3.80	41.48	44.41	9.93	0.38
	占全区该质地类型耕地	—	2.48	6.24	14.55	2.95	0.55
华北小麦玉米轮作区	耕地面积	1.69	122.24	529.78	243.25	268.51	54.95
	占全区该质地类型耕地	0.14	10.02	43.41	19.93	22.00	4.50

　　耕层质地为重壤的面积全区共 268.51 万 hm^2，占华北小麦玉米轮作区面积的 22%。其中河北轮作区 62.36 万 hm^2，占本轮作区耕地面积的 18.33%，占华北小麦玉米轮作区重壤面积的 23.22%；河南轮作区 120.77 万 hm^2，占本轮作区耕地面积 29.16%，占华北小麦玉米轮作区重壤面积的 44.98%；山东轮作区 77.46 万 hm^2，占本轮作区耕地面积的 20.06%，占华北小麦玉米轮作区重壤面积的 28.85%；山西轮作区 7.92 万 hm^2，占本轮作区耕地面积的 9.93%，占华北小麦玉米轮作区重壤面积的 2.95%。

　　耕层质地为黏土的面积全区共 54.95 万 hm^2，占华北小麦玉米轮作区面积的 4.50%。其中河北轮作区 6.59 万 hm^2，占本轮作区耕地面积的 1.94%，占华北小麦玉米轮作区黏土面积的 11.99%；河南轮作区 35.41 万 hm^2，占本轮作区耕地面积 8.55%，占华北小麦玉米轮作区黏土面积的 65.44%；山东轮作区 12.65 万 hm^2，占本轮作区耕地面积的 3.28%，占华北小麦玉米轮作区黏土面积的 23.02%；山西轮作区 0.30 万 hm^2，占本轮作区耕地面积的 0.38%，占华北小麦玉米轮作区黏土面积的 0.55%。

三、耕层质地与土壤主要养分

　　不同耕层质地土壤有机质的范围是 13.34～14.68g/kg，土壤全氮的范围是 0.85～1.02g/kg，土壤有效磷的范围是 19.43～21.50mg/kg，土壤缓效钾的范围是 691.00～795.36mg/kg，土壤速效钾的范围是 112.63～142.40mg/kg（表 5-42）。

表 5-42　华北小麦玉米轮作区影响土壤耕层质地的因素

耕层质地	影响耕层质地的因素				
	有机质（g/kg）	全氮（g/kg）	有效磷（mg/kg）	缓效钾（mg/kg）	速效钾（mg/kg）
砂土	13.34	1.02	20.96	691	112.63
砂壤	13.82	0.85	19.43	719.3	120.05
轻壤	14.35	0.87	21.5	786.39	128.88
中壤	14.68	0.89	20.69	795.36	142.4
重壤	14.13	0.87	20.45	763.09	126.27
黏土	14.01	0.87	19.61	720.89	122.82

（一）耕层质地与土壤有机质

将土壤有机质含量分为六个等级。土壤有机质含量大于 30g/kg 的面积为 0.51 万 hm²，其中，中壤面积最多，为 0.27 万 hm²；含量在 20～30g/kg 的面积为 38.48 万 hm²，其中，轻壤面积最大，为 19.18 万 hm²；含量在 15～20g/kg 的面积为 401.8 万 hm²，其中，轻壤面积最大，为 180.85 万 hm²，面积最小的是砂土，为 0.43 万 hm²；含量在 10～15g/kg 的面积为 746.30 万 hm²，其中，轻壤面积最大，为 315.1 万 hm²，面积最小的是砂土，为 1.06 万 hm²；含量在 6～10g/kg 的面积为 33.21 万 hm²，其中，轻壤面积最大，为 14.44 万 hm²，面积最小的是砂土，为 0.2 万 hm²；含量小于 6g/kg 的面积为 0.12 万 hm²，为中壤（图 5-10、表 5-43）。

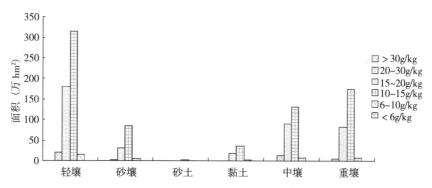

图 5-10　华北小麦玉米轮作区不同有机质等级下各耕层质地分布直方图

表 5-43　华北小麦玉米轮作区不同土壤有机质等级下各耕层质地的面积统计（万 hm²）

耕层质地	有机质分级					
	一级 ＞30g/kg	二级 20～30g/kg	三级 15～20g/kg	四级 10～15g/kg	五级 6～10g/kg	六级 ＜6g/kg
砂土	—	—	0.43	1.06	0.20	—
砂壤	—	2.53	30.03	85.64	4.03	—
轻壤	0.21	19.18	180.85	315.10	14.44	—
中壤	0.27	11.80	90.75	132.95	7.34	0.12
重壤	0.02	4.82	83.22	174.19	6.25	—
黏土	—	0.16	16.50	37.35	0.94	—
总计	0.51	38.48	401.8	746.30	33.21	0.12

（二）耕层质地与土壤缓效钾

将土壤中缓效钾的含量分为六个级别，缓效钾含量大于 1500mg/kg 的面积为 0.88 万 hm²，其中轻壤面积最大，为 0.44 万 hm²；含量在 1200～1500mg/kg 的面积为 23.89 万 hm²，其中轻壤面积最大，为 11.05 万 hm²；含量在 900～1200mg/kg 的面积为 207.66 万 hm²，其中轻壤面积最大，为 99.46 万 hm²；含量在 750～900mg/kg 的面积为 409.3 万 hm²，其中轻壤面积最大，为 191.89 万 hm²；含量在 500～750mg/kg 的面积为 507.28 万 hm²，其中轻壤面积最大，为 201.15 万 hm²；含量小于 500mg/kg 的面积为 71.41 万 hm²，其中轻壤面积最大，为 25.79 万 hm²（表 5-44）。

表 5-44　华北小麦玉米轮作区不同土壤缓效钾等级下各耕层质地的面积统计（万 hm²）

耕层质地	缓效钾分级					
	一级 ＞1500 mg/kg	二级 1200～1500 mg/kg	三级 900～1200 mg/kg	四级 750～900 mg/kg	五级 500～750 mg/kg	六级 ＜500 mg/kg
砂土	—	—	0.13	0.24	1.22	0.11
砂壤	0.07	0.88	15.04	35.89	58.5	11.86
轻壤	0.44	11.05	99.46	191.89	201.15	25.79
中壤	0.02	8.96	36.12	83.85	98.08	16.22
重壤	0.35	2.95	44.59	89.37	116.94	14.30
黏土	—	0.05	12.3	8.06	31.41	3.13
总计	0.88	23.89	207.66	409.3	507.28	71.41

（三）耕层质地与土壤速效钾

将土壤中速效钾的含量分为六个等级，含量大于 150mg/kg 的面积为 250.63 万 hm²，其中轻壤面积最大，为 96.54 万 hm²；含量在 120～150mg/kg 的面积为 383.33hm²，其中轻壤面积最大，185.56 万 hm²；含量在 100～120mg/kg 的面积为 288.91 万 hm²，其中轻壤面积最大，为 131.21 万 hm²；含量在 80～100mg/kg 的面积为 221.51 万 hm²，其中轻壤面积最大，为 88.44 万 hm²；含量在 50～80mg/kg 的面积为 75.46 万 hm²，其中轻壤面积最大，为 27.98 万 hm²；含量小于 50mg/kg 的面积为 0.58 万 hm²，其中中壤面积最大，为 0.4 万 hm²（图 5-11、表 5-45）。

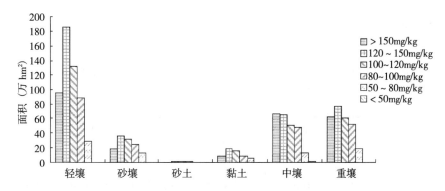

图 5-11 华北小麦玉米轮作区不同土壤速效钾等级下各耕层质地分布直方图

表 5-45 华北小麦玉米轮作区不同土壤速效钾等级下各耕层质地的面积统计（万 hm²）

耕层质地	速效钾分级					
	一级 >150 mg/kg	二级 120~150 mg/kg	三级 100~120 mg/kg	四级 80~100 mg/kg	五级 50~80 mg/kg	六级 <50 mg/kg
砂土	0.11	0.57	0.45	0.47	0.10	—
砂壤	17.95	36.10	31.19	24.28	12.70	0.02
轻壤	96.54	185.56	131.21	88.44	27.98	0.07
中壤	66.32	65.74	50.13	48.07	12.58	0.40
重壤	61.95	76.42	60.35	52.00	17.70	0.08
黏土	7.76	18.95	15.58	8.24	4.41	—
总计	250.63	383.33	288.91	221.51	75.46	0.58

（四）耕层质地与土壤有效磷

将土壤中有效磷的含量分为六个等级，含量大于 40mg/kg 的面积为 33.39 万 hm²，其中轻壤面积最多，为 17.22 万 hm²；含量在 25~40mg/kg 的面积为 228.06 万 hm²，其中轻壤面积最大，为 107.78 万 hm²；含量在 20~25mg/kg 的面积为 258.57 万 hm²，其中轻壤面积最大，为 113 万 hm²；含量在 15~20mg/kg 的面积为 369.95 万 hm²，其中轻壤面积最大，为 158.26 万 hm²；含量在 10~15mg/kg 的面积为 283.38 万 hm²，其中轻壤面积最大，为 115.48 万 hm²；含量小于 10mg/kg 的面积为 47.07 万，其中轻壤面积最大，为 18.05 万 hm²（图 5-12、表 5-46）。

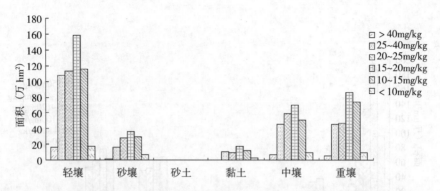

图 5-12　华北小麦玉米轮作区不同土壤有效磷等级下各耕层质地分布直方图

表 5-46　华北小麦玉米轮作区不同土壤有效磷等级下各耕层质地的面积统计（万 hm²）

耕层质地	有效磷分级					
	一级 >40 mg/kg	二级 25~40 mg/kg	三级 20~25 mg/kg	四级 15~20 mg/kg	五级 10~15 mg/kg	六级 <10 mg/kg
砂土	0.11	0.34	0.25	0.32	0.42	0.26
砂壤	2.28	17	29.08	36.76	29.58	7.54
轻壤	17.22	107.78	113	158.26	115.48	18.05
中壤	7.47	46.2	58.8	70.25	50.91	9.62
重壤	6.06	45.72	47.01	86.15	74.34	9.23
黏土	0.24	11.03	10.45	18.21	12.65	2.37
总计	33.39	228.06	258.57	369.95	283.38	47.07

四、耕层质地调控

砂土抗旱能力弱，易漏水漏肥，因此土壤养分少，加之缺少黏粒和有机质，故保肥性能弱，速效肥料易随雨水和灌溉水流失，而且施用速效肥料效猛而不稳长，因此，砂土上要强调增施有机肥，适时追肥，并掌握勤浇薄施的原则。黏土含土壤养分丰富，而且有机质含量较高，因此，大多土壤养分不易被雨水和灌溉水淋失，故保肥性能好，但由于遇雨或灌溉时，往往水分在土体中难以下渗而导致排水困难，影响农作物根系的生长，阻碍了根系对土壤养分的吸收。对此类土壤，在生产上要注意开沟排水，降低地下水位，以避免或减轻涝害，并选择在适宜的土壤含水条件下精耕细作，以改善土壤结构性和耕性，以促进土壤养分的释放；壤土兼有砂土和黏土的优点，是较理想的土壤，其耕性优良，适种的农作物种类多。

参 考 文 献

包荣军，郑树生 . 2006. 土壤硫肥力与作物硫营养研究进展 [J] . 黑龙江八一农垦大学学报，18（3）
　　37-40.

鲍士旦 . 2000. 土壤农化分析 [M] . 第 3 版 . 北京：中国农业出版社 .

毕庆文，许自成，郭燕，等 . 2009. 恩施烟区土壤和烤烟总氮含量及其关系研究 [J] . 甘肃农业大学学
　　报，44（3）：81-87.

陈述悦，李俊，陆佩玲，等 . 2004. 华北平原麦田土壤呼吸特征 [J] . 应用生态学报，15（9）：1552-
　　1560.

程季珍 . 1997. 山西省菜田土壤微量元素含量及应用区划 [J] . 山西农业科学，25（3）：56-59.

褚天铎，刘新保，杨清华 . 1984. 北石灰性土壤发现小麦缺锰症 [J] . 土壤肥料（4）：120-124.

崔邢涛，栾文楼，李军，等 . 2011. 河北平原土壤元素评价 [J] . 现代地质，25（3）：569-574.

崔振岭 . 2005. 华北平原冬小麦—夏玉米轮作体系优化氮肥管理—从田块到区域尺度 [D] . 北京：中国
　　农业大学 .

杜森 . 2013. 华北地区节水农业发展现状及对策 [J] . 中国农技推广（06）：43-44.

方斌，吴次芳，吕军 . 2006. 耕地质量多功能技术评价指标研究 [J] . 水土保持学报，20（1）：177-180.

冯聚凯，崔彦宏，甄瑞，等 . 2006. 华北平原一年两熟区保护性耕作技术研究进展 [J] . 中国农学通报，
　　22（6）：177-181.

傅伯杰，陈利项，马诚 . 1997. 土地可持续利用评价的指标体系与方法 [J] . 自然资源学报，12（2）：
　　112-319.

盖力强，谢高地，李士美，等 . 2010. 华北平原小麦—玉米作物生产水足迹的研究 [J] . 资源科学，32
　　（11）：2066-2071.

高明杰，罗其友 . 2008. 水资源约束地区种植结构优化研究——以华北地区为例 [J] . 自然资源学报
　　（02）：204-210.

高向军，马仁会 . 2002. 中国农用土地等级评价研究进展 [J] . 农业工程学报，18（1）：165-168.

格屏亚，凌碧莹，高富兰，等 . 1995. 铜肥对玉米生长发育和产量构成影响的研究 [J] . 北京农业科学，
　　13（2）：36-39-8.

韩军彩，周顺武，王传辉，等 . 2010. 华北地区近 30 年降水变化特征分析 [J] . 安徽农业科学（34）：
　　19644-19646.

韩晓日，袁程，王月，等 . 2011. 长期定位施肥对土壤铜、锌形态转化及其空间分布的影响 [J] . 水土
　　保持学报，25（5）：140-144.

河北省土壤普查办公室 . 1990. 河北土壤 [M] . 石家庄：河北科学技术出版社 .

河南省土壤肥料工作站 . 1995. 河南土种志 [M] . 北京：中国农业出版社 .

河南省土壤普查办公室 . 1996. 河南省土壤图集 [M] . 西安：西安地图出版社 .

河南省土壤普查办公室 . 2004. 河南土壤 [M] . 北京：中国农业出版社 .

胡月明，万洪富，吴志峰 . 2001. 基于 GIS 的土壤质量模糊变权评价 [J] . 土壤学报，38（5）：226-238.

蝴蝶，赵国平，李晓萍 . 2009. 山西主要耕作土壤微量元素现状及变化规律 [J] . 农业技术与装备（3）：
　　13-16.

黄昌勇，徐建明．2010．土壤学［M］．第3版．北京：中国农业出版社．

黄耀，孙文娟．2006．近20年来中国大陆农田表土有机碳含量的变化趋势［J］．科学通报，51（7）：750-763.

吉艳芝，冯万忠，郝晓然，等．2014．不同施肥模式对华北平原小麦-玉米轮作体系产量及土壤硝态氮的影响［J］．Ecology and Environmental Sciences，23（11）：1725-1731.

姜北，未红红，王森，等．2013．河北麻山药种植区土壤微量元素空间变异研究［J］．北方园艺（13）：188-191.

巨晓棠，张福锁．2003．关于氮肥利用率的思考［J］．生态环境，12（2）：192-197.

寇长林．2004．华北平原集约化农作区不同种植体系施用氮肥对环境的影响［D］．北京：中国农业大学．

李丹，袁涛，郭广勇，等．2007．我国不同土壤铜的生物可利用性及影响因素［J］．环境科学与技术，30（8）：6-10.

李楠，刘淑霞，宋建国，等．2001．锌肥有效施用的土壤条件研究［J］．磷肥与复肥，16（4）：64-65.

李书田，林葆．1998．土壤中植物有效硫的评价［J］．植物营养与肥料学报，4（1）：75-83.

李涛，阎鹏，徐世良，等．1993．山东土种志［M］．北京：中国农业出版社．

李文庆．2013．果园土壤中铜的形态及其生物效应研究［D］．泰安：山东农业大学．

李新爱，童成立，蒋平，等．2006．长期不同施肥对稻田土壤有机质和全氮的影响［J］．土壤，38（3）：298-303.

李新华，刘景双，于君宝，等．2006．土壤硫的氧化还原及其环境生态效应［J］．土壤通报，37（1）：159-162.

李鑫．2007．华北平原冬小麦—夏玉米轮作体系中肥料氮去向及氮素气态损失研究［D］．保定：河北农业大学．

李月华，郝月皎，李娟茹，等．2005．秸秆直接还田对土壤养分及物理性状的影响［J］．河北农业科学，9（4）：25-271.

林蔚新．2003．土壤微肥肥效及有效态微量元素分级［J］．甘肃科技，19（10）：106.

刘平，王辉，董元华，等．2013．有机肥施用对土壤铜形态的影响研究［J］．土壤，45（5）：910-917.

刘钦普．2004．华北黄泛平原潮土磷素含量与土壤粒级的关系研究［J］．河南农业科学（12）：124-127.

刘小英，柴志敏，李富忠．2009．山西省种植业结构调整问题研究［J］．山西农业科学（10）：3-6.

刘晓英，李玉中，郝卫平．2005．华北主要作物需水量近50年变化趋势及原因［J］．农业工程学报（10）：155-159.

刘鑫，朱端卫，雷宏军，等．2003．酸性土壤活性锰与pH、Eh关系及其生物反应［J］．植物营养与肥料学报，14（3）：342-348.

刘秀娣，李继云．1994．土壤有效态微量元素含量与不同地貌单元关系的研究——以河南省新乡地区卫辉市和辉县市为例［J］．环境科学，15（5）：19-22.

刘衍君，张保华，曹建荣，等．2010．鲁西粮食主产区聊城耕地的土壤微量元素富集研究［J］．土壤通报，41（4）：990-993.

刘耀宗，张经元．1992．山西土壤［M］．北京：科学出版社．

刘自飞，高丽丽，王盛锋，等．2012．常见铁肥品种及其使用效果综述［J］．中国土壤与肥料（6）：1-9.

吕华芳，雷慧闽，杨大文，等．2013．华北平原大型灌区生态水文综合观测网络设计［J］．Experimental Technology and Management，30（5）．

吕美蓉．2008．小麦玉米一年两熟农田保护性耕作节水机理及效应的研究［D］．泰安：山东农业大学．

吕英华．2002．测土与施肥［M］．北京：中国农业出版社．

栾文楼，宋泽峰，李随民，等．2011．河北平原土壤有机碳含量的变化［J］．地质学报，85（9）：1528-

1535.

马京津，张自银，刘洪 . 2011. 华北区域近 50 年气候态类型变化分析［J］. 中国农业气象（S1）：9-14.

马文军，程琴娟，李良涛，等 . 2010. 微咸水灌溉下土壤水盐动态及对作物产量的影响［J］. 农业工程
　　学报（1）：73-80.

马义兵，夏荣 . 1989. 河北省石灰性土壤中锰的形态研究［J］. 华北农学报（01）：56-60.

门明新，李新旺，许皞 . 2008. 长期施肥对华北平原潮土作物产量及稳定性的影响［J］. 中国农业科学，
　　41（8）：2339-2346.

门中华，王颖 . 2005. 锌在植物营养中的作用［J］. 阴山学刊，19（2）：8-12.

孟庆华，贺明荣，王琪贞，等 . 1996. 山东省主要土类高产农田土壤状况及其限制性养分因子的研究［J］.
　　土壤通报，27（6）：256-258.

倪绍祥 . 2003. 近十年来中国土地评价研究的进展［J］. 自然资源学报，18（6）：672-683.

潘家荣 . 2001. 冬小麦/夏玉米轮作体系中化肥氮的去向［D］. 北京：中国农业大学 .

乔本梅，程季珍，边志勇 . 2009. 山西省粮、菜田土壤养分变化规律与合理施肥［J］. 土壤通报，40
　　（4）：874-879.

秦欣，刘克，周丽丽，等 . 2012. 华北地区冬小麦-夏玉米轮作节水体系周年水分利用特征［J］. 中国农
　　业科学（19）：4014-4024.

全国土壤普查办公室 . 1998. 中国土壤［M］. 北京：中国农业出版社 .

任鸿遵，李林 . 2000. 华北平原水资源供需状况诊断［J］. 地理研究，19（3）：316-323.

山东省土壤肥料工作站 . 1994. 山东土壤［M］. 北京：中国农业出版社 .

孙莲强，顾学花，张佳蕾，等 . 2014. 锌肥对花生生理特性、产量及品质的影响［J］. 花生学报，43
　　（1）：1-6.

谭德水 . 2008. 长期施钾与秸秆还田对华北潮土和褐土区作物产量及土壤钾素的影响［J］. 植物营养与
　　肥料学报，14（1）：106-112.

谭方颖，王建林，宋迎波，等 . 2009. 华北平原近 45 年农业气候资源变化特征分析［J］. 中国农业气象
　　（01）：19-24.

唐慎欣 . 2012. 小麦-玉米种植体系中养分资源利用规律及平衡研究［D］. 泰安：山东农业大学 .

田有国，辛景树，栗铁申，等 . 2006. 耕地地力评价指南［M］. 北京：中国农业出版社 .

王春裕 . 1997. 刍议土壤盐渍化的生态防治［J］. 生态学杂志，16（6）：67-71.

王红娟 . 2007. 我国北方粮食主产区土壤养分分布特征研究［D］. 北京：中国农业科学院农业资源与农
　　业区划研究所 .

王琳，郑有飞，于强，等 . 2007. APSIM 模型对华北平原小麦—玉米连作系统的适用性［J］. 应用生态
　　学报，18（11）：2480-2486.

王瑞燕，赵庚星，李涛，等 . 2004. GIS 支持下的耕地地力等级评价［J］. 农业工程学报，20（1）：307-
　　310.

王莹 . 2008. 土壤有机质与氮磷钾的相关性［J］. 农业科技与信息，17：25-28.

王宇 . 2012. 从水土环境要素研究河北保定-沧州地区湿地演变［D］. 北京：中国地质大学 .

吴名宇，李顺义，张杨珠 . 2005. 土壤锰研究进展与展望［J］. 作物研究（2）：76-80.

伍少福 . 2013. 水稻氮磷钾和有机肥配合施用长期定位试验［J］. 浙江农业科学（3）：242-245.

武俊喜，陈新平，贾良良，等 . 2004. 冬小麦/夏玉米轮作中高肥力土壤的持续供氮能力［J］. 植物营养
　　与肥料学报，10（1）：1-5.

席承藩，朱克贵，周明枞，等 . 1998. 中国土壤［M］. 北京：中国农业出版社 .

夏军，刘孟雨，贾绍凤，等 . 2004. 华北地区水资源及水安全问题的思考与研究［J］. 自然资源学报

(05)：550-560.

肖玉，谢高地，安凯，等．2011．华北平原小麦—玉米农田生态系统服务评价［J］．中国生态农业学报，19（2）：429-435.

辛景树，田有国，任意．2005．耕地地力调查与质量评价［M］．北京：中国农业出版社．

熊毅，席承藩，张同亮，等．1958．黄河流域土壤研究Ⅱ：华北平原土壤的发生和演变［J］．土壤学报，6（1）：25-43.

许广明，刘立军，费宇红，等．2009．华北平原地下水调蓄研究［J］．资源科学（03）：375-381.

许杰，裘希雅，何旭华，等．2011．施肥方式及水平对水稻产量及土壤理化性状的影响［J］．浙江农业科学（6）：1307-1310.

杨建莹，梅旭荣，刘勤，等．2011．气候变化背景下华北地区冬小麦生育期的变化特征［J］．植物生态学报（06）：623-631.

杨建莹，梅旭荣，严昌荣，等．2010．华北地区气候资源的空间分布特征［J］．中国农业气象（S1）：1-5.

於忠祥，张成林，王士佳．2001．沿淮地区土壤有效状况及对硫的需求［J］．应用生态学报，12（2）：210-212.

袁程，王月，韩晓日，等．2012．长期定位施肥对土壤铁、锰形态转化及其剖面分布的影响［J］．植物营养与肥料学报，18（1）：115-122.

张贝尔，黄标，张晓光，等．2012．近30年华北平原粮食主产区土壤肥力质量时空演变分析［J］．土壤，44（3）：381-388.

张贝尔，黄标，赵永存，等．2013．采样数量与空间插值方法对华北平原典型区土壤质量评价空间预测精度的影响［J］．土壤，45（3）：540-547.

张炳宁，彭世琪，张月平，等．2008．县域耕地资源管理信息系统数据字典［M］．北京：中国农业出版社．

张凤华，贾可，刘建玲，等．2008．土壤磷的动态积累及土壤有效磷的产量效应［J］．华北农学报，23（1）：168-171.

张皓，冯利平．2010．近50年华北地区降水量时空变化特征研究［J］．自然资源学报（02）：270-279.

张建平，赵艳霞，王春乙，等．2006．气候变化对我国华北地区冬小麦发育和产量的影响［J］．应用生态学报，17（7）：1179-1184.

张文凯．2008．叶面喷施锌肥对小麦产量和效益的影响［J］．河北农业科学，12（3）：89-90.

张西森，梁志刚．1998．潍坊市进行土壤微量元素普查［J］．中国农技推广（2）：44.

张忠学，于贵瑞．2002．华北高产粮区农用水资源可持续利用对策研究——以山东省桓台县为例［J］．资源科学（01）：68-71.

赵广才．2010．中国小麦种植区域的生态特点［J］．麦类作物学报，30（4）：684-686.

赵华建．2010．铁、硼、钼不同施用方式对花生产量和品质的影响［D］．泰安：山东农业大学．

赵敬红，王云，任爱琴，等．2006．河南省南部地区生态地球化学评价［J］．物探与化探，30（4）：357-360.

钟茜，巨晓棠，张福锁．2006．华北平原冬小麦/夏玉米轮作体系对氮素环境承受力分析［J］．植物营养与肥料学报，12（3）：285-293.

周勇，田有国，任意，等．2003．定量化土地评价指标体系及评价方法探讨［J］．生态环境，12（1）：37-41.

朱德举．2002．土地评价［M］．北京：中国大地出版社．

朱喜梅，郑长训，宁爱民，等．1994．河南省土壤微量元素含量分布及施用效果的研究［J］．河南职技师院学报，22（2）：5-8.

朱湘宁，郭继勋，梁存柱，等 . 2002. 华北平原地区灌溉对苜蓿产量及土壤水分的影响［J］. 中国草地，24（6）：32-37.

朱自玺，刘荣花，方文松，等 . 2003. 华北地区冬小麦干旱评估指标研究［J］. 自然灾害学报（01）：145-150.

朱自玺，刘荣花，方文松，等 . 2005. 华北地区冬小麦干旱评估指标研究［J］. 自然灾害学报，12（1）：145-150.

诸吉诏 . 1996. 中低产田改造利用技术 120 问［M］. 北京：气象出版社 .

Dikgwatlhe S B. 2014. 华北平原长期耕作及秸秆管理方式下土壤碳/氮动态及碳组分，土壤养分的分布特征［D］. 北京：中国农业大学 .

L. A. 理查兹 . 1965. 盐碱土的鉴别和改良［M］. 历兵，译 . 北京：科学出版社 .

NY/T1634—2008 耕地地力调查与质量评价技术规程 .

华北小麦玉米轮作区耕地地力等级图

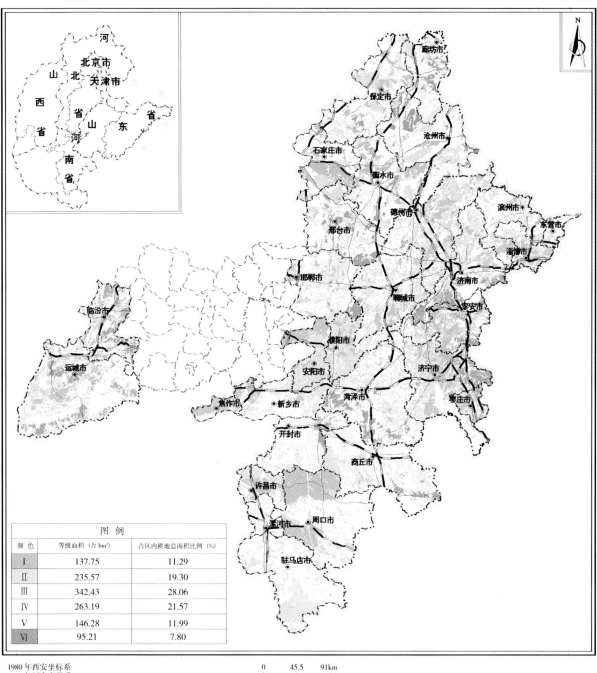

图 例		
颜 色	等级面积（万 hm²）	占区内耕地总面积比例（%）
Ⅰ	137.75	11.29
Ⅱ	235.57	19.30
Ⅲ	342.43	28.06
Ⅳ	263.19	21.57
Ⅴ	146.28	11.99
Ⅵ	95.21	7.80

1980 年西安坐标系
1985 年国家高程系
兰伯特正轴圆锥投影

0   45.5   91km

华北小麦玉米轮作区土壤有机质含量分布图

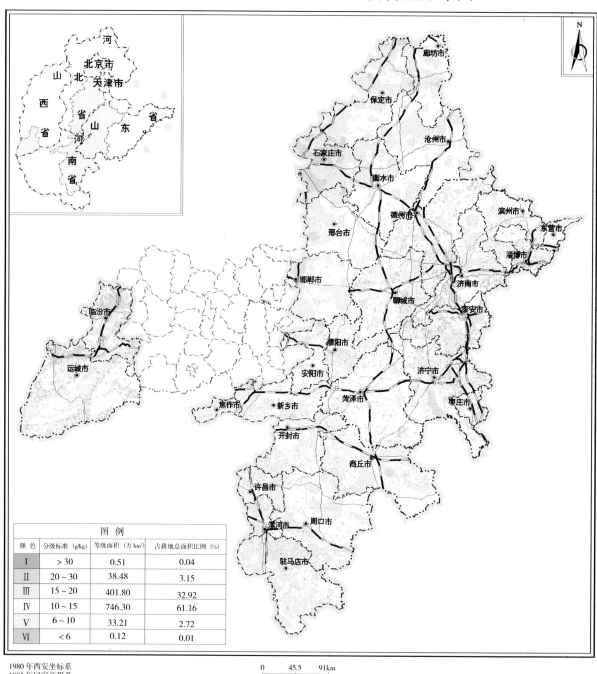

图 例			
颜色	分级标准 (g/kg)	等级面积 (万 hm²)	占耕地总面积比例 (%)
I	> 30	0.51	0.04
II	20 ~ 30	38.48	3.15
III	15 ~ 20	401.80	32.92
IV	10 ~ 15	746.30	61.16
V	6 ~ 10	33.21	2.72
VI	< 6	0.12	0.01

1980 年西安坐标系
1985 年国家高程系
兰伯特正轴圆锥投影

0   45.5   91km

华北小麦玉米轮作区土壤全氮含量分布图

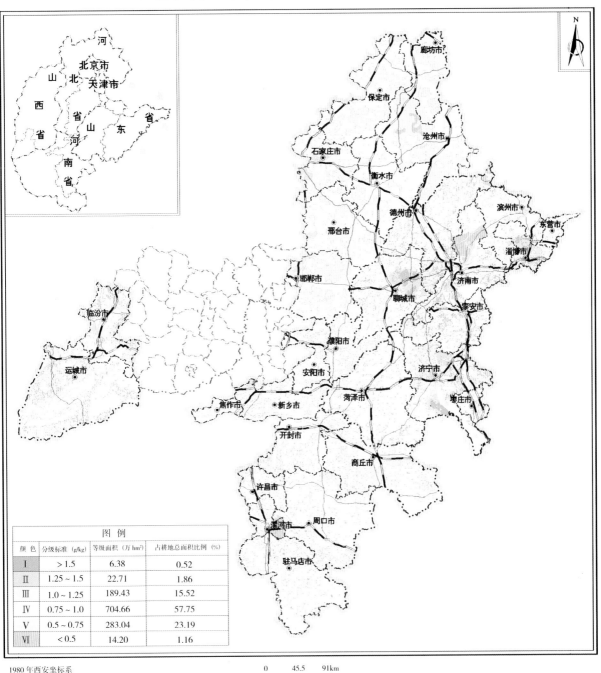

图 例			
颜 色	分级标准 (g/kg)	等级面积（万 hm²）	占耕地总面积比例（%）
Ⅰ	>1.5	6.38	0.52
Ⅱ	1.25～1.5	22.71	1.86
Ⅲ	1.0～1.25	189.43	15.52
Ⅳ	0.75～1.0	704.66	57.75
Ⅴ	0.5～0.75	283.04	23.19
Ⅵ	<0.5	14.20	1.16

1980 年西安坐标系
1985 年国家高程系
兰伯特正轴圆锥投影

0   45.5   91km

华北小麦玉米轮作区土壤有效磷含量分布图

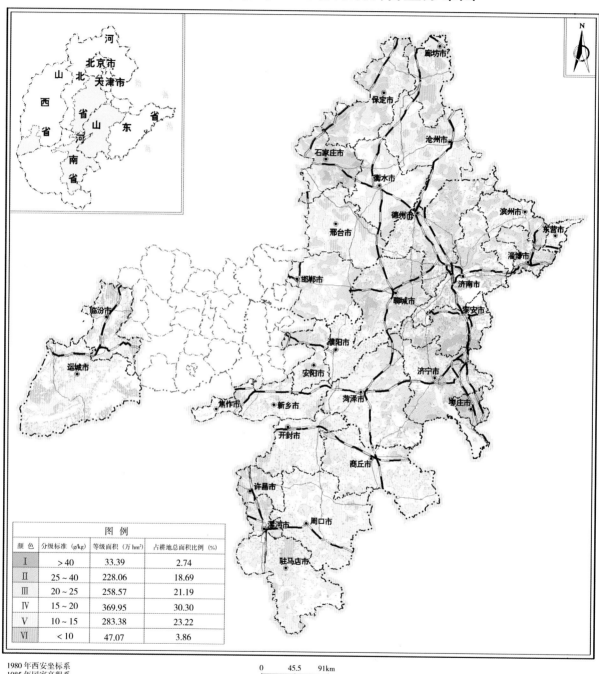

图 例			
颜色	分级标准 (g/kg)	等级面积（万 hm²）	占耕地总面积比例 (%)
I	> 40	33.39	2.74
II	25 ~ 40	228.06	18.69
III	20 ~ 25	258.57	21.19
IV	15 ~ 20	369.95	30.30
V	10 ~ 15	283.38	23.22
VI	< 10	47.07	3.86

1980 年西安坐标系
1985 年国家高程系
兰伯特正轴圆圆锥投影

0   45.5   91km

华北小麦玉米轮作区土壤速效钾含量分布图

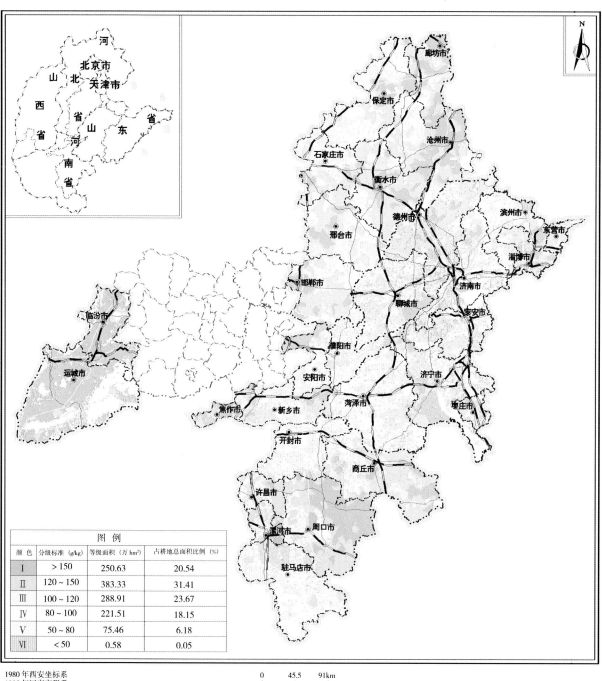

图 例			
颜 色	分级标准 (g/kg)	等级面积 (万 hm²)	占耕地总面积比例 (%)
I	>150	250.63	20.54
II	120~150	383.33	31.41
III	100~120	288.91	23.67
IV	80~100	221.51	18.15
V	50~80	75.46	6.18
VI	<50	0.58	0.05

1980 年西安坐标系
1985 年国家高程系
兰伯特正轴圆圆锥投影

0   45.5   91km

华北小麦玉米轮作区土壤缓效钾含量分布图

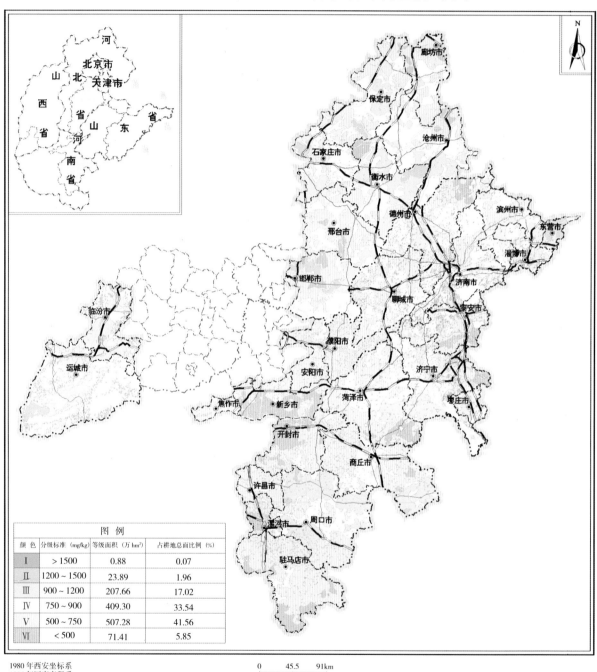

图 例			
颜 色	分级标准 (mg/kg)	等级面积（万 hm²）	占耕地总面积比例（%）
I	>1500	0.88	0.07
II	1200~1500	23.89	1.96
III	900~1200	207.66	17.02
IV	750~900	409.30	33.54
V	500~750	507.28	41.56
VI	<500	71.41	5.85

1980 年西安坐标系
1985 年国家高程系
兰伯特正轴圆锥投影

0   45.5   91km

华北小麦玉米轮作区土壤 pH 分布图

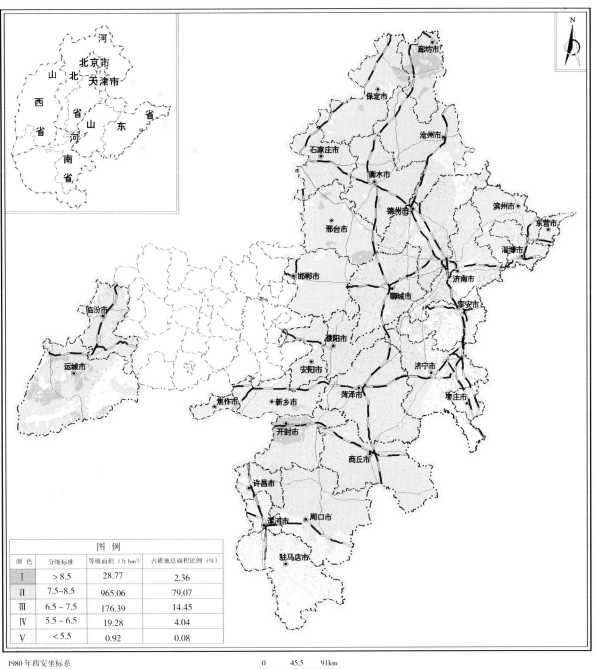

图 例			
颜色	分级标准	等级面积（万 hm²）	占耕地总面积比例（%）
Ⅰ	>8.5	28.77	2.36
Ⅱ	7.5~8.5	965.06	79.07
Ⅲ	6.5~7.5	176.39	14.45
Ⅳ	5.5~6.5	19.28	4.04
Ⅴ	<5.5	0.92	0.08

1980 年西安坐标系
1985 年国家高程系
兰伯特正轴圆锥投影

0   45.5   91km

华北小麦玉米轮作区土壤有效铜含量分布图

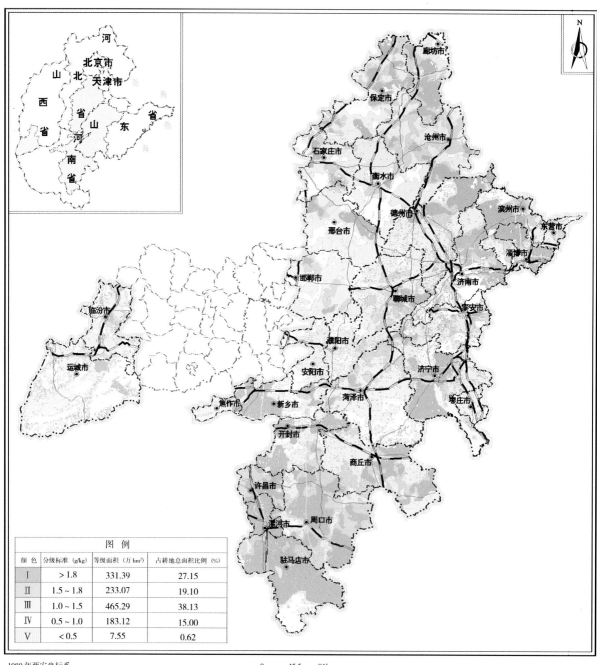

图 例			
颜 色	分级标准 (g/kg)	等级面积（万 hm²）	占耕地总面积比例 (%)
I	>1.8	331.39	27.15
II	1.5~1.8	233.07	19.10
III	1.0~1.5	465.29	38.13
IV	0.5~1.0	183.12	15.00
V	<0.5	7.55	0.62

1980 年西安坐标系
1985 年国家高程系
兰伯特正轴圆锥投影

0   45.5   91km

华北小麦玉米轮作区土壤有效锌含量分布图

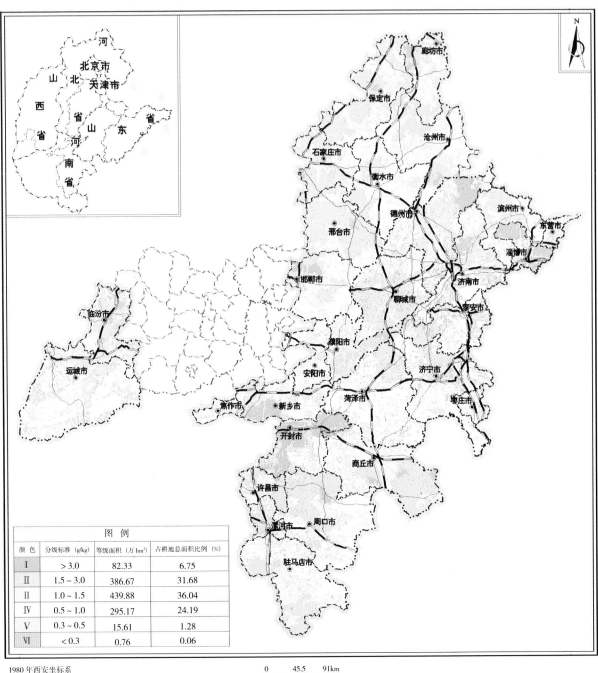

图 例			
颜 色	分级标准 (g/kg)	等级面积 (万 hm²)	占耕地总面积比例 (%)
Ⅰ	>3.0	82.33	6.75
Ⅱ	1.5～3.0	386.67	31.68
Ⅲ	1.0～1.5	439.88	36.04
Ⅳ	0.5～1.0	295.17	24.19
Ⅴ	0.3～0.5	15.61	1.28
Ⅵ	<0.3	0.76	0.06

1980 年西安坐标系
1985 年国家高程系
兰伯特正轴圆圆锥投影

0   45.5   91km

华北小麦玉米轮作区土壤有效铁含量分布图

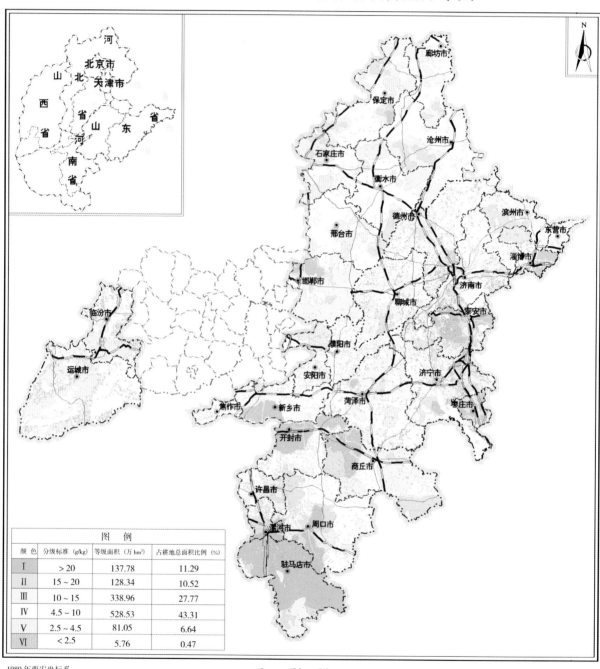

	图 例		
颜 色	分级标准 (g/kg)	等级面积（万 hm²）	占耕地总面积比例 (%)
I	> 20	137.78	11.29
II	15 ~ 20	128.34	10.52
III	10 ~ 15	338.96	27.77
IV	4.5 ~ 10	528.53	43.31
V	2.5 ~ 4.5	81.05	6.64
VI	< 2.5	5.76	0.47

1980 年西安坐标系
1985 年国家高程系
兰伯特正轴圆圆锥投影

0   45.5   91km

华北小麦玉米轮作区土壤有效锰含量分布图

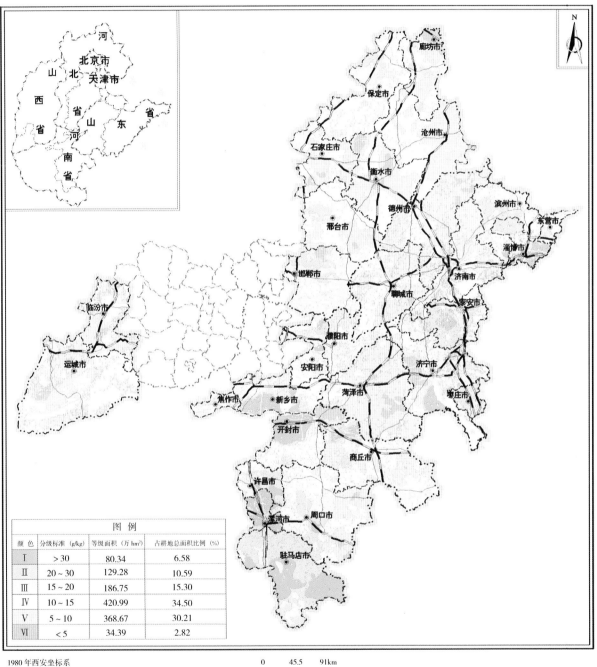

图 例			
颜 色	分级标准（g/kg）	等级面积（万 hm²）	占耕地总面积比例（%）
Ⅰ	>30	80.34	6.58
Ⅱ	20~30	129.28	10.59
Ⅲ	15~20	186.75	15.30
Ⅳ	10~15	420.99	34.50
Ⅴ	5~10	368.67	30.21
Ⅵ	<5	34.39	2.82

1980 年西安坐标系
1985 年国家高程系
兰伯特正轴圆圆锥投影

0   45.5   91km